高等职业教育新业态新职业新岗位系列教材

# AutoCAD中文版
# 室内设计项目教学案例教程

徐　敏　兰晓红　陈楠楠　胡仁喜 ◎ 主　编

電子工業出版社
Publishing House of Electronics Industry
北京 · BEIJING

## 内 容 简 介

本书以 AutoCAD 2024 为平台，详细介绍了室内设计的绘制过程，内容包括熟悉 AutoCAD 2024 基本操作、绘制室内设计单元、熟练运用基本绘图工具、灵活运用辅助绘图工具、绘制别墅室内设计图、绘制住宅室内设计图、绘制学院会议中心室内设计图、绘制咖啡吧室内设计图。全书叙述翔实，图文并茂，思路清晰。为了方便广大读者更加形象、直观地学习本书，随书配备电子教学包，包括全书实例操作过程微课和实例源文件。为了配合教师授课需要，本书还提供教学大纲、课程标准、电子教案、授课 PPT、模拟试题及答案等授课资料包。

本书既可以作为高等职业院校、职业本科院校室内设计相关专业的入门教材，又可以作为工程技术人员的参考工具书。



**图书在版编目（CIP）数据**

AutoCAD 中文版室内设计项目教学案例教程 / 徐敏等主编. -- 北京 : 电子工业出版社, 2024. 9. -- ISBN 978-7-121-48372-1

Ⅰ. TU238.2-39

中国国家版本馆 CIP 数据核字第 2024JA3444 号

责任编辑：王昭松
印　　刷：三河市良远印务有限公司
装　　订：三河市良远印务有限公司
出版发行：电子工业出版社
　　　　　北京市海淀区万寿路 173 信箱　　邮编：100036
开　　本：787×1092　1/16　印张：16.75　字数：451 千字
版　　次：2024 年 9 月第 1 版
印　　次：2024 年 9 月第 1 次印刷
定　　价：58.00 元

凡所购买电子工业出版社图书有缺损问题，请向购买书店调换。若书店售缺，请与本社发行部联系，联系及邮购电话：（010）88254888，88258888。

质量投诉请发邮件至 zlts@phei.com.cn，盗版侵权举报请发邮件至 dbqq@phei.com.cn。

本书咨询联系方式：（010）88254015，wangzs@phei.com.cn，QQ83169290。

党的二十大报告提出，“实施科教兴国战略，强化现代化建设人才支撑。”“深化教育领域综合改革，加强教材建设和管理，完善学校管理和教育评价体系，健全学校家庭育人机制。”为了响应党中央的号召，编者在充分调研和论证的基础上，精心编写了本书。

室内设计是指对建筑空间进行的环境和艺术设计。现代室内设计是指根据建筑空间的使用性质和所处环境，运用物质技术手段和艺术处理手法，从内部把握空间，设计其形状和大小。为了让人们在室内能够舒适地生活和活动，需要整体考虑环境和用具的布置。

本书以 AutoCAD 2024 为平台，详细介绍了室内设计的绘制过程，内容包括熟悉 AutoCAD 2024 基本操作、绘制室内设计单元、熟练运用基本绘图工具、灵活运用辅助绘图工具、绘制别墅室内设计图、绘制住宅室内设计图、绘制学院会议中心室内设计图、绘制咖啡吧室内设计图。书中包含丰富的室内设计实例，每个实例都配有详细的操作图示和文字说明。学生可以模拟绘制，身临其境地感受 AutoCAD 2024 的强大功能，通过循序渐进地学习，做到融会贯通。

市面上的室内设计学习用书比较多，但要挑选一本适合高等职业院校教学的书却很困难。本书的编写力图体现以下五大特色。

### 1．项目驱动，目标明确

本书根据高等职业教育最新教改要求，采用项目驱动方式组织内容，意在潜移默化中向学生传授所有知识点和技能点，使整个教学过程既目标明确，有的放矢，又激趣设疑，寓教于乐。

### 2．内容全面，剪裁得当

本书定位于创作一本针对 AutoCAD 2024 在室内设计领域应用功能全貌的教材与自学结合指导书。全书内容全面具体，不留死角，适合各类有不同需求的学生。在本书的编写过程中，编者在选择任务实例时注重知识应用的代表性，尽量覆盖 AutoCAD 2024 绝大部分主要知识点。同时，为了在有限的篇幅内提高知识集中程度，编者对所讲述的知识点进行了精心剪裁。

### 3．实例丰富，步步为营

本书力求避免空洞的描述，步步为营，每个知识点都采用室内设计实例进行演绎，使学生在实例操作过程中牢固掌握软件功能。本书中实例的种类非常丰富，有单一知识点讲解的实例，有几个知识点讲解的综合实例，也有练习提高的上机实例，更有最后完整实用的工程实例。各种实例交错讲解，意在达到巩固、理解的目的。

### 4．例解图解相互配合

与同类书相比，本书一个突出的特点是例解与图解相互配合。例解是指抛弃传统的铺陈基础知识点式讲解方式，采用实例引导与知识点拨结合的方式进行讲解，这种方式使本书的操作性更强，方便学生快速上手，体验乐趣；图解是指多图少字，图文紧密结合，这种方式直观清晰，大大增强了本书的可读性。

### 5．配备丰富的立体化资源

为了方便广大读者更加形象、直观地学习本书，随书配备电子教学包，包括全书实例操作过程微课和实例源文件。为了配合教师授课需要，本书还提供教学大纲、课程标准、电子教案、授课 PPT、模拟试题及答案等授课资料包。

本书由厦门软件职业技术学院徐敏、福建信息职业技术学院兰晓红、厦门软件职业技术学院陈楠楠、河北交通职业技术学院胡仁喜担任主编，在编写过程中，编者参阅了大量相关文献，在这里对这些专家、学者表示衷心的感谢。

由于编者水平有限，书中难免存在不足之处，望广大读者批评指正，编者将不胜感激。

编　者

# 目录

Contents

# 项目一　熟悉 AutoCAD 2024 基本操作

## 学习情境

到目前为止，也许学生还没有正式接触 AutoCAD 2024，对 AutoCAD 2024 的操作环境、基本操作功能等还没有一个基本的感性了解。

本项目将通过几个简单的任务循序渐进地介绍使用 AutoCAD 2024 绘图的有关基本知识。通过学习本项目，学生将了解如何设置图形的系统参数，熟悉如何建立新的图形文件，以及掌握打开已有文件的方法等，为后面进入系统学习准备必要的前提知识。

## 能力目标

- 掌握如何设置操作环境。
- 掌握如何管理文件。
- 掌握如何显示图形。
- 掌握如何绘制小方桌。

## 素质目标

- 培养刻苦性和专注性精神：在学习和操作过程中，保持专注力和耐心，这对于提高绘图技能至关重要。

## 课时安排

2 课时（讲课 1 课时，练习 1 课时）。

## 任务一　设置操作环境

### 任务背景

操作任何软件之前都要先对该软件的基本界面进行感性的认识，并熟悉基本的参数设置，从而为后面的操作做好准备。

AutoCAD 2024 提供了交互性良好的 Windows 风格操作界面，也提供了方便的系统定制功能，用户可以根据需要和喜好灵活地设置绘图环境。

本任务只要求学生熟悉 AutoCAD 2024 的基本界面布局和各个区域的大体功能范畴。为了便于后面具体绘图，本任务将介绍如何设置十字光标大小和图形窗口颜色等基本的参数。

## 操作步骤

### 1. 熟悉操作界面

（1）单击计算机桌面上的快捷图标或在计算机上依次按路径选择“开始”→“所有应用”→“AutoCAD 2024-简体中文（Simplified Chinese）文件夹”→“AutoCAD 2024-简体中文（Simplified Chinese）程序”命令，系统会打开 AutoCAD 2024 中文版操作界面。

（2）单击界面右下角的“切换工作空间”按钮，在弹出的下拉菜单中选择如图 1-1 所示的“草图与注释”命令，这时系统会显示如图 1-2 所示的 AutoCAD 2024 中文版操作界面。

一个完整的 AutoCAD 2024 中文版操作界面包括标题栏、菜单栏、工具栏、十字光标、坐标系、命令行、状态栏、布局标签、滚动条、快速访问工具栏、功能区、交互信息工具栏等。

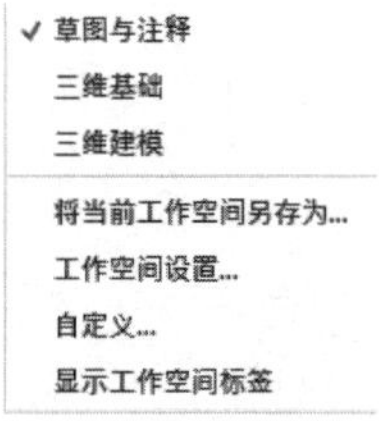

✓ 草图与注释
三维基础
三维建模
将当前工作空间另存为...
工作空间设置...
自定义...
显示工作空间标签

图 1-1　选择“草图与注释”命令

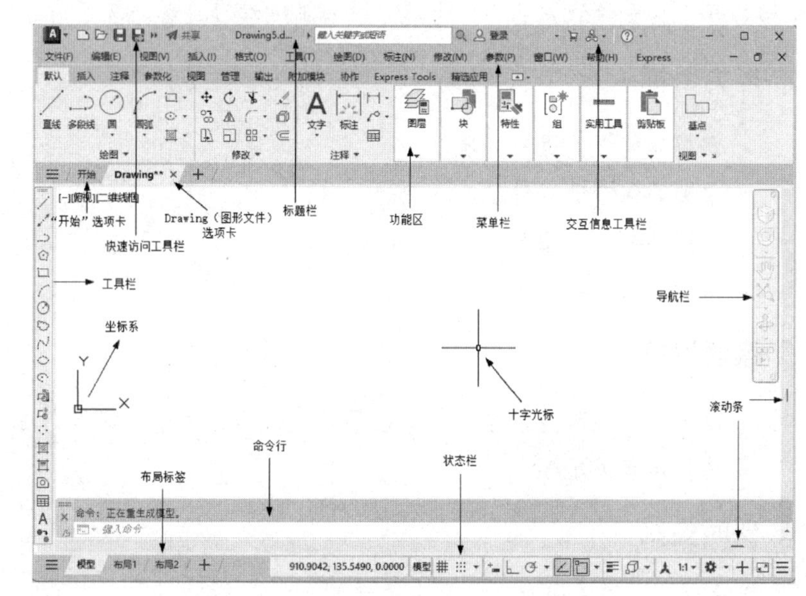


图 1-2　AutoCAD 2024 中文版操作界面

### 2. 设置绘图系统

一般来讲，使用 AutoCAD 2024 的默认配置就可以绘图，但为了使用用户的定点设备或打印机，以及提高绘图效率，AutoCAD 2024 推荐用户在开始作图前先进行必要的配置，具体配置操作如下。

在命令行中输入“preferences”，按 Enter 键，或执行“工具”→“选项”命令（“工具”下拉菜单中包括一些常用的命令，如图 1-3 所示），或在空白处右击，在弹出的快捷菜单（右键快捷菜单）中选择“选项”命令（右键快捷菜单中包括一些常用的命令，如图 1-4 所示）。执行上述命令后，系统会自动打开“选项”对话框。用户可以在该对话框中选择有关选项，对系统进行配置。下面仅就其中几个主要的选项卡进行说明，其他选项卡在后面用到时会进行具体说明。

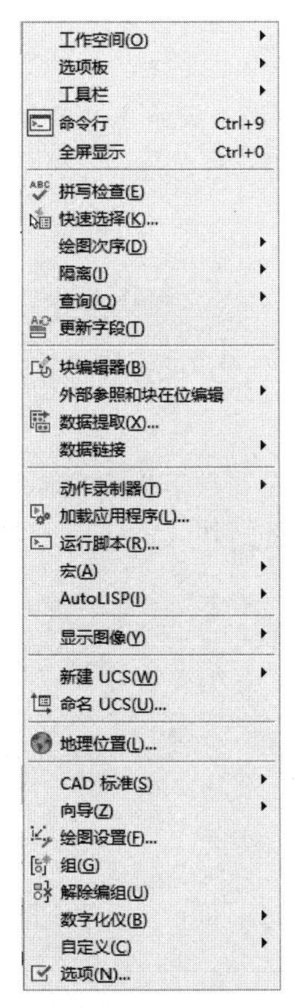

图 1-3 “工具”下拉菜单

图 1-4 右键快捷菜单

（1）“系统”选项卡。“选项”对话框中从左往右数的第五个选项卡为“系统”选项卡，如图 1-5 所示。该选项卡用来设置系统的有关特性。其中，“常规选项”选项组用于确定是否选择系统配置的有关基本选项。

（2）“显示”选项卡。“选项”对话框中从左往右数的第二个选项卡为“显示”选项卡，如图 1-6 所示。该选项卡用来控制图形窗口的外观。使用该选项卡可以设置图形窗口的颜色主题、十字光标大小、布局元素、显示精度及系统运行时的其他各项性能参数等。

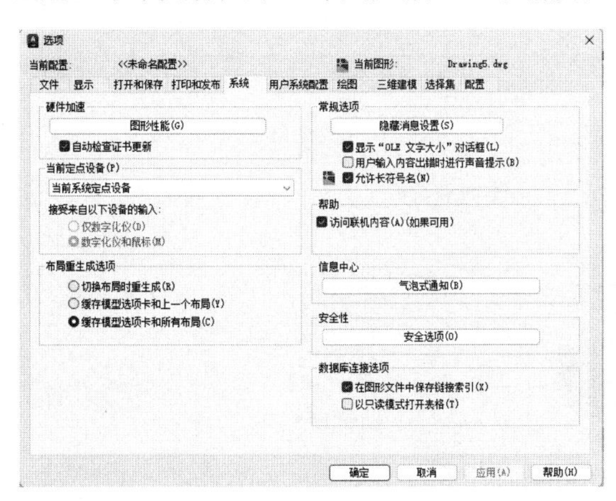


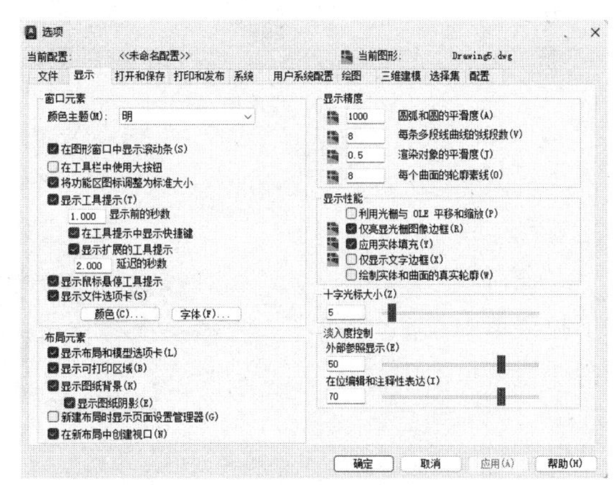


图 1-5 “选项”对话框中的“系统”选项卡

图 1-6 “选项”对话框中的“显示”选项卡

**注意**

在设置实体的显示分辨率时，请务必记住，显示质量越高（分辨率越高），计算机计算的时间越长。因此，千万不要将其设置得太高。将显示分辨率设置在一个合理的范围内是很重要的。

“显示”选项卡中的部分设置如下。

① 修改十字光标大小。

系统将十字光标大小预设为图形窗口大小的 5%，用户可以根据实际绘图的需要修改十字光标大小。修改十字光标大小的方法如下。

选择“工具”→“选项”命令，打开“选项”对话框，在“显示”选项卡的“十字光标大小”选项组的文本框中直接输入数据，或拖动文本框后面的滑块，即可对十字光标大小进行修改。

此外，还可以通过设置系统变量 CURSORSIZE 的值，实现对十字光标大小的修改。其方法是在命令行中输入：

```
命令:↙
输入 CURSORSIZE 的新值 <5>:
```

根据提示输入新值即可，默认值为 5%。

② 修改图形窗口颜色。

在默认情况下，图形窗口是黑色背景、白色线条，由于这不符合大多数用户的习惯，因此修改图形窗口颜色是大多数用户需要进行的操作。

修改图形窗口颜色的方法如下。

a. 选择“工具”→“选项”命令，打开“选项”对话框，在“显示”选项卡的“窗口元素”选项组中单击“颜色”按钮，弹出如图 1-7 所示的“图形窗口颜色”对话框。

b. 单击“图形窗口颜色”对话框中的“颜色”下拉按钮，在打开的下拉列表中，选择需要的图形窗口颜色，单击“应用并关闭”按钮，此时图形窗口颜色变成了窗口背景颜色，通常按视觉习惯选择白色为图形窗口颜色。

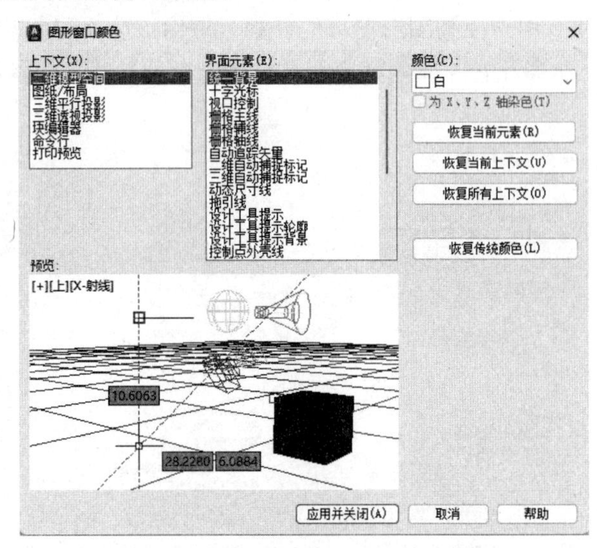


图 1-7 “图形窗口颜色”对话框

### 3. 设置工具栏

（1）调出工具栏。工具栏中有一组按钮工具的集合，在菜单栏中选择“工具”→“工具栏”→“AutoCAD”命令，调出所需的工具栏，把光标移动到某个按钮上，稍停片刻即可在该按钮的一侧显示相应的功能提示，此时，单击该按钮就可以启动相应的命令了。

（2）工具栏的固定、浮动与打开。工具栏可以在绘图区域浮动（“浮动”工具栏如图 1-8 所示），并可以被关闭。根据具体的绘图需要，学生可以使用鼠标拖动“浮动”工具栏到绘图区域的边界，使它变为“固定”工具栏，也可以把“固定”工具栏拖出，使它变为“浮动”工具栏。

在有些图标的右下角带有一个小三角符号◢，单击该符号即可打开相应的工具下拉列表，按住鼠标左键，将光标移动到某个图标上后松开鼠标左键，此时该图标就为当前图标。单击当前图标（见图 1-9），即可执行相应的命令。

图 1-8 “浮动”工具栏

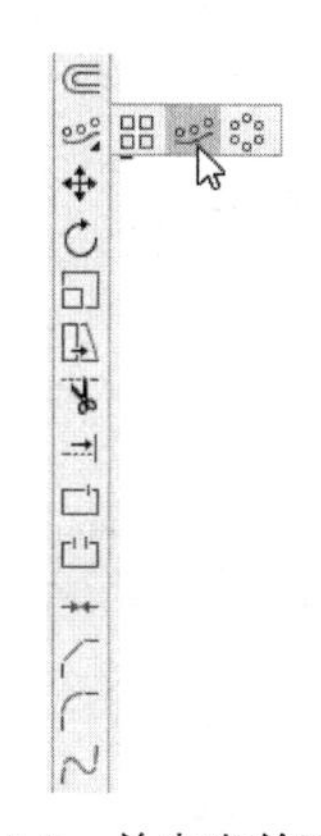

图 1-9 单击当前图标

## 任务二 管理文件

### 任务背景

任何应用软件进入具体操作环节之前，管理文件都是首要熟悉的环节，如新建文件、保存文件、打开文件等。

本任务将介绍管理文件的一些基本操作，包括新建文件、保存文件、打开文件、另存文件等，这些都是 AutoCAD 2024 操作的基础知识。

### 操作步骤

#### 1. 新建文件

在命令行中输入“NEW”或“QNEW”，按 Enter 键，也可以选择“文件”→“新建”命令，还可以单击快速访问工具栏中的“新建”按钮，弹出如图 1-10 所示的“选择样板”对话框，在该对话框中选择一个样板文件（系统默认的是 acadiso.dwt 文件），系统将立即创建新文件。

**注意**

对于样板文件，系统提供了预设好各种参数或进行了初步的标准绘制的文件。

在“文件类型”下拉列表中有三种格式的图形样板，后缀分别是.dwt、.dwg、.dws。

在一般情况下，.dwt 文件是标准的样板文件，通常将一些规定的标准的样板文件设置成.dwt 文件；.dwg 文件是普通的样板文件；而.dws 文件是包含标准图层、标注样式、线型和文字样式的样板文件。

### 2. 保存文件

在命令行中输入“QSAVE”或“SAVE”，按 Enter 键，也可以选择“文件”→“保存”命令，还可以单击快速访问工具栏中的“保存”按钮。执行上述命令后，若文件已命名，则自动保存；若文件未命名（仍为默认名 drawing1.dwg），则打开“图形另存为”对话框（见图 1-11），指定保存路径，输入一个文件名进行保存。在“保存于”下拉列表中可以指定要保存文件的路径；在“文件类型”下拉列表中可以指定要保存文件的类型。

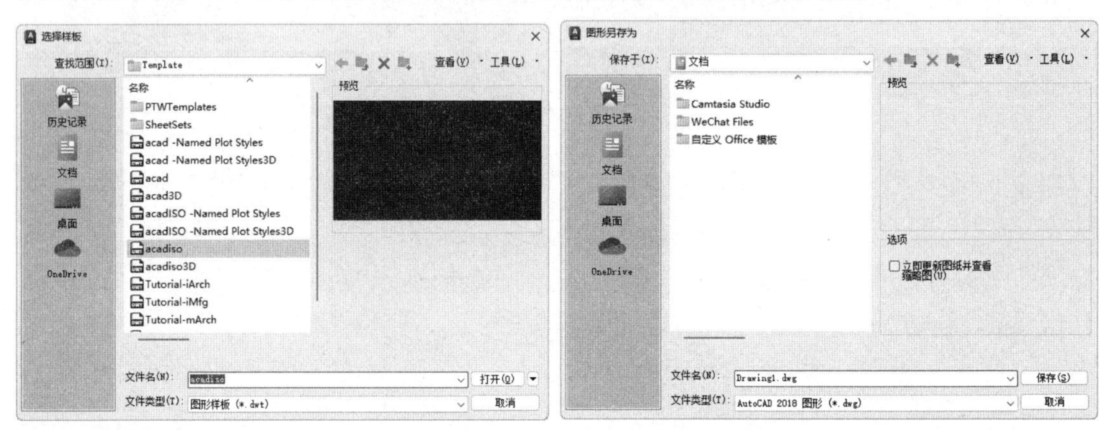


图 1-10 “选择样板”对话框　　　　图 1-11 “图形另存为”对话框

### 3. 打开文件

在命令行中输入“OPEN”，按 Enter 键，也可以选择“文件”→“打开”命令，还可以单击快速访问工具栏中的“打开”按钮。执行上述命令后，打开“选择文件”对话框（见图 1-12），找到刚才保存的文件，单击“打开”按钮，即可打开该文件。

### 4. 另存文件

在命令行中输入“SAVEAS”，按 Enter 键，也可以选择“文件”→“另存为”命令，打开“图形另存为”对话框，将刚才打开的文件，指定路径并命名后保存。

### 5. 退出系统

在命令行中输入“QUIT”或“EXIT”，按 Enter 键，也可以选择“文件”→“退出”命令，还可以单击右上角的“关闭”按钮×。执行上述命令后，若用户对图形进行的修改尚未保存，则会出现如图 1-13 所示的系统警告对话框。单击“是”按钮，系统将保存文件；单击“否”按钮，系统将不保存文件。若用户对图形进行的修改已经保存，则直接退出系统。

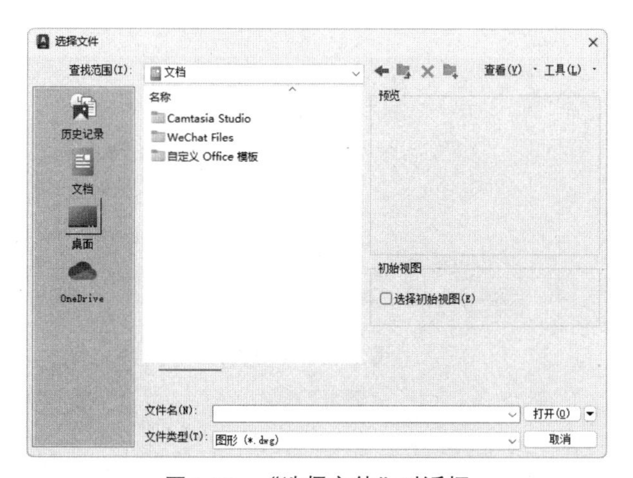


图 1-12 “选择文件”对话框

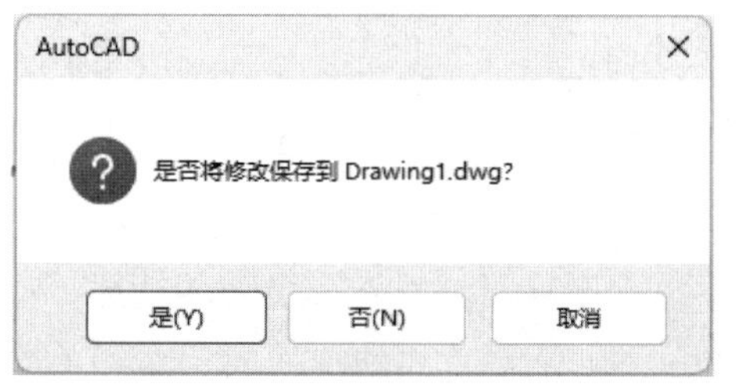


图 1-13 系统警告对话框

# 任务三 显示图形

## 任务背景

在绘制或查看图形时，经常要转换绘制或查看图形的区域，或要查看图形某部分的细节，这时就需要使用图形显示工具。

改变视图的一般方法是使用缩放工具和平移工具。使用它们可以在绘图区域放大或缩小图像，也可以改变观察位置。

本任务将介绍使用 AutoCAD 2024 的平移工具和缩放工具查看图形的具体方法，以便后面在具体绘图过程中转换显示区域和查看图形细节。

## 操作步骤

### 1. 打开文件

单击快速访问工具栏中的“打开”按钮，将源文件中的办公桌图形文件打开，如图 1-14 所示。

### 2. 平移图形

在命令行中输入“PAN”，按 Enter 键，也可以选择“视图”→“平移”→“实时”命令，还可以单击“标准”工具栏中的“实时平移”按钮。执行上述命令后，先按住鼠标左键将光标锁定到当前位置，此时“小手”抓住图形，然后拖曳图形将其移动到所需位置，松开鼠标左键将停止平移图形，如图 1-15 所示。

### 3. 缩放图形

（1）在命令行中输入“Zoom”，按 Enter 键，也可以选择“视图”→“缩放”→“实时”命令，还可以单击“标准”工具栏中的“实时缩放”按钮，或右击，在弹出的快捷菜单中选择“缩放”命令，如图 1-16 所示。出现缩放标记后，向上拖动鼠标，对图形进行实时放大，如图 1-17 所示。

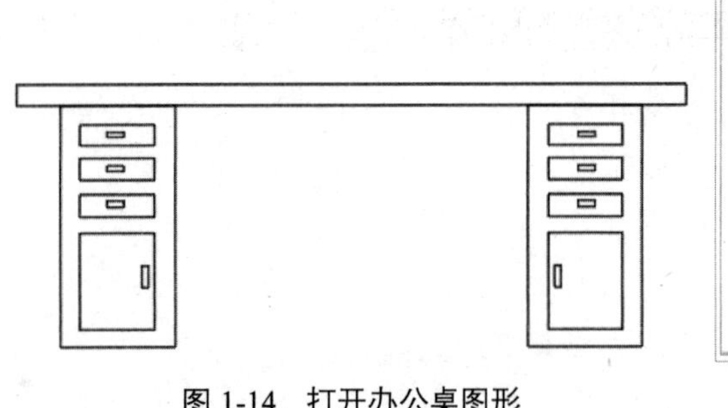

图 1-14　打开办公桌图形

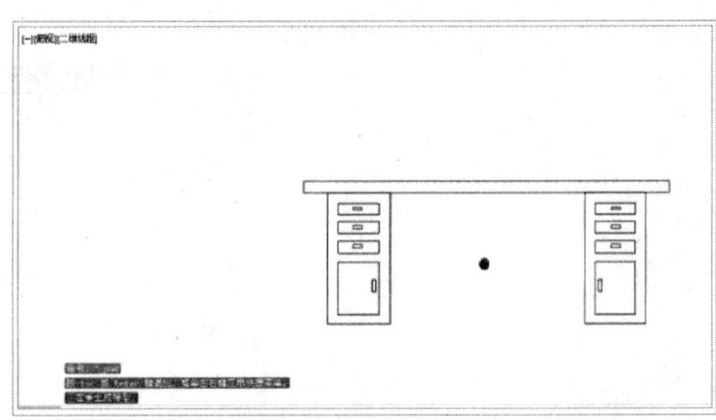

图 1-15　平移图形

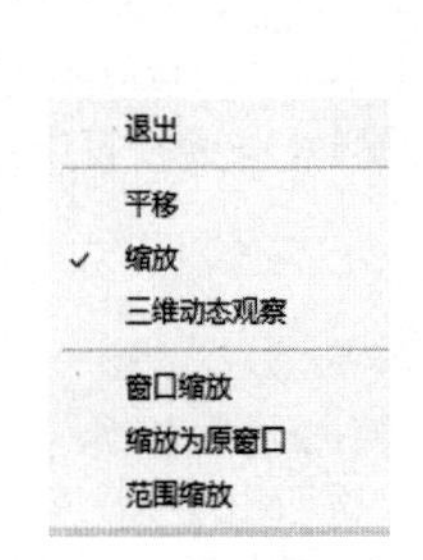


图 1-16　选择“缩放”命令

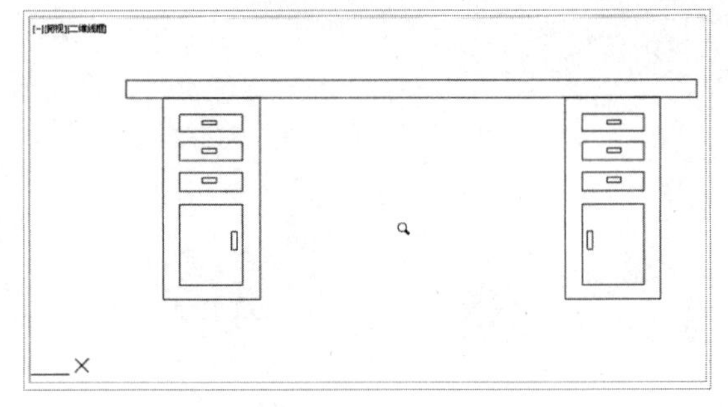

图 1-17　放大图形

（2）单击“标准”工具栏的“缩放”下拉列表中的“窗口缩放”按钮，使用鼠标拖出一个缩放窗口，如图 1-18 所示。单击确认，窗口缩放结果如图 1-19 所示。

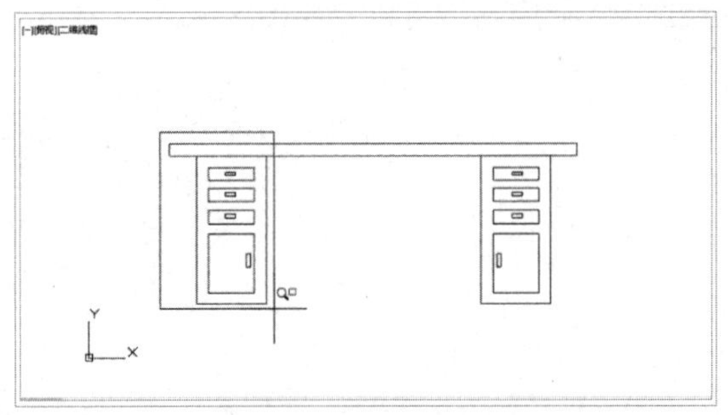

图 1-18　拖出缩放窗口

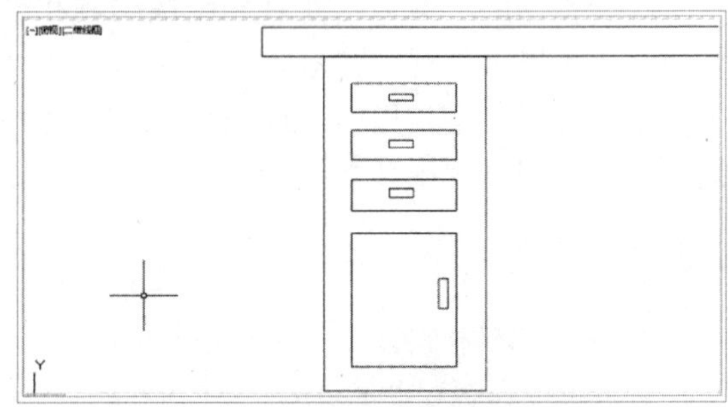

图 1-19　窗口缩放结果

（3）单击“标准”工具栏的“缩放”下拉列表中的“中心缩放”按钮，指定缩放中心点，如图 1-20 所示。在命令行中输入“2X”作为缩放比例，中心缩放结果如图 1-21 所示。

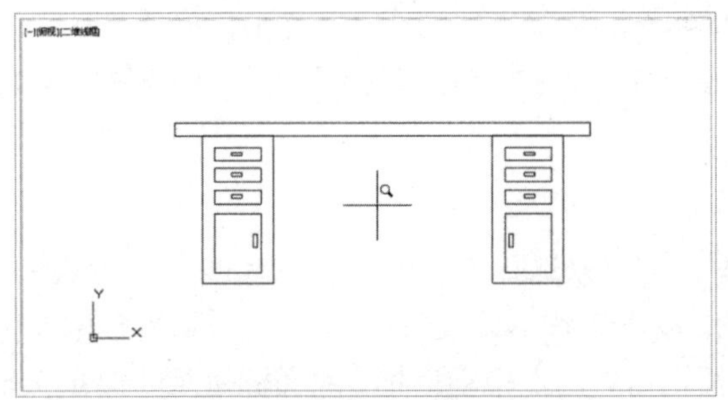

图 1-20　指定缩放中心点

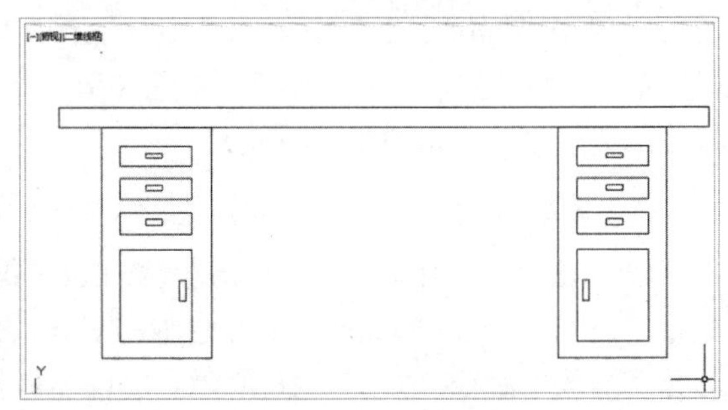

图 1-21　中心缩放结果

（4）单击“标准”工具栏的“缩放”下拉列表中的“缩放上一个”按钮，自动返回上一次缩放的图形窗口，即中心缩放前的图形窗口。

（5）单击“标准”工具栏的“缩放”下拉列表中的“动态缩放”按钮，这时，图形窗口中会出现一个中心有小叉的缩放范围显示框，如图 1-22 所示。

（6）单击，会出现右侧带箭头的缩放范围显示框，如图 1-23 所示。移动鼠标，可以看出，带箭头的缩放范围显示框的大小在变化，变化的缩放范围显示框如图 1-24 所示。再次单击，缩放范围显示框变成带小叉的形式，可以通过再次移动鼠标来平移缩放范围显示框，如图 1-25 所示。

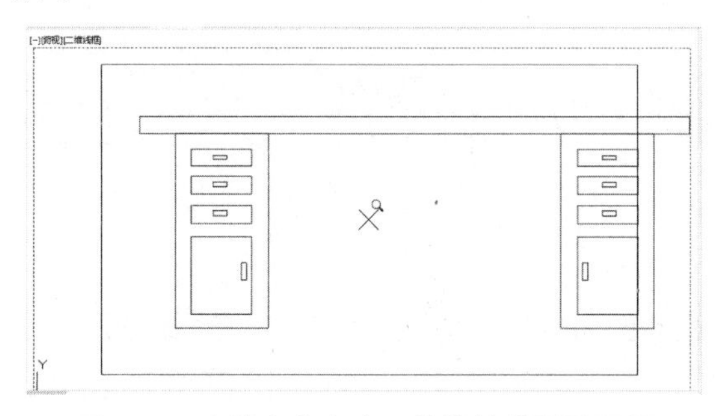

图 1-22　出现中心有小叉的缩放范围显示框

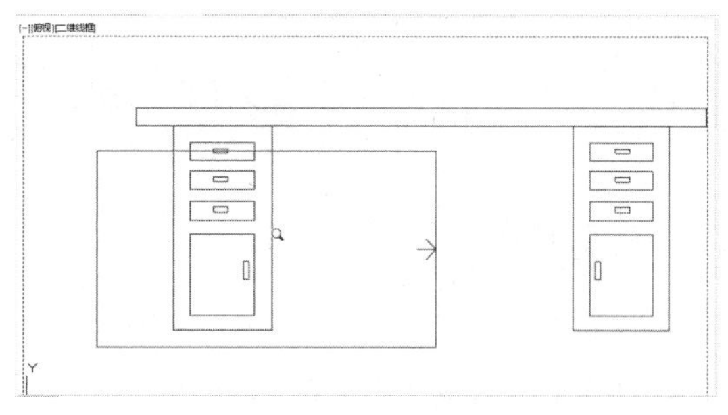

图 1-23　出现右侧带箭头的缩放范围显示框

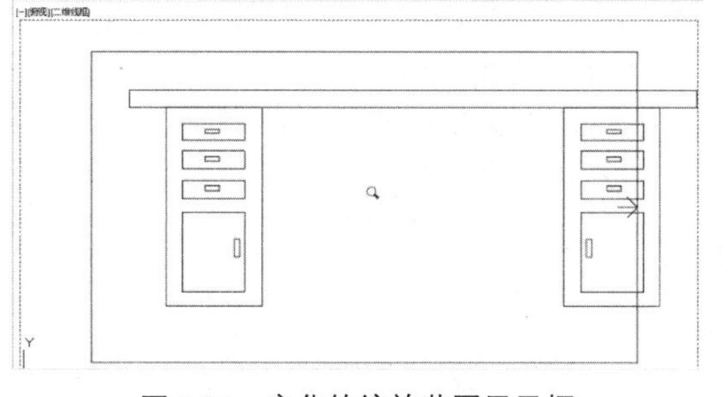

图 1-24　变化的缩放范围显示框

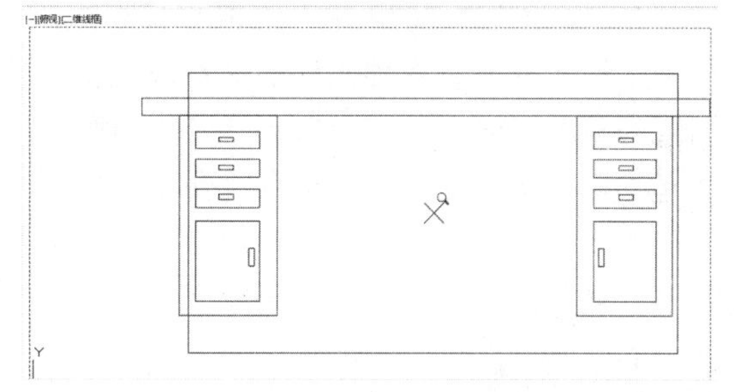

图 1-25　平移缩放范围显示框

按 Enter 键，显示动态缩放后的图形，动态缩放结果如图 1-26 所示。

（7）单击“标准”工具栏的“缩放”下拉列表中的“全部缩放”按钮，显示全部图形，全部图形缩放结果如图 1-27 所示。

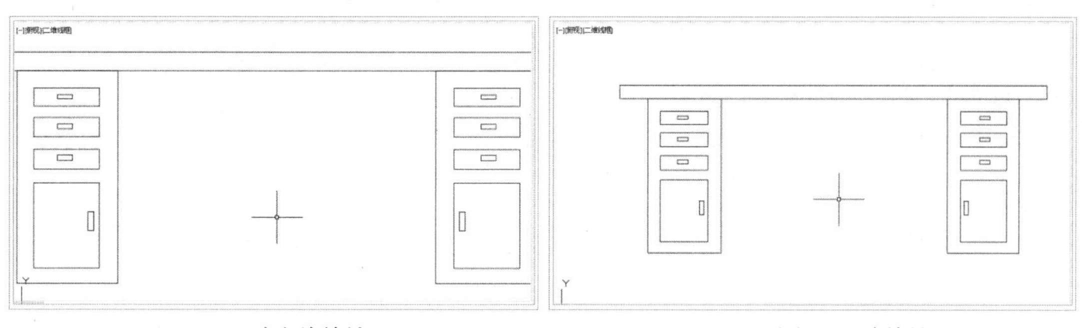

图 1-26　动态缩放结果

图 1-27　全部图形缩放结果

（8）单击“标准”工具栏的“缩放”下拉列表中的“缩放对象”按钮，并框选如图 1-28 所示的范围，进行对象缩放，对象缩放结果如图 1-29 所示。

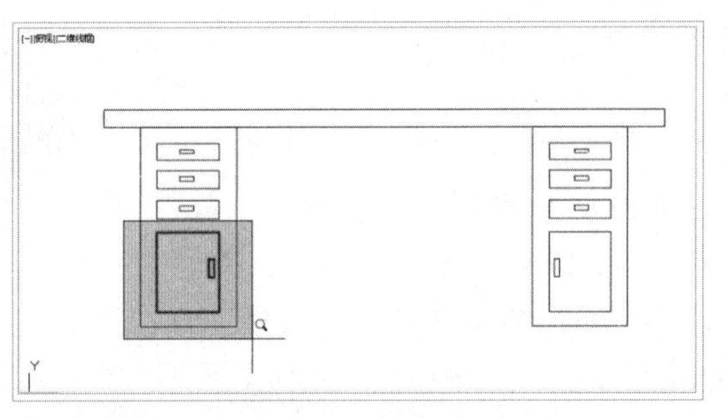

图 1-28　框选范围

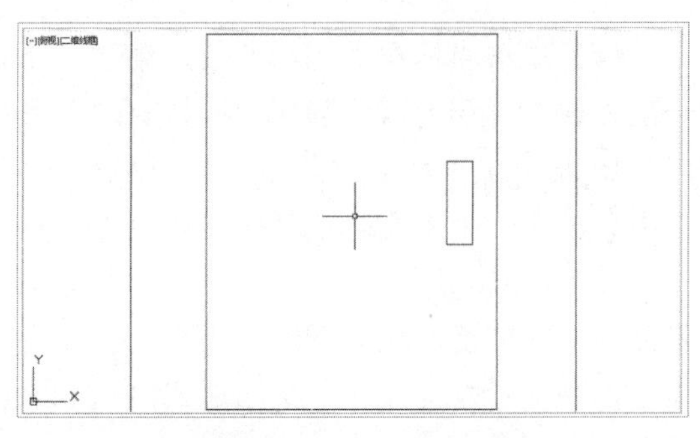

图 1-29　对象缩放结果

# 任务四　绘制小方桌

## 任务背景

为了便于绘图，AutoCAD 2024 提供了尽可能多的命令输入方式，学生可以选择自己习惯使用的命令输入方式进行快速绘图。在指定点的具体坐标等参数时，AutoCAD 2024 也设定了一些固定的格式，只有遵守这些格式输入数据，系统才能准确识别。

在 AutoCAD 2024 中，点的坐标可以用直角坐标、极坐标、球面坐标和柱面坐标表示，每种坐标又都具有两种坐标的命令输入方式：绝对坐标和相对坐标。其中，直角坐标和极坐标较为常用。

本任务将通过绘制一条直线介绍在使用 AutoCAD 2024 绘图时具体的命令输入方式和数据输入格式，并介绍如何使用绘制直线的方法绘制边长为 500（软件默认单位为 mm，后文同）的小方桌。

## 操作步骤

微课

### 1. 直角坐标法输入数据绘制直线

1）绝对坐标输入方式

命令行提示与操作如下。

命令: LINE↙（LINE 命令是“直线”命令，大小写字母都可以，AutoCAD 2024 中不区分大小写，↙表示回车）

指定第一个点: 0,0↙（这里输入的是用直角坐标法输入的点的 X 轴、Y 轴的坐标）

指定下一点或 [放弃(U)]: 15,18↙[表示输入了一个 X 轴、Y 轴的坐标分别为 15 和 18 的点，此为绝对坐标输入方式，表示该点的坐标是相对于当前坐标原点的坐标，如图 1-30（a）所示]

指定下一点或 [放弃(U)]: ↙（直接回车，表示结束当前命令）

**注意**

分隔数据一定要是英文状态下的逗号，否则系统不会准确输入数据。

2）相对坐标输入方式

命令行提示与操作如下。

命令: L↙（L 命令是“直线”命令的快捷输入方式，和“直线”命令的完整输入方式等效）

指定第一个点:10,8↙

指定下一点或 [放弃(U)]: @10,20↙[此为相对坐标输入方式，表示该点的坐标是相对于前一点的坐标，如图 1-30（b）所示]

指定下一点或 [放弃(U)]: ↙（输入 U，表示放弃上一步操作）

### 2. 极坐标法输入数据绘制直线

微课

1）绝对坐标输入方式

单击“默认”选项卡的“绘图”面板中的“直线”按钮╱，命令行提示与操作如下。

命令: _LINE↙（LINE 命令前加一个“_”，表示“直线”命令的菜单或工具栏输入方式，和命令行输入方式等效）
指定第一个点:0,0↙
指定下一点或 [放弃(U)]: 25<50↙[此为绝对坐标输入方式下，极坐标法输入数据的方式，25 表示该点到坐标原点的距离，50 表示该点到坐标原点的连线与 X 轴正向的夹角，如图 1-30（c）所示]
指定下一点或 [放弃(U)]: ↙

2）相对坐标输入方式

单击“默认”选项卡的“绘图”面板中的“直线”按钮╱，命令行提示与操作如下。

命令: _LINE↙
指定第一个点:8,6↙
指定下一点或 [放弃(U)]: @25<45↙[此为相对坐标输入方式下，极坐标法输入数据的方式，25 表示该点到前一点的距离，45 表示该点到前一点的连线与 X 轴正向的夹角，如图 1-30（d）所示]
指定下一点或 [放弃(U)]: ↙

当看不清楚已绘制的直线时，可以在当前命令执行的过程中执行一些显示控制命令，如单击“标准”工具栏中的“实时平移”按钮，命令行提示与操作如下。

命令: '_PAN
按 Esc 键或 Enter 键退出，也可以右击显示快捷菜单

**注意**

命令前面加一个“'”，表示此命令为透明命令。透明命令是指在其他命令执行过程中可以随时插入并执行的命令，执行完透明命令后，系统回到前面执行命令的过程中，不影响原命令的执行。

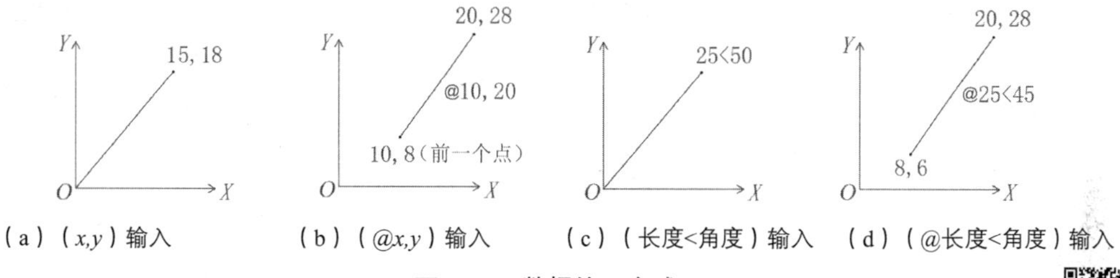

（a）（x,y）输入　（b）（@x,y）输入　（c）（长度<角度）输入　（d）（@长度<角度）输入

图 1-30　数据输入方式

微课

### 3. 直接输入数据绘制直线

在命令行中右击，在弹出的快捷菜单中选择如图 1-31 所示的“最近使用的命令”命令，在打开的“最近使用的命令”子菜单中选择需要的命令。“最近使用的命令”子菜单中储存了最近使用的六个命令，如果经常重复使用某个六次操作以内的命令，那么使用这种方法就比较快速、简捷。

命令行提示与操作如下。

命令: _LINE
指定第一个点:（在屏幕上指定一点）
指定下一点或 [放弃(U)]:

这时可以通过移动鼠标指定直线的方向，但不能通过单击确认，在命令行中输入“10”，按 Enter 键，即可在指定方向上准确地绘制出长度为 10 的直线，如图 1-32 所示。

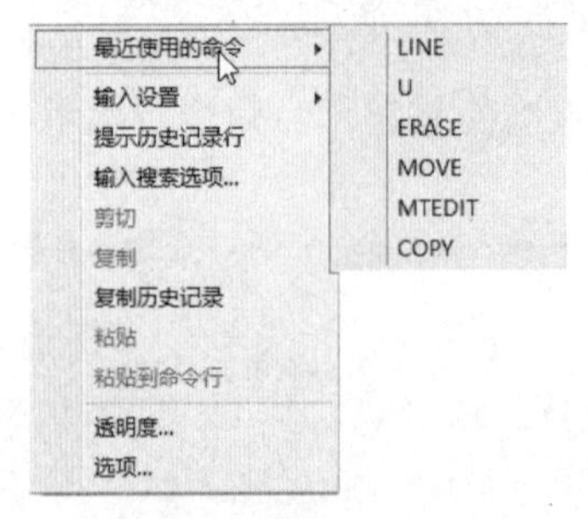


图 1-31　选择“最近使用的命令”命令

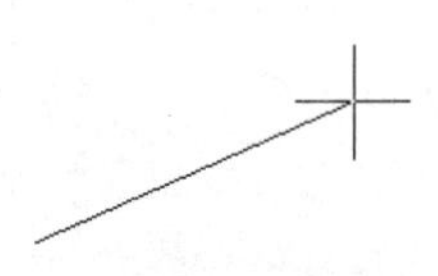

图 1-32　绘制直线

## 4. 输入动态数据绘制直线

微课

（1）单击状态栏中的“动态输入”按钮，打开“动态输入”功能，可以动态地输入某些参数。

例如，绘制直线时，在十字光标附近会动态提示“指定第一个点:”，并在后面出现文本框，指明当前显示的十字光标所在位置，可以输入数据，两个数据之间以逗号隔开，如图 1-33 所示。指定第一个点后，会动态显示直线的角度，同时要求输入直线的长度，如图 1-34 所示。其输入效果与使用“@长度<角度”方式的效果相同。

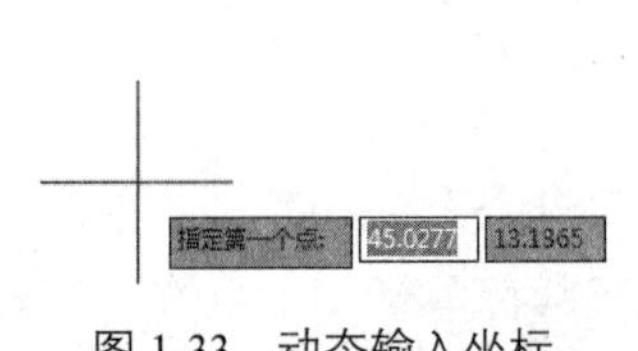


图 1-33　动态输入坐标

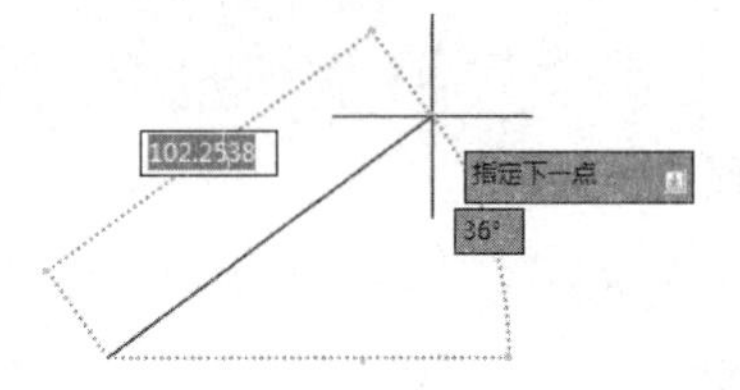


图 1-34　动态输入长度

（2）在命令行直接回车，表示重复执行上一次使用的“直线”命令，在绘图区域指定一点作为直线的起点。

微课

## 5. 绘制小方桌

使用上面几种绘制直线的方法绘制边长为 500 的小方桌。

单击“默认”选项卡的“绘图”面板中的“直线”按钮，命令行提示与操作如下。

```
命令: _LINE↙
指定第一个点:0,0↙
指定下一点或 [放弃(U)]: 0,500↙
指定下一点或 [放弃(U)]: @500,0↙
指定下一点或 [闭合(C)/放弃(U)]: 500<0↙
指定下一点或 [闭合(C)/放弃(U)]: @-500,0↙
指定下一点或 [闭合(C)/放弃(U)]: ↙
```

小方桌的绘制结果如图 1-35 所示。

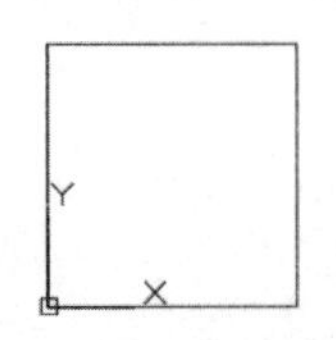


图 1-35　小方桌的绘制结果

# 任务五　模拟试题与上机实验

## 1．选择题

（1）调用 AutoCAD 2024 命令的方法有（　　）。

A．在命令行中输入命令　　B．在命令行中输入命令缩写

C．选择下拉菜单中的命令　　D．单击工具栏中的对应按钮

（2）正常退出 AutoCAD 2024 的方法有（　　）。

A．使用 QUIT 命令　　B．使用 EXIT 命令

C．单击右上角的“关闭”按钮　　D．直接关机

（3）要想改变绘图区域的背景颜色，应该（　　）。

A．在“选项”对话框的“显示”选项卡中的“窗口元素”选项组中单击“颜色”按钮，在弹出的对话框中进行修改

B．在 Windows 的“显示属性”对话框的“外观”选项卡中单击“高级”按钮，在弹出的对话框中进行修改

C．修改变量 SETCOLOR 的值

D．在“常规”选项卡的“特性”选项组中指定填充颜色

（4）下面会将图形进行动态放大的命令是（　　）。

A．ZOOM/(D)　　B．ZOOM/(W)　　C．ZOOM/(E)　　D．ZOOM/(A)

（5）若取世界坐标系的点(70,20)作为坐标原点，则坐标系的点(−20,30)的世界坐标为（　　）。

A．(50,50)　　B．(90,−10)　　C．(−20,30)　　D．(70,20)

（6）要绘制一条直线，已知起点坐标为(57,79)，直线的长度为 173，与 $X$ 轴正向的夹角为 71°，将该直线分为五等份，从起点开始的第一个点的坐标为（　　）。

A．$X=113.3233$，$Y=242.5747$　　B．$X=79.7336$，$Y=145.0233$

C．$X=90.7940$，$Y=177.1448$　　D．$X=68.2647$，$Y=111.7149$

## 2．上机实验

### 实验 1　熟悉操作界面

◆ 目的要求

操作界面是绘图的平台，操作界面的各部分都有其独特的功能，熟悉操作界面有助于快速地进行绘图。本实验要求学生了解操作界面各部分的功能，掌握改变图形窗口颜色和十字光标大小的方法，能够熟练地打开、移动、关闭工具栏。

◆ 操作提示

（1）启动 AutoCAD 2024，进入绘图区域。

（2）调整绘图区域的大小。

（3）设置图形窗口颜色与十字光标大小。

（4）打开、移动、关闭工具栏。

（5）尝试同时使用命令行、下拉菜单和工具栏绘制一条直线。

**实验 2　数据输入**

◆ 目的要求

AutoCAD 2024 人机交互的基本内容是数据输入。本实验要求学生灵活、熟练地掌握各种数据输入的方法。

◆ 操作提示

（1）在命令行中输入 LINE 命令。

（2）输入起点的直角坐标法输入数据的方式下的绝对坐标。

（3）输入下一点的直角坐标法输入数据的方式下的相对坐标。

（4）输入下一点的极坐标法输入数据的方式下的绝对坐标。

（5）输入下一点的极坐标法输入数据的方式下的相对坐标。

（6）使用鼠标直接指定下一点的位置。

（7）单击状态栏中的“正交”按钮，使用鼠标拉出下一点的方向，在命令行中输入数据。

（8）单击状态栏中的“DYN”按钮，拖动鼠标会动态显示角度，拖动到选定的角度后，输入长度。

（9）按 Enter 键，结束直线的绘制操作。

**实验 3　查看平面图的细节**

打开源文件中的咖啡吧装饰平面图图形文件，使用平移工具和缩放工具分别移动、缩放图形。咖啡吧装饰平面图的绘制结果如图 1-36 所示。

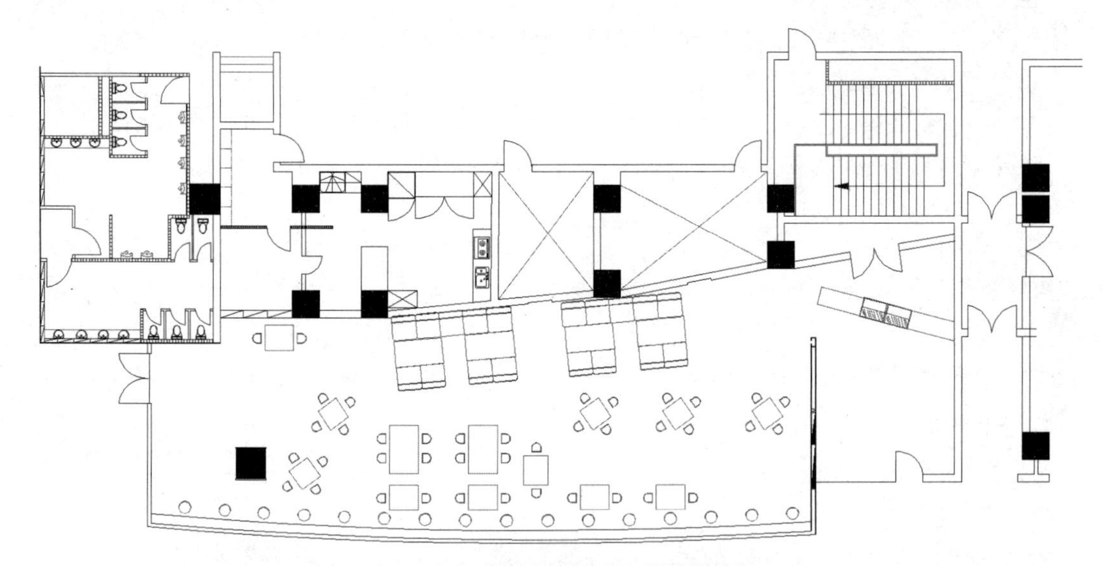

图 1-36　咖啡吧装饰平面图的绘制结果

◆ 目的要求

本实验要求学生熟练地使用各种平移工具和缩放工具灵活地显示图形。

◆ 操作提示

（1）使用平移工具对图形进行平移。

（2）综合使用各种缩放工具对图形细节进行缩放。

# 项目二　绘制室内设计单元

## 学习情境

到目前为止，学生只了解了 AutoCAD 2024 的基本操作环境，熟悉了基本的命令和数据输入的方法，还不知道如何具体绘制各种室内图形，本项目就来解决这个问题。

AutoCAD 2024 提供了大量的绘图工具，用于完成各种室内图形的绘制，具体包括直线、圆、椭圆、椭圆弧、矩形等绘制工具，以及复制、镜像、偏移、阵列、移动、旋转等编辑工具。

## 能力目标

- 掌握“直线”命令。
- 掌握绘制圆类图形的命令。
- 掌握绘制平面类图形的命令。
- 掌握“复制”命令。
- 掌握改变位置类的命令。
- 熟悉“表格”功能。

## 素质目标

- 掌握基本操作：熟练掌握 AutoCAD 2024 中各种绘制工具的使用方法，包括如何绘制直线、圆、多边形等基本图形，以及编辑工具的使用方法，包括如何进行偏移、缩放、修剪等。
- 能够评价与反馈：能够对绘图工具的使用情况，包括基本知识水平、掌握的基本步骤、所绘图形的标准程度等进行评价，这些评价有助于学生不断提高和完善自己的绘图技能。

## 课时安排

10 课时（讲课 4 课时，练习 6 课时）。

## 任务一　绘制折叠门

### 任务背景

所有室内设计图形都是由一些直线和曲线等图形单元组成的，要绘制这些室内设计图形，就要先学会如何绘制这些简单的图形单元。其中，最简单的图形单元是直线，本任务将介绍

“直线”命令的使用方法。

本任务将通过折叠门的绘制过程来介绍“直线”命令的使用方法。通过学习本任务，学生将开始逐步了解简单的室内设计单元的绘制方法。绘制折叠门如图 2-1 所示。

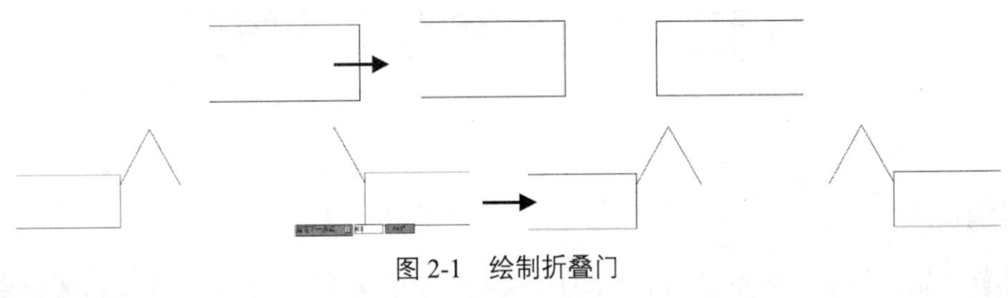

图 2-1　绘制折叠门

微课

## 操作步骤

（1）单击状态栏中的“动态输入”按钮，关闭“动态输入”功能。单击“默认”选项卡的“绘图”面板中的“直线”按钮，绘制直线，命令行提示与操作如下。

命令: LINE↙（在命令行中输入“直线”命令，不区分大小写）
指定第一个点: 0,0↙
指定下一点或 [放弃(U)]: 100,0↙
指定下一点或 [放弃(U)]: 100,50↙
指定下一点或 [闭合(C)/放弃(U)]: 0,50↙
指定下一点或 [闭合(C)/放弃(U)]: ↙（左门框的绘制结果如图 2-2 所示）
命令: _LINE（选择“绘图”→“直线”命令或单击“默认”选项卡的“绘图”面板中的“直线”按钮）
指定第一个点: 440,0↙
指定下一点或 [放弃(U)]: @-100,0↙（相对于直角坐标法输入数据的方式，此方式便于控制直线的长度）
指定下一点或 [放弃(U)]: @0,50↙
指定下一点或 [闭合(C)/放弃(U)]: @100,0↙
指定下一点或 [闭合(C)/放弃(U)]: ↙（右门框的绘制结果如图 2-3 所示）
命令: ↙（直接按 Enter 键表示执行上一次执行的命令）
LINE 指定第一个点: 100,40↙
指定下一点或 [放弃(U)]: @60<60↙（相对于极坐标法输入数据的方式，此方式便于控制直线的长度和倾斜的角度）
指定下一点或 [放弃(U)]: @60<-60↙
指定下一点或 [闭合(C)/放弃(U)]: ↙
命令: L↙（在命令行中输入 LINE 的缩写 L）
指定第一个点: 340,40↙
指定下一点或 [放弃(U)]: @60<120↙
指定下一点或 [放弃(U)]: @60<210↙
指定下一点或 [闭合(C)/放弃(U)]: u↙（上一步执行错误，撤销该操作）
指定下一点或 [放弃(U)]: @60<240↙（也可以单击状态栏中的“动态输入”按钮，在十字光标所在位置为 240°时，动态输入“60”，如图 2-4 所示）
指定下一点或 [闭合(C)/放弃(U)]: ↙（按 Enter 键结束“直线”命令的执行）

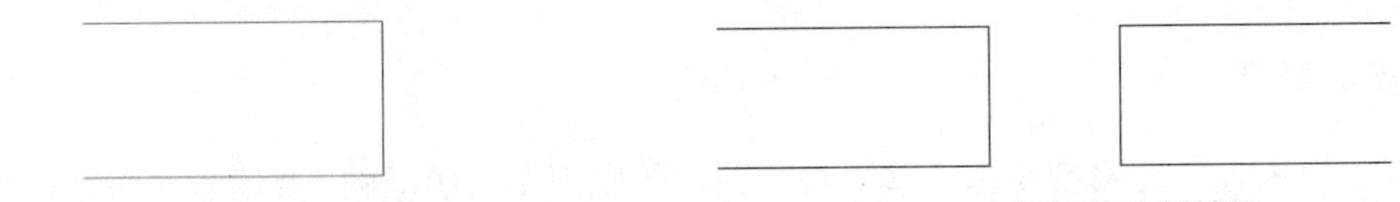

图 2-2　左门框的绘制结果　　　　图 2-3　右门框的绘制结果

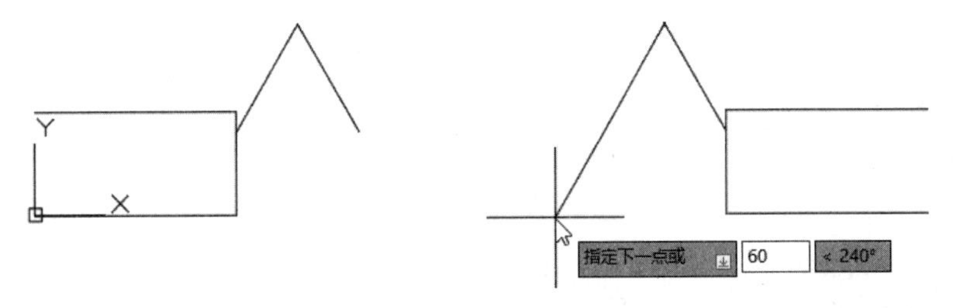


图 2-4 动态输入“60”

（2）折叠门的绘制结果如图 2-1 所示。

## 知识点详解

在上面绘制直线的命令行提示与操作中，主要选项的含义如下。

（1）若按 Enter 键响应“指定第一个点”提示，则系统会把上次绘制直线的终点作为本次绘制直线的起点。若上次操作为绘制圆弧，则按 Enter 键响应后，系统会绘制通过圆弧终点并与该圆弧相切的直线，该直线的长度为十字光标在绘图区域指定的一点与切点之间的距离。

（2）在“指定下一点”提示下，用户可以指定多个端点，从而绘制多条直线。每条直线都是一个独立的对象，都可以进行单独的编辑操作。

（3）绘制两条以上的直线后，若输入选项“C”，按 Enter 键，则系统会响应“指定下一点”提示，并自动连接起点和最后一个端点，从而绘制封闭的图形。

（4）若输入选项“U”，按 Enter 键，则系统会响应提示，并删除最近一次绘制的直线。

（5）若打开“正交”功能（单击状态栏中的“正交”按钮），则只能绘制水平直线或竖直直线。

（6）若设置动态数据输入方式（单击状态栏中的“动态输入”按钮），则可以动态输入坐标或长度，其效果与采用非动态数据输入方式的效果类似。除了特别需要，以后不再强调，只按非动态数据输入方式输入相关数据。

# 任务二 绘制圆凳

## 任务背景

在室内设计单元的绘制过程中，除了要使用基本的“直线”命令绘制直线，还要经常绘制曲线。圆是简单的曲线，AutoCAD 2024 提供了“圆”命令用于绘制圆。

本任务将通过圆凳的绘制过程来介绍“圆”命令的使用方法。通过学习本任务，学生将逐步了解简单的室内设计单元的绘制方法。绘制圆凳如图 2-5 所示。

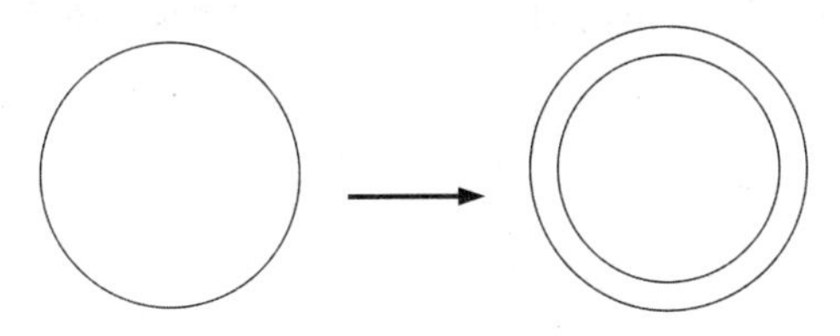

图 2-5 绘制圆凳

## 操作步骤

微课

（1）单击“默认”选项卡的“绘图”面板中的“圆”按钮，绘制圆，命令行提示与操作如下。

```
命令: CIRCLE↙
指定圆的圆心或 [三点(3P)/两点(2P)/切点、切点、半径(T)]: 100,100↙
指定圆的半径或 [直径(D)]: 500↙
```

圆凳的绘制结果如图 2-6 所示。

（2）重复绘制圆的操作，以坐标(100,100)为圆心，绘制半径为 400 的圆，绘制结果如图 2-7 所示。

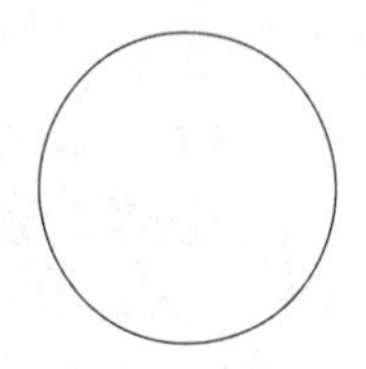

图 2-6　圆凳的绘制结果 1

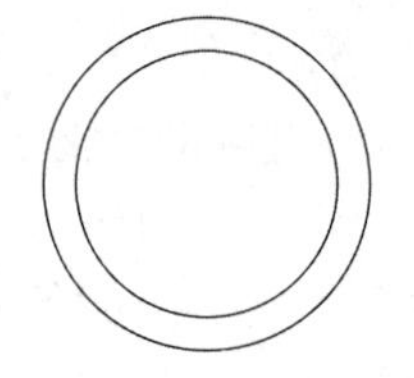

图 2-7　圆凳的绘制结果 2

（3）单击快速访问工具栏中的“保存”按钮，保存图形，命令行提示与操作如下。

```
命令: SAVEAS↙（将绘制完成的图形以“圆凳.dwg”为文件名保存在指定路径中）
```

## 知识点详解

在上面绘制圆的命令行提示与操作中，主要选项的含义如下。

（1）三点(3P)：通过指定圆周上的三点绘制圆。

（2）两点(2P)：通过指定直径的两个端点绘制圆。

（3）切点、切点、半径(T)：通过先指定两个相切对象，再给出半径绘制圆。如图 2-8 所示，给出了以“切点、切点、半径”方式绘制圆的各种情形（其中加粗的圆为最后绘制的圆）。

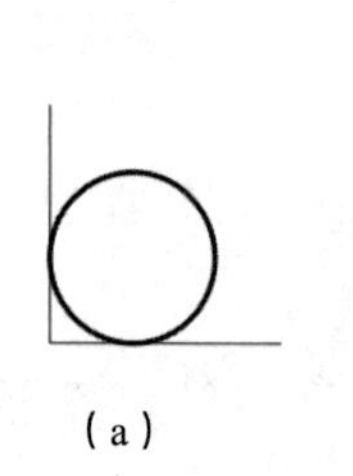

（a）

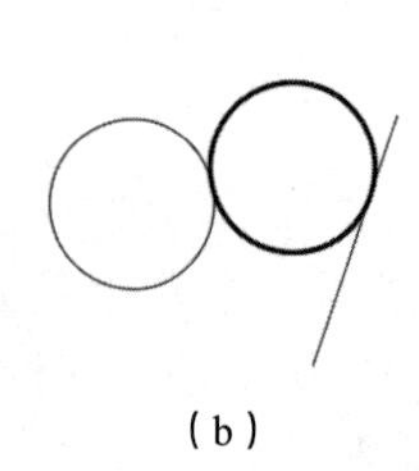

（b）

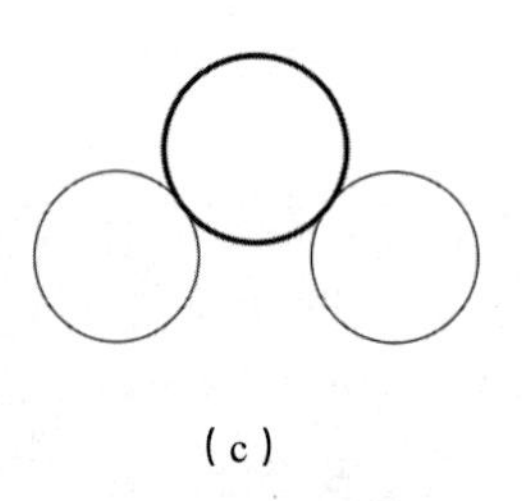

（c）

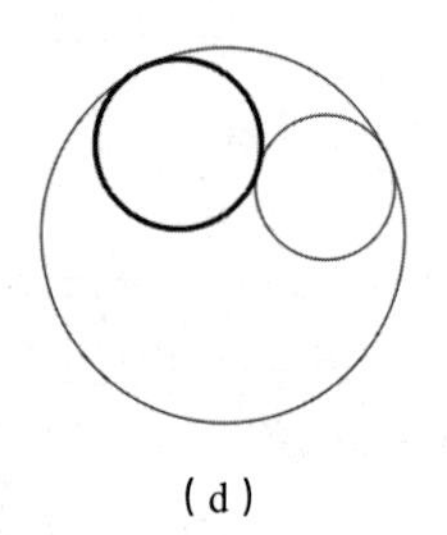

（d）

图 2-8　以“切点、切点、半径”方式绘制圆的各种情形

（4）选择菜单栏中的“绘图”→“圆”命令，此时菜单中多了一个“相切、相切、相切”命令，当选择此命令（见图 2-9）时，系统会提示如下内容。

```
指定圆上的第一个点: _tan 到：（指定相切的第一个圆）
指定圆上的第二个点: _tan 到：（指定相切的第二个圆）
指定圆上的第三个点: _tan 到：（指定相切的第三个圆）
```

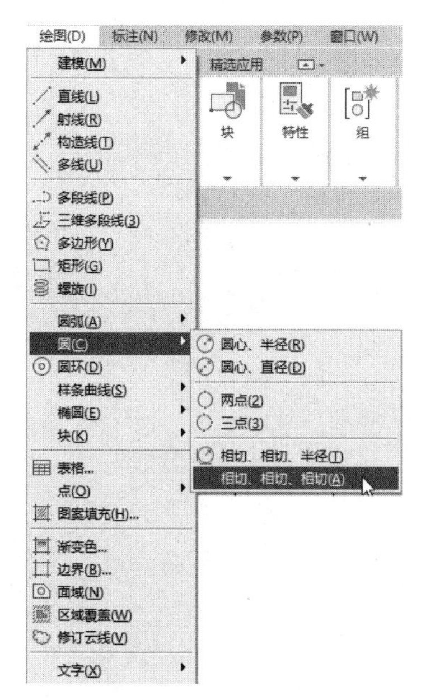


图 2-9　选择“相切、相切、相切”命令

# 任务三　绘制马桶

## 任务背景

在室内设计单元的绘制过程中，除了要使用基本的“直线”命令和“圆”命令分别绘制直线、圆，有时还要绘制椭圆弧，椭圆弧是绘图过程中经常用到的特殊曲线，AutoCAD 2024 提供了“椭圆弧”命令用于绘制椭圆弧。

本任务将通过马桶的绘制过程来介绍“椭圆弧”命令的使用方法，先使用“椭圆弧”命令绘制马桶外沿，然后使用“直线”命令绘制马桶后沿和水箱。绘制马桶如图 2-10 所示。

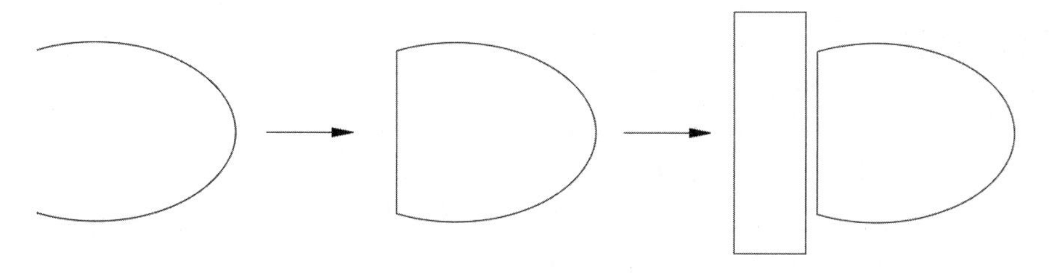

图 2-10　绘制马桶

微课

## 操作步骤

（1）单击“默认”选项卡的“绘图”面板中的“椭圆弧”按钮，绘制椭圆弧作为马桶外沿，命令行提示与操作如下。

```
命令：_ellipse
指定椭圆的轴端点或 [ 圆弧(A)/ 中心点(C)]: a↙
指定椭圆弧的轴端点或 [ 中心点(C)]: c ↙
指定椭圆弧的中心点：↙（指定一点）
```

```
指定轴端点 : ↙（指定一点）
指定另一条半轴的长度或 [ 旋转(R)]: ↙（指定一点）
指定起点角度或 [ 参数(P)]: ↙（指定下面适当位置的一点）
指定终点角度或 [ 参数(P)/ 夹角(I)]: ↙（指定正上方适当位置的一点）
```

马桶外沿的绘制结果如图 2-11 所示。

（2）单击“默认”选项卡的“绘图”面板中的“直线”按钮╱，连接椭圆弧的两个端点。马桶后沿的绘制结果如图 2-12 所示。

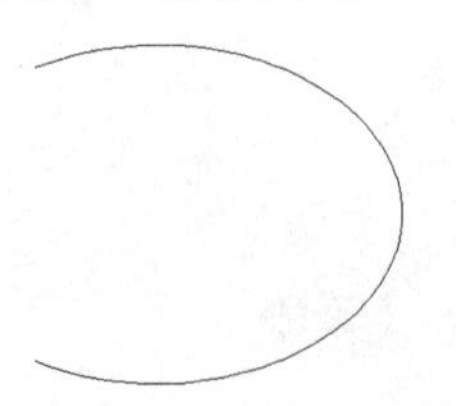

图 2-11　马桶外沿的绘制结果

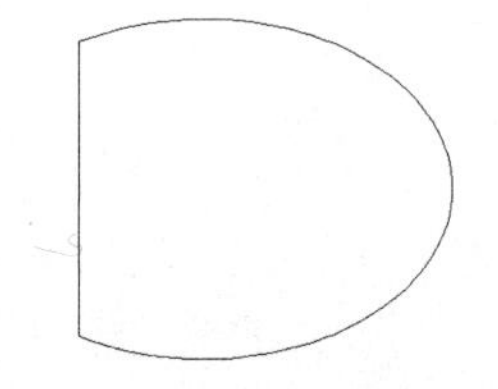

图 2-12　马桶后沿的绘制结果

（3）单击“默认”选项卡的“绘图”面板中的“直线”按钮╱，选取合适的尺寸，在左侧绘制矩形作为水箱。马桶的最终绘制结果如图 2-13 所示。

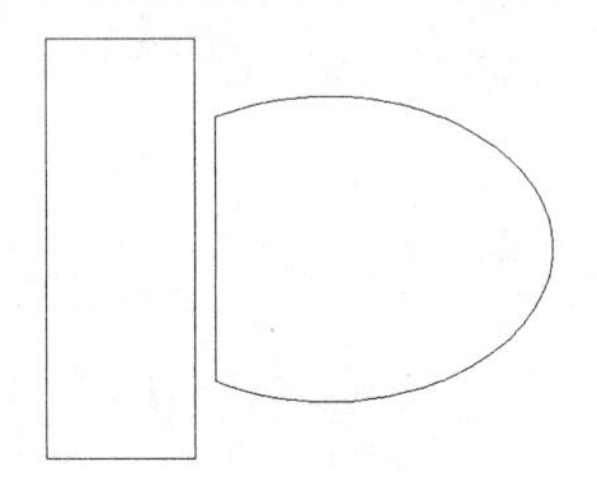

图 2-13　马桶的最终绘制结果

## 注意

本例中在指定起点角度和终点角度的点时不要将两个点的顺序指定反了，这是因为系统默认的旋转方向是逆时针，如果将两个点的顺序指定反了，那么得出的结果可能和预期的结果刚好相反。

## 知识点详解

在上面绘制椭圆弧的命令行提示与操作中，主要选项的含义如下。

（1）指定椭圆弧的轴端点：根据两个端点定义椭圆弧的第一条轴。第一条轴的角度确定了整个椭圆弧的角度。第一条轴既可以定义椭圆弧的长轴又可以定义椭圆弧的短轴。

（2）圆弧(A)：创建椭圆弧。此选项与“绘图”面板的“圆心”下拉菜单中的“椭圆弧”按钮的功能相同。其中，第一条轴的角度确定了椭圆弧的角度。第一条轴既可以定义椭圆弧的长轴又可以定义椭圆弧的短轴。选择该选项，系统会继续提示如下内容。

```
指定椭圆弧的轴端点或 [中心点(C)]:（指定端点或输入 C）
指定轴的另一个端点:（指定另一个端点）
指定另一条半轴的长度或 [旋转(R)]: （指定另一条半轴的长度或输入 R）
指定起点角度或 [参数(P)]:（指定起点角度或输入 P）
指定终点角度或 [参数(P)/夹角(I)]:
```

（3）中心点(C)：通过指定的中心点来创建椭圆。

（4）旋转(R)：通过绕第一条轴旋转圆来创建椭圆，相当于将一个圆绕椭圆轴翻转一个角度后的投影视图。

其中主要选项的含义如下。

① 指定起点角度：指定椭圆弧的轴端点的其中一种方式，十字光标与椭圆中心点连线的夹角为椭圆弧的轴端点的角度，如图 2-14 所示。

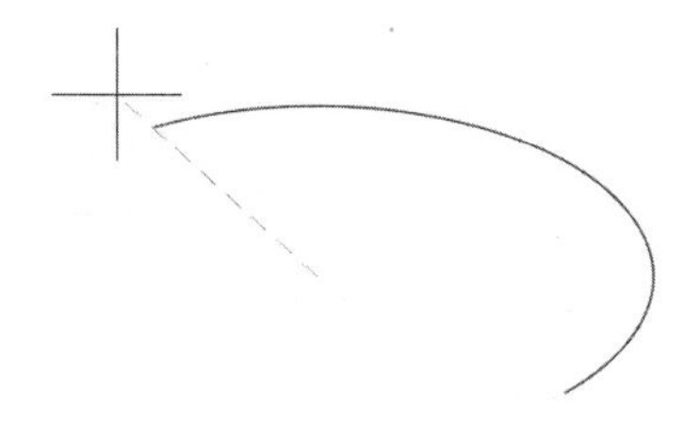

图 2-14 指定椭圆弧的轴端点

② 参数(P)：指定椭圆弧的轴端点的另一种方式，该方式同样用于指定椭圆弧的轴端点的角度，但通过以下矢量参数方程式创建椭圆弧：

$P(u) = c + a* \cos(u) + b* \sin(u)$

其中，$c$ 表示椭圆的中心点；$a$ 和 $b$ 分别表示椭圆的长轴和短轴；$u$ 表示十字光标与椭圆中心点连线的夹角。

③ 夹角(I)：定义从起点角度开始的包含角度。

# 任务四 绘制办公桌

## 任务背景

在绘制室内设计单元中的家具图形时，如果图形中出现了相同的直线需要绘制，那么可以使用“复制”命令来迅速完成，这样可以大大提高绘图效率，简化图形的绘制流程。

本任务将先使用“矩形”命令绘制基本的直线，再使用“复制”命令完成重复直线的绘制。绘制办公桌如图 2-15 所示。

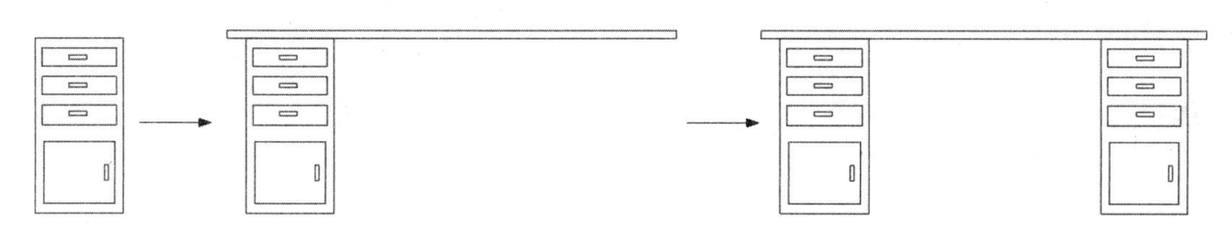

图 2-15 绘制办公桌

微课

## 操作步骤

（1）单击“默认”选项卡的“绘图”面板中的“矩形”按钮 ▭，在合适的位置绘制一个矩形，结果如图 2-16 所示。

（2）单击“默认”选项卡的“绘图”面板中的“矩形”按钮 ▭，在合适的位置绘制一系列的矩形，结果如图 2-17 所示。

（3）单击“默认”选项卡的“绘图”面板中的“矩形”按钮 ▭，在合适的位置绘制一系列的矩形，结果如图 2-18 所示。

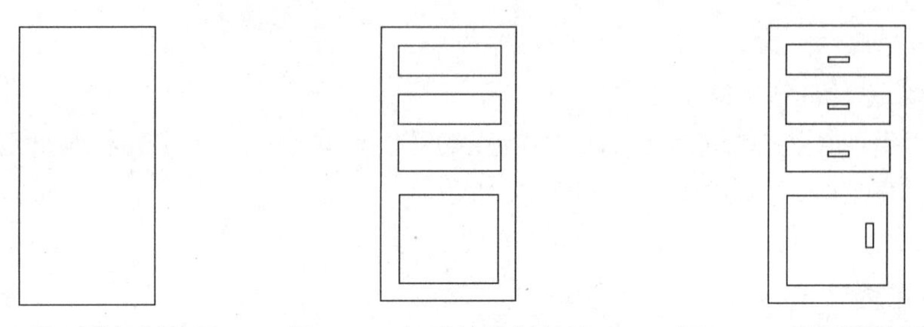

图 2-16 矩形的绘制结果 1　　图 2-17　矩形的绘制结果 2　　图 2-18　矩形的绘制结果 3

（4）单击“默认”选项卡的“绘图”面板中的“矩形”按钮，在合适的位置绘制一个矩形，结果如图 2-19 所示。

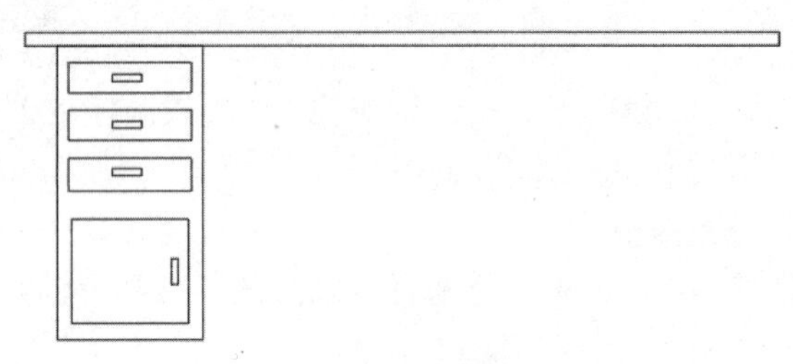

图 2-19　矩形的绘制结果 4

（5）单击“默认”选项卡的“修改”面板中的“复制”按钮，将办公桌左侧的一系列的矩形复制到右侧，完成办公桌的绘制，命令行提示与操作如下。

```
命令: copy↙
选择对象:（选取左侧一系列的矩形）
选择对象:↙
当前设置:  复制模式 = 多个
指定基点或 [位移(D)/模式(O)] <位移>:↙（在左侧一系列的矩形上任意指定一点）
指定第二个点或 [阵列(A)] <使用第一个点作为位移>:↙（打开“正交”功能，指定合适位置的一点）
指定第二个点或 [阵列(A)/退出(E)/放弃(U)] <退出>:↙
```

办公桌的绘制结果如图 2-20 所示。

图 2-20　办公桌的绘制结果

## 知识点详解

在“复制”命令的命令行提示与操作中，主要选项的含义如下。

（1）指定基点：指定一点后，AutoCAD 2024 把该点作为复制对象的基点，并提示如下内容。

```
指定第二个点或 [阵列(A)] <使用第一个点作为位移>:
```

指定第二个点后，系统将根据这两个点确定的位移矢量把选择的对象复制到第二个点处。

如果此时直接按 Enter 键，即选择默认的“使用第一个点作为位移”，那么第一个点被当作相对于 *X* 轴、*Y* 轴、*Z* 轴的位移。例如，如果指定基点坐标为(2,3)并在下一个提示时按 Enter 键，那么该对象从当前位置开始在 *X* 轴方向上移动两个单位，在 *Y* 轴方向上移动三个单位。复制完成后，系统会继续提示如下内容。

```
指定第二个点或 [阵列(A)/退出(E)/放弃(U)] <退出>:
```

这时，可以不断指定新的点，从而实现多重复制。

（2）位移(D)：直接输入位移，表示以选择对象时的拾取点为基准，以沿纵横比的方向移动指定单位所确定的点为基点。例如，选择对象时的拾取点坐标为(2,3)，输入位移为 5，表示以(2,3)为基准、沿纵横比为 3∶2 的方向移动五个单位所确定的点为基点。

（3）模式(O)：控制是否自动重复执行此选项。该设置由变量 COPYMODE 控制。

# 任务五　绘制双扇门和子母门

## 任务背景

在绘制室内设计单元门中的家具图形时，如果图形中出现了对称的图线需要绘制，那么可以使用“镜像”命令来迅速完成。“镜像”命令是一种简单的编辑命令，镜像对象是指把选择的对象围绕一条镜像线进行对称复制。镜像操作完成后，可以保留原对象，也可以删除原对象。

如果图形中出现了形状一样但大小不一样的图线，那么可以使用“缩放”命令来完成。

本任务将先使用“矩形”命令、“圆弧”命令绘制一侧的图形，再使用“镜像”命令绘制另一侧的图形，完成双扇门的绘制；使用“缩放”命令，将两侧图形进行不同比例的缩放，完成子母门的绘制。绘制双扇门和子母门如图 2-21 所示。

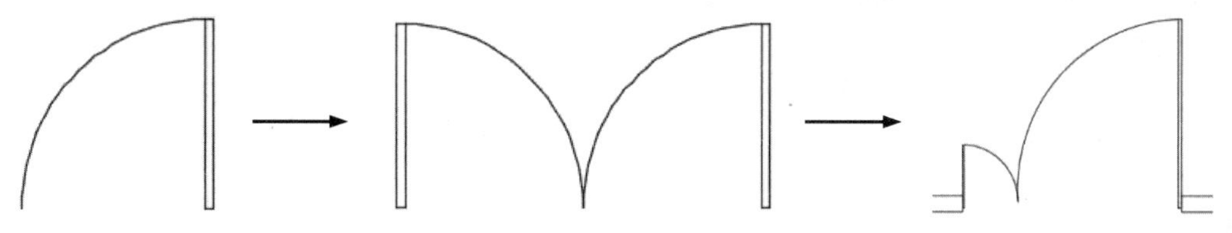

图 2-21　绘制双扇门和子母门

微课

## 操作步骤

（1）单击“默认”选项卡的“绘图”面板中的“矩形”按钮，输入相对坐标“@50,1000”，在绘图区域的适当位置绘制尺寸为 50×1000 的矩形作为门扇。

（2）单击“默认”选项卡的“绘图”面板中的“圆弧”按钮，命令行提示与操作如下。

```
命令: _arc 指定圆弧的起点或 [圆心(C)]: C ↙
指定圆弧的圆心: ↙（使用鼠标捕捉矩形的右下角点）
指定圆弧的起点: ↙（使用鼠标捕捉矩形的右上角点）
指定圆弧的端点或 [角度(A)/弦长(L)]: ↙（使用鼠标向左在水平直线上拾取一点）
```

这样，单扇门就绘制好了，结果如图 2-22 所示。

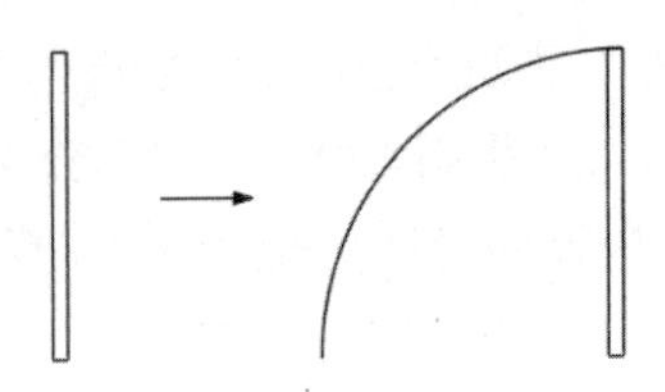

图 2-22　单扇门的绘制结果

（3）通过镜像对上述单扇门进行处理后即可得到双扇门。单击“默认”选项卡的“修改”面板中的“镜像”按钮⚠，选择单扇门，选取单扇门圆弧的下端点作为镜像的第一个点，选取该点垂直向上或向下的任意一点为镜像的第二个点。双扇门的绘制结果如图 2-23 所示。需要注意的是，应事先按 F8 键打开“正交”功能，命令行操作与提示如下。

```
命令: _mirror↙
选择对象: 指定对角点: 找到两个（框选单扇门）
选择对象:↙
指定镜像线的第一个点:↙（捕捉单扇门圆弧的下端点）
指定镜像线的第二个点:↙（捕捉垂直向上或向下的任意一点）
要删除源对象吗? [是(Y)/否(N)] <N>:↙
```

（4）单击“默认”选项卡的“修改”面板中的“缩放”按钮，对左、右两侧的单扇门分别进行缩放，命令行提示与操作如下。

```
命令: SCALE
选择对象: （框选左侧的单扇门）
选择对象: ↙
指定基点: ↙（捕捉左、右两侧的单扇门圆弧的交点）
指定比例因子或 [复制(C)/参照(R)]: 0.5↙
命令: SCALE
选择对象: （框选右侧的单扇门）
选择对象: ↙
指定基点: ↙（捕捉左、右两侧的单扇门圆弧的交点）
指定比例因子或 [复制(C)/参照(R)]: 1.5↙
```

最终绘制结果如图 2-24 所示。

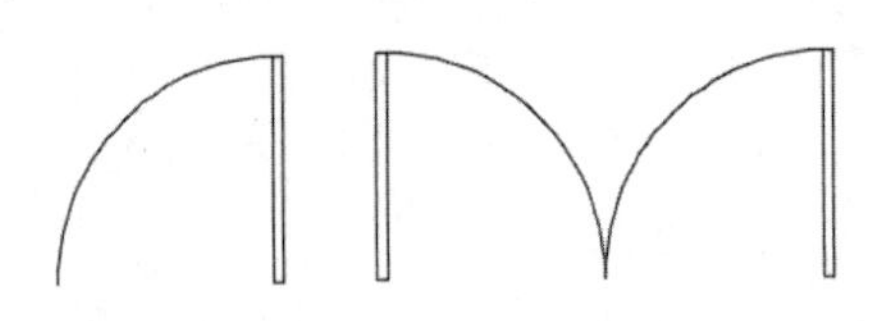

图 2-23　双扇门的绘制结果

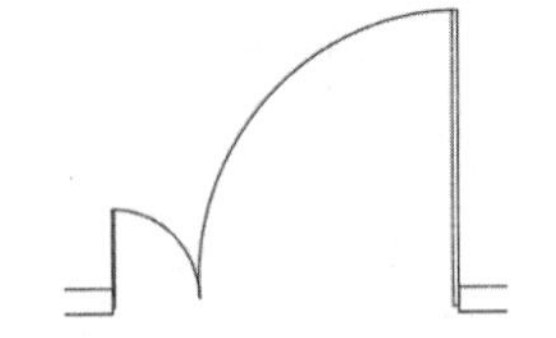

图 2-24　最终绘制结果

## 知识点详解

（1）采用参照方向缩放对象时系统提示如下内容。

```
指定参照长度 <1>:（指定参照长度）
指定新的长度或 [点(P)] <1.0000>:（指定新的长度）
```

若新的长度大于参照长度，则放大对象；否则，缩小对象。操作完成后，系统将以指定基点按指定比例因子缩放对象。如果选择“点(P)”选项，那么指定两点来定义新的长度。

（2）使用移动鼠标的方法缩放对象：选择对象并指定基点后，从基点到当前十字光标所在位置会出现一条直线，这条直线的长度即比例因子。移动鼠标，所选对象会动态地随着这条直线长度的变化而缩放，按 Enter 键会确认缩放操作。

（3）选择“复制(C)”选项：复制缩放对象，即缩放对象后保留原对象，如图 2-25 所示。

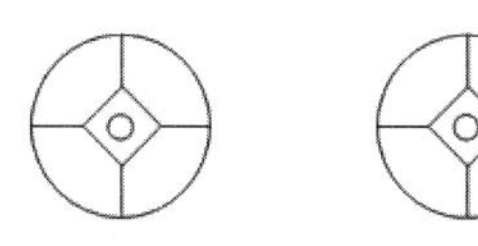

缩放前　　　　缩放后

图 2-25　复制缩放对象

# 任务六　绘制木格窗

## 任务背景

在绘制室内设计单元中的家具图形时，如果图形中出现了形状相同的图线需要绘制，那么可以使用“偏移”命令来迅速完成。偏移对象是指保持选择的对象，可以在不同的位置以不同的尺寸大小新建一个对象。

如果图形中出现了图线需要重复绘制，那么可以使用“矩形阵列”命令来迅速完成。

本任务将先使用“矩形”命令绘制一个矩形，再使用“偏移”命令、“镜像”命令、“矩形阵列”命令完成重复矩形的绘制。木格窗的绘制结果如图 2-26 所示。

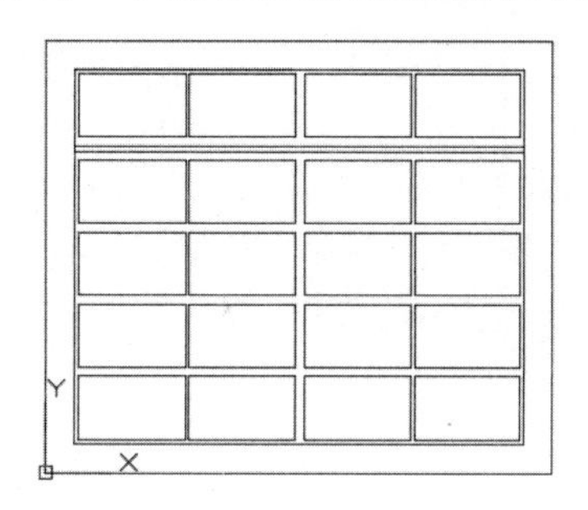

图 2-26　木格窗的绘制结果

微课

## 操作步骤

（1）单击“默认”选项卡的“绘图”面板中的“矩形”按钮 ▭，绘制角点坐标为{(0,0),(1800,1500)}的矩形，结果如图 2-27 所示。

（2）单击“默认”选项卡的“修改”面板中的“偏移”按钮 ⋐，将矩形向内偏移 100，命令行提示与操作如下。

```
命令: _offset
当前设置: 删除源=否　图层=源　OFFSETGAPTYPE=0
指定偏移距离或 [通过(T)/删除(E)/图层(L)] <1.0000>: 100↙
选择要偏移的对象,或 [退出(E)/放弃(U)] <退出>:↙（选择上一步绘制的矩形）
指定要偏移的那一侧上的点,或 [退出(E)/多个(M)/放弃(U)] <退出>:↙（在矩形内单击）
选择要偏移的对象,或 [退出(E)/放弃(U)] <退出>:↙
```

矩形的偏移结果如图 2-28 所示。

（3）单击“默认”选项卡的“绘图”面板中的“矩形”按钮 ▭，绘制角点坐标分别为

{(115,115),(495,335)}和{(505,115),(885,335)}的矩形，结果如图 2-29 所示。

（4）单击“默认”选项卡的“修改”面板中的“镜像”按钮⚠，进行镜像操作，结果如图 2-30 所示。

（5）单击“默认”选项卡的“修改”面板中的“矩形阵列”按钮▦，选择上述步骤中绘制的四个矩形作为阵列对象，输入行数为 5、列数为 1、行间距为 250，命令行提示与操作如下。

```
命令: _arrayrect
选择对象:（选择四个矩形）
类型 = 矩形  关联 = 是
选择夹点以编辑阵列或 [关联(AS)/基点(B)/计数(COU)/间距(S)/列数(COL)/行数(R)/层数(L)/退出(X)] <退出>: AS↙
创建关联阵列 [是(Y)/否(N)] <是>: N↙
选择夹点以编辑阵列或 [关联(AS)/基点(B)/计数(COU)/间距(S)/列数(COL)/行数(R)/层数(L)/退出(X)] <退出>: R↙
输入行数或 [表达式(E)] <3>: 5↙
指定行数之间的距离或 [总计(T)/表达式(E)] <330>: 250↙
指定行数之间的标高增量或 [表达式(E)] <0>:↙
选择夹点以编辑阵列或 [关联(AS)/基点(B)/计数(COU)/间距(S)/列数(COL)/行数(R)/层数(L)/退出(X)] <退出>: COL↙
输入列数或 [表达式(E)] <4>: 1↙
指定列数之间的距离或 [总计(T)/表达式(E)] <2355>:↙
选择夹点以编辑阵列或 [关联(AS)/基点(B)/计数(COU)/间距(S)/列数(COL)/行数(R)/层数(L)/退出(X)] <退出>:↙
```

矩形阵列的结果如图 2-31 所示。

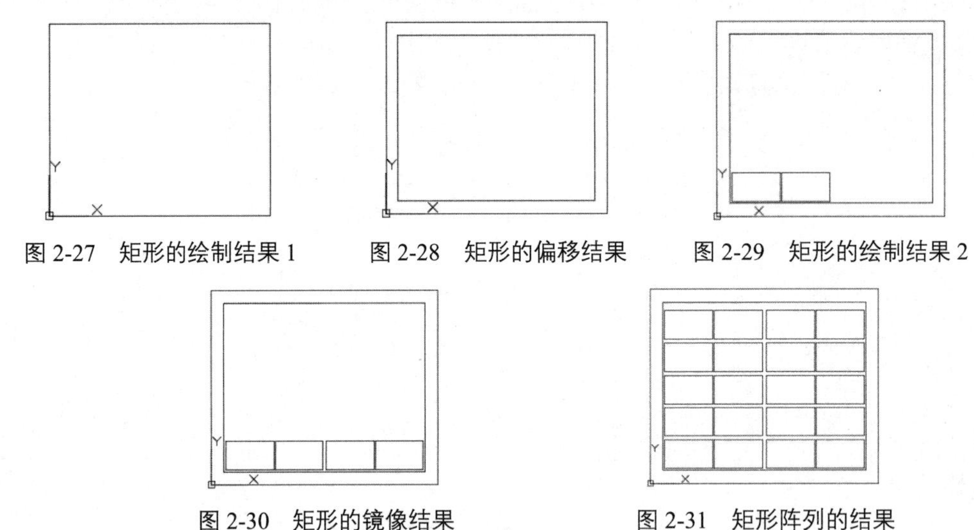

图 2-27　矩形的绘制结果 1　　图 2-28　矩形的偏移结果　　图 2-29　矩形的绘制结果 2

图 2-30　矩形的镜像结果　　图 2-31　矩形阵列的结果

（6）使用夹点编辑功能，调整最上面一行的矩形的位置，将矩形向上移动 35，如图 2-32 所示。

（7）采用同样的方法，调整右侧矩形的位置，如图 2-33 所示。

（8）单击“默认”选项卡的“绘图”面板中的“直线”按钮╱，绘制两条水平直线，命令行提示与操作如下。

```
命令: _LINE
指定第一个点: from ↙
基点: （选择尺寸为 1800×1500 的矩形的左上角点）
<偏移>: @100,-375↙
指定下一点或 [放弃(U)]:（打开“正交”功能，绘制水平直线）
```

（9）单击“默认”选项卡的“修改”面板中的“偏移”按钮⊆，将上一步绘制的水平直线向下偏移 20，最终绘制结果如图 2-26 所示。

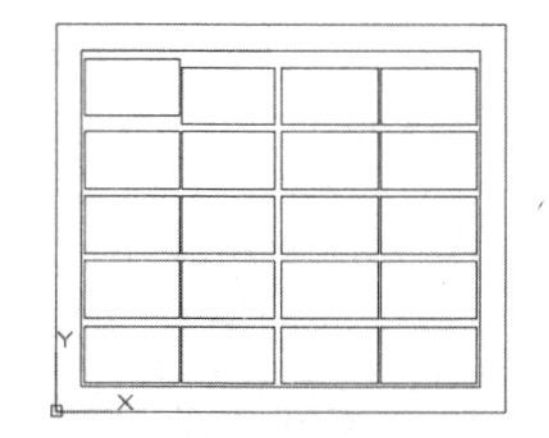


图 2-32 调整矩形的位置 1

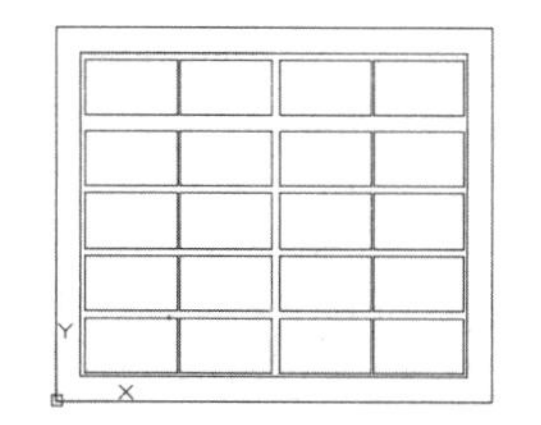


图 2-33 调整矩形的位置 2

**注意**

可以使用“偏移”命令对直线、圆弧、圆等对象进行指定距离的偏移复制。在实际应用中，常使用“偏移”命令的特性创建平行线或等距离分布图形，其效果与使用“矩形阵列”命令的效果相同。在默认情况下，需要先指定偏移距离，再选择要偏移复制的对象，之后指定偏移方向，以复制出对象。

## 知识点详解

在“矩形阵列”命令的命令行提示与操作中，主要选项的含义如下。

（1）关联(AS)：指定是否在阵列中创建项目作为关联阵列对象，或作为独立对象。

（2）基点(B)：指定阵列的基点。

（3）计数(COU)：指定阵列的数目。

（4）间距(S)：指定阵列对象间的距离。

（5）列数(COL)：指定阵列的列数。

（6）行数(R)：指定阵列的行数。

（7）层数(L)：指定阵列的层数。

（8）退出(X)：退出命令。

# 任务七 绘制书柜

## 任务背景

在绘制室内设计单元中的家具图形时，有时需要按指定要求改变当前图形或图形某部分的位置，这时可以使用“移动”命令、“旋转”命令等来迅速完成。

本任务将先使用“矩形”命令绘制书柜外轮廓和书，再使用“矩形阵列”命令绘制多本书，之后使用“旋转”命令旋转最后两本书，最后使用“移动”命令调整最后两本书的位置。书柜的绘制结果如图 2-34 所示。

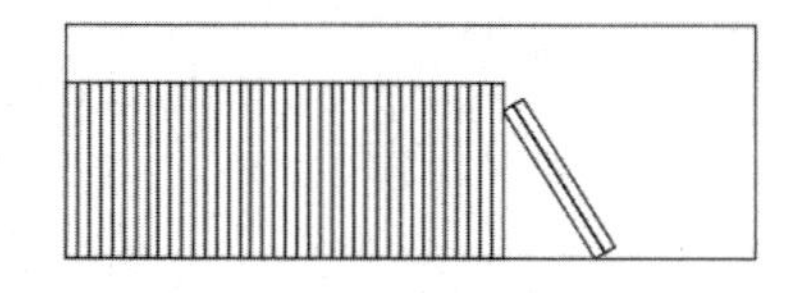

图 2-34 书柜的绘制结果

## 操作步骤

微课

（1）单击“默认”选项卡的“绘图”面板中的“矩形”按钮 ▭，绘制尺寸为1200×400 的矩形作为书柜外轮廓，结果如图 2-35 所示。

（2）单击“默认”选项卡的“绘图”面板中的“矩形”按钮 ▭，以书柜外轮廓的左下角点为矩形的第一个角点，绘制尺寸为 20×300 的矩形作为书，结果如图 2-36 所示。

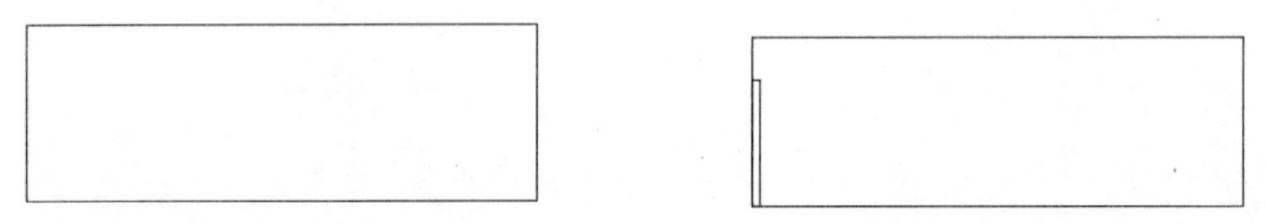

图 2-35　书柜外轮廓的绘制结果　　　　图 2-36　书的绘制结果

（3）单击“默认”选项卡的“修改”面板中的“矩形阵列”按钮 ⊞，将矩形进行阵列，命令行提示与操作如下。

```
命令: _arrayrect
选择对象: （选择矩形）
类型 = 矩形  关联 = 否
选择夹点以编辑阵列或 [关联(AS)/基点(B)/计数(COU)/间距(S)/列数(COL)/行数(R)/层数(L)/退出(X)] <退出>: R↙
输入行数或 [表达式(E)] <3>: 1↙
指定行数之间的距离或 [总计(T)/表达式(E)] <450>:↙
指定行数之间的标高增量或 [表达式(E)] <0>:↙
选择夹点以编辑阵列或 [关联(AS)/基点(B)/计数(COU)/间距(S)/列数(COL)/行数(R)/层数(L)/退出(X)] <退出>: COL↙
输入列数或 [表达式(E)] <4>: 40↙
指定列数之间的距离或 [总计(T)/表达式(E)] <30>: 20↙
```

矩形阵列的结果如图 2-37 所示。

（4）单击“默认”选项卡的“修改”面板中的“旋转”按钮 ↻，旋转阵列的最后两个矩形，命令行提示与操作如下。

```
命令: _rotate
UCS 当前的正角方向: ANGDIR=逆时针  ANGBASE=0
选择对象:（选择两个矩形）↙
选择对象: ↙
指定基点:（选择书的左上角点）↙
指定旋转角度，或 [复制(C)/参照(R)] <0>:25↙
```

矩形的旋转结果如图 2-38 所示。

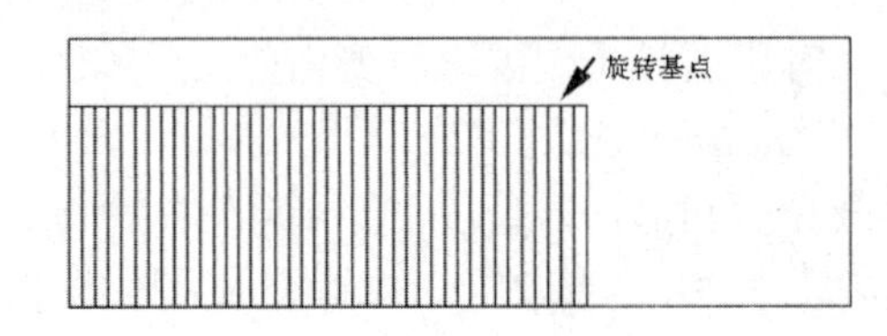


图 2-37　矩形阵列的结果

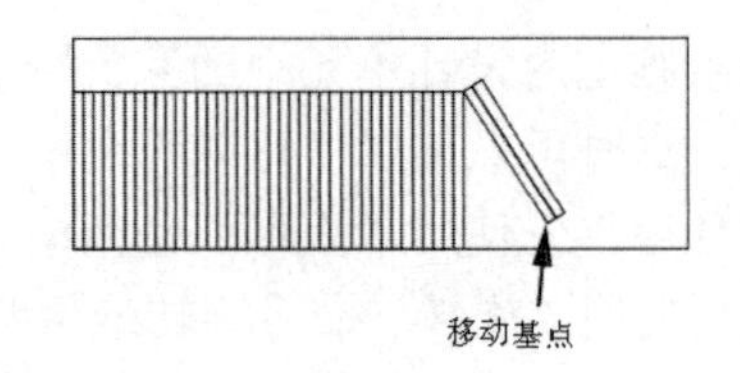


图 2-38　矩形的旋转结果

（5）单击“默认”选项卡的“修改”面板中的“移动”按钮 ✥，将旋转的图形向下移动，书的左下角点为移动基点，命令行提示与操作如下。

```
命令: _move
选择对象: （选择最后两本书）
```

选择对象:
指定基点或 [位移(D)] <位移>:（书的左下角点）
指定第二个点或 <使用第一个点作为位移>:（打开“正交”功能，在追踪线的提示下，选择追踪线和书柜的交点）

移动后的图形如图 2-34 所示。

## 知识点详解

在上面的“旋转”命令的命令行提示与操作中，主要选项的含义如下。

### 1. 复制(C)

选择此选项，在旋转对象时，会保留原对象。复制旋转对象如图 2-39 所示。

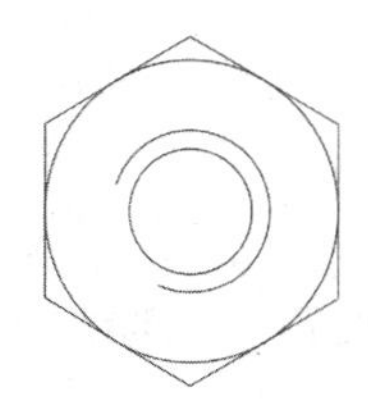
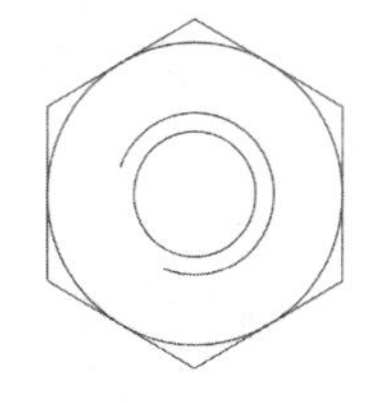
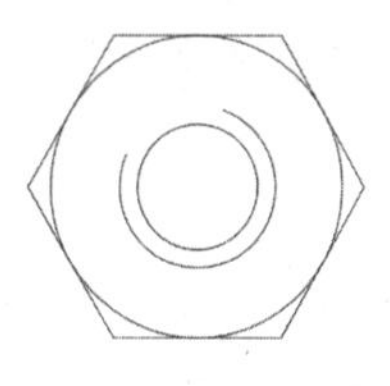

图 2-39 复制旋转对象

### 2. 参照(R)

选择此选项，在旋转对象时，系统会提示如下内容。

指定参照角 <0>:（指定要参考的角度，默认值为 0）
指定新的角度:（输入旋转后的角度）

操作完成后，对象被旋转至指定的角度位置。

## 注意

可以使用移动鼠标的方法旋转对象。选择对象并指定基点后，从基点到当前十字光标所在位置会出现一条直线，移动鼠标，选择的对象会动态地随着该直线与水平方向的夹角的变化而旋转，按 Enter 键确认旋转操作。旋转对象如图 2-40 所示。

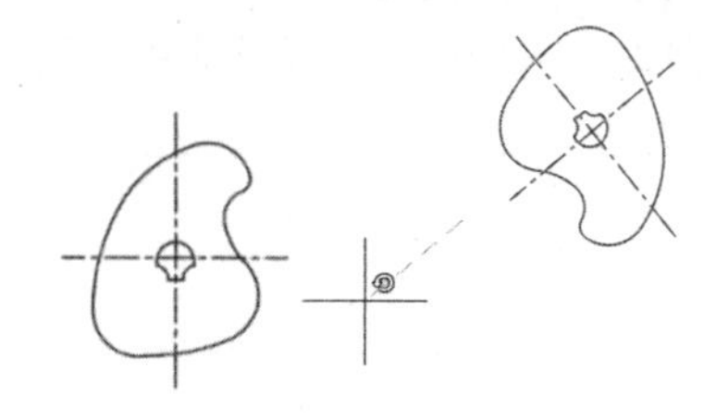

图 2-40 旋转对象

# 任务八 绘制镂空屏风

## 任务背景

在绘制室内设计单元中的家具图形时，当已绘制的图线过长或超出需要的范围时，可以使用“修剪”命令把多余的图线修剪掉。

本任务将先使用“直线”命令绘制屏风的轮廓，再使用“偏移”命令绘制水平直线和竖直直线，作为屏风的水平分隔线和竖直分隔线，最后使用“修剪”命令将多余的图线修剪掉。镂空屏风的绘制结果如图 2-41 所示。

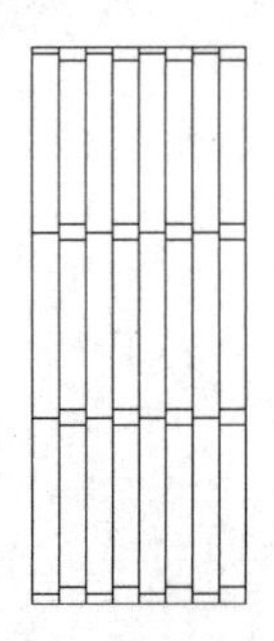

图 2-41　镂空屏风的绘制结果

## 操作步骤

（1）单击“默认”选项卡的“绘图”面板中的“直线”按钮╱，绘制尺寸为 600×1500 的矩形，结果如图 2-42 所示。

（2）单击“默认”选项卡的“修改”面板中的“偏移”按钮⋐，将左侧竖直直线向右偏移 7 次，偏移距离为 75，结果如图 2-43 所示。

（3）单击“默认”选项卡的“修改”面板中的“偏移”按钮⋐，将水平直线向上偏移到适当位置，结果如图 2-44 所示。

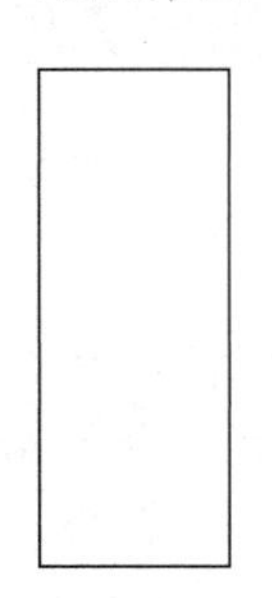

图 2-42　矩形的绘制结果

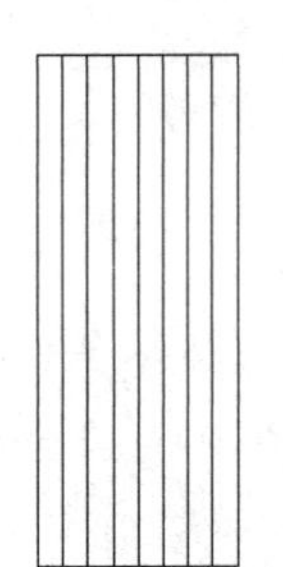

图 2-43　竖直直线的偏移结果

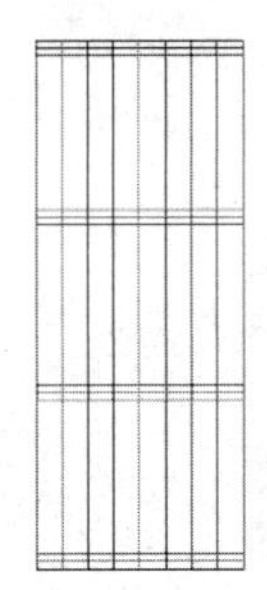

图 2-44　水平直线的偏移结果

（4）单击“默认”选项卡的“修改”面板中的“修剪”按钮✂，修剪多余的图线，命令行提示与操作如下。

```
命令: _trim↙
当前设置: 投影=UCS,边=无,模式=标准
选择剪切边...
选择对象或 [模式(O)] <全部选择>:↙（选择所有竖直直线）
选择对象: ↙（选择要修剪的水平直线）
选择对象: ↙
选择要修剪的对象,也可以在按住 Shift 键的同时选择要延伸的对象或 [剪切边(T)/栏选(F)/窗交(C)/模式(O)/投影(P)/边(E)/删除(R)]: ↙（选择要修剪的对象）
```

最终绘制结果如图 2-41 所示。

## 知识点详解

在上面的“修剪”命令的命令行提示与操作中，主要选项的含义如下。

1. 剪切边(T)

选择此选项，可以设置对象的修剪方式，修剪方式包括延伸和不延伸两种。

（1）延伸：延伸边界修剪对象。在此方式下，如果剪切边没有与要修剪的对象相交，那么系统会延伸剪切边直至与要修剪的对象相交后修剪，如图 2-45 所示。

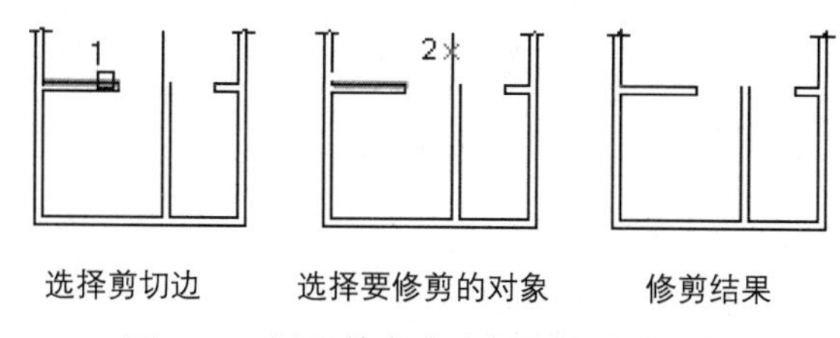


图 2-45 以延伸方式选择要修剪的对象

（2）不延伸：不延伸边界修剪对象，只修剪与剪切边相交的对象。

2. 栏选(F)

选择此选项，系统将以栏选方式选择要修剪的对象，如图 2-46 所示。

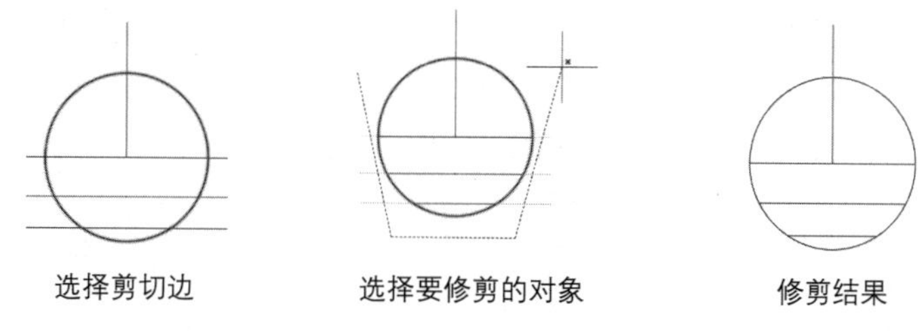


图 2-46 以栏选方式选择要修剪的对象

3. 窗交(C)

选择此选项，系统将以窗交方式选择要修剪的对象，如图 2-47 所示。

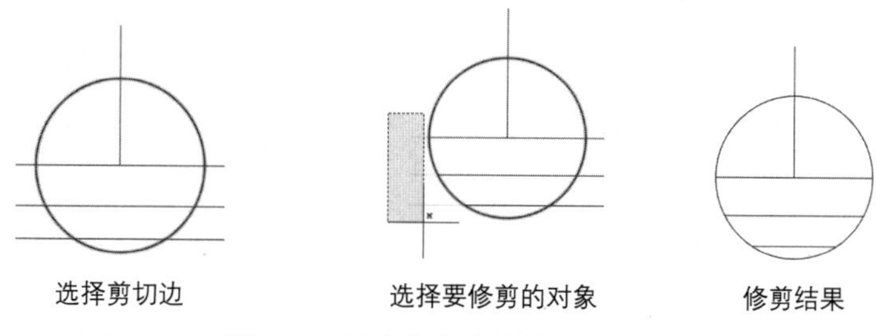


图 2-47 以窗交方式选择要修剪的对象

# 任务九 绘制四人餐桌

## 任务背景

绘制四人餐桌，是一个典型的室内设计单元中的家具图形绘制实例。通过学习本任务，学生将了解复杂家具图形的绘制方法，并能够举一反三。

本任务将使用“矩形”命令、“直线”命令、“偏移”命令、“复制”命令、“镜像”命令、

“移动”命令、“倒角”命令、“圆角”命令绘制并细化四人餐桌。四人餐桌的绘制结果如图 2-48 所示。

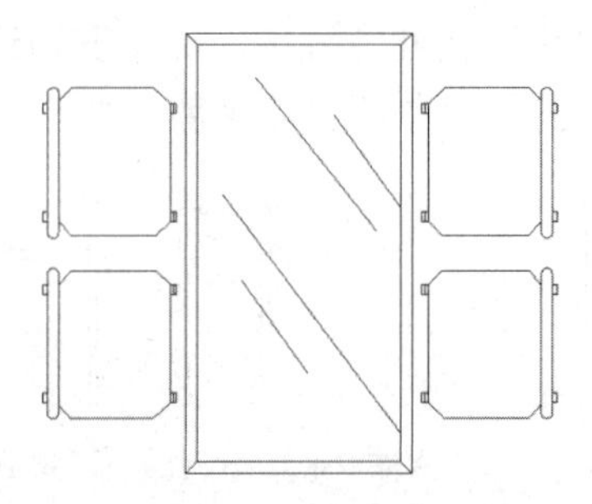

图 2-48　四人餐桌的绘制结果

## 操作步骤

（1）单击“默认”选项卡的“绘图”面板中的“矩形”按钮 ，在空白处绘制尺寸为 800×1500 的矩形，结果如图 2-49 所示。

（2）单击“默认”选项卡的“修改”面板中的“偏移”按钮 ，选择上一步绘制的矩形作为偏移对象，将其向内偏移，偏移距离为 40，结果如图 2-50 所示。

（3）单击“默认”选项卡的“绘图”面板中的“直线”按钮 ，绘制四条斜线，结果如图 2-51 所示。

图 2-49　矩形的绘制结果 1　　图 2-50　矩形的偏移结果　　图 2-51　斜线的绘制结果 1

（4）单击“默认”选项卡的“绘图”面板中的“直线”按钮 ，在矩形内绘制多条斜线，结果如图 2-52 所示。

（5）单击“默认”选项卡的“绘图”面板中的“矩形”按钮 ，在空白处绘制尺寸为 400×500 的矩形，结果如图 2-53 所示。

（6）单击“默认”选项卡的“修改”面板中的“倒角”按钮 ，选择上一步绘制的矩形的四条边作为倒角对象，对其进行倒角处理，倒角距离为 81，命令行提示与操作如下。

```
命令: _CHAMFER
(“修剪”模式) 当前倒角距离 1 = 0.0000,距离 2 = 0.0000
选择第一条直线或 [放弃(U)/多段线(P)/距离(D)/角度(A)/修剪(T)/方式(E)/多个(M)]: D↙
指定第一个倒角距离 <0.0000>: 81↙
指定第二个倒角距离 <81.0000>:↙
选择第一条直线或 [放弃(U)/多段线(P)/距离(D)/角度(A)/修剪(T)/方式(E)/多个(M)]: ↙ （选择矩形的一条边）
选择第二条直线,也可以按住 Shift 的同时选择直线以应用角点或 [距离(D)/角度(A)/方法(M)]: ↙（选择矩形的另一条边）
```

倒角的处理结果如图 2-54 所示。

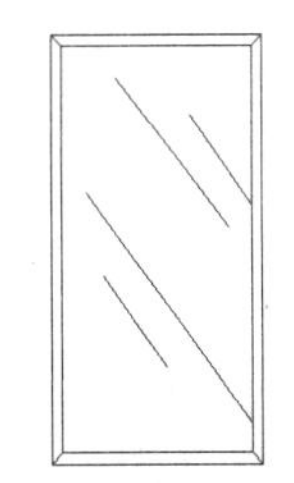

图 2-52 斜线的绘制结果 2

图 2-53 矩形的绘制结果 2

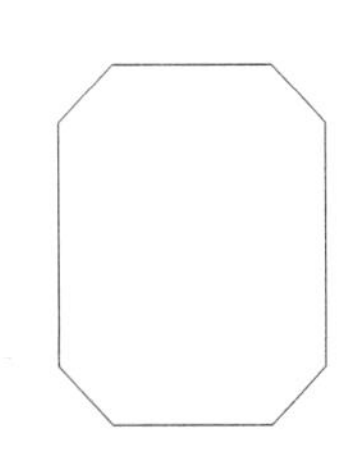

图 2-54 倒角的处理结果

（7）单击“默认”选项卡的“绘图”面板中的“矩形”按钮 ，在上一步进行倒角处理后的矩形下方绘制尺寸为 22×32 的矩形，结果如图 2-55 所示。

（8）单击“默认”选项卡的“绘图”面板中的“直线”按钮 ，在上一步绘制的矩形内绘制一条竖直直线，结果如图 2-56 所示。

（9）单击“默认”选项卡的“修改”面板中的“复制”按钮 ，选择上一步绘制的竖直直线和第（7）步绘制的矩形作为复制对象，将其向上复制，结果如图 2-57 所示。

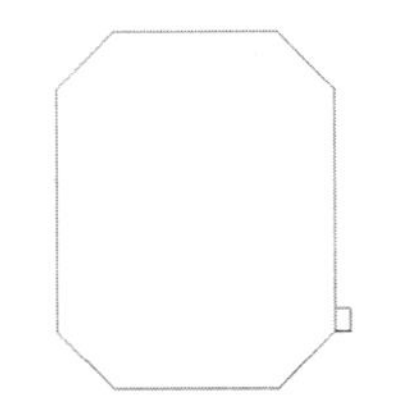

图 2-55 矩形的绘制结果 3

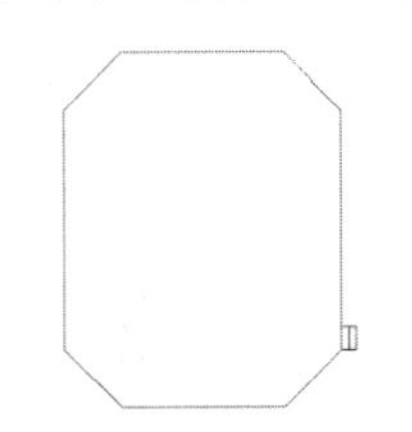

图 2-56 竖直直线的绘制结果

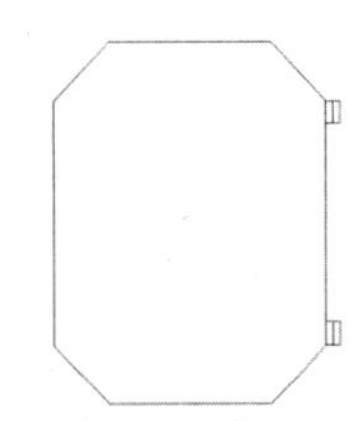

图 2-57 竖直直线和矩形的复制结果

（10）单击“默认”选项卡的“绘图”面板中的“矩形”按钮 ，在已绘制的矩形左侧绘制尺寸为 38×510 的矩形，如图 2-58 所示。

（11）单击“默认”选项卡的“修改”面板中的“圆角”按钮 ，选择上一步绘制的矩形作为圆角对象，对其进行圆角处理，设置圆角半径为 15，命令行提示与操作如下。

```
命令: _FILLET↙
当前设置: 模式=修剪，半径 = 0.0000
选择第一个对象或 [放弃(U)/多段线(P)/半径(R)/修剪(T)/多个(M)]: r↙
指定圆角半径 <0.0000>: 15↙
选择第一个对象或 [放弃(U)/多段线(P)/半径(R)/修剪(T)/多个(M)]: m↙
选择第一个对象或 [放弃(U)/多段线(P)/半径(R)/修剪(T)/多个(M)]: ↙（选择上边）
选择第二个对象,也可以按住 Shift 键的同时选择对象以应用角点或 [半径(R)]: ↙（选择左边）
选择第一个对象或 [放弃(U)/多段线(P)/半径(R)/修剪(T)/多个(M)]: ↙（选择左边）
选择第二个对象,也可以按住 Shift 键的同时选择对象以应用角点或 [半径(R)]: ↙（选择下边）
选择第一个对象或 [放弃(U)/多段线(P)/半径(R)/修剪(T)/多个(M)]: ↙（选择上边）
选择第二个对象,也可以按住 Shift 键的同时选择对象以应用角点或 [半径(R)]: ↙（选择右边）
选择第一个对象或 [放弃(U)/多段线(P)/半径(R)/修剪(T)/多个(M)]: ↙（选择右边）
选择第二个对象,也可以按住 Shift 键的同时选择对象以应用角点或 [半径(R)]: ↙（选择下边）
```

圆角的处理结果如图 2-59 所示。

（12）单击“默认”选项卡的“绘图”面板中的“矩形”按钮 ，在上一步进行圆角处理后的矩形左侧绘制尺寸为 18×32 的矩形，如图 2-60 所示。

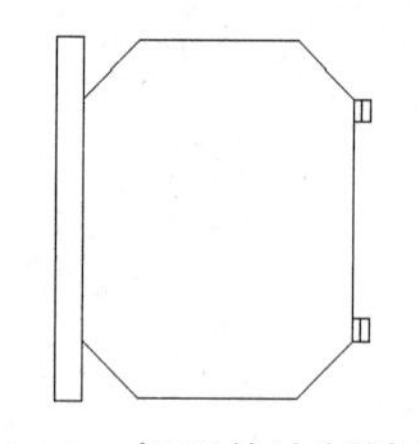

图 2-58　矩形的绘制结果 4

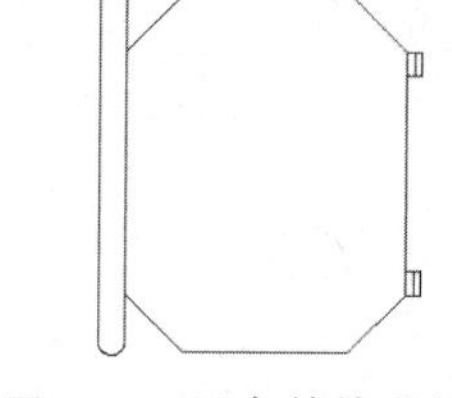

图 2-59　圆角的处理结果

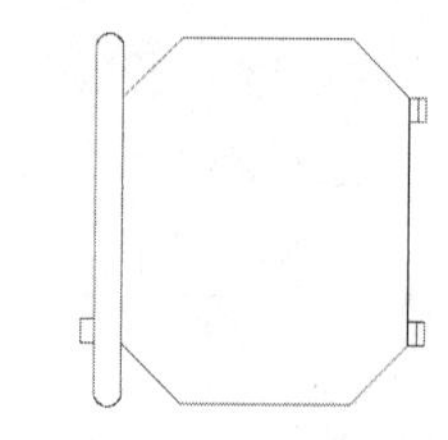

图 2-60　矩形的绘制结果 5

（13）单击“默认”选项卡的“修改”面板中的“复制”按钮，选择上一步绘制的矩形作为复制对象，将其向上复制，结果如图 2-61 所示。

（14）单击“默认”选项卡的“修改”面板中的“移动”按钮，选择前面绘制的整个图形作为移动对象，将其移动到餐桌旁，结果如图 2-62 所示。

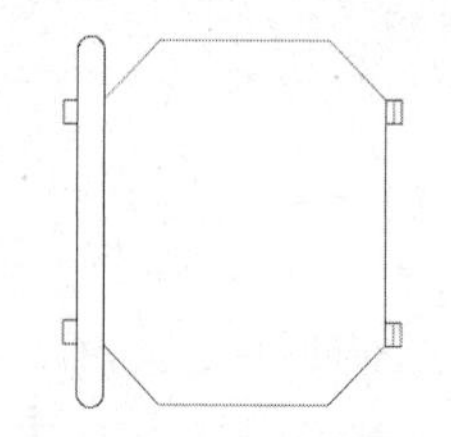

图 2-61　矩形的复制结果

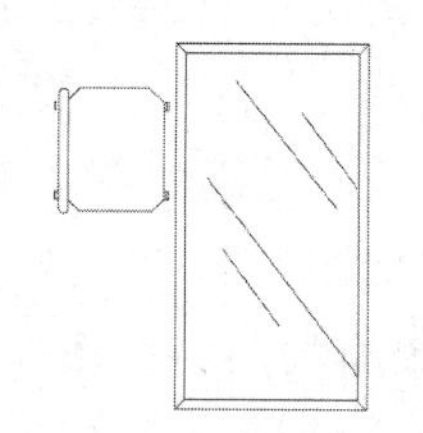

图 2-62　图形的移动结果

（15）单击“默认”选项卡的“修改”面板中的“复制”按钮，选择上一步移动的图形作为复制对象，向下复制一个图形。

（16）单击“默认”选项卡的“修改”面板中的“镜像”按钮，选择两个椅子图形作为镜像对象，将其向右镜像，最终绘制结果如图 2-48 所示。

## 知识点详解

在上面的“圆角”命令的命令行提示与操作中，主要选项的含义如下。

（1）多段线(P)：在二维多段线的两条直线的节点处插入的圆弧。选择多段线后，系统会根据指定圆弧的半径把多段线各顶点用圆弧连接起来。

（2）修剪(T)：决定在以圆角连接两条边时，是否修剪这两条边，圆角连接修剪与不修剪的结果如图 2-63 所示。

（3）多个(M)：同时对多个对象进行圆角处理，而不必重新使用命令。

按住 Shift 键的同时选择两条直线，可以快速创建零距离倒角或零半径圆角。

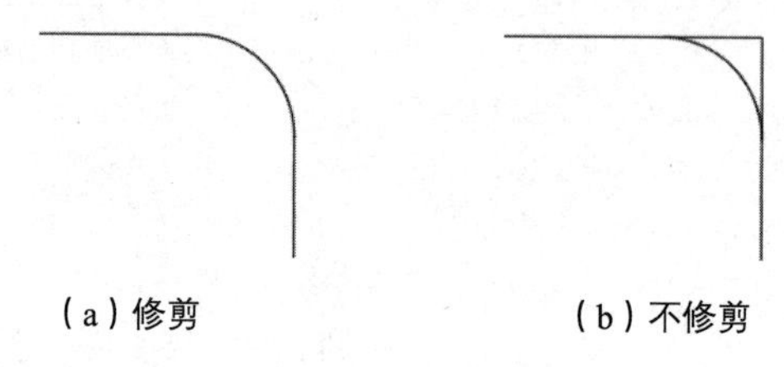

（a）修剪　　（b）不修剪

图 2-63　圆角连接修剪与不修剪的结果

在上面的“倒角”命令的命令行提示与操作中，主要选项的含义如下。

（1）多段线(P)：对多段线的各个交叉点进行倒角。为了得到良好的连接效果，一般设置直线距离是相等的值。系统根据指定的直线距离把多段线的每个交叉点都以直线连接，连接的直线成为多段线新添加的构成部分。以斜线连接多段线的结果如图 2-64 所示。

（2）距离(D)：选择倒角的两个斜线距离。这两个斜线距离可以相同也可以不同，若二者均为 0，则系统不绘制连接的斜线，而把两条斜线延伸至相交并修剪超出的部分。

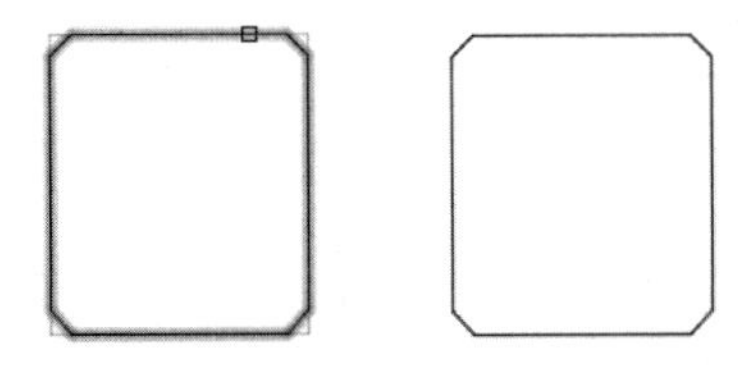

图 2-64　以斜线连接多段线的结果

（3）角度(A)：选择第一条直线的斜线距离和第一条直线的倒角角度。

（4）修剪(T)：与 FILLET 命令相同，决定连接对象后是否剪切原对象。

（5）方式(E)：决定采用“距离”方式还是“角度”方式倒角。

（6）多个(M)：同时对多个对象进行倒角处理。

**注意**

有时用户在执行“圆角”命令和“倒角”命令时，会发现命令不执行或执行后没什么变化，这是因为系统默认圆角半径和斜线距离均为 0，如果不事先设置圆角半径或斜线距离，那么系统以默认值执行命令。

# 任务十　绘制沙发与茶几组合

## 任务背景

通过学习前面几个任务，学生了解了一些绘图命令的使用方法和室内设计单元的绘制方法。下面通过一个相对复杂的任务综合介绍一些绘图命令。

本任务将使用“直线”命令、“圆弧”命令、“多点”命令、“偏移”命令、“镜像”命令、“移动”命令、“多边形”命令、“图案填充”命令等绘制并细化沙发与茶几组合。沙发与茶几组合的绘制结果如图 2-65 所示。

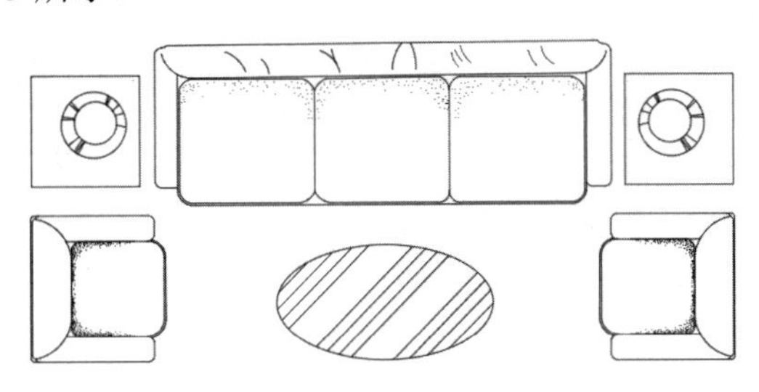

图 2-65　沙发与茶几组合的绘制结果

微课

## 操作步骤

（1）单击“默认”选项卡的“绘图”面板中的“直线”按钮，绘制其中单个沙发面的四条边，结果如图 2-66 所示。

（2）单击“默认”选项卡的“绘图”面板中的“圆弧”按钮，将沙发面的四条边连接起来，得到完整的沙发面，结果如图 2-67 所示。

（3）单击“默认”选项卡的“绘图”面板中的“直线”按钮，绘制侧面扶手，结果如图 2-68 所示。

图 2-66　沙发面的四条边的绘制结果　图 2-67　沙发面的四条边的连接结果　图 2-68　侧面扶手的绘制结果

（4）单击“默认”选项卡的“绘图”面板中的“圆弧”按钮，绘制侧面扶手的弧，结果如图 2-69 所示。

（5）单击“默认”选项卡的“修改”面板中的“镜像”按钮，镜像另一侧扶手，结果如图 2-70 所示。

（6）分别单击“默认”选项卡的“绘图”面板中的“圆弧”按钮和“默认”选项卡的“修改”面板中的“镜像”按钮，绘制沙发背部扶手，结果如图 2-71 所示。

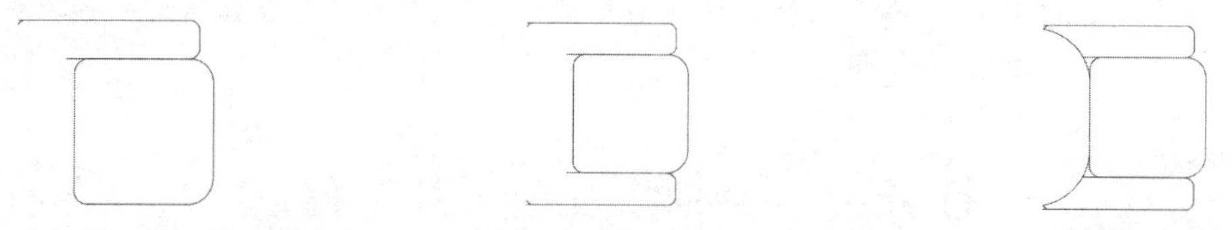

图 2-69　侧面扶手的弧的绘制结果　图 2-70　另一侧扶手的镜像结果　图 2-71　背部扶手的绘制结果

（7）分别单击“默认”选项卡的“绘图”面板中的“圆弧”按钮、“直线”按钮和“默认”选项卡的“修改”面板中的“镜像”按钮，继续完善沙发背部扶手，结果如图 2-72 所示。

（8）单击“默认”选项卡的“修改”面板中的“偏移”按钮，对沙发面造型进行修改，使其更为形象，结果如图 2-73 所示。

（9）单击“默认”选项卡的“绘图”面板中的“多点”按钮，在沙发面上绘制点，细化沙发面造型，命令行提示与操作如下。

```
命令: POINT
当前点模式:  PDMODE=99  PDSIZE=25.0000（设置系统变量 PDMODE、PDSIZE 的值）
指定点:（使用鼠标直接指定点的位置，或直接输入点的坐标）
```

沙发面造型的细化结果如图 2-74 所示。

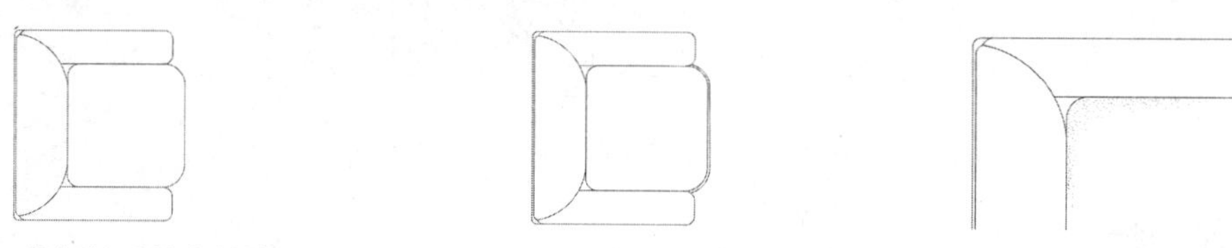

图 2-72　背部扶手的完善结果　图 2-73　沙发面造型的修改结果　图 2-74　沙发面造型的细化结果

（10）单击“默认”选项卡的“修改”面板中的“镜像”按钮，进一步细化沙发面造型，使其更为形象，结果如图 2-75 所示。

（11）采用同样的方法，绘制三人座沙发造型，结果如图 2-76 所示。

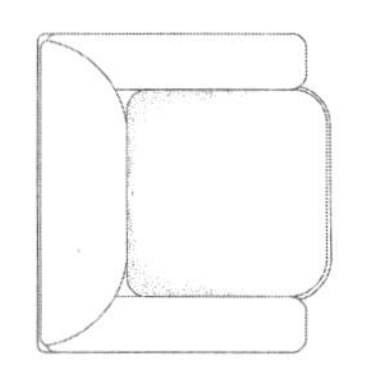

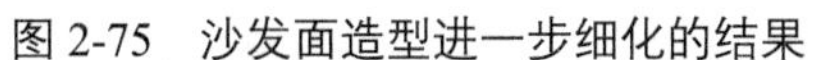

图 2-75 沙发面造型进一步细化的结果

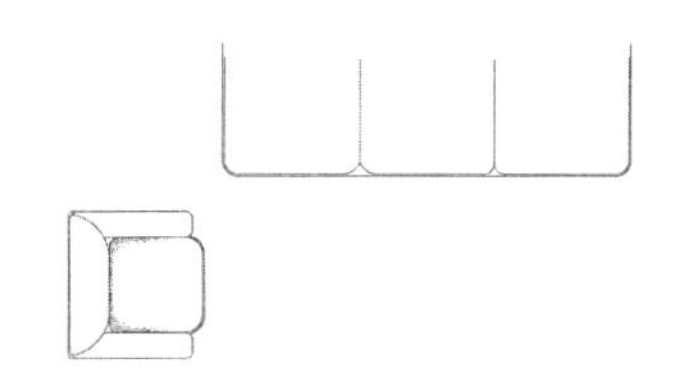

图 2-76 三人座沙发造型的绘制结果

（12）分别单击“默认”选项卡的“绘图”面板中的“直线”按钮 、“圆弧”按钮 和“默认”选项卡的“修改”面板中的“镜像”按钮，绘制扶手造型，结果如图 2-77 所示。

（13）分别单击“默认”选项卡的“绘图”面板中的“圆弧”按钮 和“直线”按钮 ，绘制三人座沙发背部造型，结果如图 2-78 所示。

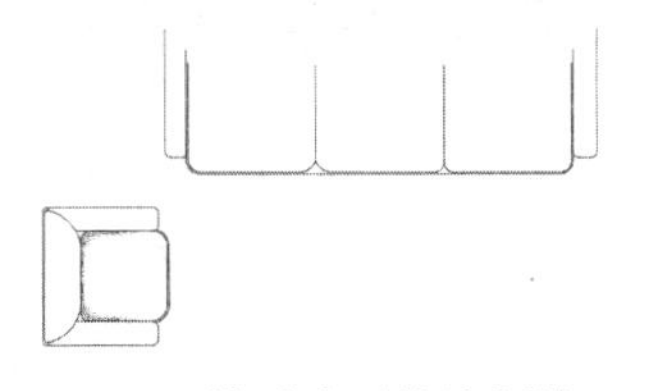

图 2-77 扶手造型的绘制结果

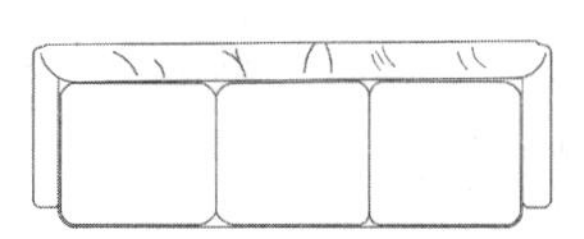

微课

图 2-78 三人座沙发背部造型的绘制结果

（14）单击“默认”选项卡的“绘图”面板中的“多点”按钮∴，对三人座沙发面造型进行细化，结果如图 2-79 所示。

（15）单击“默认”选项卡的“修改”面板中的“移动”按钮，调整沙发造型的位置，结果如图 2-80 所示。

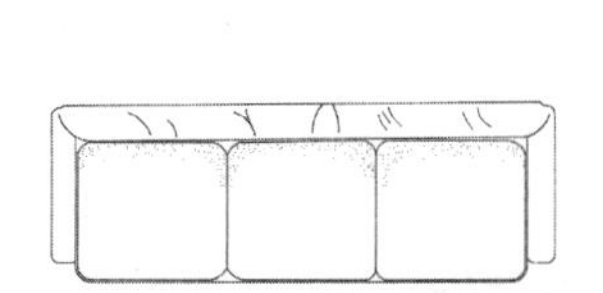

图 2-79 三人座沙发面造型的细化结果

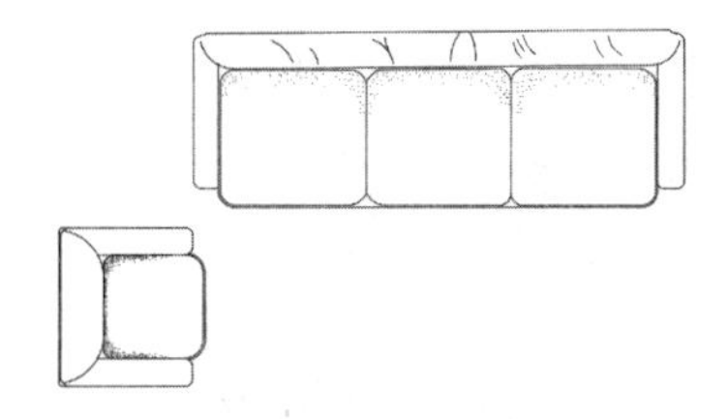

图 2-80 沙发造型位置的调整结果

（16）单击“默认”选项卡的“修改”面板中的“镜像”按钮，对单个沙发造型进行镜像，建立沙发组造型，结果如图 2-81 所示。

（17）单击“默认”选项卡的“绘图”面板中的“椭圆”按钮，绘制椭圆，建立椭圆茶几造型，结果如图 2-82 所示。

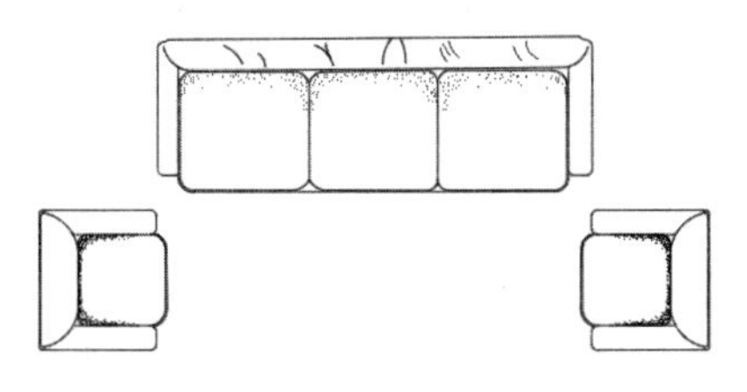

图 2-81 沙发组造型的建立结果

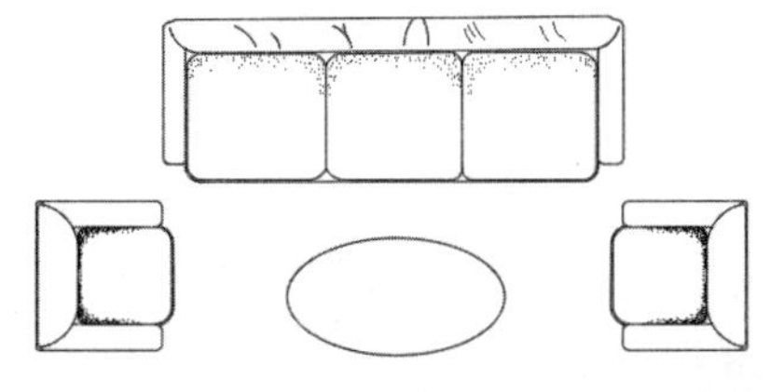

图 2-82 椭圆茶几造型的建立结果

（18）单击“默认”选项卡的“绘图”面板中的“图案填充”按钮，弹出“图案填充创建”选项卡，单击“图案填充图案”按钮，在弹出的下拉菜单中选择“ANSI34”命令，并设置图案填充角度为 0°、比例为 5。茶几的填充结果如图 2-83 所示。

（19）单击“默认”选项卡的“绘图”面板中的“多边形”按钮，绘制沙发之间的桌面灯造型，结果如图 2-84 所示。

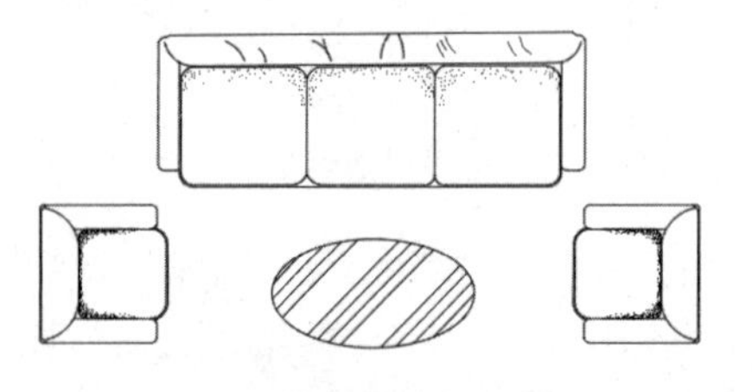

图 2-83　茶几的填充结果

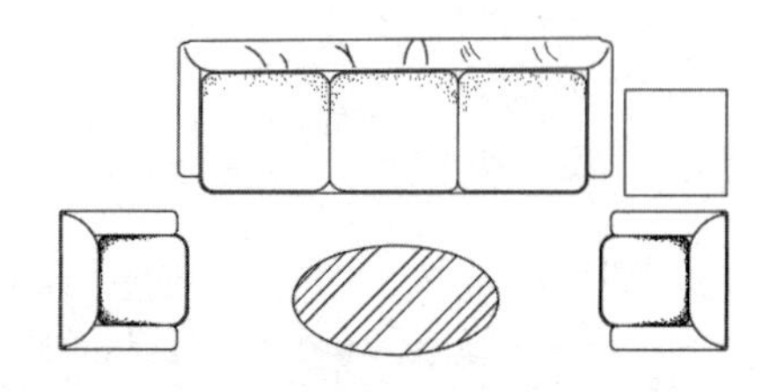

图 2-84　桌面灯造型的绘制结果

（20）单击“默认”选项卡的“绘图”面板中的“圆”按钮，绘制两个大小和圆心位置不同的圆，结果如图 2-85 所示。

（21）单击“默认”选项卡的“绘图”面板中的“直线”按钮，绘制随机直线，形成灯罩效果，结果如图 2-86 所示。

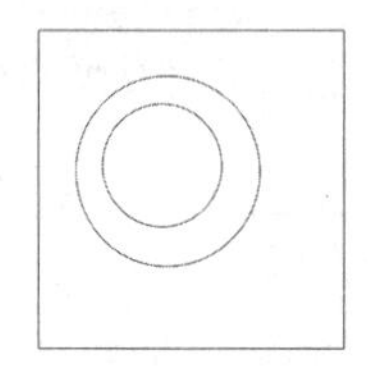

图 2-85　圆的绘制结果

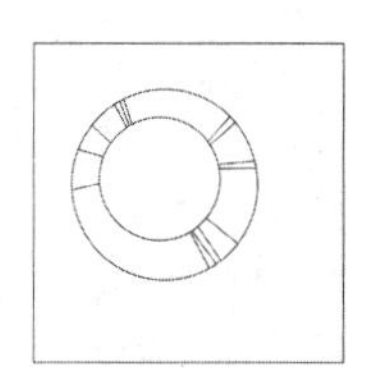

图 2-86　灯罩的绘制结果

（22）单击“默认”选项卡的“修改”面板中的“镜像”按钮，进行镜像，得到两个沙发桌面灯造型，最终绘制结果如图 2-65 所示。

## 知识点详解

单击“图案填充”按钮，弹出如图 2-87 所示的“图案填充创建”选项卡。

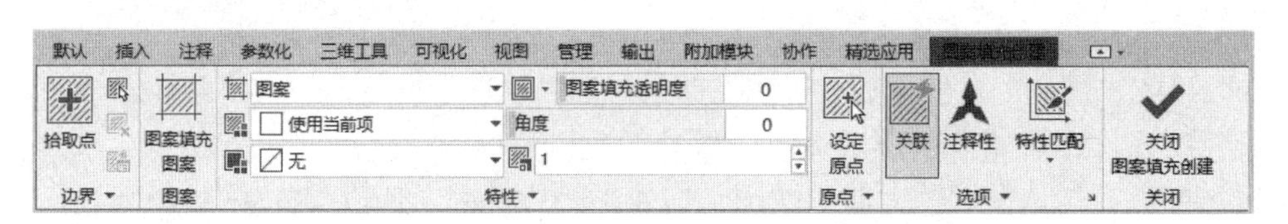


图 2-87　“图案填充创建”选项卡

“图案填充创建”选项卡中主要选项的含义如下。

### 1. “边界”面板

（1）拾取点：通过选择由一个或多个对象形成的封闭区域内的点来确定填充边界，如图 2-88 所示。在指定点时，可以随时在绘图区域通过右击来显示包含多个选项的快捷菜单。

（2）选择边界对象：使用此选项，不会自动检测内部对象，必须选择边界对象，以按当前孤岛检测样式填充这些对象，如图 2-89 所示。

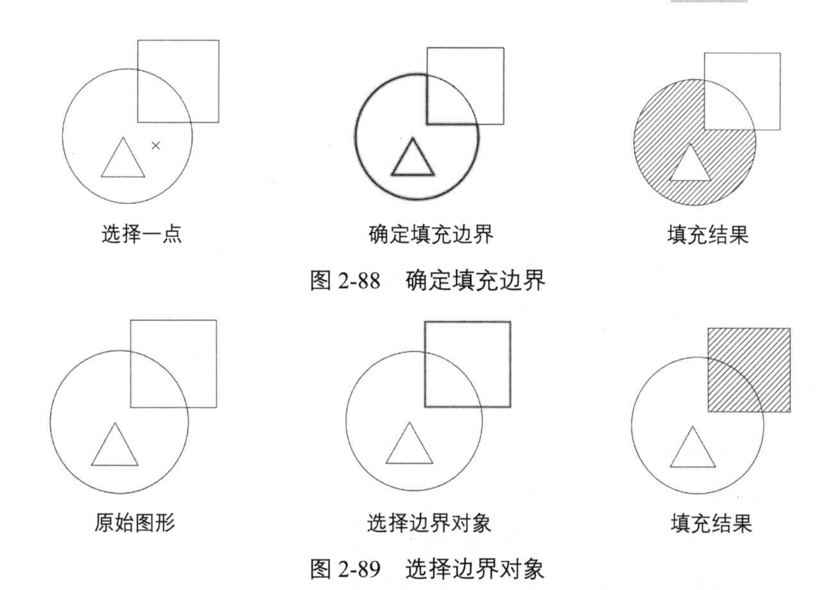


图 2-88 确定填充边界

图 2-89 选择边界对象

（3）删除边界对象：从边界定义中删除之前添加的任何对象，如图 2-90 所示。

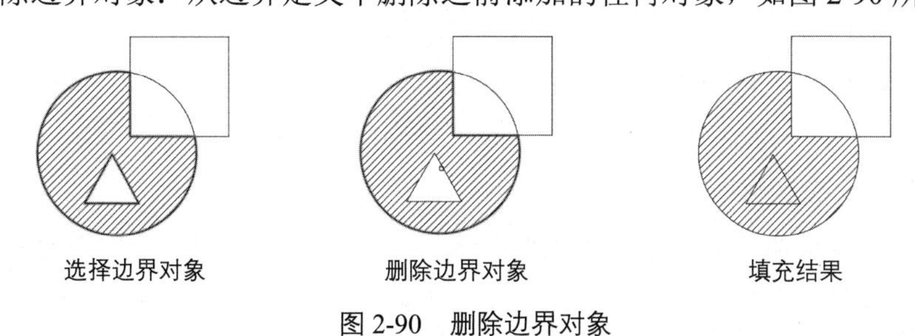


图 2-90 删除边界对象

（4）重新创建边界：可以围绕已选的图案填充或填充对象创建多段线或面域，并使其与图案填充对象相关联（可选）。

（5）显示边界对象：选择构成已选的关联图案填充对象的边界的对象。使用显示的夹点可以修改图案填充边界。

（6）保留边界对象：指定如何处理边界对象，包括如下选项。

① 不保留边界（仅在图案填充创建期间可用），不创建独立的边界对象。

② 保留边界 - 多段线（仅在图案填充创建期间可用），创建封闭的边界对象的多段线。

③ 保留边界 - 面域（仅在图案填充创建期间可用），创建封闭的边界对象的面域。

④ 选择新的边界集。指定对象的有限集（又称边界集），以便通过创建图案填充时的拾取点来进行计算。

### 2. “图案”面板

“图案”面板用于显示所有预定义和自定义图案的预览图像。

### 3. “特性”面板

（1）图案填充类型：指定是使用纯色图案、渐变色图案、系统自带的图案填充，还是使用用户定义的图案填充。

（2）图案填充颜色：替代实体填充和填充图案的当前颜色。

（3）背景颜色：指定填充图案的背景颜色。

（4）图案填充透明度：设定新的填充图案的透明度，替代当前对象的透明度。

（5）图案填充角度：选定图案填充的角度。

（6）填充图案比例：放大或缩小预定义或自定义填充图案。

（7）相对于图纸空间（仅在布局中可用）：相对于图纸空间，单位缩放填充图案。使用此选项，很容易做到以适合布局的比例显示填充图案。

（8）双向（仅当将“图案填充类型”设定为“用户定义”时可用）：将绘制第二组直线，与原始直线成 90°，从而使二者交叉。

（9）ISO 笔宽（仅对预定义的 ISO 图案可用）：基于选定的笔宽缩放 ISO 图案。

#### 4. “原点”面板

（1）设定原点：直接指定新的图案填充原点。

（2）左下：将图案填充原点设定在图案填充边界矩形范围的左下角。

（3）右下：将图案填充原点设定在图案填充边界矩形范围的右下角。

（4）左上：将图案填充原点设定在图案填充边界矩形范围的左上角。

（5）右上：将图案填充原点设定在图案填充边界矩形范围的右上角。

（6）中心：将图案填充原点设定在图案填充边界矩形范围的中心。

（7）使用当前原点：将图案填充原点设定在系统变量 HPORIGIN 中存储的默认位置。

（8）存储为默认原点：将新的图案填充原点的值存储在系统变量 HPORIGIN 中。

#### 5. “选项”面板

（1）关联：选定图案填充或填充为关联图案填充。关联的图案填充或填充在用户修改其边界对象时将会更新。

（2）注释性：选定图案填充为注释性。此特性会自动完成缩放注释过程，从而使注释能够以正确的大小在图纸上打印或显示。

（3）特性匹配：包括如下选项。

① 使用当前原点：使用选定的图案填充对象（除图案填充原点外）设定图案填充的特性。

② 用原图案填充原点：使用选定的图案填充对象（包括图案填充原点）设定图案填充的特性。

（4）允许的间隙：设定将对象用作图案填充边界时可以忽略的最大间隙，默认值为 0，表示指定对象必须封闭区域，没有间隙。

（5）创建独立的图案填充：控制当指定了几个单独的闭合边界时，是创建单个图案填充对象，还是创建多个图案填充对象。

（6）孤岛检测：包括如下选项。

① 普通孤岛检测：从外部边界向内填充。如果遇到内部孤岛，那么填充将关闭，直到遇到另一个孤岛为止。

② 外部孤岛检测：从外部边界向内填充。此选项仅用于填充指定区域，不会影响内部孤岛。

③ 忽略孤岛检测：忽略所有内部对象，在填充图案时将通过这些对象。

（7）绘图次序：为图案填充或填充指定绘图次序，包括不指定、后置、前置、置于边界之后和置于边界之前。

（8）图案填充设置：单击“图案填充设置”按钮↘，弹出“图案填充和渐变色”对话框。

（9）“图案填充”标签：包括的各选项用来确定图案及其参数。

（10）“渐变色”标签：设定从一种颜色到另一种颜色的平滑过渡。通过设定“渐变色”标签能产生光的效果，可以为图形添加视觉效果。

### 6. “关闭”面板

关闭图案填充创建：退出 HATCH 并关闭上下文选项卡。当然，也可以按 Enter 键或 Esc 键退出 HATCH。

# 任务十一　绘制 A3 样板图

## 任务背景

在绘制室内设计单元的 A3 样板图时，经常要用到表格。使用“表格”功能，创建表格就变得非常容易，用户可以直接插入设置好样式的表格，而不用绘制由单独的图线组成的表格。

本任务将通过 A3 样板图的绘制过程来介绍与表格相关命令的使用方法。要绘制 A3 样板图应先设置单位、图形边界及文字样式，再使用“矩形”命令、“直线”命令绘制图框和标题栏，之后使用“表格”功能绘制会签栏，最后将绘制的 A3 样板图保存。绘制 A3 样板图如图 2-91 所示。

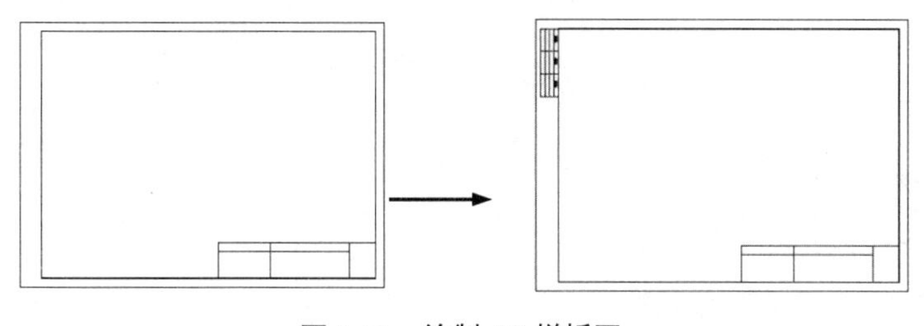

图 2-91　绘制 A3 样板图

微课

## 操作步骤

### 1. 设置单位和图形边界

（1）打开 AutoCAD 2024，系统自动建立一个新的图形文件。

（2）设置单位。选择菜单栏中的“格式”→“单位”命令，打开“图形单位”对话框，如图 2-92 所示。设置“长度”选项组中的“类型”为“小数”、“精度”为“0”；设置“角度”选项组中的“类型”为“十进制度数”、“精度”为“0”，系统默认逆时针方向为正方向。

图 2-92　“图形单位”对话框

（3）设置图形边界。国标对图幅大小进行了严格规定，这里按规定的 A3 样板图的图幅设置图形边界。选择菜单栏中的“格式”→“图形界限”命令，命令行提示与操作如下。

```
命令：LIMITS↙
```

```
重新设置模型空间界限：
指定左下角点或 [开(ON)/关(OFF)] <0,0>：↙
指定右上角点 <12,9 >：420,297↙
```

### 2. 设置文字样式

设置文字样式的要求为：对于文字高度，一般注释为 7，零件名为 10，图标栏和会签栏中的其他文字为 5，尺寸文字为 5；图纸空间的线型比例为 1；单位为十进制形式，尺寸的单位为小数点后 0 位，角度的单位为小数点后 0 位。

可以生成四种文字样式，分别用于一般注释、标题中的零件名、标题注释及尺寸标注。

（1）单击“默认”选项卡的“注释”面板中的“文字样式”按钮A，弹出“文字样式”对话框，单击“新建”按钮，弹出“新建文字样式”对话框，保留默认的“样式 1”，单击“确定”按钮，如图 2-93 所示。

（2）返回到“文字样式”对话框中，在“字体名”下拉列表中选择“宋体”选项，在“高度”文本框中输入“5.0000”，在“宽度因子”文本框中输入“0.7”，单击“应用”按钮，单击“关闭”按钮，如图 2-94 所示。对其他文字样式进行类似的设置。

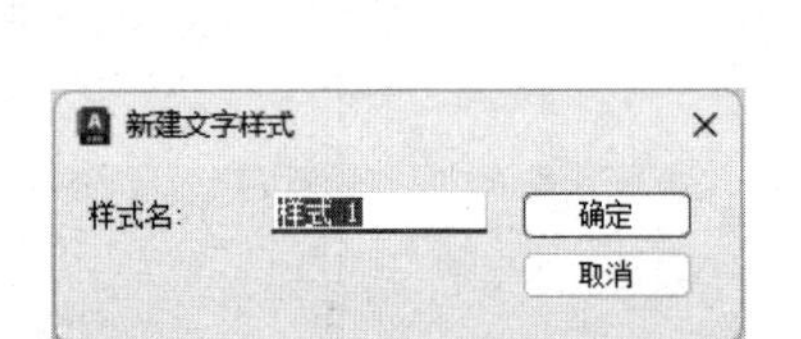


图 2-93 “新建文字样式”对话框

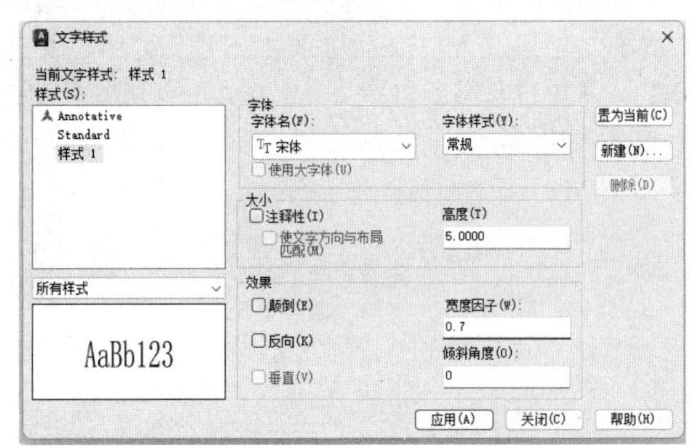


图 2-94 “文字样式”对话框

### 3. 绘制图标栏

图标栏由图框和标题栏组成。

（1）单击“默认”选项卡的“绘图”面板中的“矩形”按钮，绘制角点坐标为{(25,10),(410,287)}的矩形，继续绘制尺寸为 420×297（A3 图纸大小）的矩形作为图纸范围，结果如图 2-95 所示（外框表示设置的图纸范围）。

（2）单击“默认”选项卡的“绘图”面板中的“直线”按钮，绘制标题栏，坐标分别为{(230,10),(230,50),(410,50)},{(280,10),(280,50)},{(360,10),(360,50)},{(230,40),(360,40)}（大括号中的值表示一条独立连续直线的端点坐标），结果如图 2-96 所示。

图 2-95 图框的绘制结果

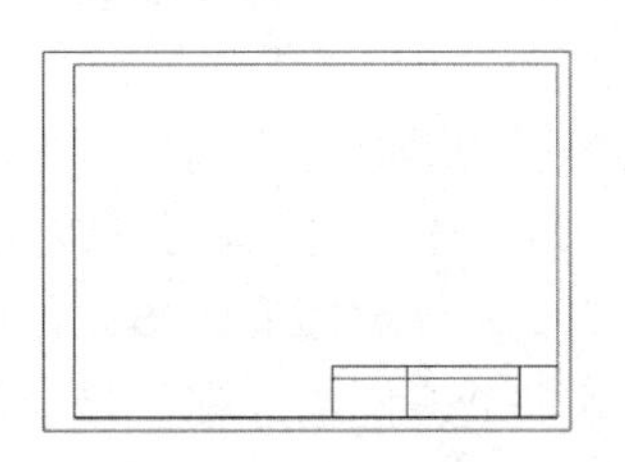

图 2-96 标题栏的绘制结果

**注意**

国标规定 A3 样板图的图幅大小为 420mm×297mm，这里留出了带装订边的图框到纸面边界的距离。

### 4. 绘制会签栏

（1）单击“默认”选项卡的“注释”面板中的“表格样式”按钮，弹出“表格样式”对话框，如图 2-97 所示。

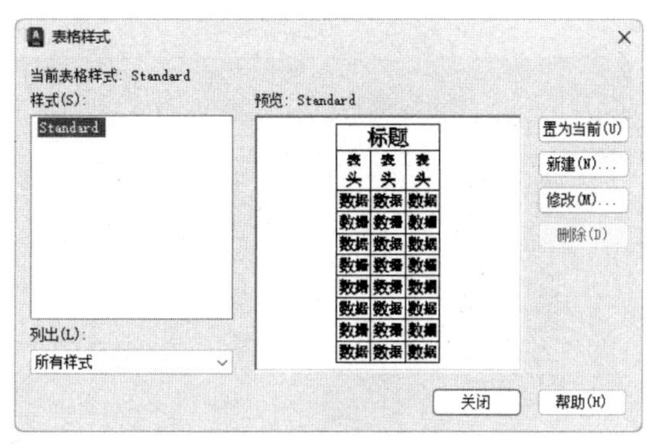


图 2-97 “表格样式”对话框

（2）单击“修改”按钮，弹出“修改表格样式：Standard”对话框，在“单元样式”下拉列表中选择“数据”选项，在下面的“文字”选项卡中将“文字高度”设置为“3”，如图 2-98 所示。在“常规”选项卡中，将“页边距”选项组中的“水平”和“垂直”都设置为“1”，如图 2-99 所示。

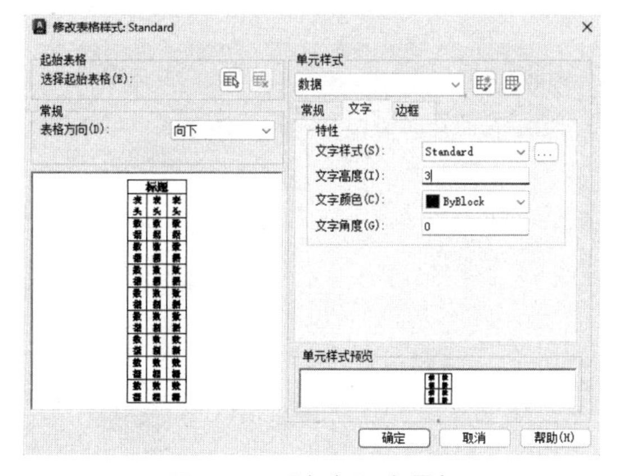


图 2-98 “文字”选项卡

图 2-99 “常规”选项卡

**注意**

表格的行高=文字高度+2×垂直页边距，此处设置为 3+2×1=5。

（3）返回到“表格样式”对话框中，单击“关闭”按钮退出。

（4）单击“默认”选项卡的“注释”面板中的“表格”按钮，弹出“插入表格”对话框，在“列和行设置”选项组中将“列数”设置为“3”，将“列宽”设置为“25”，将“数据行数”设置为“2”（加上标题行和表头行共 4 行），将“行高”设置为“1”；在“设置单元样式”选项组中将“第一行单元样式”“第二行单元样式”“所有其他行单元样式”都设置为“数据”，如图 2-100 所示。

（5）在图框左上角指定表格的位置，将自动插入一个空表格并打开“文字编辑器”选项卡，如图 2-101 所示。依次输入文字，如图 2-102 所示。按 Enter 键或单击“文字编辑器”中的“关闭”按钮，完成结果如图 2-103 所示。

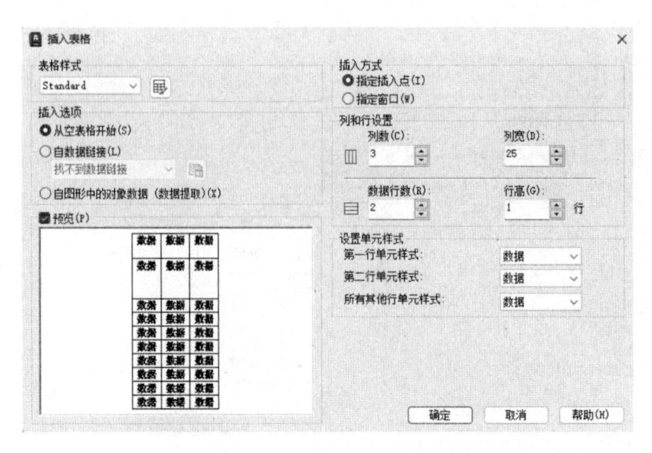


图 2-100 “插入表格”对话框

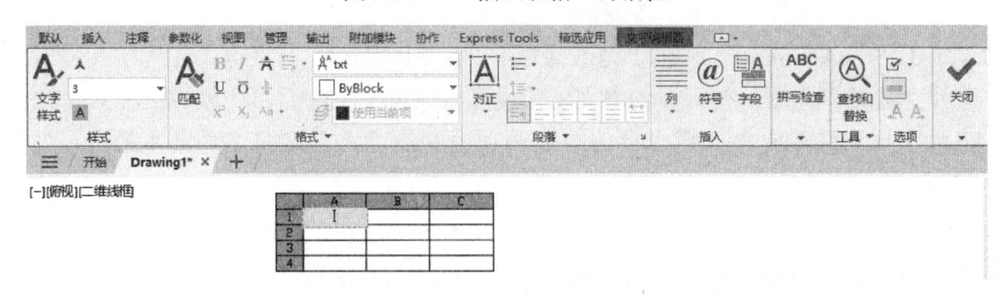


图 2-101 自动插入一个空表格并打开“文字编辑器”选项卡

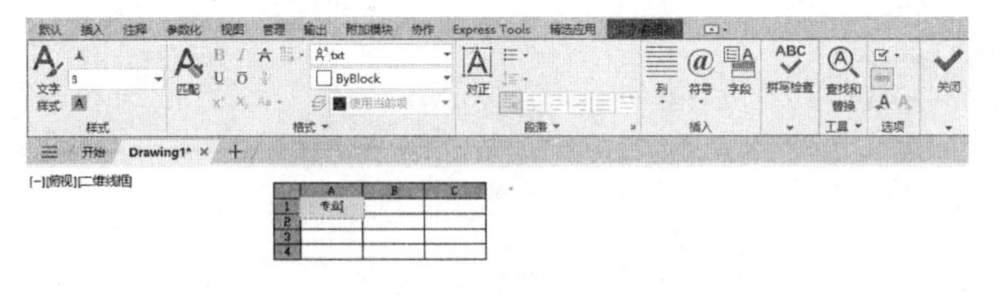

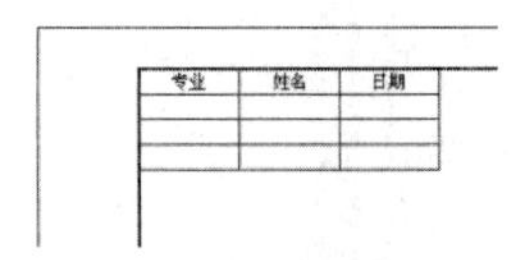


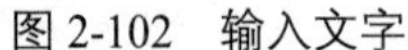

图 2-102 输入文字

图 2-103 完成结果

（6）单击“默认”选项卡的“修改”面板中的“旋转”按钮 ↻，把会签栏逆时针旋转 90°，这样就得到了一个带有图标栏和会签栏的 A3 样板图。

### 5. 保存为 A3 样板图文件

选择菜单栏中的“文件”→“另存为”命令，打开“图形另存为”对话框，在“文件类型”下拉列表中选择“AutoCAD 图形样板（*.dwt)”选项，在“文件名”文本框中输入“A3”，单击“保存”按钮，保存文件，如图 2-104 所示。下次绘图时，可以打开该 A3 样板图文件，并在此基础上开始绘图。

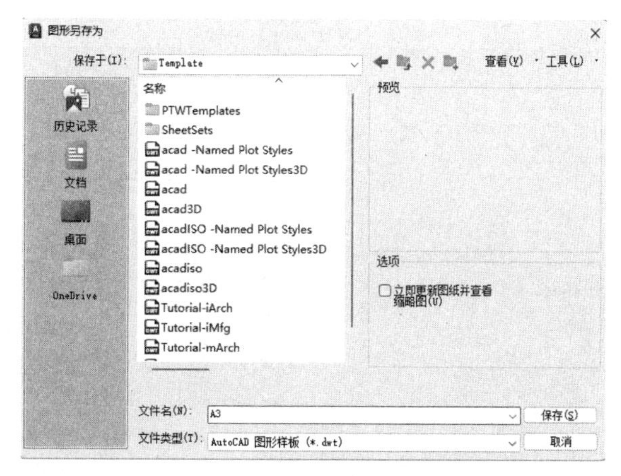


图 2-104 “图形另存为”对话框

## 知识点详解

### 1. 单位设置

在如图 2-92 所示的“图形单位”对话框中，主要选项的含义如下。

（1）“长度”选项组与“角度”选项组：指定测量的长度与角度的当前单位及当前单位的精度。

（2）“插入时的缩放单位”选项组：“用于缩放插入内容的单位”下拉列表用于控制插入当前图形中的块和图形的测量单位。如果在创建某些块或图形时使用的单位与指定的单位不同，那么在插入这些块或图形时，将对其按比例进行缩放。插入比例是原块或图形使用的单位与目标图形使用的单位的比例。如果在插入块时不按指定单位进行缩放，那么在“用于缩放插入内容的单位”下拉列表中选择“无单位”选项即可。

（3）“输出样例”选项组：显示使用当前单位与角度设置的样例。

（4）“光源”选项组：设置当前图形中光度控制光源强度的测量单位。为了创建和使用光度控制光源，必须从“用于指定光源强度的单位”下拉列表中指定非常规的单位。如果选择“用于指定光源强度的单位”下拉列表中的“无单位”选项，那么将显示警告信息，通知用户渲染输出可能不正确。

（5）“方向”按钮：单击“方向”按钮，弹出“方向控制”对话框，如图 2-105 所示。可以在“方向控制”对话框中进行方向控制的设置。

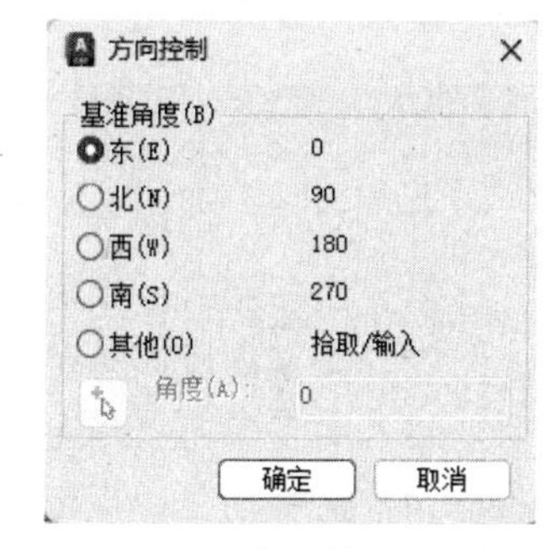


图 2-105 “方向控制”对话框

### 2. 创建表格样式

在如图 2-97 所示的“表格样式”对话框中，“新建”按钮的含义如下。

单击“新建”按钮，弹出“创建新的表格样式”对话框，如图 2-106 所示。输入新的表格样式名后，单击“继续”按钮，弹出“新建表格样式：Standard 副本”对话框，如图 2-107 所示。可以在“新建表格样式：Standard 副本”对话框中定义新的表格样式。

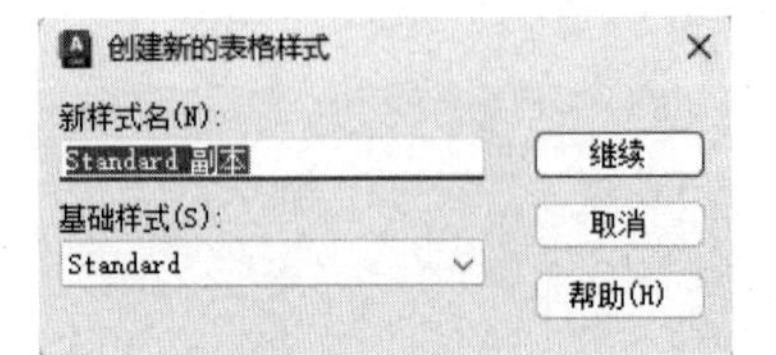


图 2-106 “创建新的表格样式”对话框

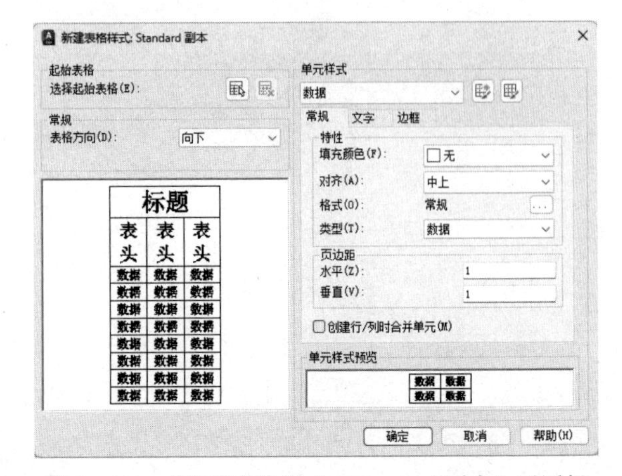


图 2-107 “新建表格样式：Standard 副本”对话框

“新建表格样式：Standard 副本”对话框中有三个选项卡：“常规”选项卡、“文字”选项卡、“边框”选项卡，分别用于控制表格中的数据、表头和标题的有关参数。

1）“常规”选项卡

（1）“特性”选项组。

填充颜色：指定填充颜色。

对齐：为内容指定对齐方式。

格式：设置表格中各行的格式。

类型：将样式指定为标签或数据，用于在包括起始表格的样式中插入默认文字的情况，也用于在工具选项板中创建表格工具的情况。

（2）“页边距”选项组。

水平：设置单元中的文字或块与左、右单元边界之间的距离。

垂直：设置单元中的文字或块与上、下单元边界之间的距离。

（3）创建行/列时合并单元：将使用当前单元样式创建的所有新的行或列合并到一个单元中。

2）“文字”选项卡

（1）文字样式：指定文字样式。

（2）文字高度：指定文字高度。

（3）文字颜色：指定文字颜色。

（4）文字角度：指定文字角度。

3）“边框”选项卡

（1）线宽：设置用于显示边界的线宽。

（2）线型：设置被应用于指定边框上的线型。

（3）颜色：指定被应用于显示边界上的颜色。

（4）双线：指定选定的边框为双线。

### 3．创建表格

在如图 2-100 所示的“插入表格”对话框中，主要选项的含义如下。

1）“表格样式”选项组

可以在“表格样式”下拉列表中选择表格样式，也可以通过单击后面的按钮来新建或修改表格样式。

2）“插入选项”选项组

（1）“从空表格开始”单选按钮：创建可以手动填充数据的空表格。

（2）“自数据连接”单选按钮：通过启动数据连接管理器来创建表格。

（3）“自图形中的对象数据（数据提取）”单选按钮：通过启动数据提取向导来创建表格。

3）“插入方式”选项组

（1）“指定插入点”单选按钮。

指定表格左上角的位置。可以使用定点设备，也可以在命令行中输入坐标。如果将表格的方向设置为由下而上读取，那么插入点位于表格左下角。

（2）“指定窗口”单选按钮。

指定表格的大小和位置。可以使用定点设备，也可以在命令行中输入坐标。选中“指定窗口”单选按钮时，数据行数、列数、列宽和行高取决于窗口的大小，以及列和行的设置。

4）“列和行设置”选项组

指定列数、数据行数、列宽和行高。

5）“设置单元样式”选项组

指定“第一行单元样式”“第二行单元样式”“所有其他行单元样式”为标题、表头或数据。

**注意**

一个单位行高为文字高度与垂直边距的和，列宽必须不小于文字宽度与水平边距的和。如果列宽小于此值，那么实际列宽以文字宽度与水平边距的和为准。

在“插入表格”对话框中进行相应的设置后，单击“确定”按钮，系统会在指定的插入点或窗口中自动插入一个空表格并打开“文字编辑器”选项卡。用户可以逐行逐列输入相应的文字

### 4. 图幅（即图面）大小

根据国标规定，按图幅大小确定图幅等级。室内设计常用的图幅有 A0（也称 0 号图幅，其余类推）、A1、A2、A3 及 A4，各图幅大小如表 2-1 所示。表 2-1 中尺寸代号的意义如图 2-108 和图 2-109 所示。

1）标题栏

标题栏包括设计单位名称、工程名称、签字区、图名区及图号区等内容。一般标题栏格式如图 2-110 所示。如今不少设计单位采用自己个性化的格式，但是其都必须包括这几项内容。

表 2-1 各图幅大小

| 尺寸代号 | 图幅代号 | | | | |
|---|---|---|---|---|---|
| | A0 | A1 | A2 | A3 | A4 |
| $b \times l$ | 841×1189 | 594×841 | 420×594 | 297×420 | 210×297 |
| $c$ | 20 | | 10 | | |
| $a$ | 25 | | | | |

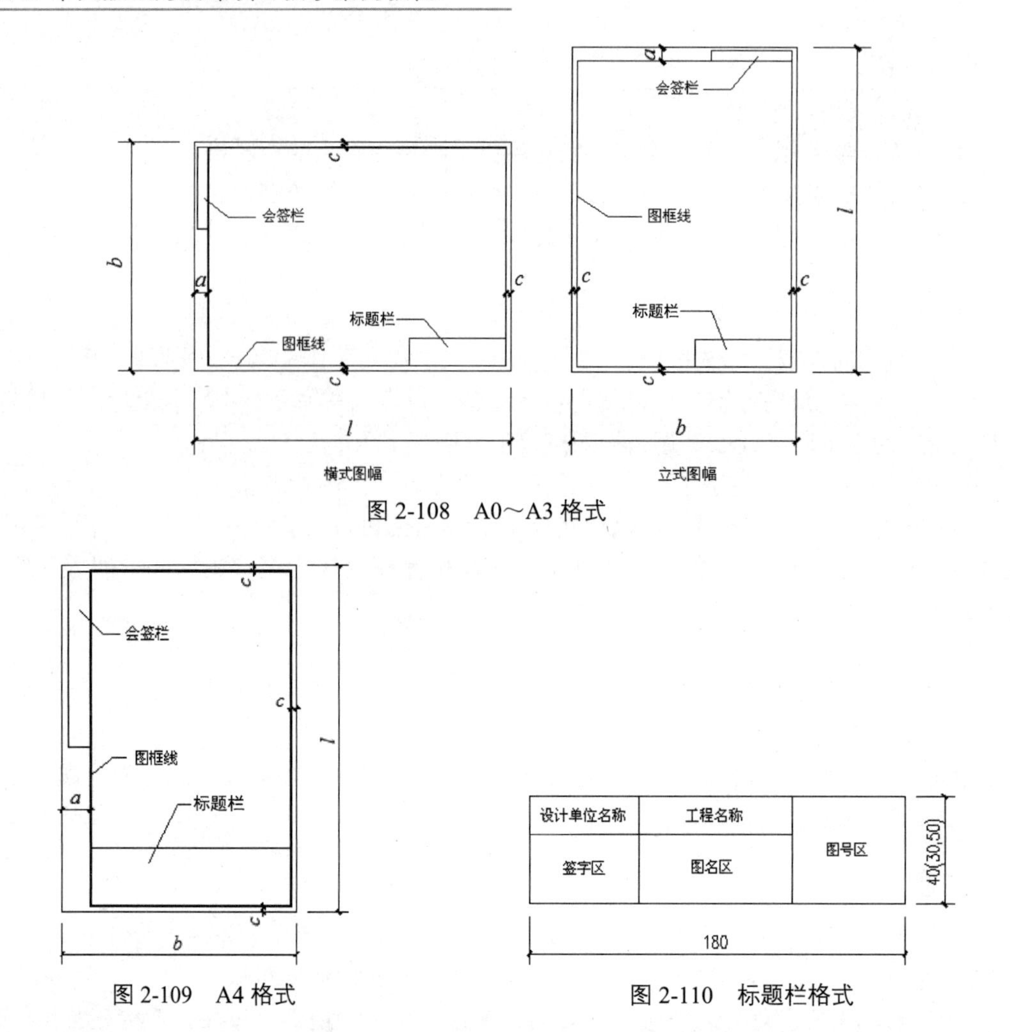


图 2-108　A0～A3 格式

图 2-109　A4 格式

图 2-110　标题栏格式

2）会签栏

会签栏是为各工种负责人审核后签名用的表格，包括专业、姓名、日期等内容。对于具体内容，使用者可根据需要自行设置。图 2-111 所示为其中的一种会签栏格式。对于不需要会签的图纸，可以不设置会签栏。

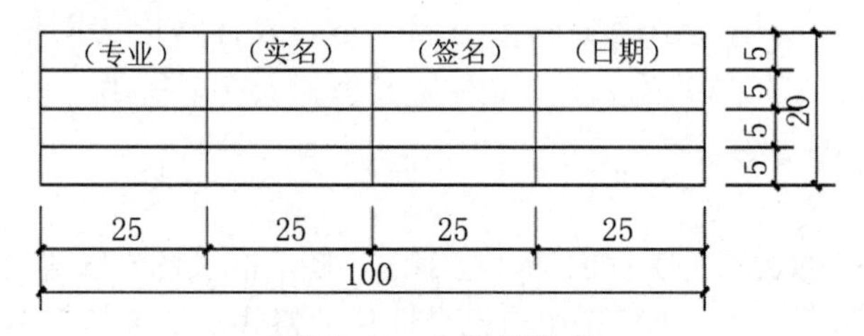


图 2-111　会签栏格式

3）线型要求

室内设计图主要由各种线条构成，不同的线型表示不同的对象和不同的部位，代表着不同的含义。为了图幅能够清晰、准确、美观地表达设计思想，工程实践中采用了一套常用线型，并规定了它们的使用范围，如表 2-2 所示。在 AutoCAD 2024 中，可以通过设置的“线型”“线宽”来选定所需线型。

表2-2 常用线型

| 名称 | 粗细 | 线型 | 线宽 | 适用范围 |
| --- | --- | --- | --- | --- |
| 实线 | 粗 | ━━━━━━ | $b$ | 建筑平面图、剖面图、构造详图中被剖切的截面的轮廓线；建筑立面图、室内立面图外轮廓线等 |
|  | 中 | ────── | $0.5b$ | 室内设计图中被剖切的次要构件的轮廓线；室内平面图、顶棚平面图、立面图、家具三视图中构件的轮廓线等 |
|  | 细 | ────── | $\leqslant 0.25b$ | 尺寸界线、图例、索引符号、地面材料线及其他细节部位刻画用线 |
| 虚线 | 中 | ━ ━ ━ ━ ━ | $0.5b$ | 构造详图中不可见的实物轮廓线 |
|  | 细 | — — — — — | $\leqslant 0.25b$ | 其他不可见的次要实物轮廓线 |
| 点画线 | 细 | —— - —— - —— | $\leqslant 0.25b$ | 轴线、构件的中心线、对称线等 |
| 折断线 | 细 | ——\/\—— | $\leqslant 0.25b$ | 省略画出时的断开界线 |
| 波浪线 | 细 | ～～～～ | $\leqslant 0.25b$ | 构造层次的断开界线，有时也表示省略画出时的断开界线 |

# 任务十二 模拟试题与上机实验

### 1. 选择题

（1）可以有宽度的线有（　　）。

A. 构造线　　B. 多段线　　C. 直线　　D. 样条曲线

（2）执行“样条曲线”命令后，（　　）选项用来输入曲线的偏差。值越大，曲线距指定的点越远；值越小，曲线距指定的点越近。

A. 闭合　　B. 端点切向　　C. 拟合公差　　D. 起点切向

（3）以同一个点为正五边形的中心点，圆的半径为 50，分别用 I 和 C 的方式绘制的正五边形的间距为（　　）。

A. 455.5309　　B. 16512.9964　　C. 910.9523　　D. 261.0327

（4）已知使用 arc 命令刚刚结束绘制一个圆弧，现在执行 LINE 命令，提示“指定第一个点：”时直接按 Enter 键，结果是（　　）。

A. 继续提示“指定第一个点：”

B. 提示“指定下一点或 [放弃(U)]：”

C. LINE 命令执行结束

D. 以圆弧的端点为起点绘制圆弧的切线

（5）要重复使用刚刚执行的命令，应按（　　）键。

A．Ctrl　　B．Alt　　C．Enter　　D．Shift

（6）动手操作一下，在进行图案填充时，下面的图案类型中不需要同时指定角度和比例的有(　　)。

A．预定义　　B．用户定义　　C．自定义

（7）在根据图案填充创建边界时，边界类型不可能是（　　）。

A．多段线　　B．样条曲线　　C．三维多段线　　D．螺旋线

（8）在设置文字样式时，以下说法正确的是（　　）。

A．在输入单行文字时，可以改变文字高度

B．在输入单行文字时，不可以改变文字高度

C．在输入多行文字时，不可以改变文字高度

D．无论是输入多行文字还是输入单行文字，都可以改变文字高度

**2．上机实验**

**实验 1　绘制如图 2-112 所示的圆桌**

图 2-112　圆桌的绘制结果

◆ 目的要求

本实验图形涉及的命令主要是“圆”命令。本实验要求学生灵活掌握圆的绘制方法。

◆ 操作提示

（1）使用“圆”命令绘制外沿。

（2）使用“圆”命令结合对象捕捉工具绘制同心内沿。

**实验 2　绘制如图 2-113 所示的椅子**

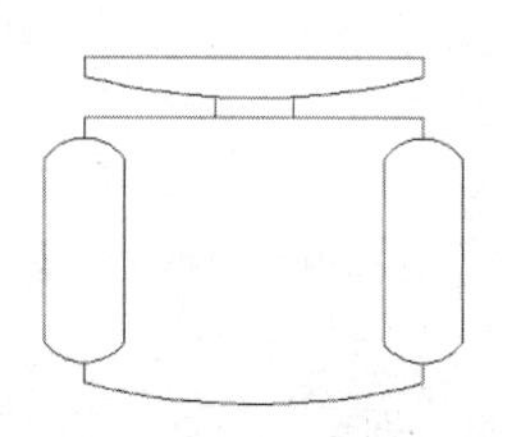

图 2-113　椅子的绘制结果

◆ 目的要求

本实验图形涉及的命令主要是“直线”命令和“圆弧”命令。本实验要求学生灵活掌握直线和圆弧的绘制方法。

◆ 操作提示

（1）使用“直线”命令绘制基本形状。

（2）使用“圆弧”命令绘制圆弧造型。

**实验 3　绘制如图 2-114 所示的壁灯**

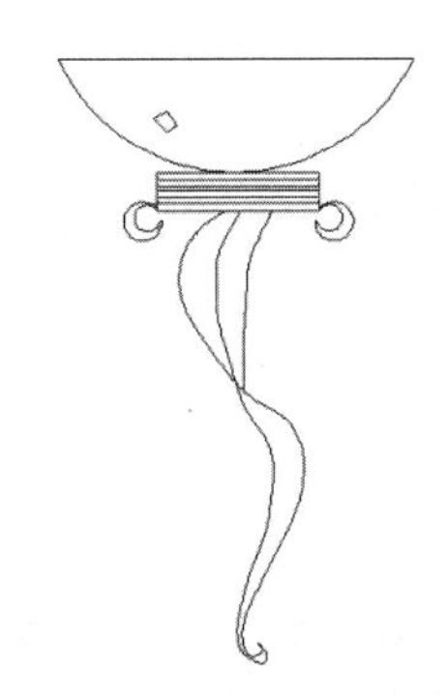

图 2-114　壁灯的绘制结果

◆ 目的要求

本实验涉及的命令主要是“圆弧”命令、“样条曲线”命令和“多段线”命令。本实验要求学生灵活掌握圆弧、样条曲线和多段线的绘制方法。

◆ 操作提示

（1）使用“圆弧”命令绘制底座。

（2）使用“样条曲线”命令绘制装饰物。

（3）使用“多段线”命令绘制灯罩。

# 项目三　熟练运用基本绘图工具

## 学习情境

在上一个项目的学习过程中，学生可能会注意到有时绘图不是很方便，如很难准确指定某些特殊的点，不知道怎样绘制不同线型或线宽的图线等。为了解决这些问题，AutoCAD 2024 提供了很多基本绘图工具，如图层工具、对象捕捉工具等。使用这些工具，既可以方便、迅速、准确地实现图形的绘制和编辑，又可以提高工作效率，还可以很好地确保图形的质量。

## 能力目标

- 掌握图层工具的使用方法。
- 掌握对象捕捉工具的使用方法。
- 掌握尺寸标注的基本方法。

## 素质目标

- 具备分部分绘图意识：通过学习如何在不同的图层上绘制不同的图样，掌握如何合理地组织和管理图纸中的各部分。
- 提升综合应用能力：在绘图过程中，能够综合运用对象捕捉工具与其他绘图工具，高效、准确地设计工作。
- 提升专注力：注重专注力的提升，这对于完成精确的尺寸标注工作非常关键。

## 课时安排

4 课时（讲课 2 课时，练习 2 课时）。

## 任务一　设置室内设计样板图图层

### 任务背景

在绘制室内设计样板图时，如果出现了不同线型或线宽的图线该怎么处理呢？AutoCAD 2024 提供了图层工具，对每个图层都规定了颜色和线型，并把具有相同特征的图形放在同一个图层上绘制。这样在绘图时就不用分别设置对象的线型和颜色了，方便绘图的同时，既节省了存储图形的空间（只需存储几何数据和所在图层），又提高了工作效率。

图层类似于投影片，可以将不同属性的对象分别画在不同的投影片（图层）上，如将图形的主要直线、中心线等分别画在不同的图层上，每个图层都可以设置不同的线型、线条颜色，把不同的图层堆栈在一起就成为一个完整的视图，如此可以使图层层次分明有条理，方便图形的编辑与管理。一个完整的图形是将它所包括的所有图层上的对象叠加在一起的，图层效果如图 3-1 所示。

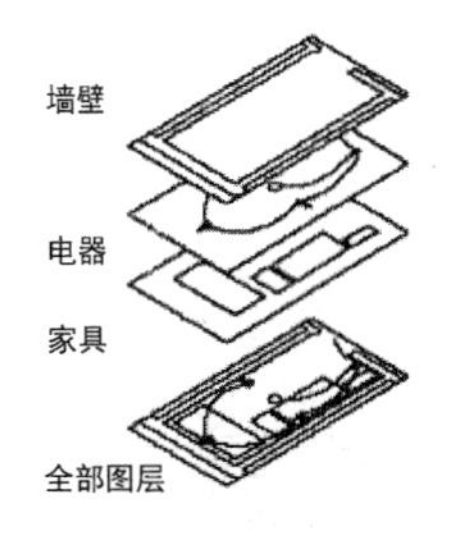


图 3-1 图层效果

使用图层工具绘图之前，首先要对图层的各项特性进行设置，包括建立图层、为图层命名、设置当前图层、设置图层的颜色和线型，以及设置图层是否关闭、是否冻结、是否锁定、是否删除等。

本任务将为上一个任务绘制的 A3 样板图设置图层。通过 A3 样板图的图层设置过程来介绍图层工具的使用方法。这里使用“图层特性管理器”对话框创建六个图层，图层的设置如表 3-1 所示。图层的设置结果如图 3-2 所示。

表 3-1 图层的设置

| 图 层 名 | 颜 色 | 线 型 | 线 宽 | 用 途 |
|---|---|---|---|---|
| 0 | 7（白色） | Continuous | 默认 | 绘制图框 |
| 轴线 | 1（红色） | CENTER | 0.09 | 绘制轴线 |
| 构造线 | 7（白色） | Continuous | 0.25 | 绘制可见轮廓 |
| 注释 | 7（白色） | Continuous | 0.09 | 一般注释 |
| 图案填充 | 5（蓝色） | Continuous | 0.09 | 填充剖面线或图案 |
| 尺寸标注 | 3（绿色） | Continuous | 0.09 | 尺寸标注 |

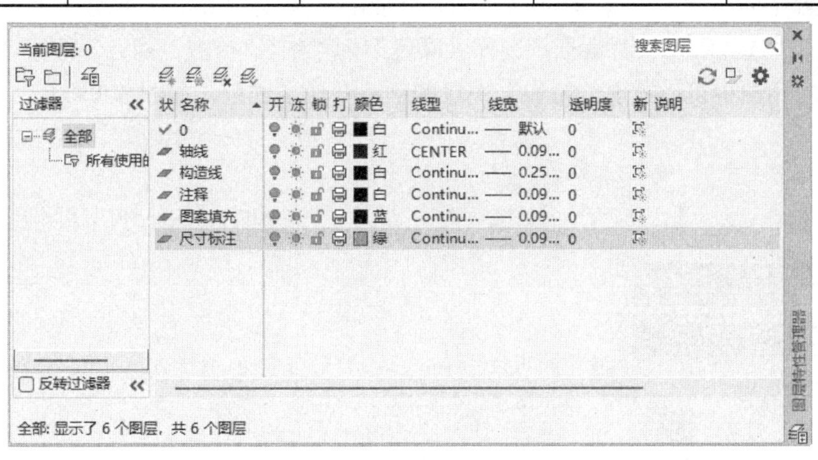


图 3-2 图层的设置结果

## 操作步骤

（1）打开文件。单击快速访问工具栏中的“打开”按钮，在弹出的“选择文件”对话框中选择“源文件\项目二”选项，找到“室内设计制图 A3 样板图.dwg”文件并将其打开。

（2）设置图层名。单击“默认”选项卡的“图层”面板中的“图层特性”按钮，弹出“图层特性管理器”对话框，如图 3-3 所示。在“图层特性管理器”对话框中单击“新建图层”按钮，在图层列表中出现一个默认名为“图层 1”的新图层，如图 3-4 所示。单击“图层 1”图层，将其图层名改为“轴线”，如图 3-5 所示。

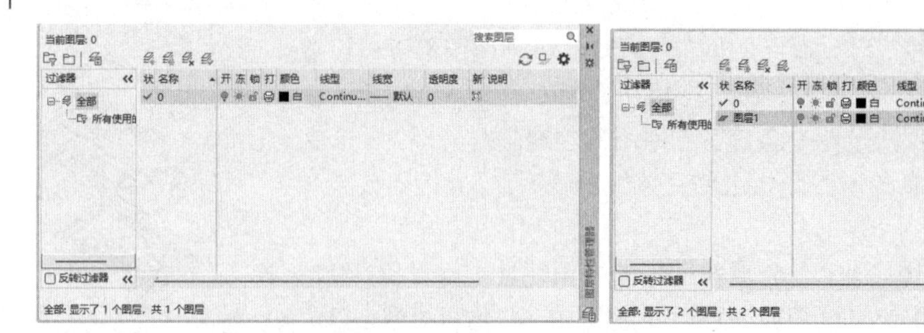

图 3-3　“图层特性管理器”对话框　　　图 3-4　出现新图层

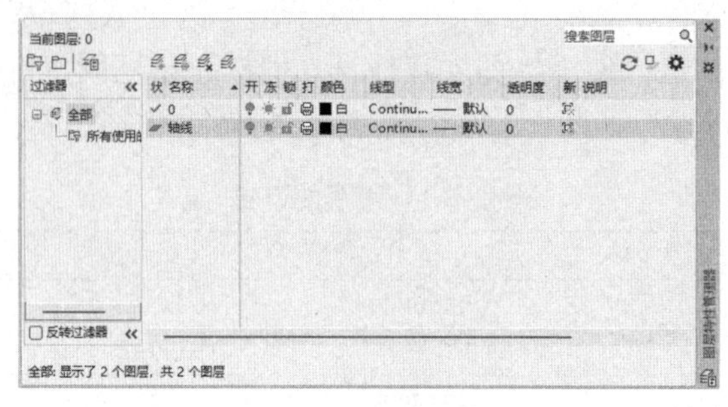

图 3-5　更改图层名

（3）设置颜色。为了区分不同的图层上的图线，增加图形不同部分的对比度，可以为不同的图层设置不同的颜色。选择刚刚建立的“轴线”图层的“颜色”标签下的选项，打开如图 3-6 所示的“选择颜色”对话框，选择“颜色”为“红”，单击“确定”按钮。在“图层特性管理器”对话框中可以发现“轴线”图层的颜色变成了红色，如图 3-7 所示。

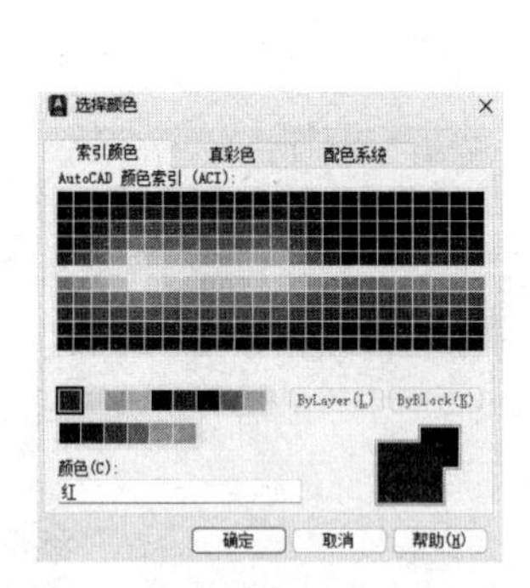

图 3-6　“选择颜色”对话框 1

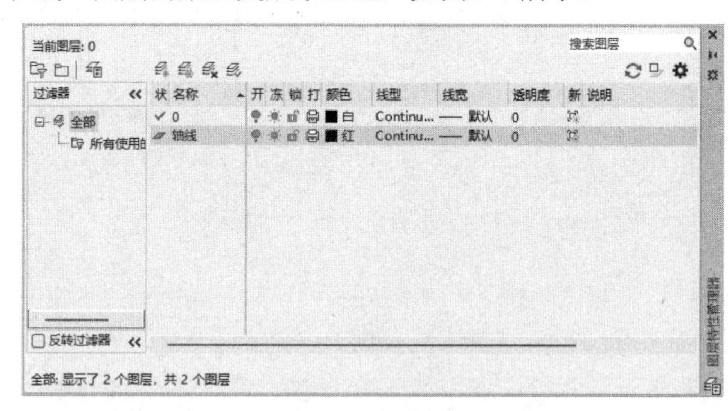

图 3-7　设置颜色

（4）设置线型。在工程图中经常要用到不同的线型，这是因为不同的线型表示不同的含义。在上述“图层特性管理器”对话框中选择“轴线”图层的“线型”标签下的选项，打开如图 3-8 所示的“选择线型”对话框，单击“加载”按钮，弹出如图 3-9 所示的“加载或重载线型”对话框，在“可用线型”列表框中选择“线型”为“CENTER”，单击“确定”按钮。返回“选择线型”对话框，这时在“已加载的线型”列表框中会出现 CENTER 线型，如图 3-10 所示。在该列表框中选择“CENTER”线型，单击“确定”按钮，返回到“图层特性管理器”对话框中，可以看到“轴线”图层的线型变成了 CENTER，如图 3-11 所示。

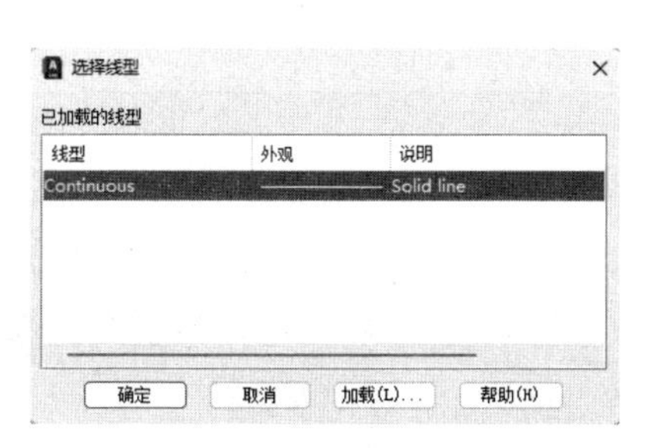


图 3-8 “选择线型”对话框 1

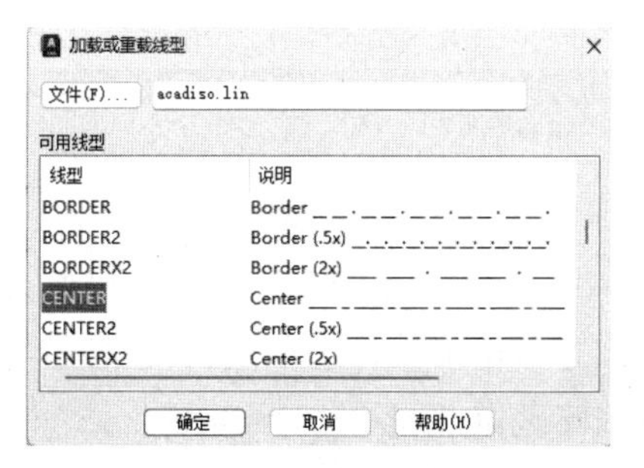


图 3-9 “加载或重载线型”对话框

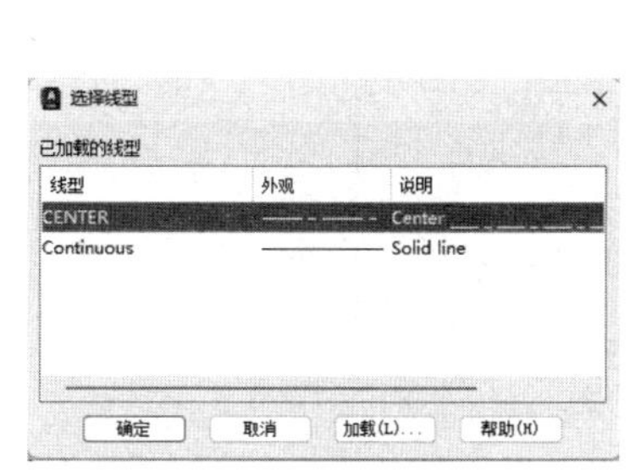


图 3-10 出现 CENTER 线型

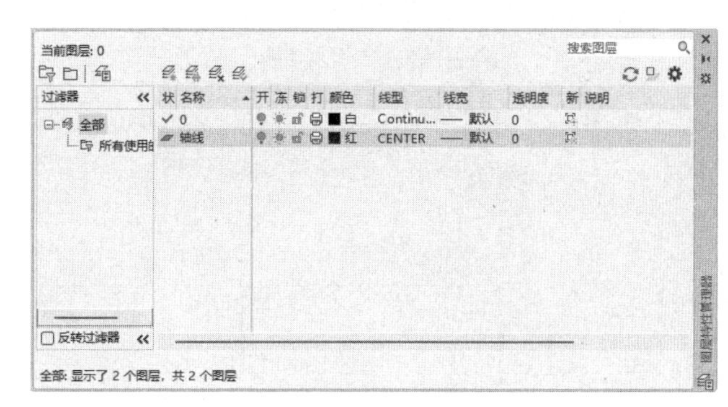


图 3-11 设置线型

(5) 设置线宽。在工程图中，不同的线宽表示不同的含义。因此，要对不同图层的线宽进行设置。选择“图层特性管理器”对话框中的“轴线”图层的“线宽”标签下的选项，打开如图 3-12 所示的“线宽”对话框，选择适当的线宽，单击“确定”按钮，返回到“图层特性管理器”对话框中，可以发现图层的线宽被更改了，如图 3-13 所示。

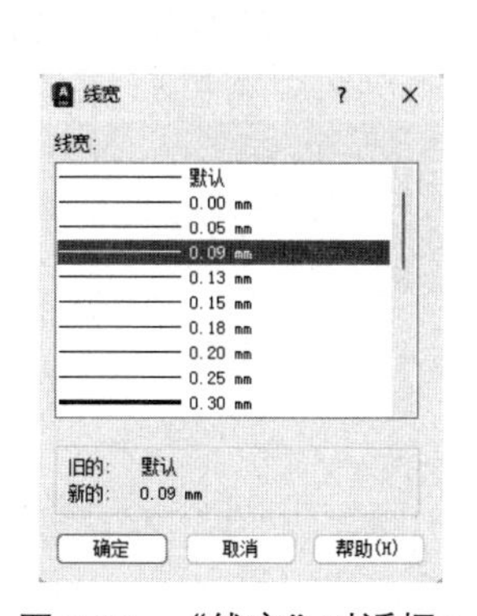


图 3-12 “线宽”对话框 1

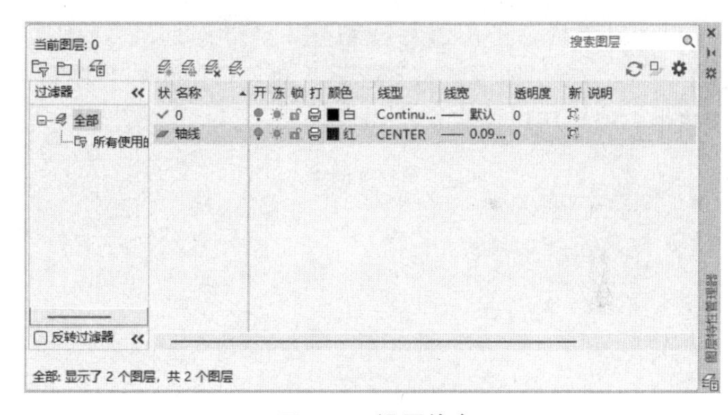


图 3-13 设置线宽

## 注意

应尽量保持细线与粗线之间的比例大约为 1：2。这样比例的线宽符合国标的相关规定。

(6) 绘制其余图层。采用同样的方法，新建不同名称的图层，这些不同的图层可以分别用于存放不同的图线或图形的不同部分。最终设置结果如图 3-2 所示。

## 知识点详解

### 1. “图层特性管理器”对话框

AutoCAD 2024 提供了“图层特性管理器”对话框，用户可以很方便地通过对“图层特性管理器”对话框中的各选项及其二级对话框进行设置，来实现建立新图层、设置图层颜色及线型等各种操作。

（1）“新建特性过滤器”按钮：单击此按钮，弹出“图层过滤器特性”对话框，如图 3-14 所示。在“图层过滤器特性”对话框中可以基于一个或多个图层特性创建图层过滤器。

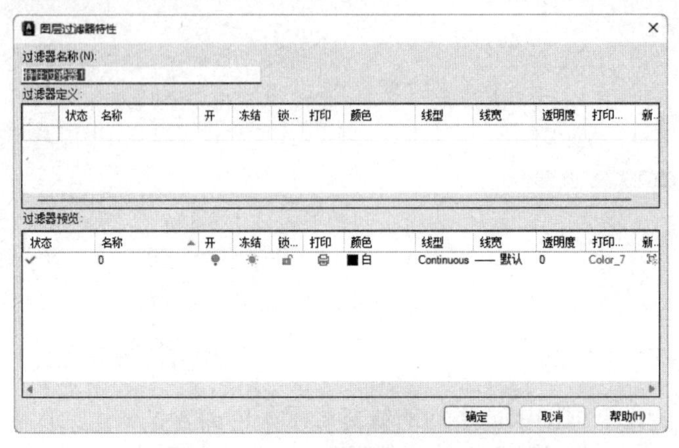


图 3-14　“图层过滤器特性”对话框

（2）“新建组过滤器”按钮：创建图层过滤器，其中包括用户选定并添加到该过滤器中的图层。

（3）“图层状态管理器”按钮：单击此按钮，弹出“图层状态管理器”对话框，如图 3-15 所示。在“图层状态管理器”对话框中可以将图层的当前特性设置保存到已命名的图层状态中，以后可以恢复这些设置。

图 3-15　“图层状态管理器”对话框

（4）“新建图层”按钮：建立新的图层。单击此按钮，出现一个新的图层名“图层 1”，用户可以使用此图层名，也可以为“图层 1”图层重命名。要想同时产生多个图层，可以选择一个图层名后，输入多个图层名，各图层名之间以逗号分隔。图层名可以包含字母、数字、空格和特殊符号，AutoCAD 2024 支持长达 255 个字符的图层名。新的图层继承了在新建图层时选择的已有图层的所有特性，如颜色、线型、ON/OFF 状态等。如果在新建图层时没有选择已有图层，那么新的图层具有默认设置。

（5）“删除图层”按钮：删除所选图层。先在图层列表中选择某个图层，然后单击“删除图层”按钮，即可删除该图层。

（6）“置为当前”按钮：设置为当前图层。先在图层列表中选择某个图层，然后单击“置为当前”按钮，即可把该图层设置为当前图层，并显示其图层名。当前图层的图层名被存储在系统变量 CLAYER 中。另外，双击某个图层名也可以把该图层设置为当前图层。

（7）“搜索图层”文本框：在输入字符时，按图层名快速过滤图层列表。在关闭“图层特性管理器”对话框时并不会保存此过滤结果。

（8）“反转过滤器”复选框：勾选此复选框，显示所有不满足选定的图层特性过滤器中条件的图层。

（9）图层列表：显示已有图层及其特性。要修改某个图层的某个特性，单击其对应的图标即可。右击空白处，使用快捷菜单可以快速选择所有图层。图层列表中各列的含义如下。

① 名称：显示满足条件的图层名。要对某个图层进行修改，应先选择该图层，使其逆反显示。

② 状态转换图标：在“图层特性管理器”对话框的“名称”标签前有一列图标，单击某个图标，可以打开或关闭该图标所代表的功能。各图标的功能如表 3-2 所示。

表 3-2 各图标的功能

| 图　标 | 名　称 | 功　能 |
|---|---|---|
| / | 打开/关闭 | 将图层设定为打开或关闭状态，当处于关闭状态时，该图层上的所有对象都将被隐藏，只有处于打开状态的图层才会在屏幕上显示或从打印机中打印出来。因此，在绘制复杂的图形时，应先将不编辑的图层暂时关闭，以降低图形的复杂性。图 3-16（a）、图 3-16（b）所示分别为文字标注图层打开和关闭的情形 |
| / | 解冻/冻结 | 将图层设定为解冻或冻结状态。当图层处于冻结状态时，该图层上的所有对象均不会在屏幕上显示或从打印机中打印出来，且不会执行重生（REGEN）、缩放（ROOM）等命令的操作。因此，将不编辑的图层暂时冻结，可以加快图形编辑的执行速度。而使用 / （打开/关闭）功能只会单纯地将对象隐藏，不会加快图形编辑的执行速度 |
| / | 解锁/锁定 | 将图层设定为解锁或锁定状态。被锁定的图层仍然显示在屏幕上。不能以编辑命令修改被锁定的图层，只能绘制新的对象，如此可以防止重要的图形被修改 |
| / | 打印/不打印 | 设定是否可以打印图形 |

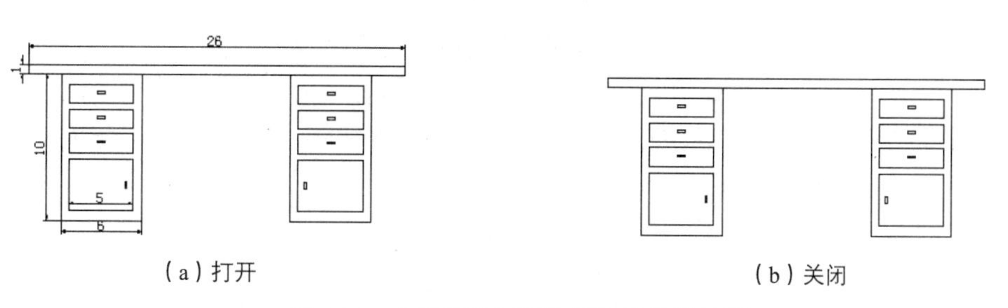


（a）打开　　（b）关闭

图 3-16 文字标注图层打开和关闭的情形

③ 颜色：显示和修改图层的颜色。要修改某个图层的颜色，可以选择其对应的选项，将打开如图 3-17 所示的“选择颜色”对话框，用户可以从中选取需要的颜色。

④ 线型：显示和修改图层的线型。要修改某个图层的线型，可以选择其对应的选项，将打开如图 3-18 所示的“选择线型”对话框，其中列出了当前可选的线型，用户可以从中选取需要的线型。具体内容将在下节详细介绍。

⑤ 线宽：显示和修改图层的线宽。要修改某个图层的线宽，可以选择其对应的选项，将打开如图 3-19 所示的“线宽”对话框，其中，“线宽”列表框中显示了可选的线宽，包括一些绘图中经常用到的线宽，用户可以从中选取需要的线宽；“旧的”文本框中显示了前面赋予图层的线宽，在新建图层时，采用默认线宽，默认线宽由系统变量 LWDEFAULT 设置；“新的”文本框中显示了赋予图层的新的线宽。

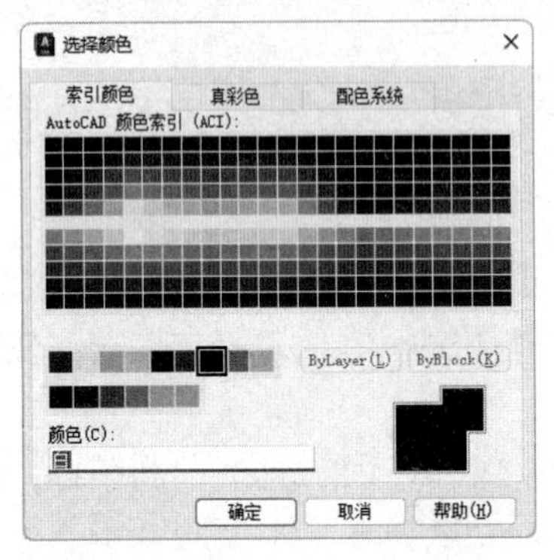


图 3-17 “选择颜色”对话框 2

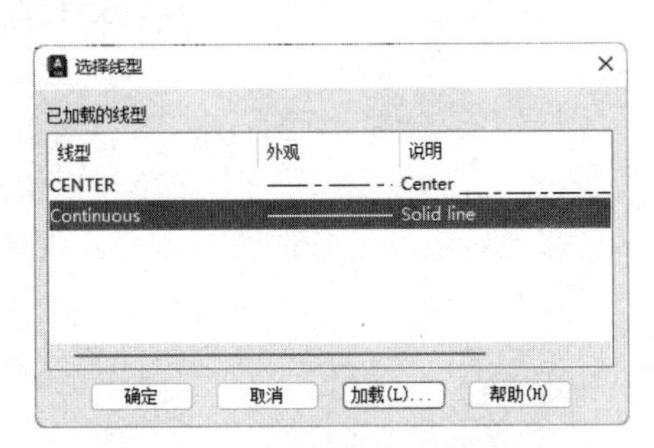


图 3-18 “选择线型”对话框 2

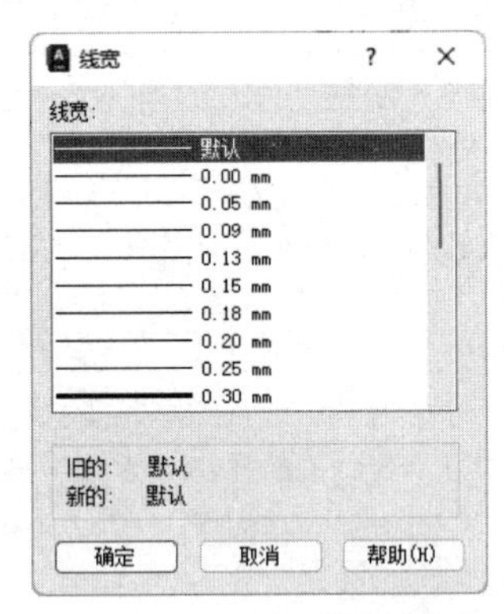


图 3-19 “线宽”对话框 2

⑥ 打印样式：修改图层的打印样式，修改打印样式是指在打印图形时设置各属性。

### 2. “特性”工具栏

AutoCAD 2024 提供了一个“特性”工具栏，如图 3-20 所示。用户可以通过使用“特性”工具栏中的工具来快速查看和改变所选对象的颜色、线型、线宽、打印样式等特性。使用“特性”工具栏中的“颜色控制”“线型控制”“线宽控制”“打印样式控制”等选项可以强化查看和编辑对象属性的功能。无论选择任何对象，都将在“特性”工具栏中自动显示“颜色控制”“线型控制”“线宽控制”“打印样式控制”等选项。

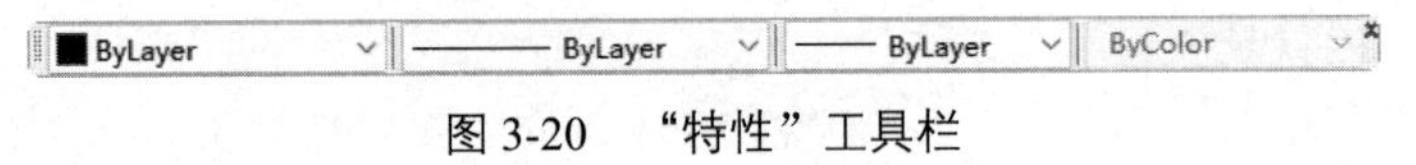


图 3-20 “特性”工具栏

下面简单说明一下“特性”工具栏各部分的功能。

（1）“颜色控制”选项：单击右侧的下拉按钮，可以从打开的下拉列表中选择一种颜色，使之成为当前颜色，如果选择“颜色控制”选项，那么打开“选择颜色”对话框以选择其他颜色。修改当前颜色后，之后在任何图层上绘图时都将采用这种颜色，但对各个图层的颜色设置没有影响。

（2）“线型控制”选项：单击右侧的下拉按钮，可以从打开的下拉列表中选择一种线型，使之成为当前线型。修改当前线型后，之后在任何图层上绘图都将采用这种线型，但对各个图层的线型设置没有影响。

（3）“线宽控制”选项：单击右侧的下拉按钮，可以从打开的下拉列表中选择一种线宽，使之成为当前线宽。修改当前线宽后，之后在任何图层上绘图都将采用这种线宽，但对各个图层的线宽设置没有影响。

（4）“打印样式控制”选项：单击右侧的下拉按钮，可以从打开的下拉列表中选择一种打印样式使之成为当前打印样式。

**注意**

有时会出现设置了线宽但在图形中显示不出来的情况，出现这种情况一般有如下两个原因。

（1）没有将该线宽对象的所在图层设定为打开状态。

（2）线宽设置得过小。AutoCAD 2024 只能显示出 0.30 的线宽。

# 任务二　绘制户型平面图墙线

## 任务背景

使用AutoCAD 2024绘图之前，可以根据需要事先设置运行一些对象捕捉模式，这样在绘图时就能自动捕捉特殊点，从而加快绘图速度，提高绘图质量。

在绘图时，为了对齐路径或特殊位置，可以使用对象捕捉工具。使用对象捕捉工具可以按指定角度或与其他对象的指定关系绘制对象。使用对象捕捉工具，有助于以精确的位置和角度创建对象。

本任务将通过户型平面图墙线的绘制过程来介绍如何灵活应用对象捕捉工具。户型平面图墙线的绘制结果如图 3-21 所示。

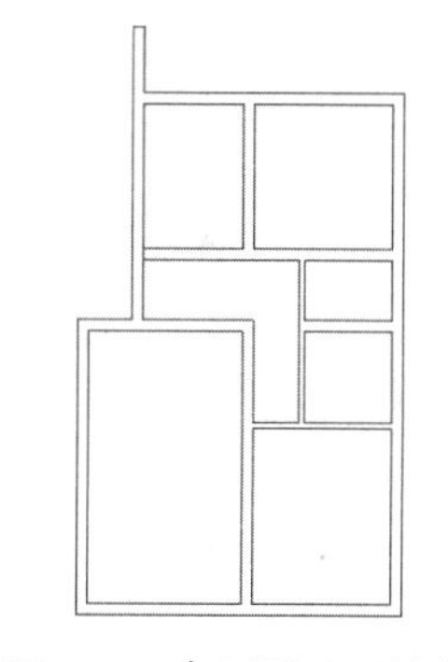

图 3-21　户型平面图墙线的绘制结果

## 操作步骤

微课

（1）右击状态栏中的“对象捕捉”按钮，弹出如图 3-22 所示的右键快捷菜单，选择“对象捕捉设置”命令，打开如图 3-23 所示的“草图设置”对话框，单击“全部选择”按钮，将所有特殊点都设置为可捕捉状态。

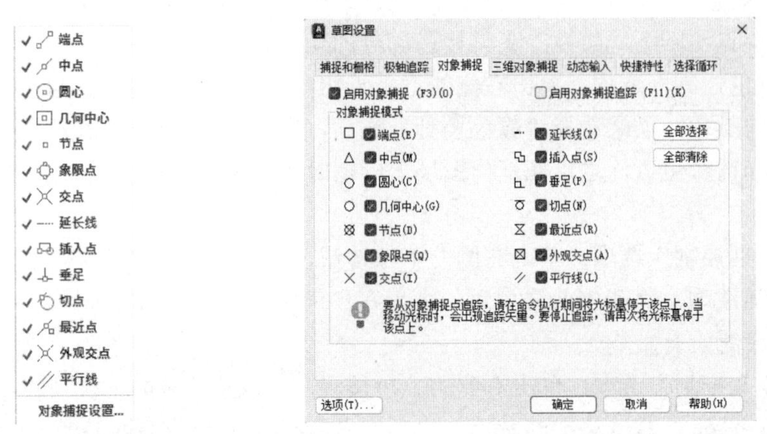

图 3-22　右键快捷菜单 1　　　　图 3-23　“草图设置”对话框

（2）单击“默认”选项卡的“绘图”面板中的“构造线”按钮，绘制一条水平构造线和一条竖直构造线，组成十字辅助线。组成的十字辅助线如图 3-24 所示。继续绘制辅助线，命令行提示与操作如下。

```
命令: _XLINE
指定点或 [水平(H)/垂直(V)/角度(A)/二等分(B)/偏移(O)]: O↙
指定偏移距离或[通过（T）]<通过>:1200
选择直线对象: 选择竖直构造线
指定向哪侧偏移: 指定右侧一点
```

采用同样的方法，将偏移得到的竖直构造线依次向右偏移 2400、1200 和 2100，绘制的竖直构造线如图 3-25 所示。采用同样的方法，将水平构造线依次向下偏移 1500、3300、1500、2100 和 3900，绘制的墙线如图 3-26 所示。

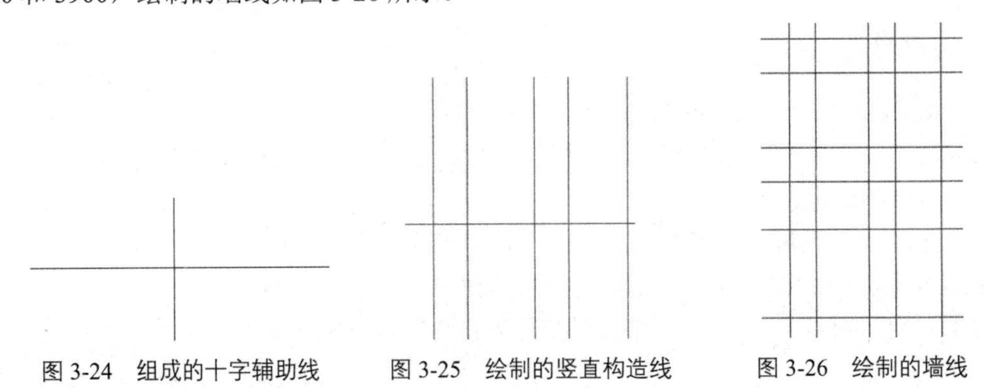

图 3-24　组成的十字辅助线　　图 3-25　绘制的竖直构造线　　图 3-26　绘制的墙线

（3）选择菜单栏中的“格式”→“多线样式”命令，打开如图 3-27 所示的“多线样式”对话框，单击“新建”按钮，弹出如图 3-28 所示的“创建新的多线样式”对话框，在“新样式名”文本框中输入“240 墙”，单击“继续”按钮，弹出如图 3-29 所示的“新建多线样式：240 墙”对话框，进行多线样式的设置，设置完成后单击“确定”按钮，返回到“多线样式”对话框中，单击“置为当前”按钮，将 240 墙的多线样式置为当前，单击“确定”按钮，完成 240 墙多线样式的设置。

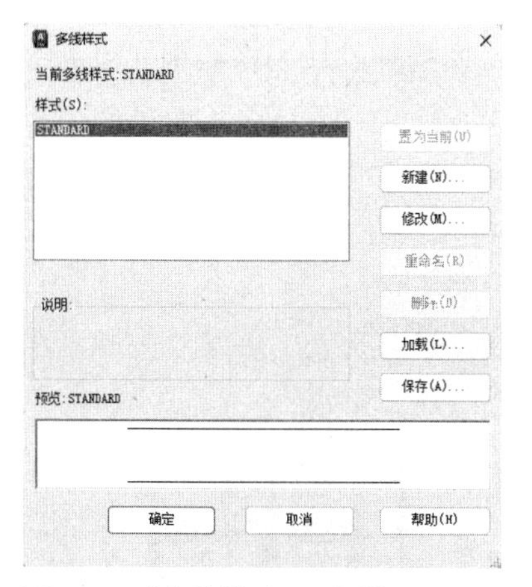


图 3-27 “多线样式”对话框

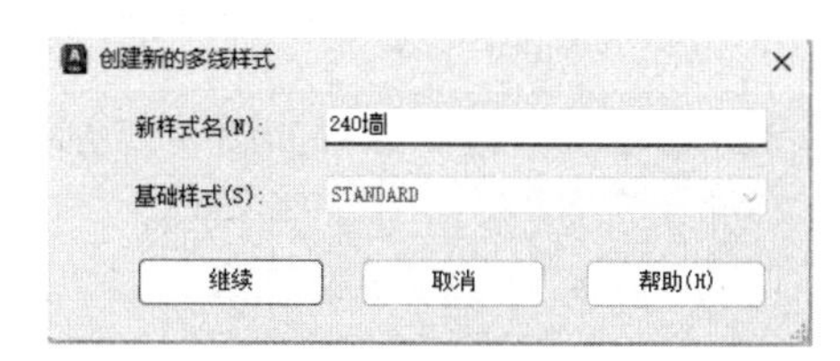


图 3-28 “创建新的多线样式”对话框

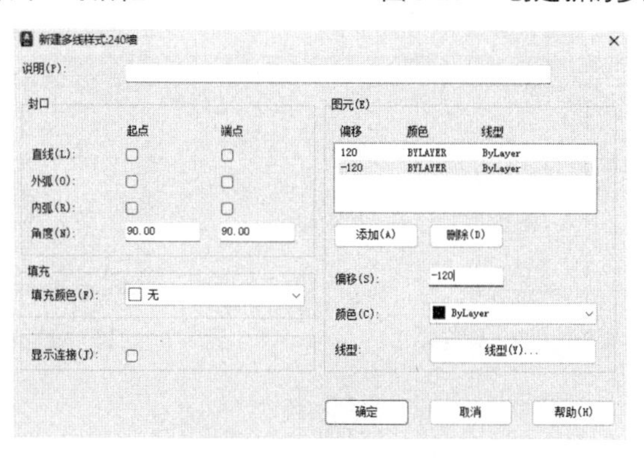


图 3-29 设置多线样式 1

（4）选择菜单栏中的“绘图”→“多线”命令，绘制 240 墙的墙线，命令行提示与操作如下。

```
命令: _MLINE
当前设置: 对正 = 上,比例 = 20.00,样式 = 240 墙
指定起点或 [对正(J)/比例(S)/样式(ST)]: s↙
输入多线比例 <20.00>:1↙
当前设置: 对正 = 上,比例 = 1.00,样式 = 240 墙
指定起点或 [对正(J)/比例(S)/样式(ST)]: J↙
输入对正类型 [上(T)/无(Z)/下(B)] <无>: Z↙
当前设置: 对正 = 无,比例 = 1.00,样式 = 240 墙
指定起点或 [对正(J)/比例(S)/样式(ST)]: 捕捉辅助线的交点
指定下一点: 捕捉辅助线的下一个交点
指定下一点或 [放弃(U)]: ↙
```

240 墙墙线的绘制结果如图 3-30 所示。采用同样的方法，根据辅助线网格绘制其余 240 墙的墙线，结果如图 3-31 所示。

（5）选择菜单栏中的“格式”→“多线样式”命令，打开“多线样式”对话框，单击“新建”按钮，弹出“创建新的多线样式”对话框，在“新样式名”文本框中输入“120 墙”，单击“继续”按钮，弹出如图 3-32 所示的“新建多线样式：120 墙”对话框，进行多线样式的设置，设置完成后单击“确定”按钮，返回到“多线样式”对话框中，单击“置为当前”按钮，将 120 墙的多线样式置为当前，单击“确定”按钮，完成 120 墙多线样式的设置。

（6）选择菜单栏中的“绘图”→“多线”命令，根据辅助线网格绘制 120 墙的墙线，命令行提示与操作如下。

```
命令: _MLINE
当前设置: 对正 = 无，比例 = 1.00，样式 = 120 墙
指定起点或 [对正(J)/比例(S)/样式(ST)]: 捕捉辅助线的交点
指定下一点: 捕捉辅助线的下一个交点
指定下一点或 [放弃(U)]: ↙
```

120 墙墙线的绘制结果如图 3-33 所示。

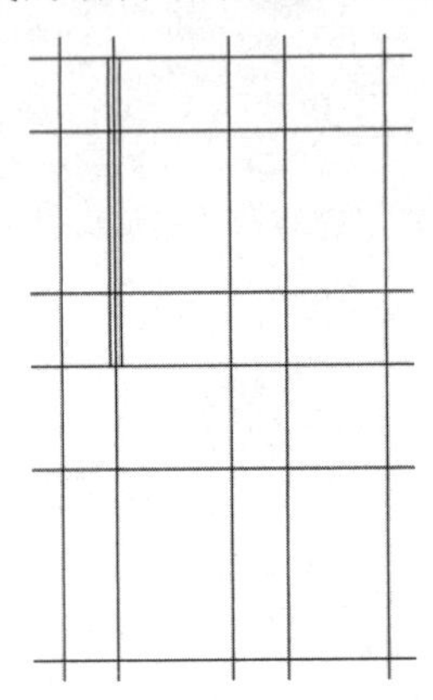

图 3-30　240 墙墙线的绘制结果 1

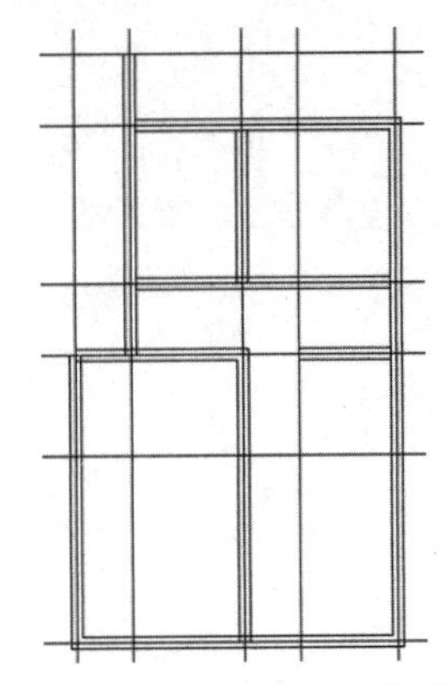

图 3-31　240 墙墙线的绘制结果 2

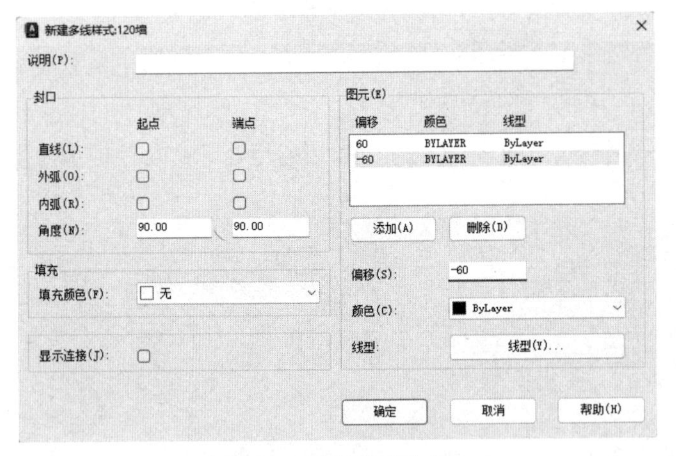


图 3-32　设置多线样式 2

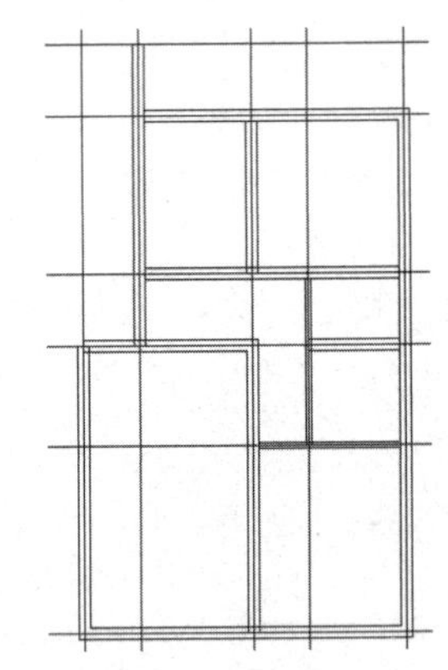

图 3-33　120 墙墙线的绘制结果

（7）选择菜单栏中的“修改”→“对象”→“多线”命令，打开如图 3-34 所示的“多线编辑工具”对话框，选择“T 形打开”选项，命令行提示与操作如下。

```
命令: _mledit
选择第一条多线: 选择多线
选择第二条多线: 选择多线
选择第一条多线或 [放弃(U)]: ↙
```

T 形打开的结果如图 3-35 所示。采用同样的方法，继续进行多线的编辑。

在“多线编辑工具”对话框中选择“角点结合”选项，对墙线进行编辑，最终编辑结果如图 3-21 所示。

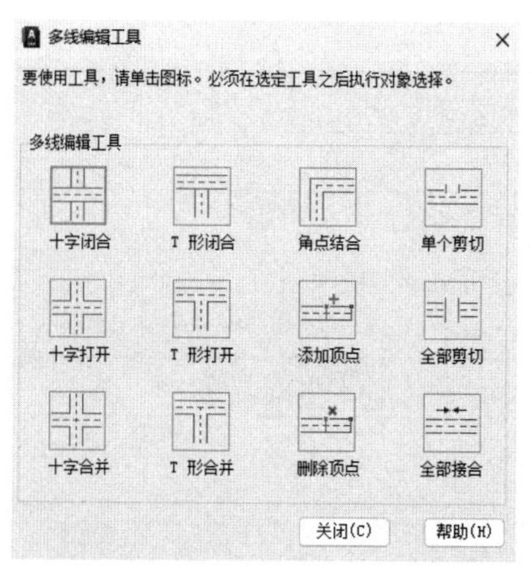


图 3-34　“多线编辑工具”对话框

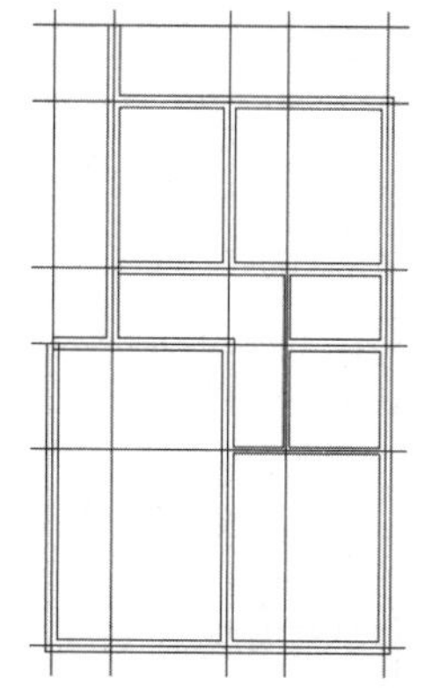

图 3-35　T 形打开的结果

## 知识点详解

### 1. 构造线

在上面绘制构造线的命令行提示与操作中，执行选项中有“指定点”“水平”“垂直”“角度”“二等分”“偏移”六种方式用于绘制构造线，分别如图 3-36 所示。

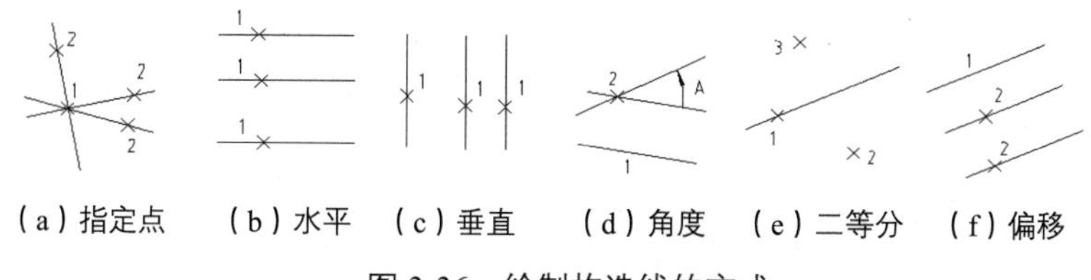


图 3-36　绘制构造线的方式

### 2. 多线

在上面绘制多线的命令行提示与操作中，主要选项的含义如下。

（1）对正(J)：给定绘制多线的基准，共有三种对正类型：上(T)、无(Z)和下(B)。其中，“上(T)”表示以多线上方的线为基准，以此类推。

（2）比例(S)：设置平行线的间距。当值为 0 时，平行线重合；当值为负值时，多线的排列倒置。

（3）样式(ST)：设置当前使用的多线样式。

### 3. 对象捕捉工具的应用

在使用 AutoCAD 2024 绘图时，有时需要指定一些特殊点，如圆心、端点、中点、平行线上的点等。可以使用对象捕捉工具捕捉这些特殊点。特殊点的捕捉模式及功能如表 3-3 所示。

表 3-3　特殊点的捕捉模式及功能

| 捕 捉 模 式 | 功　　能 |
| --- | --- |
| 端点 | 捕捉直线或圆弧的端点 |
| 中点 | 捕捉直线或圆弧的中点 |
| 交点 | 捕捉直线、圆弧或圆等的交点 |
| 外观交点 | 捕捉图形在视图平面上的交点 |
| 延长线 | 指定对象的延伸线 |

续表

| 捕 捉 模 式 | 功 能 |
| --- | --- |
| 圆心 | 捕捉圆心或圆弧的中心 |
| 几何中心 | 捕捉多段线、二维多段线和二维样条曲线的几何中心 |
| 象限点 | 捕捉距十字光标最近的圆或圆弧的可见部分的象限点，即圆周上 0°、90°、180°、270°位置的点 |
| 切点 | 捕捉最后生成的一个点到选中的圆或圆弧上引切线的切点 |
| 垂直 | 在直线、圆、圆弧或它们的延长线上捕捉一个点，使之同最后生成的点的连线与该直线、圆、圆弧或它们的延长线正交 |
| 平行线 | 绘制与指定对象平行的图形 |
| 节点 | 捕捉使用 POINT、DIVIDE 等命令生成的点 |
| 插入点 | 捕捉文本对象和图块的插入点 |
| 最近点 | 捕捉距拾取点最近的直线、圆或圆弧等上的点 |

AutoCAD 2024 提供了命令行、工具栏和右键快捷菜单三种执行特殊点对象捕捉的方式。

（1）命令行方式。在绘图时，当在命令行中提示输入一个点时，先输入相应的特殊点命令，然后根据提示操作即可。

（2）工具栏方式。使用如图 3-37 所示的“对象捕捉”工具栏可以很方便地实现捕捉点的目的。当在命令行中提示输入一个点时，先单击“对象捕捉”工具栏中相应的按钮，然后根据提示操作即可。

图 3-37 “对象捕捉”工具栏

（3）右键快捷菜单方式。右键快捷菜单可以通过同时按 Shift 键和右击来激活，右键快捷菜单中列出了 AutoCAD 2024 提供的对象捕捉模式，如图 3-38 所示。其操作方法与工具栏的操作方法相似，只需在提示输入点时先选择快捷菜单中相应的命令，然后根据提示操作即可。

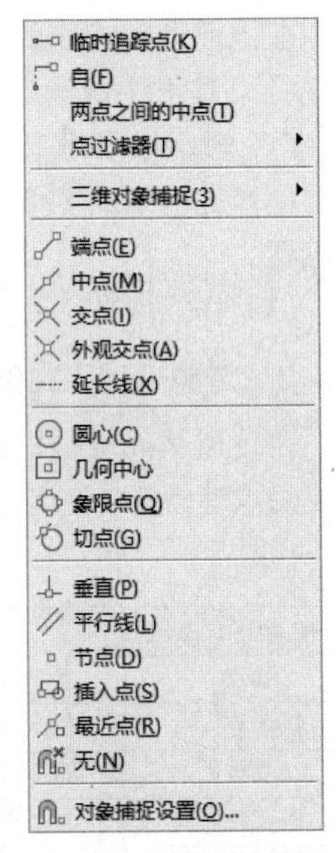

图 3-38 右键快捷菜单 2

### 4. 对象捕捉的设置

在如图 3-23 所示的“草图设置”对话框的“对象捕捉”选项卡中，主要选项的含义如下。

（1）“启用对象捕捉”复选框：打开或关闭对象捕捉模式。当勾选此复选框时，在“对象捕捉模式”选项组中勾选的捕捉模式处于激活状态。

（2）“启用对象捕捉追踪”复选框：打开或关闭自动捕捉追踪功能。

（3）“对象捕捉模式”选项组：列出各种对象捕捉模式的复选框，若勾选某个复选框则该模式被激活。若单击“全部清除”按钮，则所有模式均被清除。若单击“全部选择”按钮，则所有模式均被勾选。

另外，在“草图设置”对话框的左下角有一个“选项”按钮，单击“选项”按钮可以打开“选项”对话框，在“选项”对话框中可以对捕捉模式进行设置。

# 任务三　标注户型平面图

## 任务背景

尺寸标注是室内设计过程中相当重要的一个环节。由于图形的主要作用是表达物体的形状，而物体各部分的真实大小和各部分之间的确切位置只能通过尺寸标注来表达，因此若没有正确的尺寸标注，则绘制出的图形对加工制造和设计安装将毫无意义。

本任务将对户型平面图进行尺寸标注。在标注户型平面图时，应先设置标注样式，再使用“线性”命令进行尺寸标注。户型平面图的标注结果如图 3-39 所示。

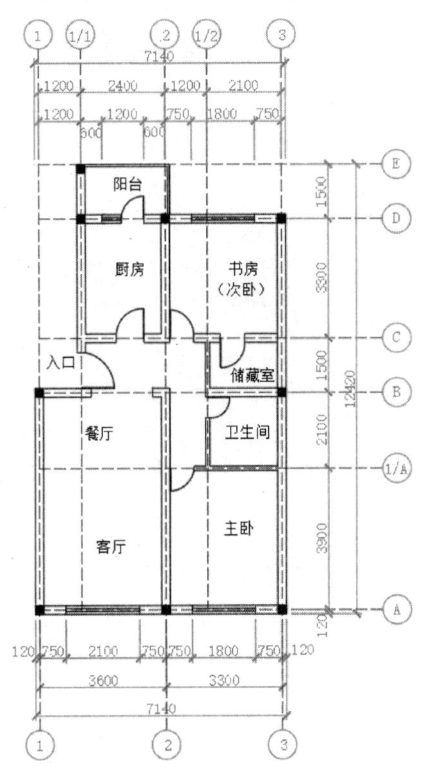


图 3-39　户型平面图的标注结果

## 操作步骤

微课

（1）单击快速访问工具栏中的“打开”按钮，在弹出的“选择文件”对话框中选择“源文件\项目三”选项，找到“户型平面图.dwg”文件并将其打开。

户型平面图如图 3-40 所示。

（2）单击“默认”选项卡的“图层”面板中的“图层特性”按钮，在弹出的“图层特性管理器”对话框中建立“尺寸”图层，并将其设置为当前图层。“尺寸”图层的参数如图 3-41 所示。

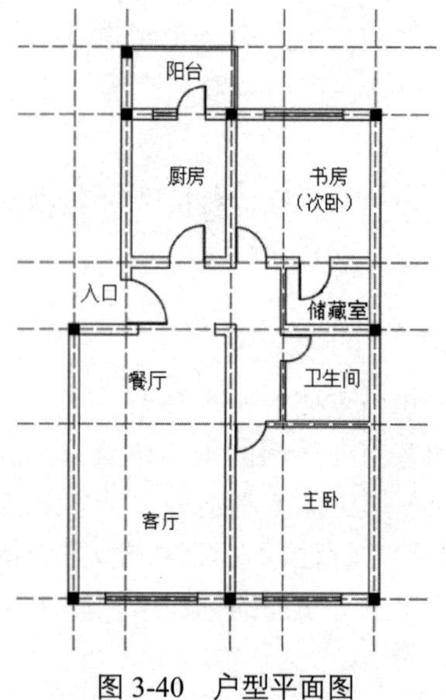


图 3-40　户型平面图

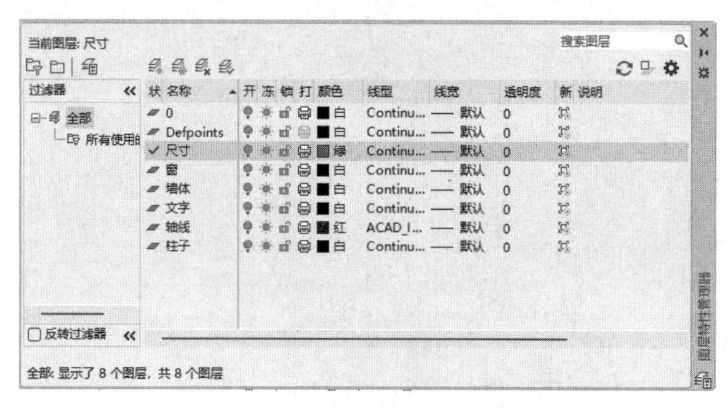


图 3-41　“尺寸”图层的参数

（3）设置标注样式。

① 单击“默认”选项卡的“注释”面板中的“标注样式”按钮，弹出“标注样式管理器”对话框，单击“新建”按钮，弹出如图 3-42 所示的“创建新标注样式”对话框，在“新样式名”文本框中输入“建筑”，单击“继续”按钮。

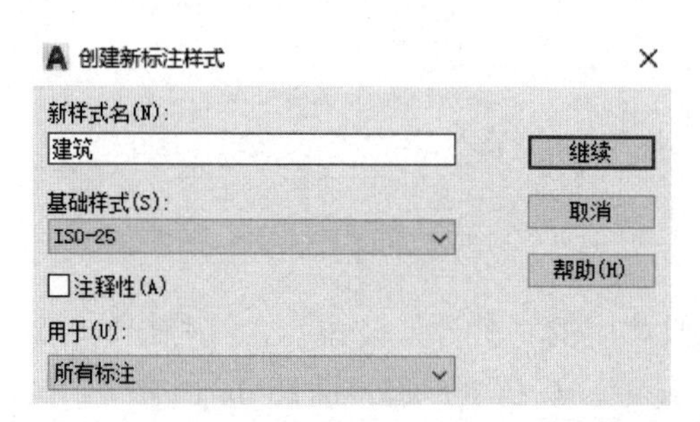


图 3-42　“创建新标注样式”对话框

② 在弹出的“新建标注样式：建筑”对话框中，对“建筑”样式中的参数按如图 3-43～图 3-46 所示逐项进行设置。设置完成后单击“确定”按钮，返回到“标注样式管理器”对话框中，单击“置为当前”按钮，将“建筑”样式置为当前，如图 3-47 所示。

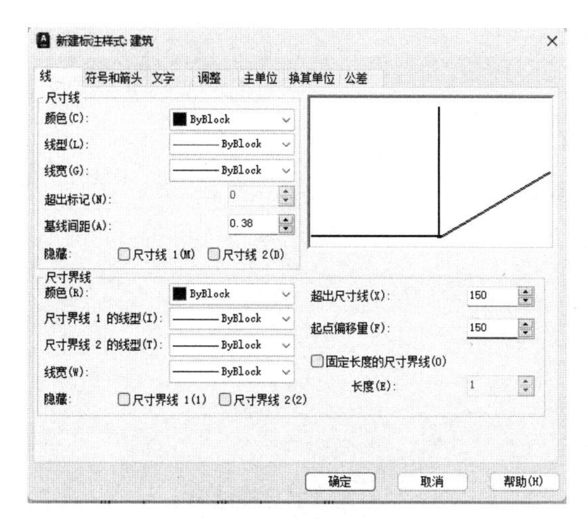


图 3-43 设置参数 1

图 3-44 设置参数 2

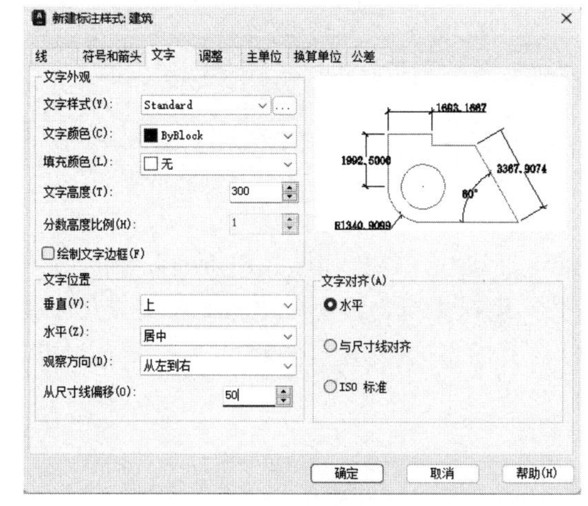


图 3-45 设置参数 3

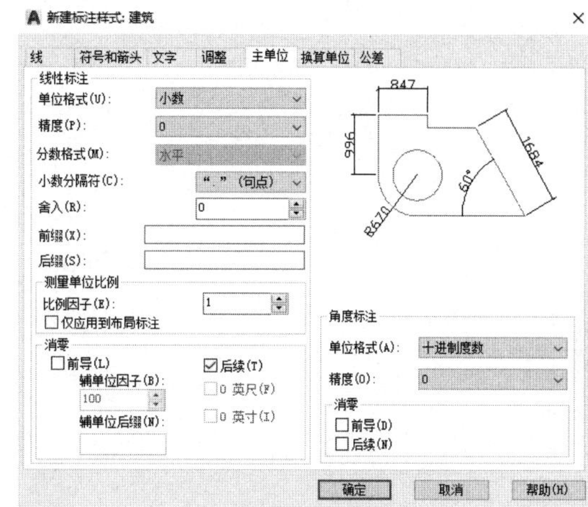


图 3-46 设置参数 4

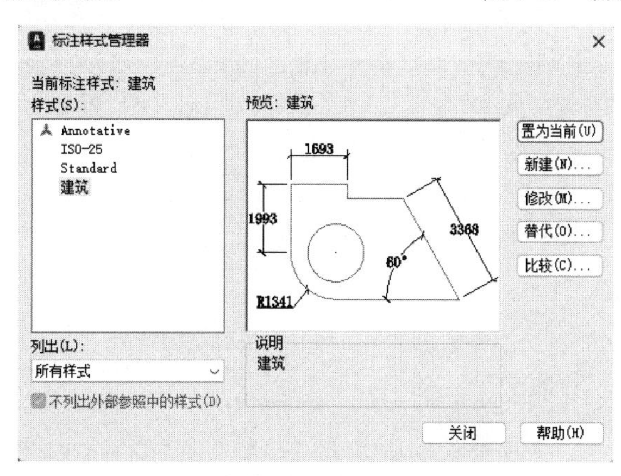


图 3-47 将“建筑”样式置为当前

（4）标注尺寸。捕捉点如图 3-48 所示。以如图 3-48 所示的底部的尺寸标注为例，该部分的尺寸界线分为三条，第一条尺寸界线标注墙体宽度及门窗宽度，第二条尺寸界线标注轴线间距，第三条尺寸界线标注总尺寸。

① 第一条尺寸界线的绘制。

单击“默认”选项卡的“注释”面板中的“线性”按钮⊢⊣，命令行提示与操作如下。

```
命令: _dimlinear↙
指定第一条尺寸界线原点或 <选择对象>:（使用对象捕捉工具，单击图 3-48 中的点 A）
指定第二条尺寸界线原点:（捕捉点 B）
指定尺寸界线位置或 [多行文字(M)/文字(T)/角度(A)/水平(H)/垂直(V)/旋转(R)]: @0,-1200↙（按 Enter 键）
```

其结果如图 3-49 所示。上述操作也可以在捕捉点 *A*、点 *B* 后，通过直接向外拖动来确定尺寸界线位置。

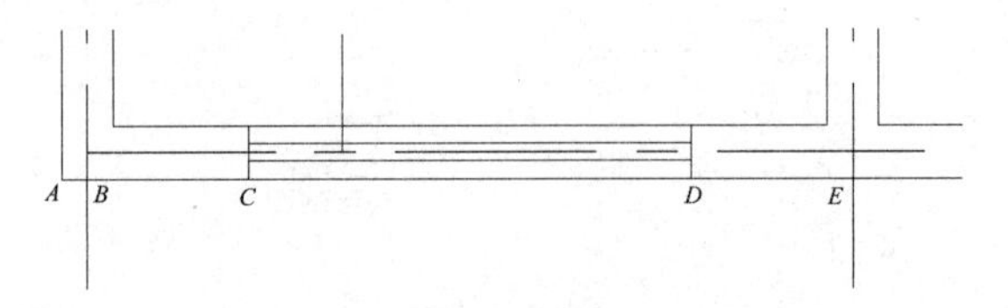


图 3-48　捕捉点

图 3-49　尺寸的标注结果 1

重复上述命令，命令行提示与操作如下。

```
命令: _dimlinear↙
指定第一条尺寸界线原点或 <选择对象>:（单击图 3-48 中的点 B）
指定第二条尺寸界线原点:（捕捉点 C）
指定尺寸界线位置或 [多行文字(M)/文字(T)/角度(A)/水平(H)/垂直(V)/旋转(R)]: @0,-1200↙ （按 Enter 键，也可以直接捕捉上一条尺寸界线位置）
```

其结果如图 3-50 所示。

采用同样的方法，依次绘制第一条尺寸界线的全部尺寸，结果如图 3-51 所示。

此时，图 3-51 中的尺寸“120”与“750”重叠，现在先单击左侧的“120”，使该尺寸处于选中状态，再将“120”移至外侧适当位置。采用同样的方法处理右侧的“120”，结果如图 3-52 所示。

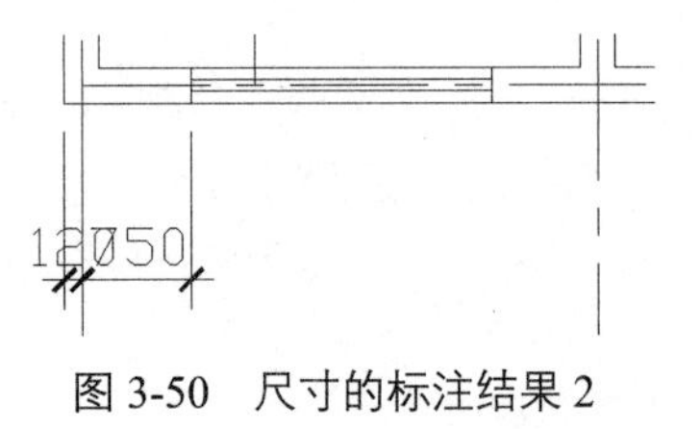

图 3-50　尺寸的标注结果 2

图 3-51　尺寸的标注结果 3

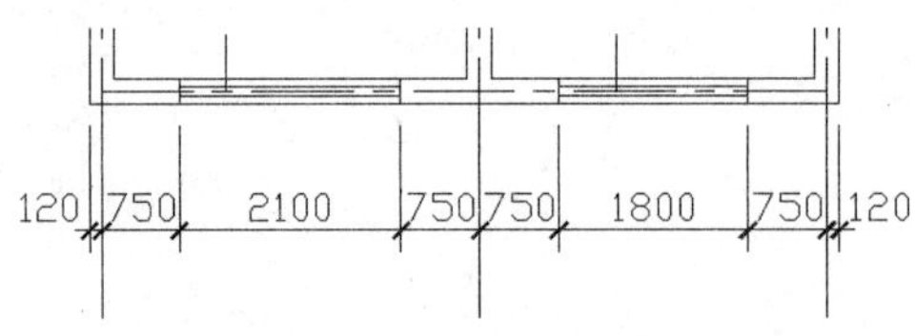


图 3-52　第一条尺寸界线的绘制结果

② 第二条尺寸界线的绘制。

单击“默认”选项卡的“注释”面板中的“线性”按钮⊢⊣，命令行提示与操作如下。

```
命令: _dimlinear↙
指定第一条尺寸界线原点或 <选择对象>:（捕捉图 3-48 中的点 B）
指定第二条尺寸界线原点:（捕捉点 E）
指定尺寸界线位置或 [多行文字(M)/文字(T)/角度(A)/水平(H)/垂直(V)/旋转(R)]: @0,-2000↙ （按 Enter 键）
```

其结果如图 3-53 所示。

重复上述命令，完成第二条尺寸界线的绘制，结果如图 3-54 所示。

③ 第三条尺寸界线的绘制。

单击“默认”选项卡的“注释”面板中的“线性”按钮⊢⊣，命令行提示与操作如下。

命令: _dimlinear↙
指定第一条尺寸界线原点或 <选择对象>:（捕捉左下角的外墙角点）
指定第二条尺寸界线原点:（捕捉右下角的外墙角点）
指定尺寸界线位置或 [多行文字(M)/文字(T)/角度(A)/水平(H)/垂直(V)/旋转(R)]: @0,-2800↙ （按 Enter 键）

其结果如图 3-55 所示。

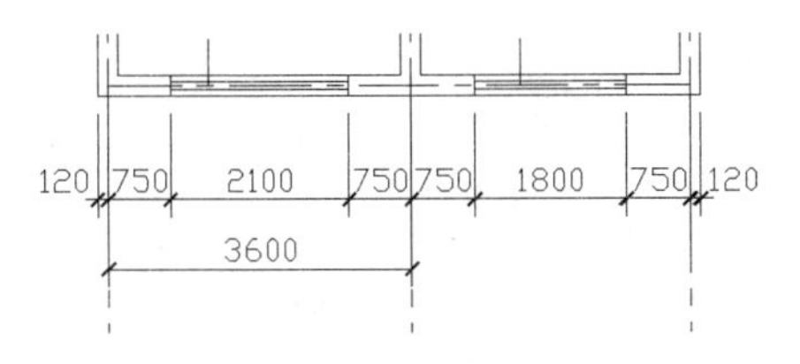


图 3-53　尺寸的标注结果 4

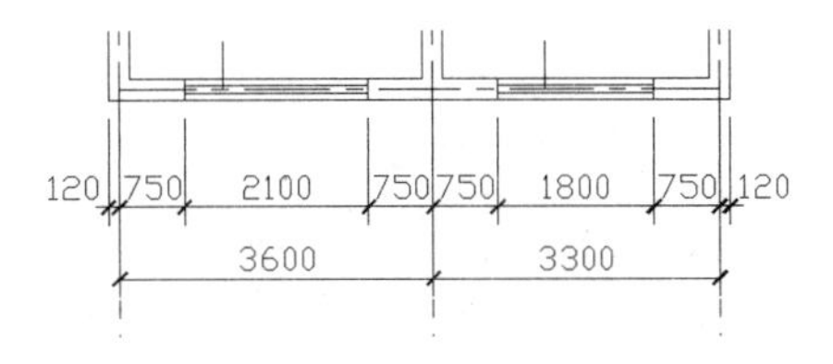


图 3-54　第二条尺寸界线的绘制结果

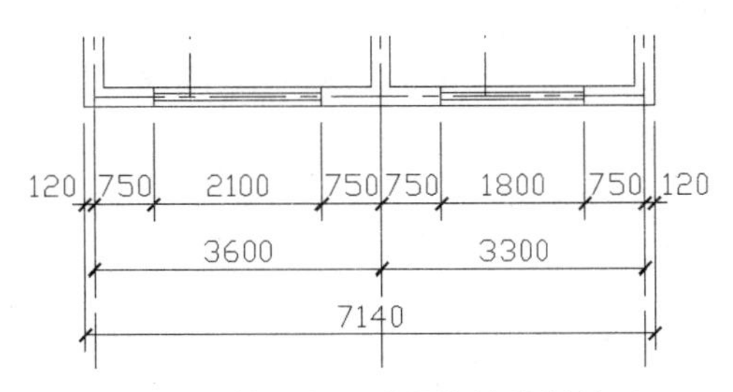


图 3-55　第三条尺寸界线的绘制结果

（5）标注轴号。横向轴号一般用阿拉伯数字 1,2,3,……标注，纵向轴号一般用字母 A,B,C,……标注。

在轴线端点处绘制直径为 800 的圆，在中央标注数字“1”，设置数字的高度为 300，如图 3-56 所示。将该轴号图例复制到其他轴线端点处，并修改圆内的数字。

双击数字，打开“文字编辑器”选项卡，如图 3-57 所示。输入修改的数字后，单击“关闭”按钮。

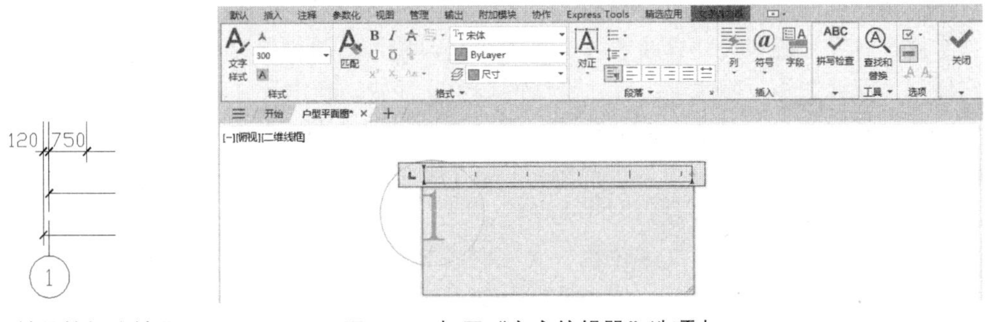


图 3-56　轴号的标注结果 1　　　图 3-57　打开“文字编辑器”选项卡

轴号标注结束后，下方轴号的标注结果如图 3-58 所示。

采用上述尺寸与轴号标注的方法，完成其他方向尺寸与轴号的标注，结果如图 3-39 所示。

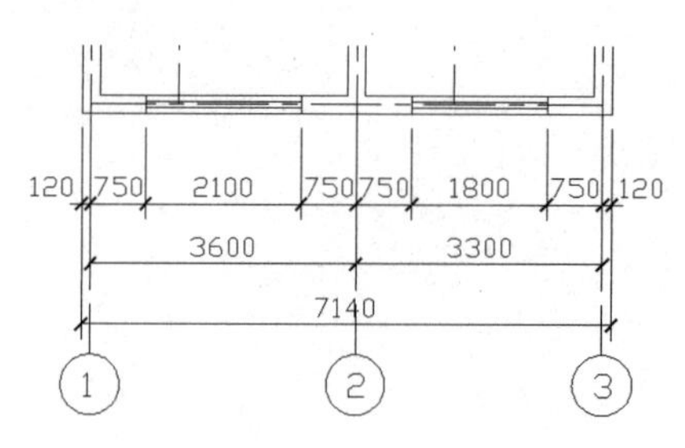


图 3-58　下方轴号的标注结果

## 知识点详解

### 1. 设置标注样式

在如图 3-47 所示的“标注样式管理器”对话框中，主要选项的含义如下。

（1）“置为当前”按钮：把在“样式”列表框中选择的样式设置为当前样式。

（2）“新建”按钮：定义一个新的标注样式。单击“新建”按钮，弹出“创建新标注样式”对话框，在“新样式名”文本框中输入“副本 ISO-25”，单击“继续”按钮，弹出“新建标注样式：副本 ISO-25”对话框，如图 3-59 所示。使用此对话框可以对新的标注样式的各项特性进行设置。

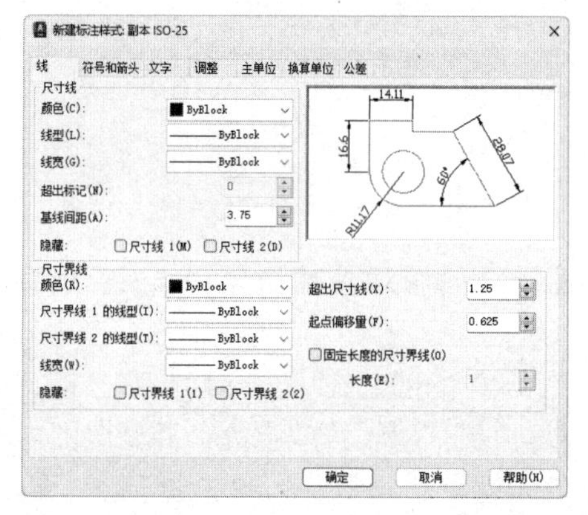


图 3-59　“新建标注样式：副本 ISO-25”对话框

在“新建标注样式：副本 ISO-25”对话框中，有七个选项卡，各选项卡的含义如下。

①线：对尺寸线和尺寸界线的各个选项进行设置，具体包括尺寸线的颜色、线型、线宽、超出标记、基线间距、隐藏等；尺寸界线的颜色、线宽、超出尺寸线、起点偏移量、隐藏等。

②符号和箭头：对箭头、圆心标记、弧长符号和半径折弯标注等选项进行设置，具体包括箭头大小、弧长符号的位置、半径折弯标注的折弯角度、线性折弯标注的折弯高度因子，以及折断标注的折断大小等，如图 3-60 所示。

③文字：对文字外观、文字位置、文字对齐等选项进行设置，具体包括文字外观的文字样式、文字颜色、填充颜色、文字高度、分数高度比例、是否绘制文字边框等；文字位置的垂直、水平、观察方向和从尺寸线偏移等；文字对齐方式有水平、与尺寸线对齐、ISO 标准三种，如图 3-61 所示。图 3-62 所示为尺寸在垂直方向放置的四种不同情形。图 3-63 所示为尺寸在水平方向放置的五种不同情形。

④调整：对调整选项、文字位置、标注特征比例、优化等选项进行设置，如图 3-64 所示。图 3-65 所示为文字不在默认位置放置的三种不同情形。

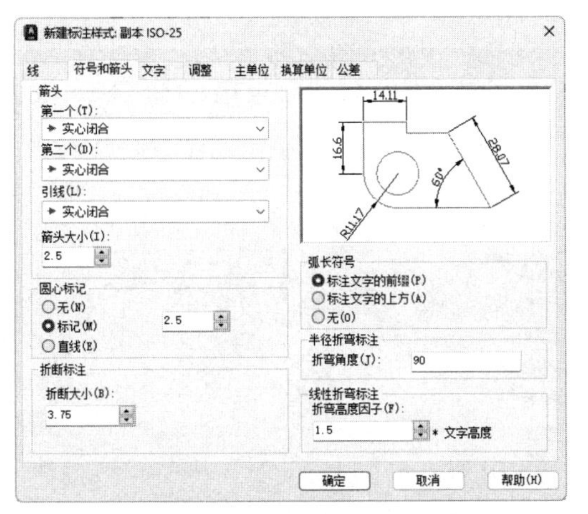


图 3-60 “符号和箭头”选项卡

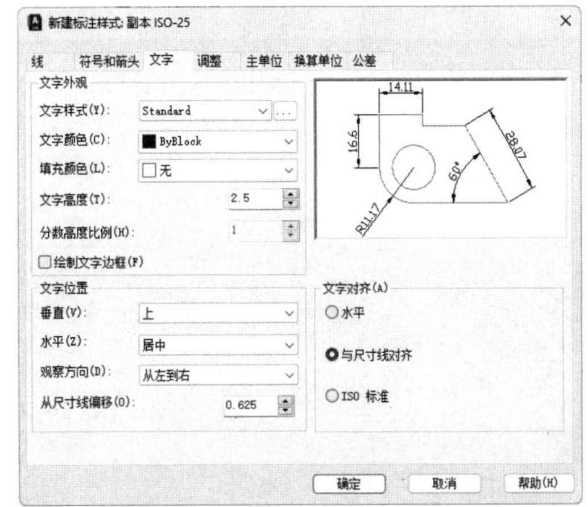


图 3-61 “文字”选项卡

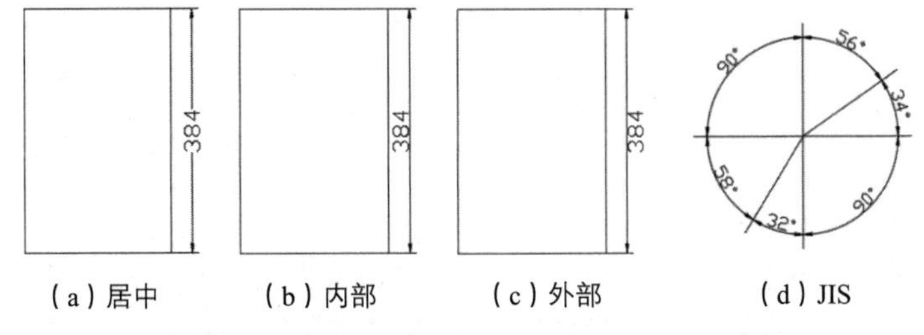


（a）居中 （b）内部 （c）外部 （d）JIS

图 3-62 尺寸在垂直方向放置的四种不同情形

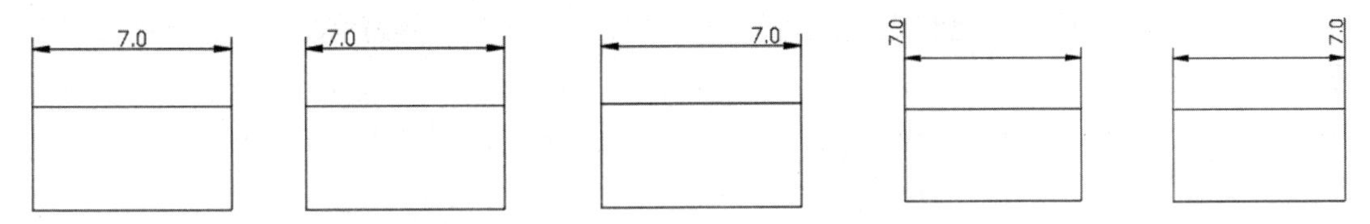


（a）居中 （b）第一条尺寸界线居左 （c）第二条尺寸界线居右（d）第一条尺寸界线上方（e）第二条尺寸界线上方

图 3-63 尺寸在水平方向放置的五种不同情形

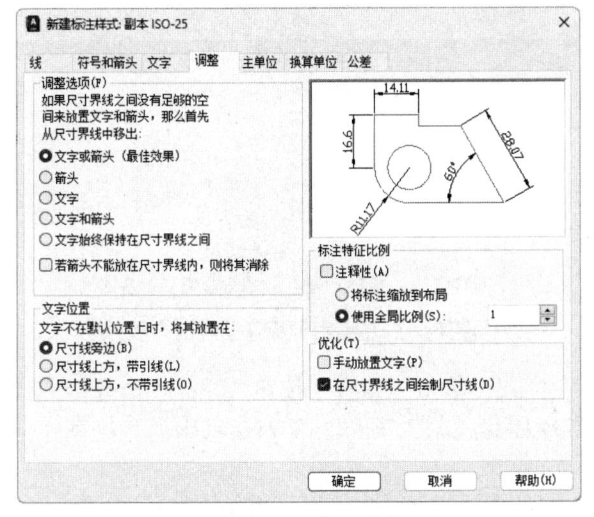


图 3-64 “调整”选项卡

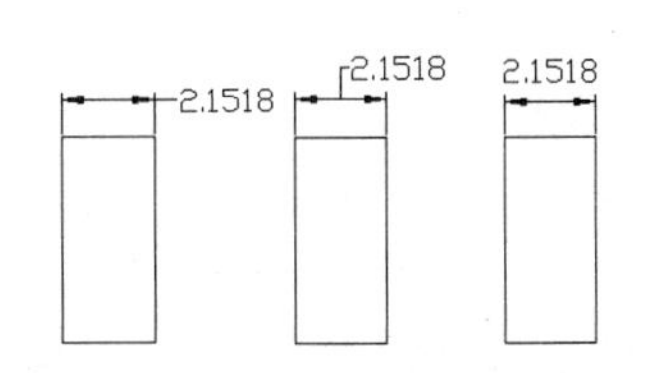


图 3-65 文字不在默认位置放置的三种不同情形

⑤主单位：设置尺寸的主单位和精度，以及给尺寸添加固定的前缀或后缀。“主单位”选项卡包括两个选项组，分别用于对长度标注进行设置和对角度标注进行设置，如图 3-66 所示。

⑥换算单位：对换算单位进行设置，如图 3-67 所示。

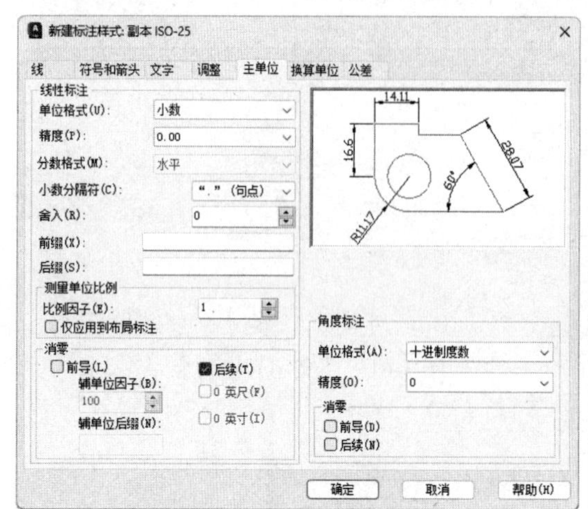


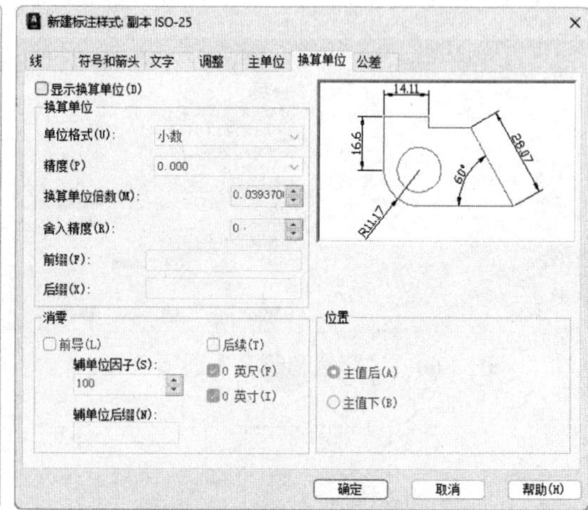


图 3-66 “主单位”选项卡

图 3-67 “换算单位”选项卡

⑦公差：对尺寸公差进行设置，如图 3-68 所示。其中，“方式”下拉列表中列出了 AutoCAD 2024 提供的五种标注公差的方式，用户可以根据需要从中进行选择。这五种方式分别是“无”“对称”“极限偏差”“极限尺寸”“基本尺寸”。其中，“无”表示不标注公差，即通常标注方式。其余四种标注公差的方式如图 3-69 所示。在“精度”“上偏差”“下偏差”“高度比例”等文本框中可以通过输入相应的值来对精度、上偏差、下偏差、高度比例进行设置。

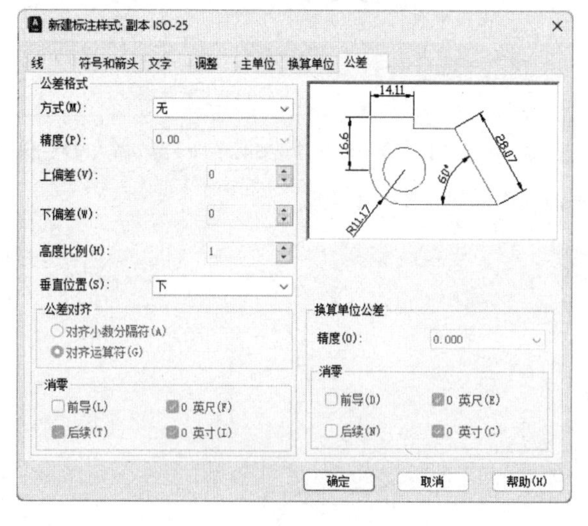


图 3-68 “公差”选项卡

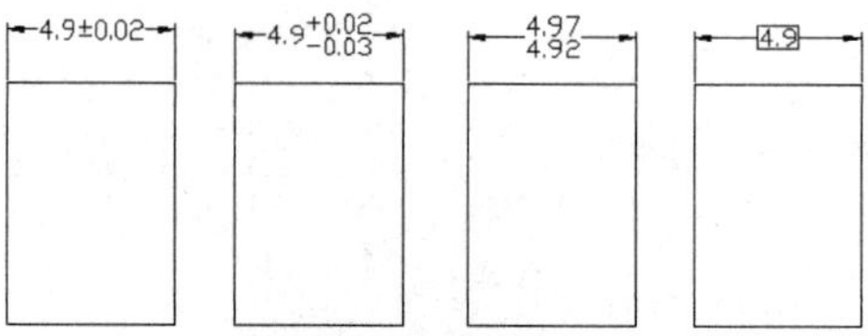

4.9±0.02　　$4.9^{+0.02}_{-0.03}$　　4.97 / 4.92　　4.9

对称　　极限偏差　　极限尺寸　　基本尺寸

图 3-69 其余四种标注公差的方式

（3）“修改”按钮：修改一个已存在的标注样式。单击“修改”按钮，弹出“修改标注样式”对话框，此对话框中的各选项与“新建标注样式：副本 ISO-25”对话框中的各选项完全相同，可以对已有标注样式进行修改。

（4）“替代”按钮：设置临时覆盖标注样式。单击“替代”按钮，弹出“替代当前样式”

对话框，此对话框中的各选项与“新建标注样式：副本 ISO-25”对话框中的各选项完全相同，用户可以改变选项的设置，并将其覆盖原来的设置，但这种修改只对指定的尺寸标注起作用，不影响当前尺寸的设置。

（5）“比较”按钮：比较两个标注样式在参数上的区别或浏览一个标注样式的参数设置。单击“比较”按钮，弹出“比较标注样式”对话框，如图 3-70 所示。可以先把比较结果复制到剪贴板上，再把比较结果粘贴到其他的 Windows 应用软件上。

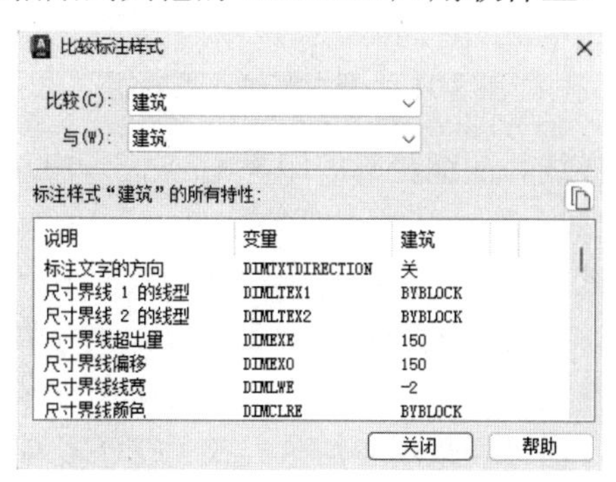


图 3-70 “比较标注样式”对话框

### 注意

系统自动在上偏差前加一个加号，在下偏差前加一个减号。如果上偏差是负值或下偏差是正值，那么需要在输入的偏差前加一个负号。例如，若下偏差是+0.005，则需要在“下偏差”文本框中输入-0.005。

### 2. 线性标注

在上面的“线性”命令的命令行提示与操作中，主要选项的含义如下。

（1）指定尺寸界线位置：确定尺寸界线位置。用户可以先移动鼠标选择合适的尺寸界线位置，然后按 Enter 键或单击，即可自动测量所标注直线的长度并标注相应的尺寸。

（2）多行文字(M)：用“文字编辑器”选项卡确定尺寸。

（3）文字(T)：根据命令行提示输入或编辑尺寸。选择此选项后，提示如下内容。

```
输入标注文字 <默认值>:
```

其中的默认值是自动测量得到的所标注直线的长度，直接按 Enter 键即可采用此长度，也可以输入其他值代替默认值。当尺寸中包含默认值时，可以使用尖括号表示默认值。

（4）角度(A)：确定尺寸的倾斜角度。

（5）水平(H)：确定水平标注尺寸，不论标注什么方向的直线，尺寸界线均被水平放置。

（6）垂直(V)：确定垂直标注尺寸，不论标注什么方向的直线，尺寸界线均被垂直放置。

（7）旋转(R)：输入尺寸界线旋转的角度，旋转标注尺寸。

其他标注方法与线性标注的方法类似，此处不再赘述。

### 3. 标注原则

在对户型平面图进行标注时，需要注意以下标注原则。

（1）尺寸标注应力求准确、清晰、美观、大方，在同一张图纸中，标注风格应保持一致。

（2）尺寸界线应尽量被标注在图纸轮廓外，从内到外依次标注从小到大的尺寸，不能将大尺寸标在内，而将小尺寸标在外。尺寸标注正误对比如图 3-71 所示。

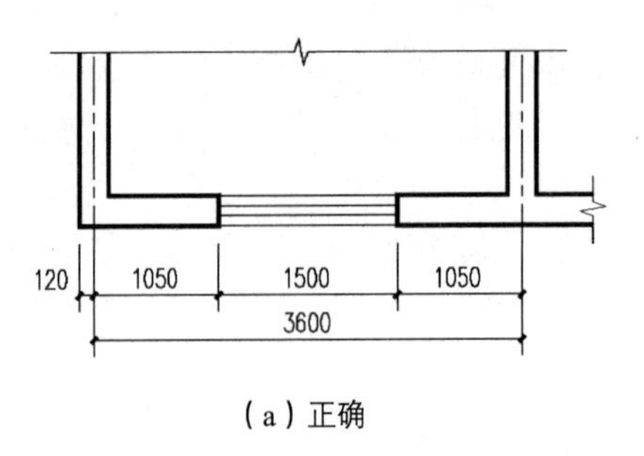


（a）正确

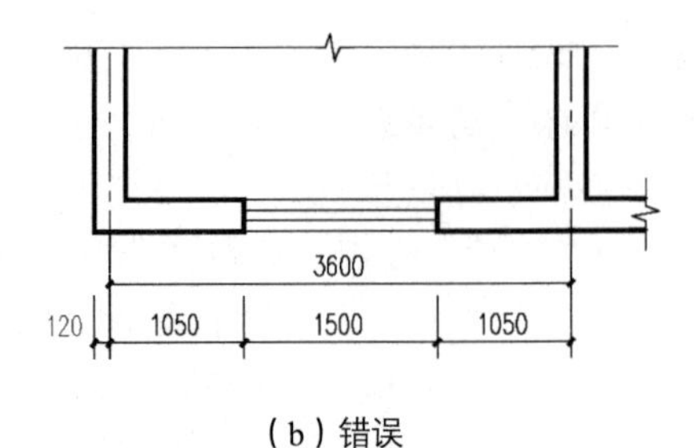


（b）错误

图 3-71　尺寸标注正误对比

（3）最外面的一条尺寸界线与图纸轮廓的距离不应小于 10，两条尺寸界线之间的距离一般为 7～10。

（4）尺寸延伸线朝向图纸的一端距图纸轮廓的距离应不小于 2，不宜直接与之相连。

（5）在图线拥挤的地方，应合理安排尺寸界线位置，尺寸界线不宜与图线、文字及符号相交，轮廓线可以考虑被用作尺寸延伸线，但不能被用作尺寸界线。

（6）对于连续相同的尺寸，可以采用“均分”或“（EQ）”字样标注。连续相同尺寸的标注如图 3-72 所示。

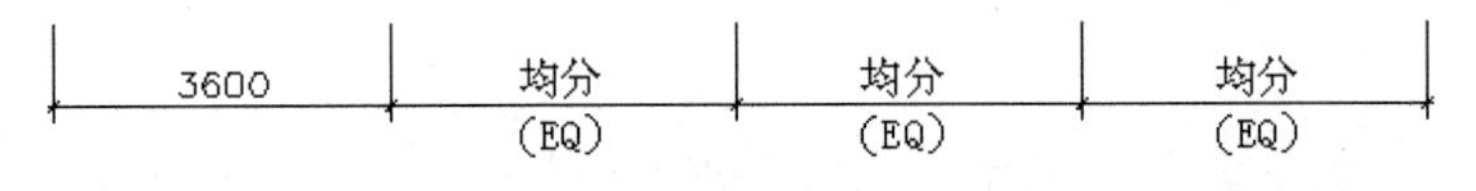


图 3-72　连续相同尺寸的标注

## 任务四　模拟试题与上机实验

**1．选择题**

（1）如果将某个图层锁定，那么该图层上的图形（　　）。

A．可以显示　　B．不能打印

C．不能显示　　D．可以编辑

（2）如果某个图层的对象不能被编辑，但在屏幕上可见，且能捕捉该对象的特殊点和标注尺寸，那么该图层处于（　　）状态。

A．冻结　　B．锁定

C．隐藏　　D．块

（3）对某个图层进行锁定后，（　　）。

A．该图层上的对象不可编辑，但可添加对象

B．该图层上的对象不可编辑，也不可添加对象

C．该图层上的对象可编辑，也可添加对象

D．该图层上的对象可编辑，但不可添加对象

（4）将特性从一个图层复制到另一个图层上用到的功能是（　　）。

A．图层匹配　　B．图层漫游

C．图层隔离　　D．图层过滤

（5）在进行对象捕捉时，如果在一个指定的位置包含多个对象符合捕捉条件，那么按（ ）键可以在不同对象之间切换。

A．Ctrl　　B．Tab
C．Alt　　D．Shift

（6）在正常输入文字时显示“？”的原因是（ ）。

A．文字样式没有设定好　　B．输入错误
C．文字堆叠　　D．文字太高

（7）在设置标注样式时，将使用全局比例的值增大，会（ ）。

A．使所有标注样式设置变大　　B．使标注的测量值增大
C．使全图的箭头变大　　D．使尺寸增大

（8）在设置标注样式时，若将使用全局比例的值设置为 2，将所用文字的高度设置为 5，则使用该标注样式标注的尺寸的高度为（ ）。

A．2　　B．2.5　　C．5　　D．10

**2．上机实验**

**实验 1　绘制如图 3-73 所示的五环旗**

图 3-73　五环旗的绘制结果

◆ 目的要求

本实验要绘制的图形由一些基本图线组成，其中的一个最大的特色就是要为不同的图线设置不同的颜色，为此，必须设置不同的图层。本实验要求学生灵活掌握设置图层的方法与图层转换的操作步骤。

◆ 操作提示

（1）使用“图层”命令创建五个图层。

（2）使用“直线”命令、“多段线”命令、“圆环”命令、“圆弧”命令等在不同的图层上绘制图线。

（3）每绘制一种颜色的图线前，都进行一次图层转换。

**实验 2　标注如图 3-74 所示的居室平面图**

◆ 目的要求

设置标注样式是标注尺寸的首要工作，一般可以根据图形的需要对标注样式的各选项进行细致的设置，从而进行尺寸标注。本实验要求学生灵活掌握尺寸标注的方法。

◆ 操作提示

（1）使用一些基本绘图工具绘制居室平面图。

（2）设置标注样式。

（3）使用“线性”命令和“连续”命令标注水平轴线及竖直轴线的尺寸。

（4）使用“线性”命令标注细节及总尺寸。

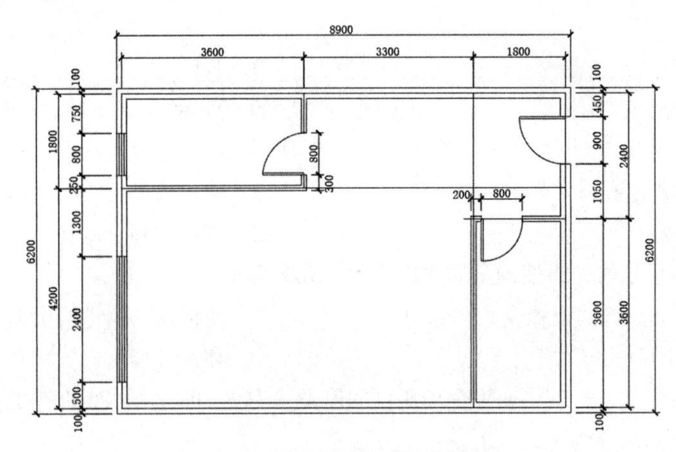


图 3-74　居室平面图的标注结果

# 项目四　灵活运用辅助绘图工具

## 学习情境

在绘图过程中经常会遇到一些重复出现的图形，如果每次都重新绘制这些图形，那么不仅浪费时间，而且存储这些图形及其信息要占用相当大的磁盘空间。使用图块、设计中心和工具选项板可以进行模块化绘图，这样不仅可以避免大量的重复工作，而且可以提高绘图速度和工作效率，大大节省磁盘空间。本项目将介绍这些知识。

## 能力目标

- 熟悉图块的相关操作。
- 灵活应用设计中心。
- 了解工具选项板。

## 素质目标

- 提高高效管理和重复使用资源的能力：通过学习图块、设计中心和工具选项板，提高在多个项目之间高效管理和重复使用资源的能力。
- 提高解决问题的能力：在绘图过程中，能够使用图块、设计中心和工具选项板进行创新设计，提高解决问题的能力。

## 课时安排

6 课时（讲课 3 课时，练习 3 课时）。

## 任务一　图块布置居室平面图

### 任务背景

把多个图形集合起来成为一个对象，这就是图块（Block）。使用图块，既便于图形的集合管理，又便于图形的重复使用，同时可以节约磁盘空间。图块在绘图中应用广泛，如前文介绍的门窗、家具图形，若将其进一步制作成图块，则其使用起来会方便得多。

因为本任务中重复出现了组合沙发，所以在绘图过程中，可以先把组合沙发制作成图块，这样在后面的绘图过程中可以直接插入该图块，以大大提高绘图效率。图块布置居室平面图的绘制结果如图 4-1 所示。

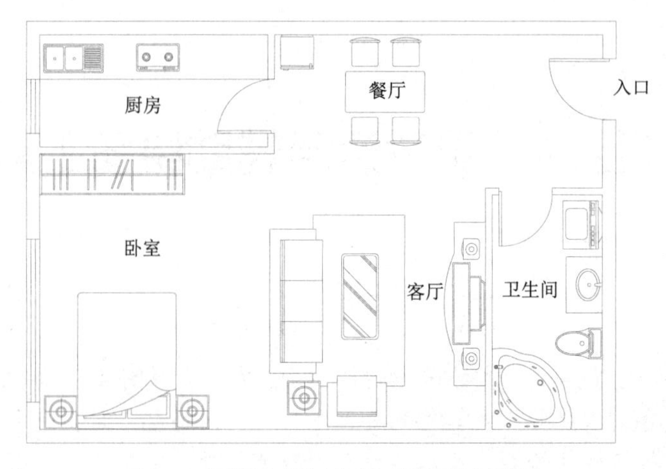


图 4-1　图块布置居室平面图的绘制结果

## 操作步骤

微课

### 1. 制作“组合沙发”图块

（1）使用前面学过的命令绘制如图 4-2 所示的组合沙发。

（2）单击“默认”选项卡的“块”面板中的“创建”按钮，弹出“块定义”对话框，在“名称”文本框中输入“组合沙发”，单击“拾取点”按钮，切换到绘图区域，选择最上方直线的中点作为基点，返回到如图 4-3 所示的“块定义”对话框中，单击“选择对象”按钮，切换到绘图区域，选择对象后，按 Enter 键，返回到“块定义”对话框中，单击“确定”按钮，关闭“块定义”对话框。

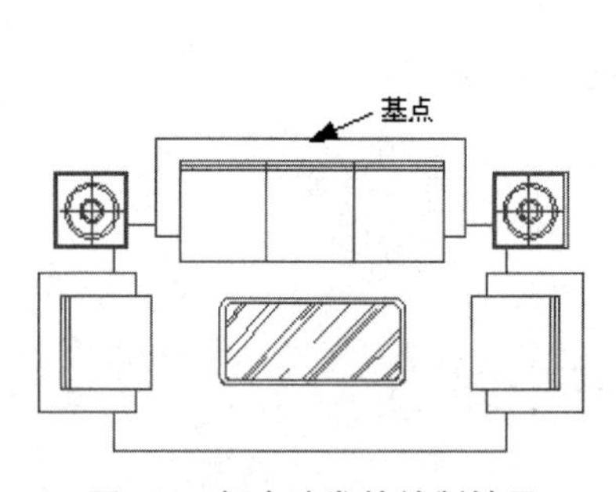


图 4-2　组合沙发的绘制结果

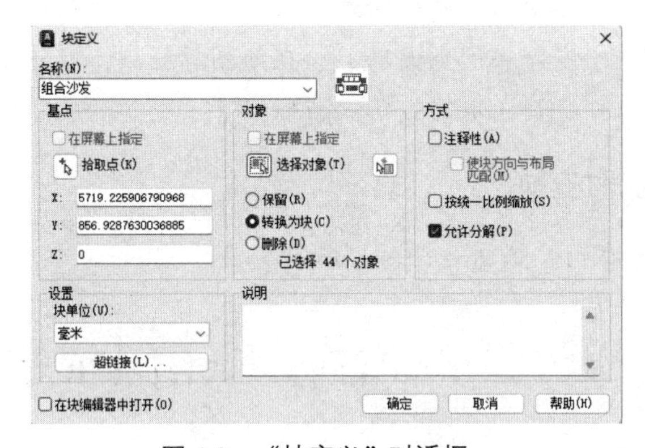


图 4-3　“块定义”对话框

### 2. 插入图块

（1）单击“默认”选项卡的“块”面板中的“插入”按钮，在弹出的下拉菜单中选择“最近使用的块”命令，打开“块”选项板，如图 4-4 所示。

（2）在“最近使用的块”列表中找到“组合沙发”图块，对插入点、比例、旋转等选项进行如图 4-4 所示的设置，单击“组合沙发”图块，返回到绘图区域。

（3）通过移动鼠标来捕捉插入点，单击完成“组合沙发”图块的插入，结果如图 4-5 所示。

（4）由于客厅较小，因此建议删除组合沙发上方的小茶几和单人沙发。单击“默认”选项卡的“修改”面板中的“分解”按钮，分解“组合沙发”图块，先删除小茶几和单人沙发，然后补全地毯，结果如图 4-6 所示。

也可以勾选“块”选项板最下面的“分解”复选框，这样在插入图块时将自动分解图块，从而省去了分解的步骤。

（5）重新将修改后的图形定义为图块。

（6）单击“默认”选项卡的“块”面板中的“插入”按钮，在弹出的下拉菜单中选择“最近使用的块”命令，在打开的“块”选项板中单击“显示文件导航对话框”按钮，在弹出的“选择要插入的文件”对话框中选择“源文件\项目四\图库”选项，找到“餐桌.dwg”文件，单击“打开”按钮，将“餐桌”图块放在餐厅，相关选项的设置如图 4-7 所示，“餐桌”图块的插入结果如图 4-8 所示。

至此，如何通过“插入”命令布置居室平面图介绍完毕。剩余的家具图块均被存储于“图库”文件中，学生可以根据所学命令自行完成。

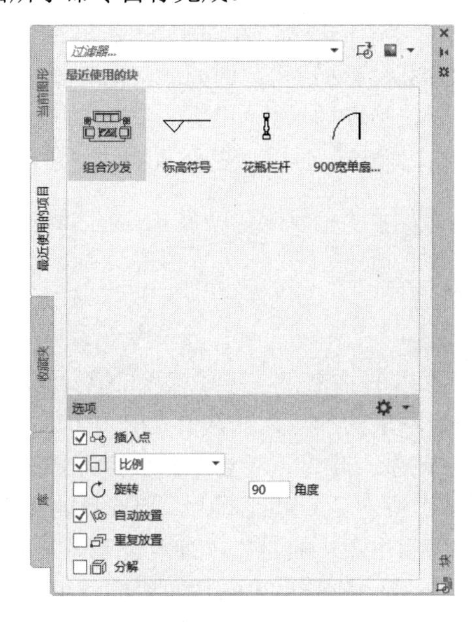


图 4-4 “块”选项板

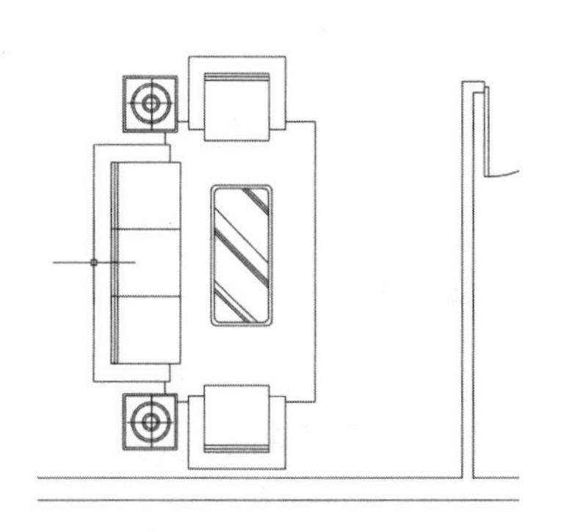

图 4-5 “组合沙发”图块插入结果

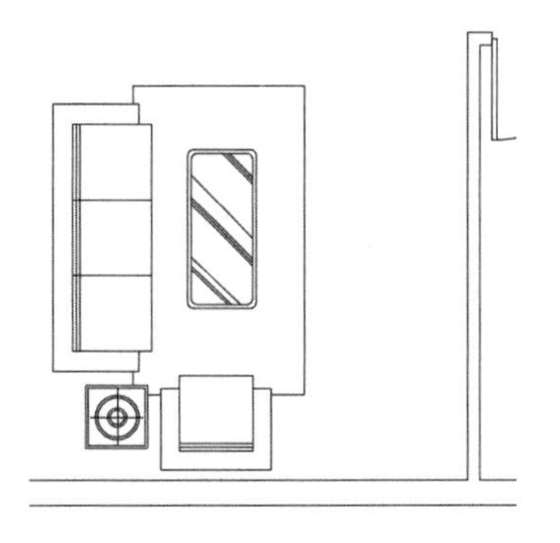

图 4-6 “组合沙发”图块的修改结果

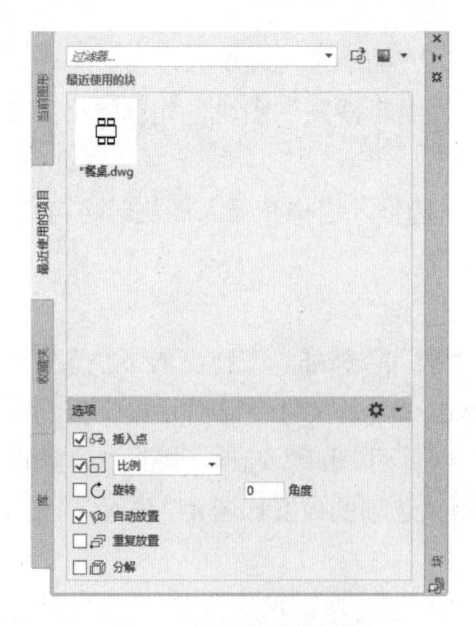


图 4-7 相关选项的设置

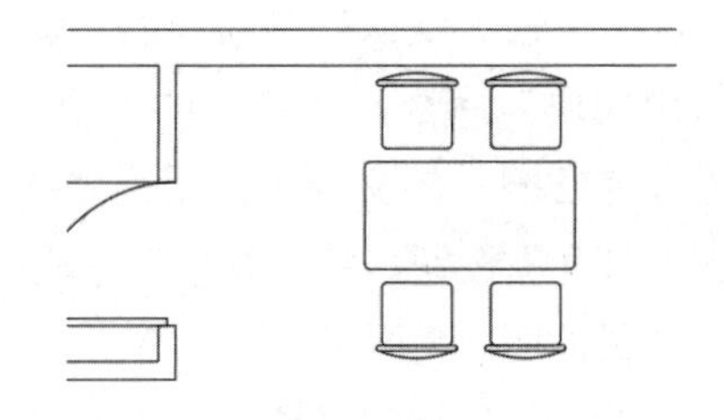

图 4-8 “餐桌”图块的插入结果

（7）创建图块之前，应将待建图形放到“0”图层上，这样在将生成的图块插入其他图层上时，该图层特性将跟随当前图层自动转化。例如，前面制作的“餐桌”图块。如果图形放到“0”图层上，那么在将生成的图块插入其他图层上时，将携带原有图层信息进入。

（8）建议将图块以 1∶1 的比例绘制，以便在插入图块时进行比例缩放。最终绘制结果如图 4-1 所示。

## 知识点详解

### 1. “块定义”对话框

在如图 4-3 所示的“块定义”对话框中，主要选项的含义如下。

（1）“基点”选项组：确定图块的基点，默认值是(0, 0, 0)，也可以在“X”文本框、“Y”文本框、“Z”文本框中输入块的基点坐标。单击“拾取点”按钮，将切换到绘图区域，在绘图区域选择一个点后，返回到“块定义”对话框中，把选择的点作为图块的放置基点。

（2）“对象”选项组：选择制作图块的对象，以及设置对象的相关属性。将如图 4-9（a）所示的正五边形定义为图块，选中“删除”单选按钮后的结果如图 4-9（b）所示，选中“保留”单选按钮后的结果如图 4-9（c）所示。

（a）将正五边形定义为图块　（b）选中“删除”单选按钮后的结果　（c）选中“保留”单选按钮后的结果

图 4-9 设置对象

（3）“设置”选项组：指定从设计中心拖动图块时用于测量图块的单位，以及进行缩放、分解和超链接等设置。

（4）“在块编辑器中打开”复选框：勾选此复选框，可以在块编辑器中定义动态块，后文将详细介绍。

（5）“方式”选项组：指定图块的行为。其中，“注释性”复选框用于指定在图纸空间中图块参照的方向与布局方向匹配；“按统一比例缩放”复选框用于指定是否阻止图块参照不按统一比例缩放；“允许分解”复选框用于指定图块参照是否可以被分解。

### 2. “写块”对话框

在命令行中输入“WBLOCK”，按 Enter 键，打开如图 4-10 所示的“写块”对话框，其中主要选项的含义如下。

图 4-10 “写块”对话框

（1）“源”选项组：确定要保存为图形文件的图块或图形。选中“块”单选按钮，单击右侧的下拉按钮，在弹出的下拉列表中选择一个图块，可以将其保存为图形文件；选中“整个图形”单选按钮，会把当前的整个图形保存为图形文件；选中“对象”单选按钮，会把不属于图块的图形保存为图形文件。

（2）“对象”选项组：对象的选取通过“对象”选项组来完成。

（3）“目标”选项组：指定图形文件的名称、保存路径和插入单位等。

### 3. “块”选项板

在如图 4-4 所示的“块”选项板中，主要选项的含义如下。

（1）“插入点”复选框：指定图块的插入点。如果勾选此复选框，那么在插入图块时使用定点设备或手动输入坐标，即可指定插入点；如果取消勾选此复选框，那么使用之前指定的坐标。

（2）“比例”复选框：确定在插入图块时的缩放比例。在将图块插入当前图形中时，可以对其以任意比例进行放大或缩小。图 4-11（a）所示为被插入的图块，图 4-11（b）所示为比例因子为 1.5 时插入图块的结果，图 4-11（c）所示为比例因子为 0.5 时插入图块的结果。*X* 轴方向和 *Y* 轴方向的比例因子也可以取不同的值。图 4-11（d）所示为 *X* 轴方向的比例因子为 1，*Y* 轴方向的比例因子为 1.5 时插入图块的结果。另外，比例因子还可以是一个负值，表示插入图块的镜像。其结果如图 4-12 所示。

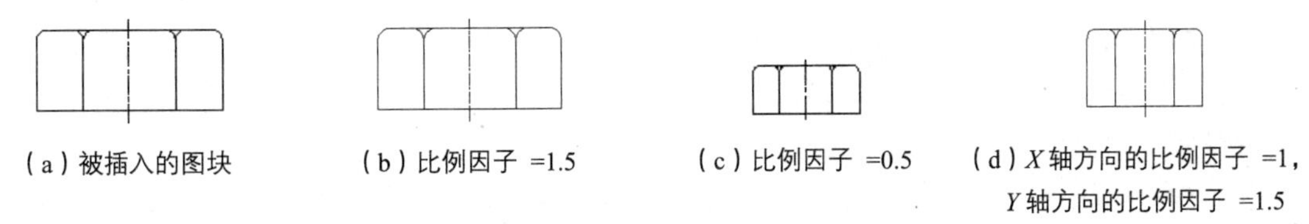

（a）被插入的图块　（b）比例因子 =1.5　（c）比例因子 =0.5　（d）*X* 轴方向的比例因子 =1，*Y* 轴方向的比例因子 =1.5

图 4-11 取不同比例因子时插入图块的结果

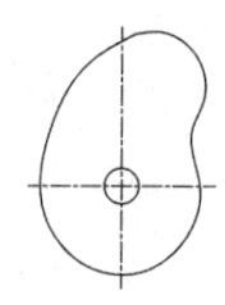
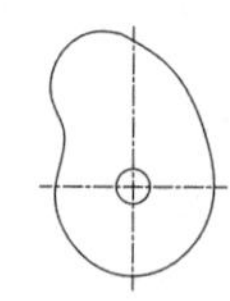

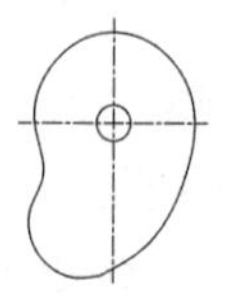

（a）$X$ 轴方向的比例因子=1，$Y$ 轴方向的比例因子=1　（b）$X$ 轴方向的比例因子=−1，$Y$ 轴方向的比例因子=1　（c）$X$ 轴方向的比例因子=1，$Y$ 轴方向的比例因子=−1　（d）$X$ 轴方向的比例因子=−1，$Y$ 轴方向的比例因子=−1

图 4-12　比例因子取负值时插入图块的结果

（3）“旋转”复选框：若不勾选“旋转”复选框，直接在右侧的“角度”文本框中输入旋转角度，则在将图块插入当前图形中时，图块可以绕其基点旋转一定的角度，角度可以是正值（表示沿逆时针方向旋转），也可以是负值（表示沿顺时针方向旋转）。图块未旋转时插入的结果如图 4-13（a）所示，图块旋转 30° 后插入的结果如图 4-13（b）所示，图块旋转-30° 后插入的结果如图 4-14（c）所示。

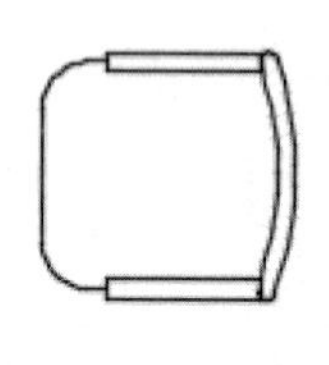
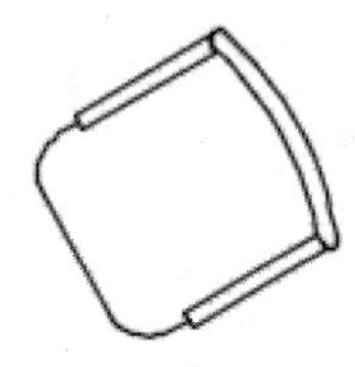

（a）未旋转　（b）旋转 30°　（c）旋转-30°

图 4-13　图块旋转不同角度后插入的结果

若勾选“旋转”复选框，则在插入图块时，应先在绘图区域中的适当位置通过单击来确定插入点，然后通过拖动鼠标，或通过在命令行中直接输入指定角度来调整图块的旋转角度，最后通过按 Enter 键或单击来确定图块的旋转角度。

（4）“重复放置”复选框：控制是否自动重复插入图块。如果勾选此复选框，那么自动提示其他插入点，直到按 Esc 键取消命令；如果取消勾选此复选框，那么将插入一次指定图块。

（5）“分解”复选框：若勾选此复选框，则在插入图块的同时将其分解，此时插入图形中组成图块的对象不再是一个整体，可以对各个对象单独进行编辑。

# 任务二　标注轴号

## 任务背景

图块的属性是指将数据附着到图块上的标签或标记，需要被单独定义。图块的属性可以是常量属性，也可以是变量属性。在插入带有常量属性的图块时，系统不会提示用户输入值。在插入带有变量属性的图块时，系统会提示用户输入与图块一同存储的数据。此外，还可以从图形文件中提取属性信息用于电子表格或数据库，以生成列表或材料清单等。只要每个属性的标记都不相同，就可以将多个属性与图块关联。属性也可以“不可见”，即不显示。不可见属性不能显示和打印，但其属性信息被存储在图形文件中，且可以被写入提取文件，以供数据库程序使用。

本任务将使用属性定义命令，为已绘制的图块定义属性，使用“插入”命令将定义属性后的图块插入。轴号的标注结果如图 4-14 所示。

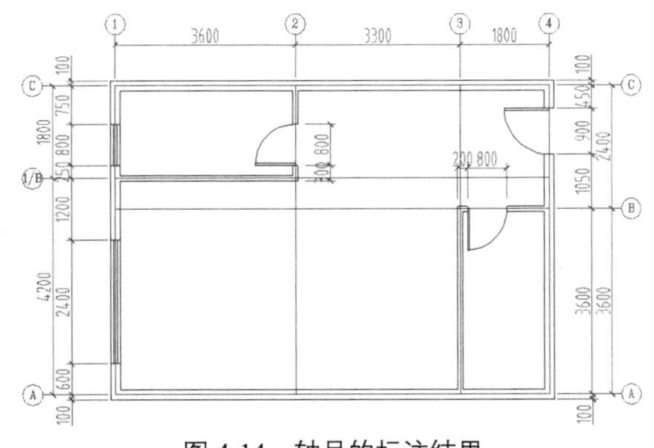


图 4-14　轴号的标注结果

## 操作步骤

微课

### 1. 打开文件

打开“居室平面图.dwg”文件，居室平面图如图 4-15 所示。

### 2. 标注轴号①

（1）在图层列表中选择“0”图层，将“0”图层设置为当前图层。

（2）绘制直径为 400 的圆。

（3）单击“默认”选项卡的“块”面板中的“定义属性”按钮，弹出“属性定义”对话框，按如图 4-16 所示进行设置。

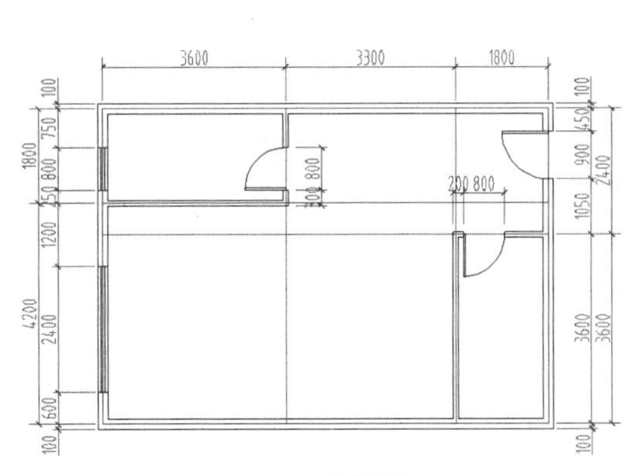


图 4-15　居室平面图

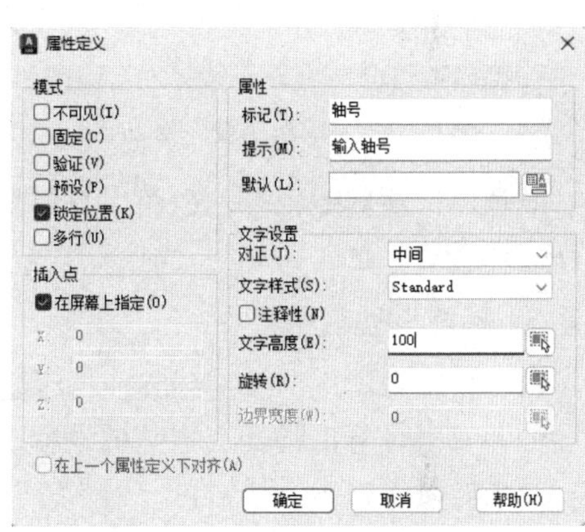


图 4-16　“属性定义”对话框

（4）设置完成后，单击“确定”按钮。将“轴号”字样指定到圆内，如图 4-17 所示。

（5）在命令行中输入“WBLOCK”，同时选择圆和“轴号”字样，选取如图 4-18 所示的点作为基点（也可以选取其他点作为基点，以便准确定位），保存图块，设置文件名为“400mm 轴号.dwg”。

图 4-17　将“轴号”字样指定到圆内

图 4-18　选择基点

下面把“尺寸”图层设置为当前图层，将“400mm 轴号”图块插入居室平面图中的轴线延长线的端点上。

（6）单击“默认”选项卡的“块”面板中的“插入”按钮，在弹出的下拉菜单中选择“最近使用的块”命令，打开“块”选项板。

（7）在“最近使用的块”列表中选择“400mm 轴号”图块，将该图块定位到左上角第一条轴线延长线的端点上，此时会弹出如图 4-19 所示的“编辑属性”对话框，在该对话框的“输入轴号”文本框中输入“1”，单击“确定”按钮，即可完成轴号①的标注。轴号①的标注结果如图 4-20 所示。

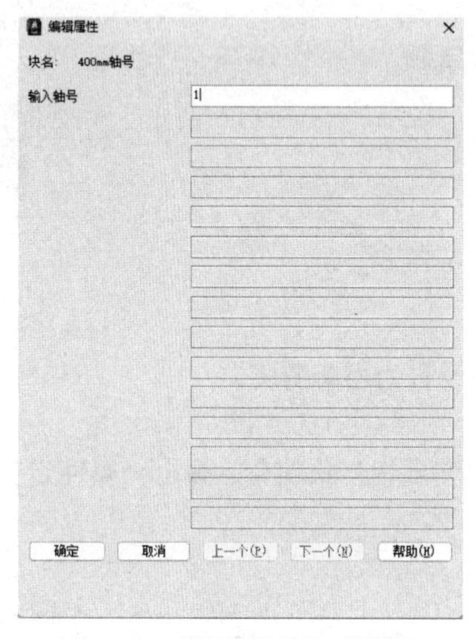


图 4-19 “编辑属性”对话框

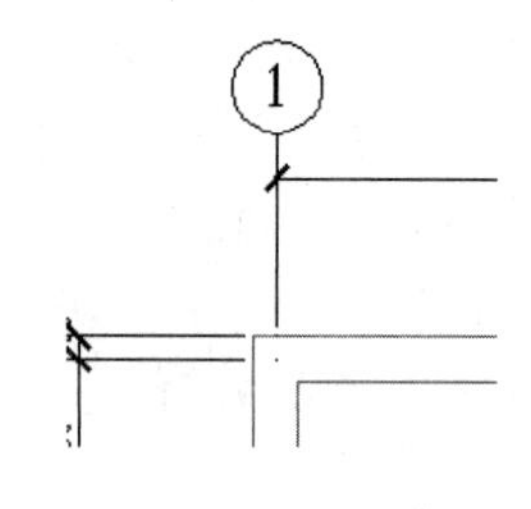


图 4-20 轴号①的标注结果

同理，标注其他轴号。也可以复制轴号①到其他位置，通过编辑属性来完成其他轴号的标注。

### 3. 标注其他轴号

（1）将轴号①逐个复制到其他轴线延长线的端点上。

（2）双击轴号，打开“增强属性编辑器”对话框，修改相应的属性，完成所有轴号的标注，结果如图 4-21 所示。

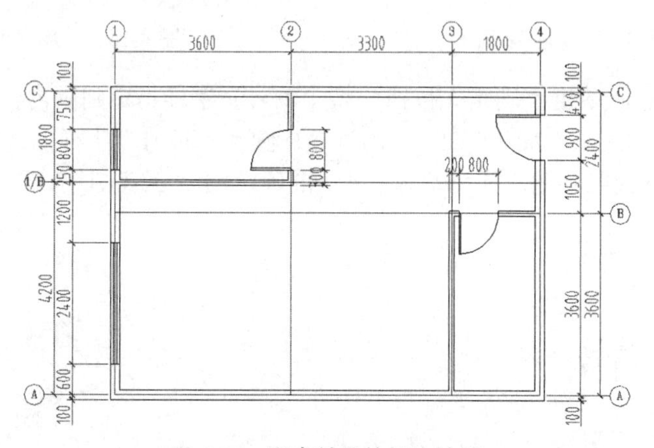


图 4-21 所有轴号的标注结果

## 知识点详解

在如图 4-16 所示的“属性定义”对话框中，主要选项的含义如下。

### 1. “模式”选项组

1）“不可见”复选框

勾选此复选框，属性为“不可见”，即插入图块并输入属性后，属性不会显示出来。

2）“固定”复选框

勾选此复选框，属性为常量属性，即属性在定义时给定，在插入图块时不再提示输入属性。

3）“验证”复选框

勾选此复选框，在插入图块时重新显示属性，以让用户验证其是否正确。

4）“预设”复选框

勾选此复选框，在插入图块时自动把事先设置好的默认值赋予属性，而不再提示输入属性。

5）“锁定位置”复选框

勾选此复选框，在插入图块时锁定图块参照中属性的位置。解锁后，属性可以相对于使用夹点编辑的图块的其他部分移动，且可以调整多行属性的大小。

6）“多行”复选框

勾选此复选框，可以指定属性包含多行文字。

### 2. “属性”选项组

1）“标记”文本框

在“标记”文本框中可以输入属性标记。属性标记可以由除空格和感叹号外的所有字符组成。AutoCAD 2024 自动把小写字母改为大写字母。

2）“提示”文本框

在“提示”文本框中可以输入属性提示。属性提示是在插入图块时要求输入属性的提示。如果不在此文本框中输入属性提示，那么以属性标记作为提示。如果在“模式”选项组勾选“固定”复选框，即设置属性为常量属性，那么不需要设置属性提示。

3）“默认”文本框

“默认”文本框用于设置属性的默认值。可以把使用次数较多的属性作为默认值，也可以不设置默认值。

其他各选项组比较简单，此处不再赘述。

# 任务三　绘制居室平面图

## 任务背景

在绘制居室平面图的过程中，为了进一步提高绘图效率，对绘图过程进行智能化管理和控制，AutoCAD 2024 提供了设计中心和工具选项板两种辅助绘图工具。

使用设计中心，可以很容易地组织设计内容，并把其拖动到图形中。在如图 4-22 所示的设计中心中，左侧为文件夹列表，右侧为内容显示区（其中上方为文件显示框，中间为图形预览显示框，下方为说明文本显示框）。

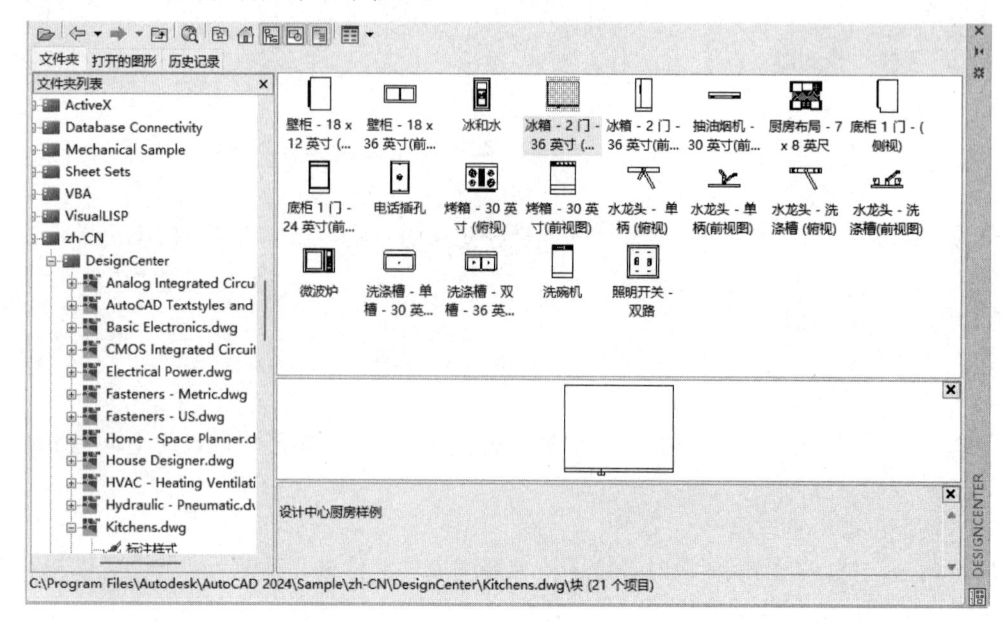


图 4-22　设计中心

使用工具选项板，可以将常用的图块、几何图形、外部参照、填充图案及命令等以选项卡的形式组织到其中，以便之后绘图时可以直接对其进行调用，并能够更加方便、快捷地将其应用到当前图形中。此外，工具选项板还可以包含由第三方开发人员提供的自定义工具。

本任务将主要介绍使用图块快速绘制居室平面图的一般方法，本任务将先使用“矩形”“直线”“圆”“多行文字”“偏移”“修剪”等绘图命令绘图，并将设计中心自带的图块拖动到工具选项板中，再将工具选项板中的图块插入图形中，以绘制居室平面图。居室平面图的绘制结果如图 4-23 所示。

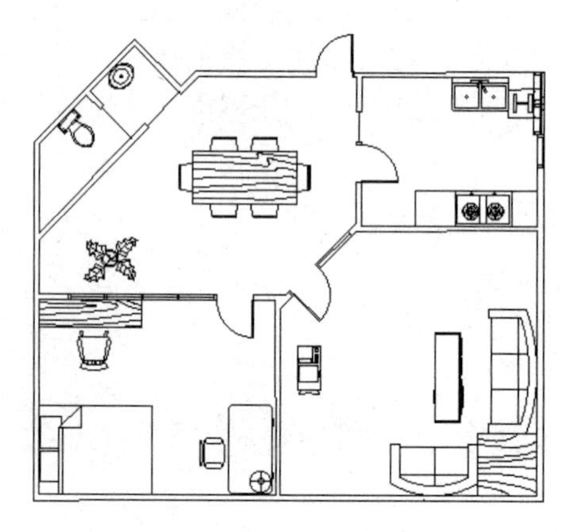

图 4-23　居室平面图的绘制结果

## 操作步骤

（1）打开工具选项板菜单。单击“视图”选项卡的“选项板”面板中的“工具选项板”按钮，打开工具选项板，如图 4-24 所示。在工具选项板的名称栏中右击，弹出工具选项板菜单，如图 4-25 所示。

（2）新建工具选项板的“住房”选项卡。在工具选项板菜单中选择“新建选项板”命令，新建工具选项板的选项卡。在新建的工具选项板的选项卡的名称栏中输入“住房”，并确认。新建的“住房”选项卡如图 4-26 所示。

图 4-24　工具选项板　　图 4-25　工具选项板菜单　　图 4-26　新建的“住房”选项卡

（3）向工具选项板的“住房”选项卡中插入“设计中心”图块。单击“视图”选项卡的“选项板”面板中的“设计中心”按钮，打开设计中心，将设计中心中的“Kitchens”图块、“House Designer”图块、“Home Space Planner”图块共三个图块拖动到工具选项板的“住房”选项卡中，如图 4-27 所示。

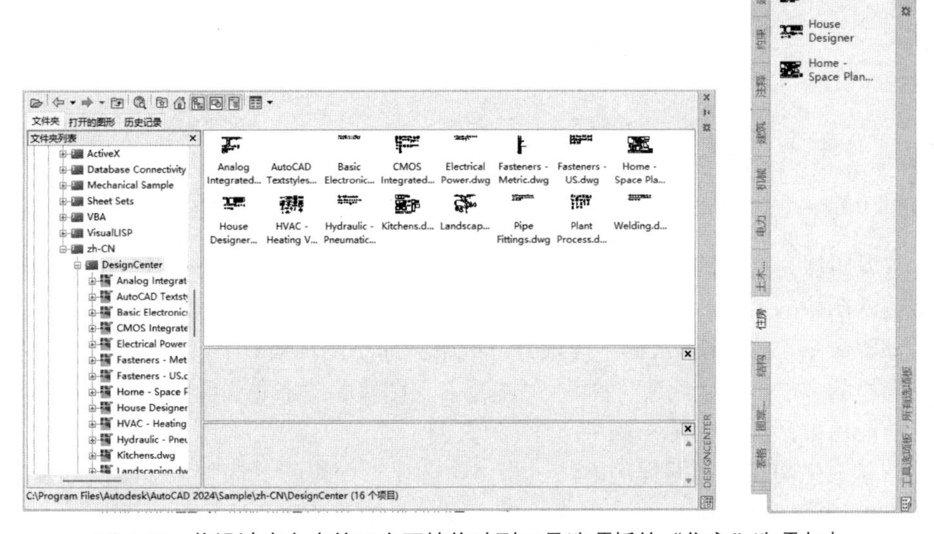


图 4-27　将设计中心中的三个图块拖动到工具选项板的“住房”选项卡中

（4）绘制住房结构截面图。使用以前学过的绘图命令与编辑命令绘制住房结构截面图，结果如图 4-28 所示。

（5）布置餐厅。将工具选项板中的“Home Space Planner”图块拖动到当前图形中，使用“缩放”命令调整所插入的图块的大小，结果如图 4-29 所示。

对“Home Space Planner”图块进行分解操作，将“Home Space Planner”图块分解成单独的小图块集。将小图块集中的“饭桌”图块和“植物”图块拖动到餐厅中的适当位置，结果如图 4-30 所示。

（6）布置寝室。将“双人床”图块拖动到当前图形的寝室中，分别单击“默认”选项卡的“修改”面板中的“旋转”按钮和“移动”按钮，调整“双人床”图块的位置。重复使用“旋转”命令和“移动”命令，将“琴桌”图块、“书桌”图块、“台灯”图块和两个“椅子”图块分别移动并旋转到当前图形的寝室中，结果如图 4-31 所示。

（7）布置客厅。采用同样的方法，将“转角桌”图块、“电视机”图块、“茶几”图块和两个“沙发”图块分别移动并旋转到当前图形的客厅中，如图 4-32 所示。

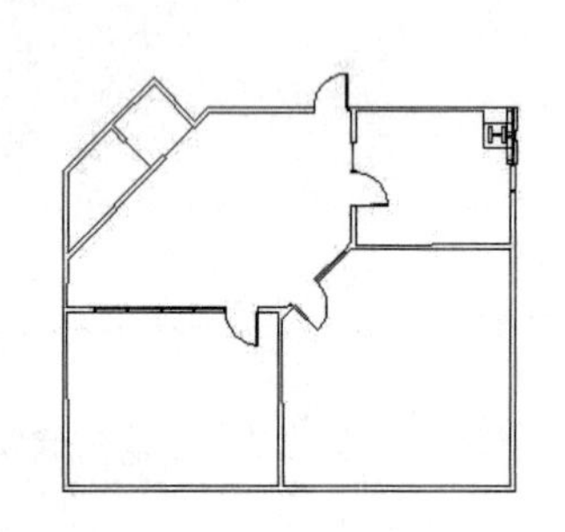

图 4-28　住房结构截面图的绘制结果

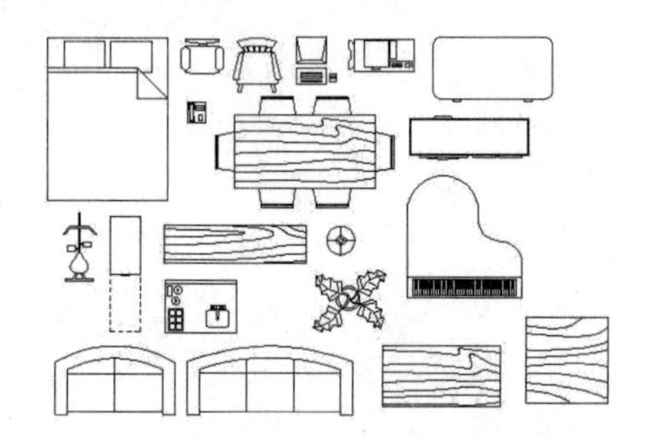

图 4-29　“Home Space Planner”图块的插入结果

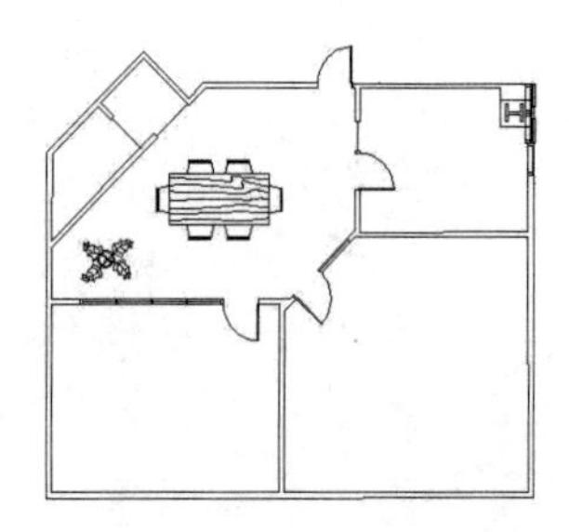

图 4-30　餐厅的布置结果

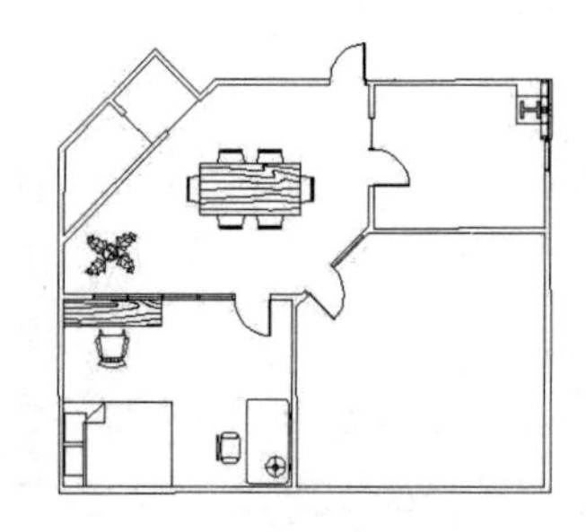

图 4-31　寝室的布置结果

图 4-32　客厅的布置结果

（8）布置厨房。将工具选项板中的“Kitchens”图块拖动到当前图形中，使用“缩放”命令调整所插入图块的大小，结果如图 4-33 所示。

执行分解命令，将“Kitchens”图块分解成单独的小图块集。

采用同样的方法，将“灶台”图块、“洗菜盆”图块和“水龙头”图块分别移动并旋转到当前图形的厨房中，结果如图 4-34 所示。

（9）布置卫生间。采用同样的方法，将“坐便器”图块和“洗脸盆”图块分别移动到当前图形的卫生间中，复制并旋转“水龙头”图块，将其移动到“洗脸盆”图块上。删除当前图形中没有用到的图块，最终绘制结果如图 4-23 所示。

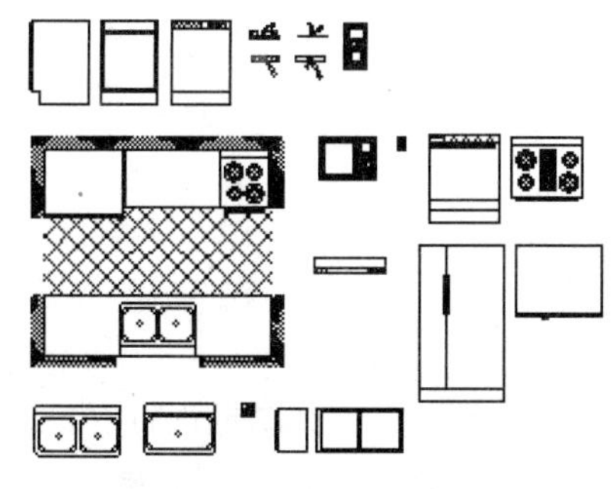

图 4-33 “Kitchens”图块的插入结果

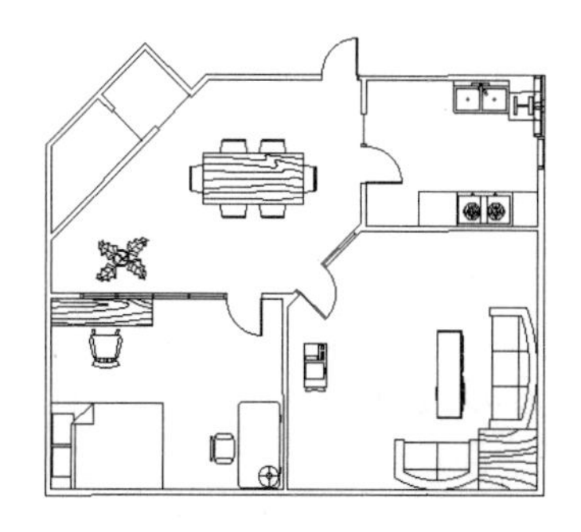

图 4-34 厨房的布置结果

## 知识点详解

### 1. 使用设计中心插入图块

设计中心提供了插入图块的两种方法，即使用鼠标指定缩放比例和旋转角度，以及精确指定坐标、缩放比例和旋转角度。

1）使用鼠标指定缩放比例和旋转角度插入图块

系统根据使用鼠标拖出的直线的长度与角度指定缩放比例和旋转角度。

插入图块的步骤如下。

（1）从文件夹列表或查找结果列表中选择要插入的图块，按住鼠标左键，将要插入的图块拖动到当前已打开的图形中。

松开鼠标左键，此时，要插入的图块被插入当前已打开的图形中。使用当前设置的捕捉模式，可以将对象插入任何已存在的图形中。

（2）指定一点作为插入点，移动鼠标，将鼠标指定位置与插入点的距离作为缩放比例。采用同样的方法，移动鼠标，将鼠标指定位置与插入点的连线和水平直线的角度作为旋转角度。此时要插入的图块就会以指定的缩放比例和旋转角度被插入图形中。

2）精确指定坐标、缩放比例和旋转角度插入图块

通过精确指定坐标、缩放比例和旋转角度可以设置要插入的图块的选项，具体方法如下。

（1）从内容显示区中选择要插入的图块，拖动要插入的图块到已打开的图形中。

（2）右击，在弹出的快捷菜单选择“比例”命令、“旋转”命令等。

（3）根据命令行提示输入缩放比例和旋转角度等。

将被选择的对象根据指定的选项插入图形中。

### 2. 使用设计中心复制图形

1）在图形之间复制图块

使用设计中心可以浏览和装载需要复制的图块，并将图块复制到剪贴板上，利用剪贴板将图块粘贴到图形中，具体方法如下。

（1）在内容显示区中选择需要复制的图块并右击，在弹出的快捷菜单中选择“复制”命令。

（2）将图块复制到剪贴板上，并通过“粘贴”命令将其粘贴到当前图形上。

2）在图形之间复制图层

使用设计中心可以将任何一个图形中的图层复制到其他图形中。例如，如果已经绘制

了一个包括设计所需的所有图层的图形，那么在绘制新的图形时，可以新建一个图形，并通过设计中心将已有的图层复制到新建的图形中。这样可以节省时间，并保证图形之间的一致性。

（1）拖动图层到已打开的图形中：确认要复制的图层所在的图形已打开，且是当前图形。在内容显示区中选择要复制的一个或多个图层。拖动图层到已打开的图形中，松开鼠标左键后，即可将图层复制到已打开的图形中。

（2）复制或粘贴图层到已打开的图形中：确认要复制的图层所在的图形已打开，且是当前图形。在内容显示区中选择要复制的一个或多个图层并右击，在弹出的快捷菜单中选择“复制到粘贴板”命令。如果要粘贴图层，那么应确认要粘贴的图层所在的图形已打开，且是当前图形，此时右击要粘贴的图层，在弹出的快捷菜单中选择“粘贴”命令即可。

## 任务四　模拟试题与上机实验

**1．选择题**

（1）以下关于将其他应用程序的信息作为 OLE 对象插入的方法正确的是（　　）。

A．使用其他应用程序中创建的现有文件

B．从现有文件中复制或剪切信息，并将其粘贴到图形中

C．在图形中打开另一个应用程序，并创建要使用的信息

D．以上方法都是正确的

（2）如果已插入的图块使用的图形单位与为图形指定的单位不同，那么（　　）。

A．已插入的图块按指定的缩放比例进行缩放以维持视觉外观

B．英制的放大 25.4 倍

C．公制的缩小 25.4 倍

D．图块将自动按两种单位等价的缩放比例进行缩放

（3）在插入光栅图像文件时，需要指定的内容为（　　）。

A．图形文件名、插入点、缩放比例、旋转角度

B．图像文件名、插入点、缩放比例、旋转角度

C．图块名、插入点、缩放比例、旋转角度

D．插入点、缩放比例、旋转角度

（4）在设计中心的（　　）选项卡中，可以查看当前图形信息。

A．“文件夹”　　B．“打开的图形”　　C．“历史记录”　　D．“联机设计中心”

（5）图块和外部参照的区别主要是（　　）。

A．图形在作为图块插入时，不随原始图形的改变而更新。图形在作为外部参照插入时，对原始图形进行的任何修改都会显示在当前图形中

B．图形在作为图块插入时，可以被分解；图形在作为外部参照插入时，不可以被分解

C．图形在作为图块插入时，可以被存储到图形中；图形在作为外部参照插入时，可以被链接到当前图形中

D．图块插入的是图形文件，外部参照插入的是图像文件

2．上机实验

**实验 1　将如图 4-35 所示的休闲椅定义为图块并保存**

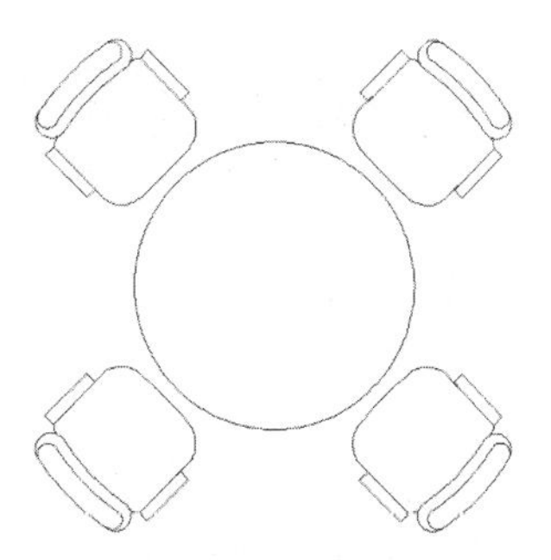

图 4-35　休闲椅的绘制结果

◆ 目的要求

在实际绘图过程中，会经常遇到重复性的图形单元。解决这类问题简单、快捷的方法是将重复性的图形单元制作成图块，并将图块插入图形中。

◆ 操作提示

（1）打开前面绘制的椅子图形。

（2）将重复性的图形单元定义为图块并保存。

（3）绘制圆桌。

（4）插入“椅子”图块。

（5）进行阵列处理。

**实验 2　使用设计中心绘制如图 4-36 所示的居室平面图**

◆ 目的要求

设计中心的突出优点是简洁、方便、集中，学生可以根据某个专门的设计中心组织自己需要的素材，快速、简便地绘图。本实验要求学生灵活掌握使用设计中心快速绘图的方法。

◆ 操作提示

打开设计中心，在设计中心中选择合适的图块，将选择的图块插入居室平面图中。

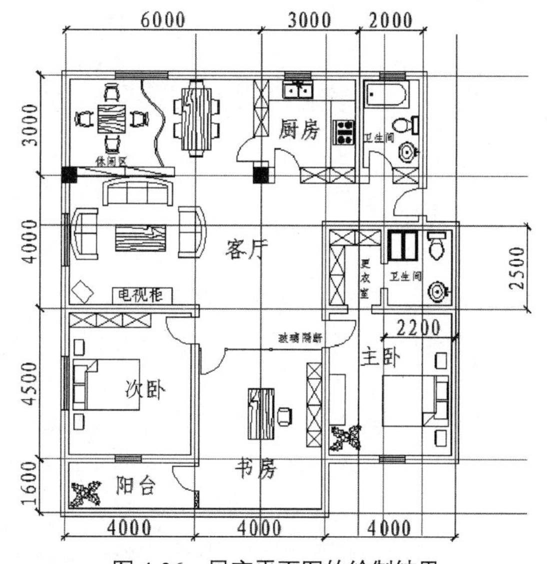


图 4-36　居室平面图的绘制结果

# 项目五　绘制别墅室内设计图

## 学习情境

在前面的项目中，学生通过任务系统地学会了在绘制简单室内设计图形符号时用到的AutoCAD 2024的各种命令的使用技巧。掌握了这些命令后，下面介绍如何使用这些命令绘制具体的室内设计图。

## 能力目标

- 掌握整套别墅室内设计图的具体绘制方法。
- 灵活应用AutoCAD 2024的各种命令。
- 熟练绘制具体的别墅室内设计图，提高绘制室内设计图的效率。

## 素质目标

- 提升创新设计和能力审美能力：能够发挥创意，结合最新的设计趋势和用户需求，进行个性化的室内设计。
- 综合应用多领域知识：能够结合建筑学、人体工程学等多方面的知识，进行综合性的室内设计。

## 课时安排

10课时（讲课4课时，练习6课时）。

## 任务一　绘制别墅首层平面图

### 任务背景

别墅一般有两种类型：一种是住宅型别墅，这种别墅大多建造在城市郊区，或独立、或成群，环境幽雅恬静，有花园绿地，且交通便利，便于出行；另一种是休闲型别墅，这种别墅大多建造在人口稀少、风景优美、山清水秀的风景区，供周末、假期度假消遣，或疗养、或避暑之用。

别墅造型雅致美观，独幢独户，庭院视野宽阔，花园树茂草盛，有较大的绿地面积。有些别墅甚至依山傍水，景观宜人，居住在其中，住户能享受大自然之美，有心旷神怡之感；还有些别墅有附属的汽车间、门房间、花棚等。住宅型别墅大多是整体开发建造的，整个别墅区有数幢独门独户的住宅，区内公共设施完备，有些设有中心花园和水池绿地，还有些设有健身房、文化娱乐场所、购物场所等。

就建筑功能而言，别墅平面需要设置的空间虽然不多，但应齐全，要能够满足住房日常生活的不同需要。根据住房日常起居和生活质量的要求，别墅应设置下面一些房间。

（1）厅：门厅、客厅和餐厅等。

（2）卧室：主卧、次卧、儿童房等。

（3）辅助房间：书房、家庭团聚室、娱乐室、衣帽间等。

（4）生活配套房间：厨房、卫生间、淋浴间、健身房等。

（5）其他房间：工人房、洗衣房、储藏间、车库等。

在上述各个房间中，门厅、客厅、餐厅、厨房、卫生间和工人房等多设置在首层平面中，次卧、儿童房、主卧和衣帽间等多设置在二层或三层平面中。别墅室内设计图与住宅室内设计图的绘制方法类似，都是先建立各个功能房间的开间和进深轴线，然后按轴线位置绘制各个功能房间的墙体及相应的门窗洞的平面造型，最后绘制楼梯、阳台及管道等辅助空间的平面造型，同时标注相应的尺寸和文字。

本任务将绘制别墅首层平面图，其主要绘制思路为，先设置绘图环境，然后绘制别墅的定位轴线，并在已有轴线的基础上绘制别墅的墙体，之后设置多线样式，并借助已有图库或图形绘制别墅的门窗、楼梯、台阶、家具，最后标注相应的尺寸和文字。别墅首层平面图的绘制结果如图 5-1 所示。

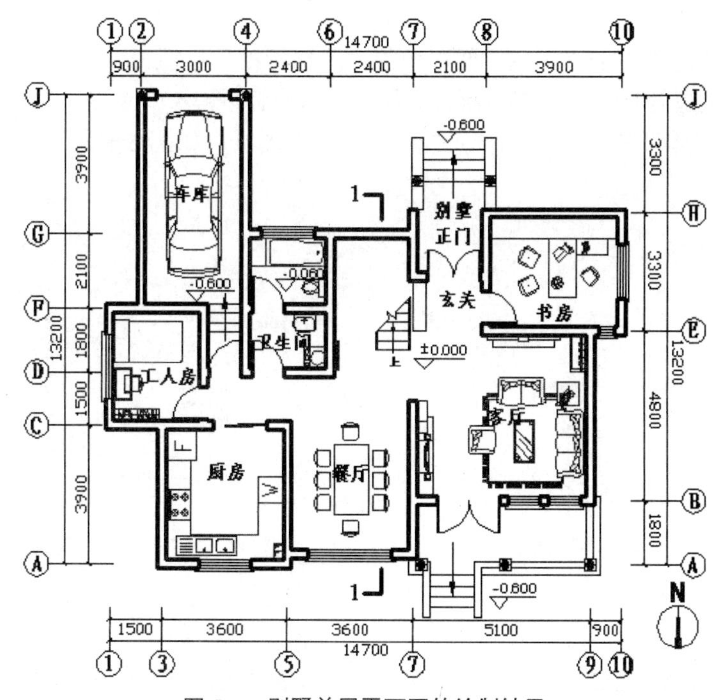


图 5-1　别墅首层平面图的绘制结果

## 操作步骤

微课

### 1．设置绘图环境

1）创建图形文件

打开 AutoCAD 2024，选择菜单栏中的“格式”→“单位”命令，在打开的如图 5-2 所示的“图形单位”对话框中设置“长度”选项组中的“类型”为“小数”、“精度”为“0”；设置“角度”选项组中的“类型”为“十进制度数”、“精度”为“0”，单击“方向”按钮，弹出如图 5-3 所示的“方向控制”对话框，选中“基准角度”选项组中的“东”单选按钮。

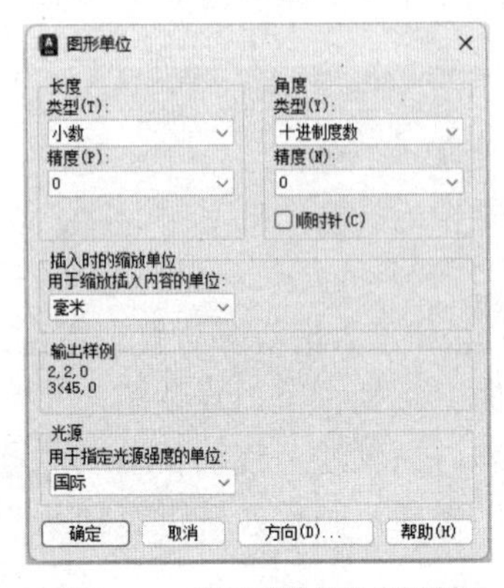


图 5-2　“图形单位”对话框

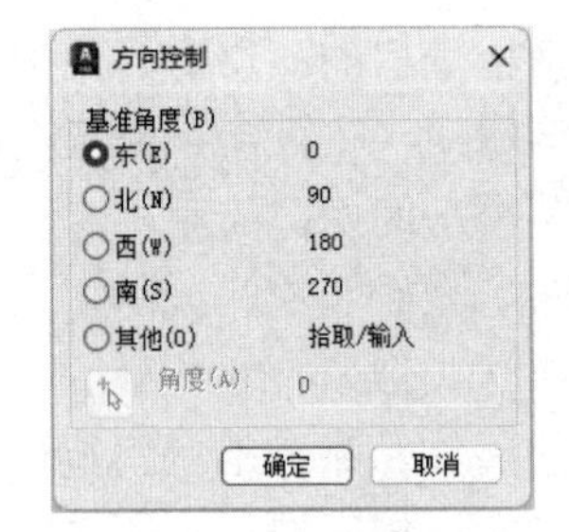


图 5-3　“方向控制”对话框

2）为图形命名

单击快速访问工具栏中的“保存”按钮，弹出如图 5-4 所示的“图形另存为”对话框，在“文件名”文本框中输入“别墅首层平面图”，单击“保存”按钮。

3）设置图层

单击“默认”选项卡的“图层”面板中的“图层特性”按钮，弹出“图层特性管理器”对话框，依次创建基本图层，包括“标注”图层、“地坪”图层、“家具”图层、“楼梯”图层、“门窗”图层、“墙体”图层、“文字”图层、“轴线”图层，如图 5-5 所示。

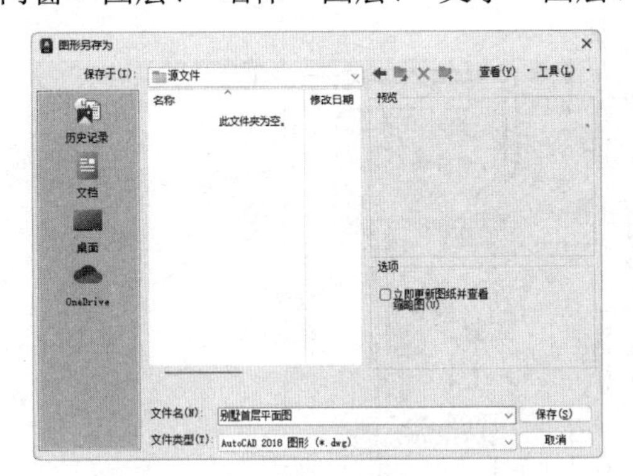


图 5-4　“图形另存为”对话框

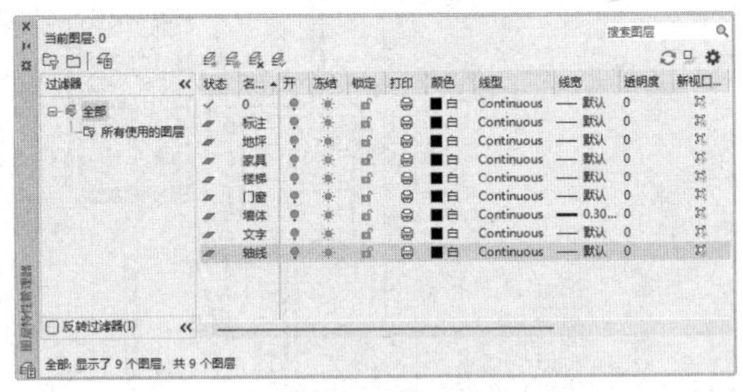


图 5-5　“图层特性管理器”对话框

## 注意

在使用 AutoCAD 2024 绘图的过程中，应经常保存已绘制的图形，以避免因软件系统的不稳定导致软件的瞬间关闭进而丢失大量已绘制的图形信息。AutoCAD 2024 有自动保存图形的功能，用户只需在绘图时，将该功能激活即可。其具体设置步骤如下：选择菜单栏中的“工具”→“选项”命令，打开如图 5-6 所示的“选项”对话框，在“打开和保存”选项卡的“文件安全措施”选项组中，勾选“自动保存”复选框，根据需要在“保存间隔分钟数”左侧的文本框中输入数据，之后单击“确定”按钮，完成设置。

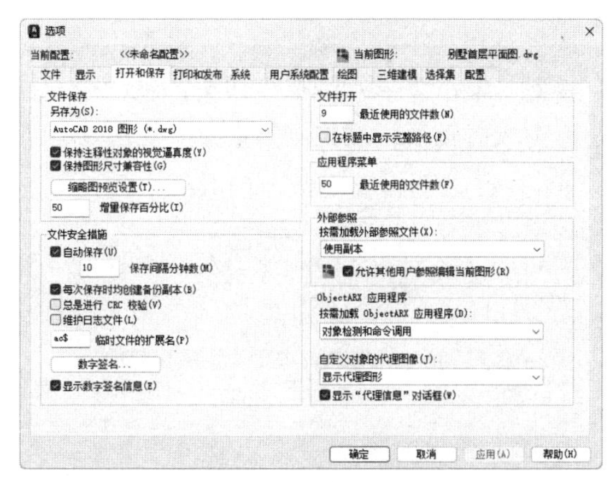


图 5-6 “选项”对话框

## 2. 绘制轴线

轴线是在绘制别墅首层平面图时布置墙体和门窗的重要依据，同样也是建筑施工定位的重要依据。在绘制轴线的过程中，主要使用的绘图命令是“直线”命令和“偏移”命令。

图 5-7 所示为绘制完成的轴线。

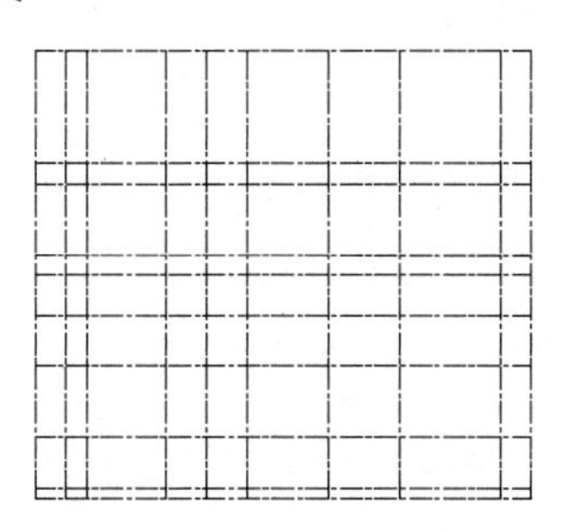

图 5-7 绘制完成的轴线

微课

轴线的具体绘制方法如下。

1）设置轴线特性

（1）选择图层，加载线型。在图层列表中选择“轴线”图层，将其设置为当前图层。单击“默认”选项卡的“图层”面板中的“图层特性”按钮，弹出“图层特性管理器”对话框，选择“轴线”图层的“线型”标签下对应的选项，打开如图 5-8 所示的“选择线型”对话框，单击“加载”按钮，弹出如图 5-9 所示的“加载或重载线型”对话框，在“可用线型”列表框中选择“CENTER”线型，单击“确定”按钮，返回到“选择线型”对话框中，将“CENTER”线型设置为当前线型。

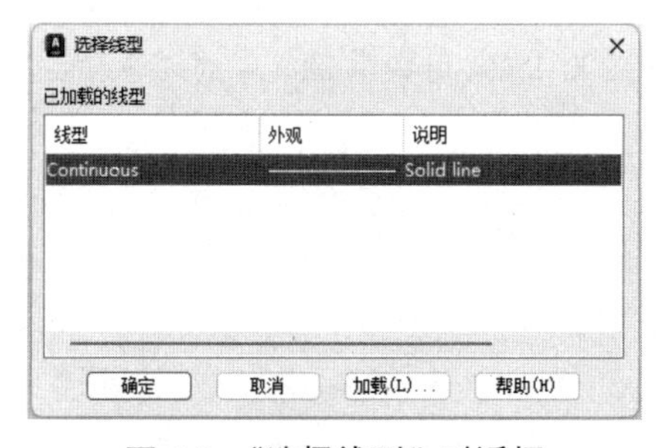


图 5-8 “选择线型”对话框

图 5-9 “加载或重载线型”对话框

（2）设置线型比例。选择菜单栏中的“格式”→“线型”命令，打开“线型管理器”对话框，选择“CENTER”线型，单击“显示细节”按钮，在“全局比例因子”文本框中输入“20”，单击“确定”按钮，完成对轴线线型比例的设置，如图 5-10 所示。

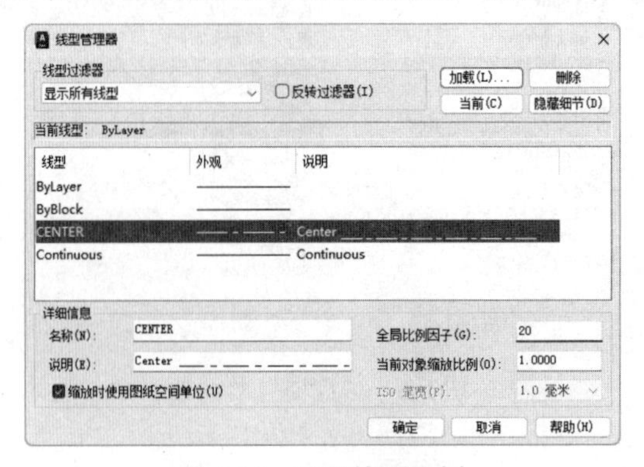


图 5-10　设置线型比例

2）绘制横向轴线

（1）单击“默认”选项卡的“绘图”面板中的“直线”按钮╱，绘制一条长度为 14700 的横向基准轴线，命令行提示与操作如下。

```
命令: _LINE
指定第一个点:(适当指定一点)↙
指定下一点或 [放弃(U)]: @14700,0↙
指定下一点或 [放弃(U)]: ↙
```

横向基准轴线的绘制结果如图 5-11 所示。

（2）单击“默认”选项卡的“修改”面板中的“偏移”按钮⊆，将横向基准轴线分别向下偏移 3300、3900、6000、6600、7800、9300、11400、13200，结果如图 5-12 所示。

图 5-11　横向基准轴线的绘制结果　　　　图 5-12　横向轴线的绘制结果

3）绘制纵向轴线

（1）单击“默认”选项卡的“绘图”面板中的“直线”按钮╱，以前面绘制的横向基准轴线的左端点为起点，垂直向下绘制一条长度为 13200 的纵向基准轴线，命令行提示与操作如下。

```
命令: _LINE
指定第一个点: (适当指定一点)↙
指定下一点或 [放弃(U)]: @0,-13200↙
指定下一点或 [放弃(U)]:↙
```

纵向基准轴线的绘制结果如图 5-13 所示。

（2）单击“默认”选项卡的“修改”面板中的“偏移”按钮⊆，将纵向基准轴线分别向右偏移 900、1500、2700、3900、5100、6300、8700、10800、13800、14700。单击“默认”选项卡的“修改”面板中的“修剪”按钮，对纵向轴线进行修剪，结果如图 5-14 所示。

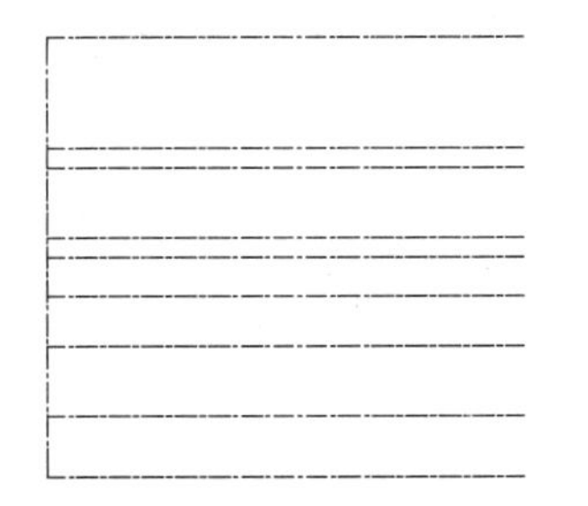

图 5-13 纵向基准轴线的绘制结果

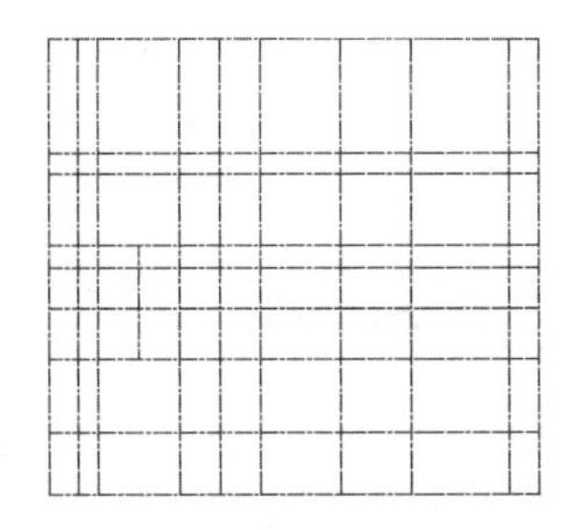

图 5-14 纵向轴线的绘制结果

## 注意

在绘制建筑轴线时，一般选择建筑横向、纵向的最大长度为轴线长度，但当建筑的形体过于复杂时，太长的轴线往往会影响图形效果，此时可以仅在一些需要轴线定位的建筑局部绘制轴线。

### 3. 绘制墙线

微课

墙线用双线表示，一般采用轴线定位的方式，以轴线为中心，具有很强的对称关系。绘制墙线通常有以下三种方法。

（1）单击“默认”选项卡的“修改”面板中的“偏移”按钮，直接偏移轴线，将轴线向两侧偏移一定的距离，得到双线，并将所得的双线转移至“墙体”图层上。

（2）选择菜单栏中的“绘图”→“多线”命令直接绘制墙线。

（3）当将墙体填充成实体颜色时，单击“默认”选项卡的“绘图”面板中的“多段线”按钮，直接绘制墙线，将线宽设置为墙体的厚度即可。

这里推荐使用第二种方法，即选择菜单栏中的“绘图”→“多线”命令，直接绘制墙线。墙线的绘制结果如图 5-15 所示。

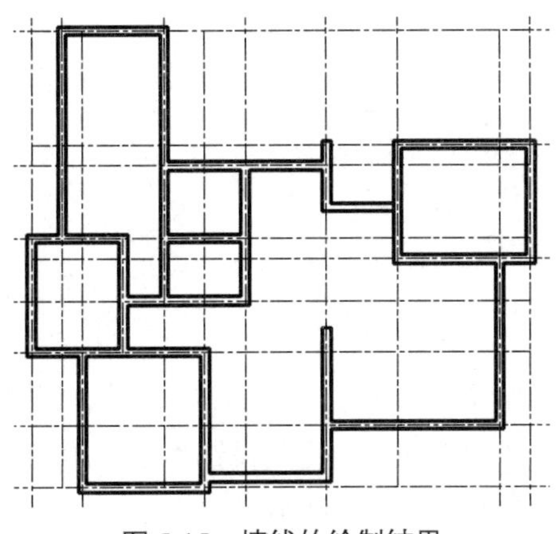

图 5-15 墙线的绘制结果

### 4. 设置多线样式

使用“多线”命令绘制墙线前，应先对多线样式进行设置。

（1）选择菜单栏中的“格式”→“多线样式”命令，打开如图 5-16 所示的“多线样式”对话框。

（2）单击“新建”按钮，在弹出的“创建新的多线样式”对话框的“新样式名”文本框中输入“240 墙”，如图 5-17 所示。

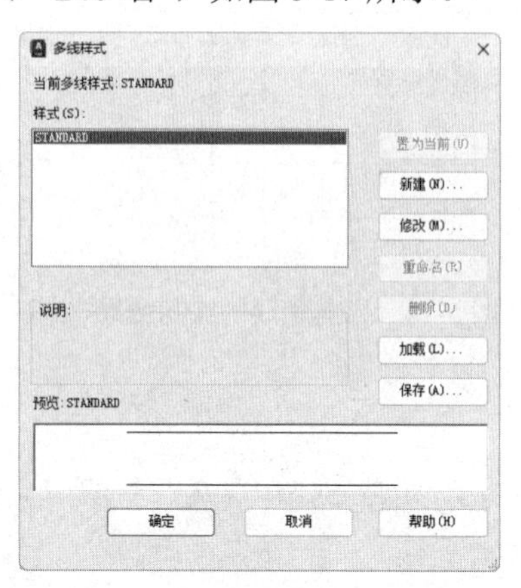


图 5-16 “多线样式”对话框

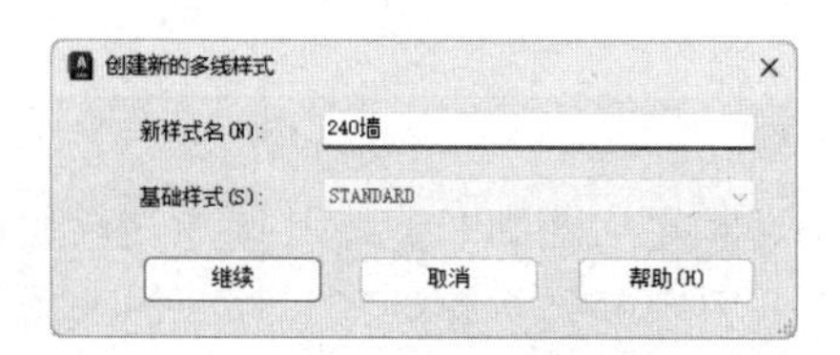


图 5-17 “创建新的多线样式”对话框

（3）单击“继续”按钮，弹出“新建多线样式：240 墙”对话框，在“封口”选项组中勾选“直线”选项右侧的“起点”复选框和“端点”复选框，在“图元”选项组的列表框中分别设置两行“偏移”为“120”和“-120”，如图 5-18 所示。

（4）单击“确定”按钮，返回到“多线样式”对话框中，在“样式”列表框中选择“240 墙”选项，并单击“置为当前”按钮，将“240 墙”的多线样式置为当前，单击“确定”按钮，完成 240 墙多线样式的设置，如图 5-19 所示。

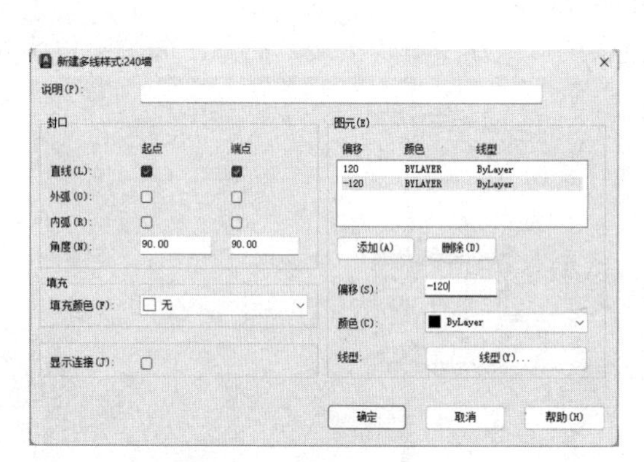


图 5-18 设置多线样式 1

图 5-19 设置多线样式 2

（5）在图层列表中选择“墙体”图层，将其设置为当前图层。选择菜单栏中的“绘图”→“多线”命令，绘制 240 墙的墙线，命令行提示与操作如下。

```
命令: _MLINE
当前设置: 对正 = 上,比例 = 20.00,样式 = 240 墙
指定起点或 [对正(J)/比例(S)/样式(ST)]:  J↙ （在命令行中输入“J”，重新设置多线的对正类型）
输入对正类型 [上(T)/无(Z)/下(B)] <上>:  Z↙ （在命令行中输入“Z”，选择“无”为当前对正类型）
当前设置: 对正 = 无,比例 = 20.00,样式 = 240 墙
```

```
指定起点或 [对正(J)/比例(S)/样式(ST)]: S↙ （在命令行中输入“S”，重新设置多线比例）
输入多线比例 <20.00>: 1↙ （在命令行中输入“1”，将其作为当前多线比例）
当前设置: 对正 = 无,比例 = 1.00,样式 = 240 墙
指定起点或 [对正(J)/比例(S)/样式(ST)]: （捕捉左上方墙线的交点作为起点）
指定下一点:...（依次捕捉墙线的交点，绘制轴线）
指定下一点或 [放弃(U)]: ↙ （绘制完成后，按 Enter 键结束命令 ）
```

240 墙墙线的绘制结果如图 5-20 所示。

（6）选择菜单栏中的“修改”→“对象”→“多线”命令，打开“多线编辑工具”对话框，如图 5-21 所示。该对话框中提供了十二种多线编辑工具，用户可以根据不同的多线交叉方式选择相应的多线编辑工具进行编辑。

少数较复杂的墙线结合处在无法找到相应的多线编辑工具进行编辑时，可以先单击“默认”选项卡的“修改”面板中的“分解”按钮，将多线分解，然后单击“默认”选项卡的“修改”面板中的“修剪”按钮，对结合处的线条进行修整。另外，一些内部墙体并不在主要轴线上，可以通过添加辅助轴线，并单击“默认”选项卡的“修改”面板中的“修剪”按钮或“延伸”按钮，进行绘制和修整。

经过编辑和修整后的墙线如图 5-15 所示。

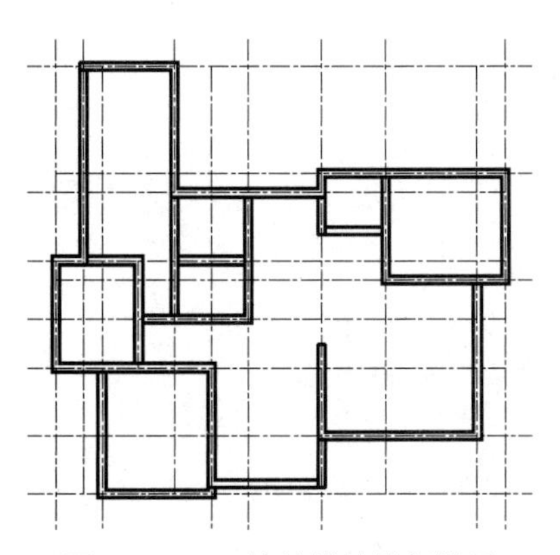

图 5-20 240 墙墙线的绘制结果

图 5-21 “多线编辑工具”对话框

### 5. 绘制门窗

别墅首层平面图中门窗的绘制过程基本如下：先在墙体的相应位置绘制门窗洞，然后使用直线、矩形和圆弧等工具绘制门窗的基本图形，并根据所绘门窗的基本图形创建“门窗”图块，之后在相应的门窗洞处插入“门窗”图块，并根据需要对其进行适当调整，进而完成别墅首层平面图中所有门窗的绘制。

其具体绘制方法如下。

微课

1）绘制门窗洞

由于门洞与窗洞的基本形状相同，因此在绘制过程中可以将它们一并绘制。

（1）在图层列表中选择“墙体”图层，将其设置为当前图层。

（2）绘制门窗洞的基本图形。单击“默认”选项卡的“绘图”面板中的“直线”按钮，绘制一条长度为 240 的竖直直线；单击“默认”选项卡的“修改”面板中的“偏移”按钮，将该直线向右偏移 1000，即得到门窗洞的基本图形，命令行提示与操作如下。

```
命令: _LINE 指定第一个点: (适当指定一点) ↙
指定下一点或 [放弃(U)]: @0,240↙
```

```
指定下一点或 [放弃(U)]: ↙
命令: _offset
当前设置: 删除源=否  图层=源  OFFSETGAPTYPE=0↙
指定偏移距离或 [通过(T)/删除(E)/图层(L)] <240>:  1000↙↙
选择要偏移的对象，或 [退出(E)/放弃(U)] <退出>:(选择竖直直线) ↙
指定要偏移的那一侧上的点,或 [退出(E)/多个(M)/放弃(U)] <退出>:↙
选择要偏移的对象,或 [退出(E)/放弃(U)] <退出>:↙
```

门窗洞基本图形的绘制结果如图 5-22 所示。

（3）绘制门洞。下面以正门门洞（尺寸为 1500×240）为例，介绍平面图中门洞的绘制方法。单击“默认”选项卡的“块”面板中的“创建”按钮，弹出如图 5-23 所示的“块定义”对话框，在“名称”文本框中输入“门洞”；单击“选择对象”按钮，选择如图 5-22 所示的门窗洞基本图形作为块定义对象；单击“拾取点”按钮，选择左侧门洞线的上端点作为插入点；单击“确定”按钮，完成“门洞”图块的创建。

图 5-22　门窗洞基本图形的绘制结果　　　　图 5-23　“块定义”对话框 1

单击“默认”选项卡的“块”面板中的“插入”按钮，在弹出的下拉菜单中选择“最近使用的块”命令，打开“块”选项板，在“最近使用的块”列表中选择“门洞”图块，将 $X$ 轴方向的比例因子设置为 1.5，如图 5-24 所示。

选择正门入口处左侧墙线的交点作为基点，插入“门洞”图块，如图 5-25 所示。

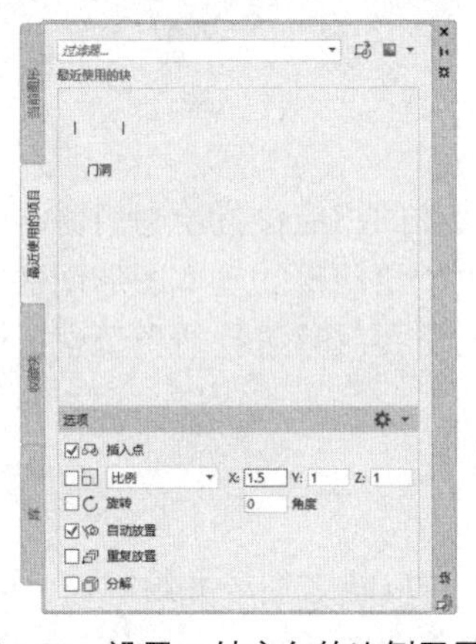


图 5-24　设置 $X$ 轴方向的比例因子 1

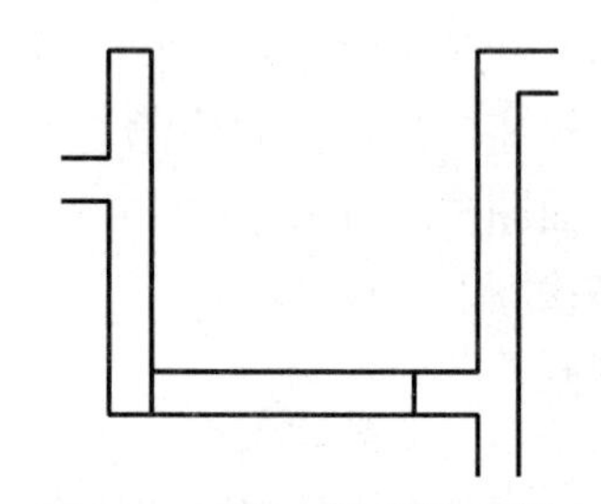

图 5-25　插入“门洞”图块

单击“默认”选项卡的“修改”面板中的“移动”按钮，选择已插入的正门的“门洞”图块，将其水平向右移动 300，命令行提示与操作如下。

```
命令: _move
选择对象: 找到一个（选择正门的“门洞”图块）↙
选择对象: ↙
```

```
指定基点或 [位移(D)] <位移>:（捕捉图块插入点作为移动基点）↙
指定第二个点或 <使用第一个点作为位移>: @300,0 ↙ （在命令行中输入第二个点的相对位置坐标）↙
```

“门洞”图块的移动结果如图 5-26 所示。

单击“默认”选项卡的“修改”面板中的“修剪”按钮，修剪多余的墙线，如图 5-27 所示。至此，完成正门门洞的绘制。

（4）绘制窗洞。下面以卫生间窗洞（尺寸为 1500×240）为例，介绍平面图中窗洞的绘制方法。单击“默认”选项卡的“块”面板中的“插入”按钮，在弹出的下拉菜单中选择“最近使用的块”命令，打开“块”选项板，在“最近使用的块”列表中选择“门洞”图块，将 $X$ 轴方向的比例因子设置为 1.5，如图 5-28 所示。由于门洞与窗洞的基本图形一致，因此没有必要创建新的“窗洞”图块，可以直接使用已有的“门洞”图块进行绘制。

选择左侧墙线的交点作为基点，插入“门洞”图块（在本处作为“窗洞”图块）。单击“默认”选项卡的“修改”面板中的“移动”按钮，选择刚刚插入的图块，将其水平向右移动 60，结果如图 5-29 所示。

单击“默认”选项卡的“修改”面板中的“修剪”按钮，修剪多余的墙线，如图 5-30 所示。至此，完成卫生间窗洞的绘制。

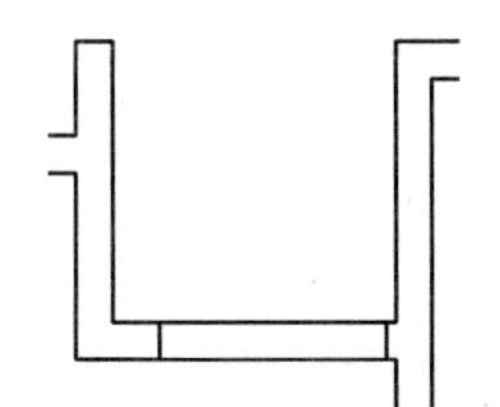

图 5-26 “门洞”图块的移动结果

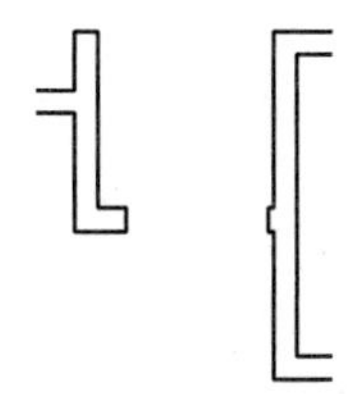

图 5-27 修剪多余的墙线 1

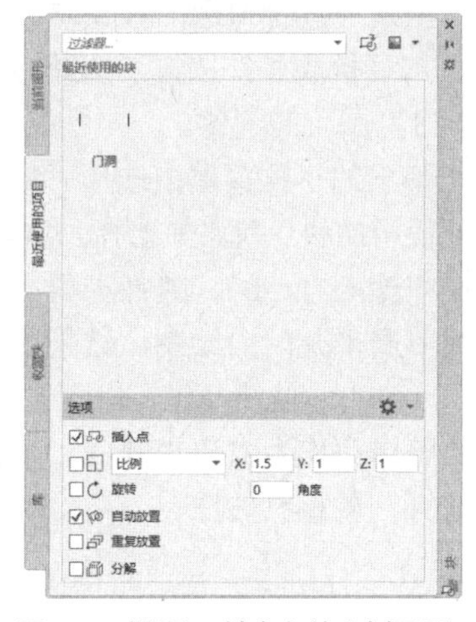


图 5-28 设置 $X$ 轴方向的比例因子 2

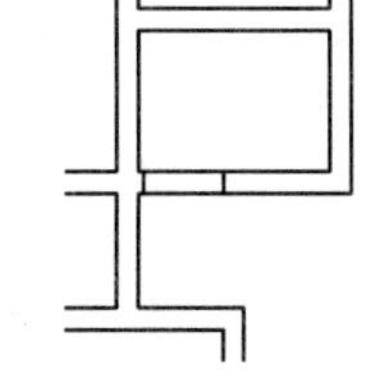

图 5-29 “窗洞”图块的移动结果

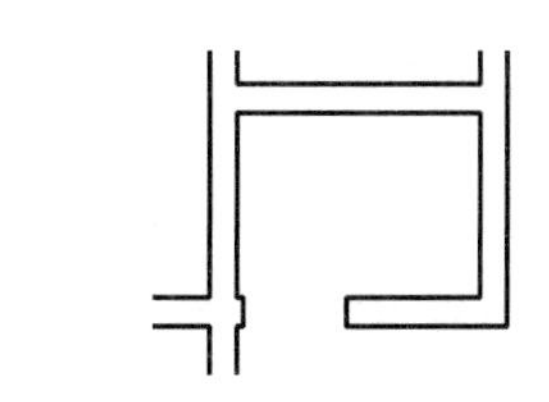

图 5-30 修剪多余的墙线 2

2）绘制门

从开启方式上来看，门的常见形式主要有平开门、弹簧门、推拉门、折叠门、旋转门、升降门和卷帘门等。门的尺寸主要应满足人流通行、交通疏散、家具搬运的要求，且应符合建筑模数的有关规定。在平面图中，单扇门的宽度一般为 800～1000，双扇门的宽度一般为 1200～1800。

在绘制门时，应先绘制门的基本图形，然后将其创建成图块，最后将创建好的图块插入已绘制的相应门洞位置。在插入“门”图块的同时，可以调整该图块的缩放比例和旋转角度，以适应不同宽度和角度的门洞。

下面将通过两个有代表性的实例来介绍别墅首层平面图中不同种类的门的绘制方法。

（1）单扇平开门。单扇平开门主要应用于卧室、书房和卫生间等私密性较强及来往人流量较少的房间。

下面将以别墅首层平面图中书房的单扇平开门（宽度为 900）为例，介绍单扇平开门的绘制方法。

微课

① 在图层列表中选择“门窗”图层，将其设置为当前图层。

② 单击“默认”选项卡的“绘图”面板中的“矩形”按钮 ，绘制尺寸为 40×900 的矩形作为门扇，命令行提示与操作如下。

```
命令: _rectang
指定第一个角点或 [倒角(C)/标高(E)/圆角(F)/厚度(T)/宽度(W)]:（在绘图区域中的空白处任取一点）↙
指定另一个角点或 [面积(A)/尺寸(D)/旋转(R)]: @40,900↙
```

矩形门扇的绘制结果如图 5-31 所示。

单击“默认”选项卡的“绘图”面板中的“圆弧”按钮 ，以矩形门扇右上角点为起点、右下角点为圆心，绘制圆心角为 90°、半径为 900 的圆弧，得到如图 5-32 所示的单扇平开门的基本图形，命令行提示与操作如下。

```
命令: _arc 指定圆弧的起点或 [圆心(C)]:(以矩形门扇右上角点为起点)↙
指定圆弧的第二个点或 [圆心(C)/端点(E)]: C ↙
指定圆弧的圆心:↙（以矩形门扇右下角点为圆心）
指定圆弧的端点或 [角度(A)/弦长(L)]:A↙
指定包含角: 90↙
```

③ 单击“默认”选项卡的“块”面板中的“创建”按钮 ，弹出如图 5-33 所示的“块定义”对话框，在“名称”文本框中输入“900 宽单扇平开门”；单击“选择对象”按钮 ，选择如图 5-32 所示的单扇平开门的基本图形作为块定义对象；单击“拾取点”按钮，选择矩形门扇右下角点作为基点；单击“确定”按钮，完成“单扇平开门”图块的创建。

④ 单击“默认”选项卡的“块”面板中的“插入”按钮，在弹出的下拉菜单中选择“最近使用的块”命令，打开如图 5-34 所示的“块”选项板，在“最近使用的块”列表中选择“900 宽单扇平开门”图块，勾选“旋转”复选框，在“角度”文本框中输入“-90”，选择书房门洞下方墙线的中点作为插入点，插入“单扇平开门”图块，完成单扇平开门的绘制，结果如图 5-35 所示。

（2）双扇平开门。在别墅首层平面图中，别墅正门及客厅的阳台门均为双扇平开门。下面以别墅首层平面图中的正门（宽度为 1500）为例，介绍双扇平开门的绘制方法。

① 在图层列表中选择“门窗”图层，将其设置为当前图层。

② 参照上面介绍的单扇平开门的绘制方法，绘制宽度为 750 的单扇平开门。

③ 单击“默认”选项卡的“修改”面板中的“镜像”按钮 ，将已绘制的“750 宽单扇平开门”进行水平方向的镜像，得到宽度为 1500 的双扇平开门的基本图形，如图 5-36 所示。

图 5-31　矩形门扇的绘制结果　　　　图 5-32　单扇平开门的基本图形

图 5-33 “块定义”对话框 2

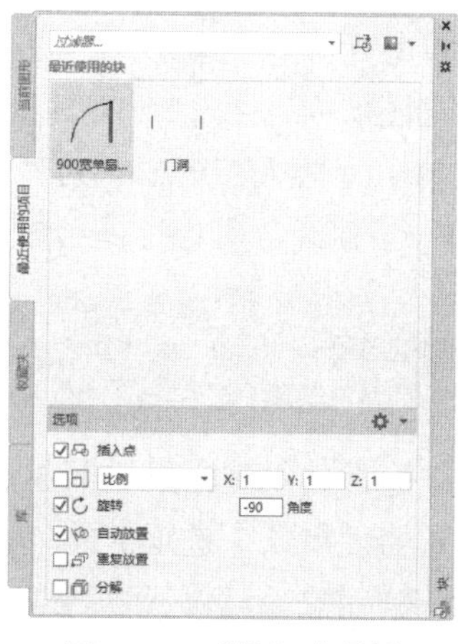


图 5-34 “块”选项板

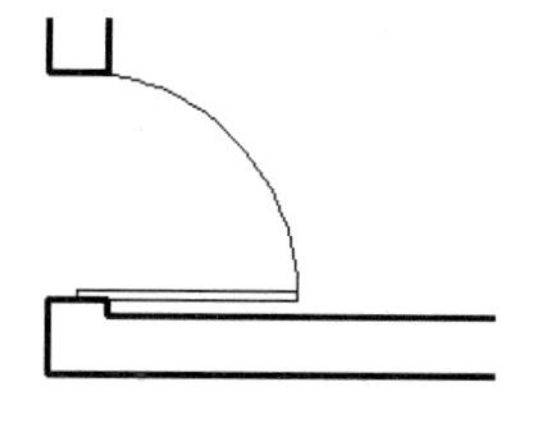

图 5-35 单扇平开门的绘制结果

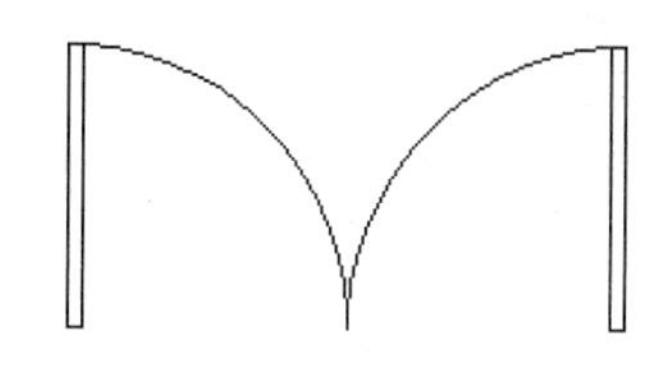

图 5-36 双扇平开门的基本图形

④ 单击“默认”选项卡的“块”面板中的“创建”按钮，弹出“块定义”对话框，在“名称”文本框中输入“1500 宽双扇平开门”；单击“选择对象”按钮，选择如图 5-36 所示的双扇平开门的基本图形作为块定义对象；单击“拾取点”按钮，选择右侧矩形门扇右下角点作为基点；单击“确定”按钮，完成“1500 宽双扇平开门”图块的创建。

⑤ 单击“默认”选项卡的“块”面板中的“插入”按钮，在弹出的下拉菜单中选择“最近使用的块”命令，打开“块”选项板，在“最近使用的块”列表中选择“1500 宽双扇平开门”图块，选择正门门洞右侧墙线的中点作为插入点，插入“1500 宽双扇平开门”图块，完成双扇平开门的绘制，结果如图 5-37 所示。

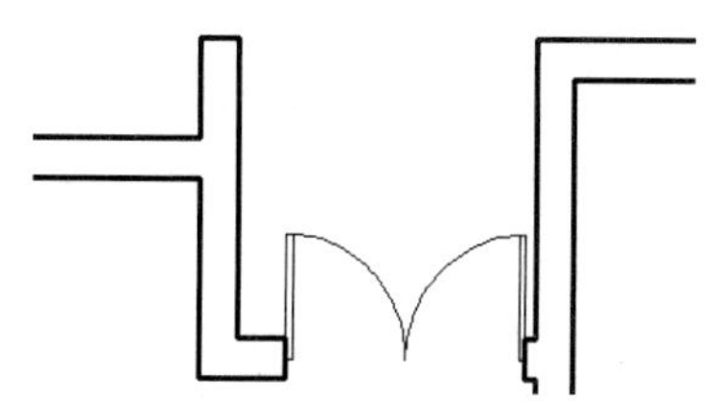

图 5-37 双扇平开门的绘制结果

3）绘制窗

从开启方式上看，窗的常见形式主要有固定窗、平开窗、横式旋转窗、立式旋转窗和推拉窗等。窗洞的宽度和高度均为 300 的扩大模数。在平面图中，平开窗的窗洞宽度一般为 400～600，固定窗和推拉窗的窗洞宽度可以更大一些。

窗的绘制步骤与门的绘制步骤基本相同，即先绘制窗的基本图形，然后将其创建成图块，最后将创建好的图块插入已绘制的相应窗洞位置。在插入“窗”图块的同时，可以调整该图块的缩放比例和旋转角度，以适应不同宽度和角度的窗洞。

微课

下面以餐厅外窗（宽度为 2400）为例，介绍窗的绘制方法。

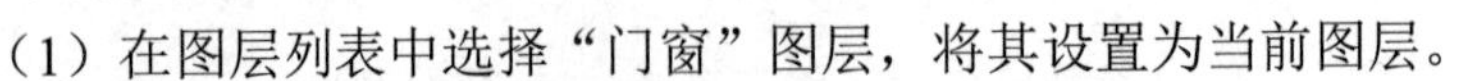

（1）在图层列表中选择“门窗”图层，将其设置为当前图层。

（2）单击“默认”选项卡的“绘图”面板中的“直线”按钮╱，绘制长度为 1000 的第一条窗线，命令行提示与操作如下。

```
命令: _LINE 指定第一个点:(适当指定一点)↙
指定下一点或 [放弃(U)]: @1000,0↙
指定下一点或 [放弃(U)]: ↙
```

第一条窗线的绘制结果如图 5-38 所示。

（3）单击“默认”选项卡的“修改”面板中的“矩形阵列”按钮，选择上一步绘制的窗线作为阵列对象，设置行数为 4、列数为 1、行间距为 80、列间距为 0，得到如图 5-39 所示的窗的基本图形。

（4）单击“默认”选项卡的“块”面板中的“创建”按钮，弹出“块定义”对话框，在“名称”文本框中输入“窗”；单击“选择对象”按钮，选择如图 5-39 所示的窗的基本图形作为块定义对象；单击“拾取点”按钮，选择第一条窗线的左端点作为基点；单击“确定”按钮，完成“窗”图块的创建。

图 5-38　第一条窗线的绘制结果

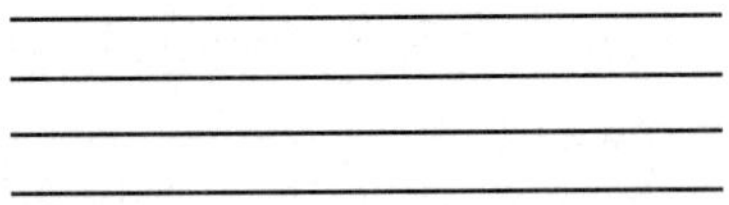

图 5-39　窗的基本图形

（5）单击“默认”选项卡的“块”面板中的“插入”按钮，在弹出的下拉菜单中选择“最近使用的块”命令，打开“块”选项板，在“最近使用的块”列表中选择“窗”图块，将 $X$ 轴方向的比例因子设置为 2.4；选择餐厅窗洞左侧墙线的上端点作为插入点，插入“窗”图块。单击“默认”选项卡的“修改”面板中的“移动”按钮✥，将插入的“窗”图块向右移动 480。餐厅外窗的绘制结果如图 5-40 所示。

（6）单击“默认”选项卡的“绘图”面板中的“矩形”按钮，绘制尺寸为 1000×100 的矩形；单击“默认”选项卡的“块”面板中的“创建”按钮，将已绘制的矩形定义为“窗台”图块，将矩形上边的中点设置为基点；单击“默认”选项卡的“块”面板中的“插入”按钮，在弹出的下拉菜单中选择“最近使用的块”命令，打开“块”选项板，在“最近使用的块”列表中选择“窗台”图块，并将 $X$ 轴方向的比例因子设置为 2.6；选择餐厅外窗最外侧的窗线中点作为插入点，插入“窗台”图块，结果如图 5-41 所示。

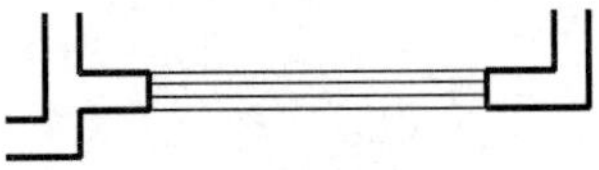

图 5-40　餐厅外窗的绘制结果

图 5-41　“窗台”图块的插入结果

4）绘制其余门和窗

根据上面介绍的门窗的绘制方法，使用已经创建的“门窗”图块，完成别墅首层平面图中所有门窗的绘制，结果如图 5-42 所示。

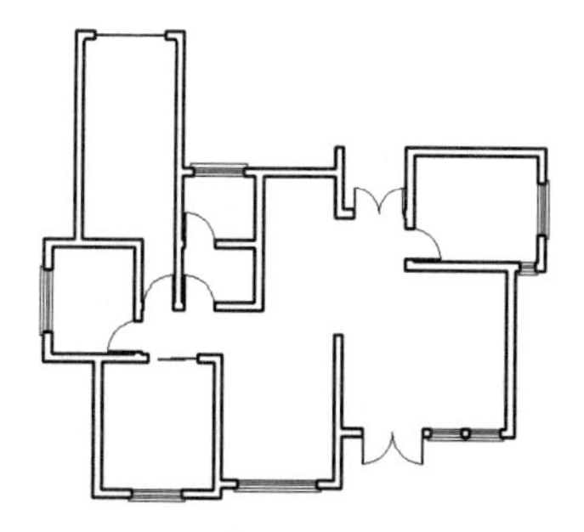

图 5-42 所有门窗的绘制结果

以上介绍的是如何使用 AutoCAD 2024 进行门窗的简单绘制，下面介绍另外两种门窗的绘制方法。

（1）在建筑设计中，门窗的样式、尺寸随着房间功能的不同和开间的变化而不同。逐个绘制门和窗是既费时又费力的事。因此，绘图者常常借助图库绘制门窗。通常来说，在图库中有多种不同样式和大小的门窗可供选择与调用，这给绘图者提供了很大的方便。别墅首层平面图中共有八个门，其中包括四个 900 宽的单扇平开门、两个 1500 宽的双扇平开门、一个推拉门和一个升降门。在图库中，很容易找到以上这几种样式的“门”图块。

图库的使用方法很简单，主要步骤如下。

① 打开图库，在图库中选择所需的图块，并对选择的图块进行复制。

② 将复制的图块粘贴到所要绘制的图样中。

③ 根据实际情况的需要，使用“旋转”命令、“镜像”命令、“比例缩放”命令等对图块进行适当的修改和调整。

（2）在 AutoCAD 2024 中，还可以借助工具选项板中的“建筑”选项卡提供的“公制样例”选项来绘制门窗。用户在使用这种方法绘制门窗时，可以根据需要直接对门窗的尺寸和角度进行设置。需要注意的是，工具选项板中仅提供普通平开门的绘制工具，且使用工具选项板中的工具绘制的窗的玻璃为单线形式，而非建筑平面图中常用的双线形式。因此，不推荐初学者使用工具选项板中的工具绘制门窗。

### 6. 绘制楼梯和台阶

微课

楼梯和台阶都是建筑的重要组成部分，是人们在室内和室外进行垂直交通的必要建筑构件。别墅首层平面图中共有一处楼梯和三处台阶。楼梯和台阶的绘制结果如图 5-43 所示。

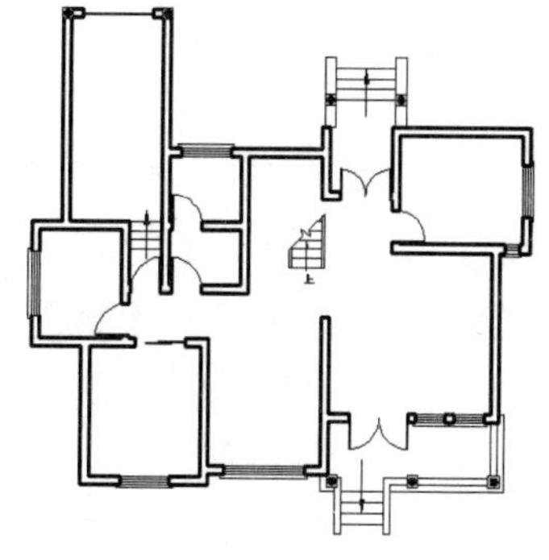

图 5-43 楼梯和台阶的绘制结果

1）绘制楼梯

楼梯是上、下楼层之间的交通通道，通常由楼梯段、休息平台和栏杆（或栏板）组成。别墅首层平面图中的楼梯为常见的双跑式楼梯。在 AutoCAD 2024 中绘制楼梯时，楼梯宽度为 900，踏步宽度为 260，高度为 175，楼梯平台净宽度为 960。

在绘制别墅首层平面图中的楼梯时，先绘制踏步线，然后在踏步线两侧（或一侧）绘制栏杆，之后绘制楼梯剖断线及用来标识方向的带箭头的引线，最后标注文字。图 5-44 所示为别墅首层平面图中楼梯的绘制结果。

楼梯的具体绘制方法如下。

（1）在图层列表中选择“楼梯”图层，将其设置为当前图层。

（2）绘制踏步线。单击“默认”选项卡的“绘图”面板中的“直线”按钮╱，以合适的位置（通过计算得到的第一级踏步的位置）为起点，绘制长度为1020的水平踏步线；单击“默认”选项卡的“修改”面板中的“矩形阵列”按钮，设置行数为 6、列数为 1、行间距为260、列间距为 0；选择已绘制的第一条踏步线作为阵列对象，完成踏步线的绘制。踏步线的绘制结果如图 5-45 所示。

（3）绘制栏杆。单击“默认”选项卡的“绘图”面板中的“直线”按钮╱，以楼梯第一条踏步线两侧的端点为起点，向上绘制长度为1500的两条竖直直线；单击“默认”选项卡的“修改”面板中的“偏移”按钮，将已绘制的两条竖直直线向楼梯段中央偏移 60（栏杆宽度）。栏杆的绘制结果如图 5-46 所示。

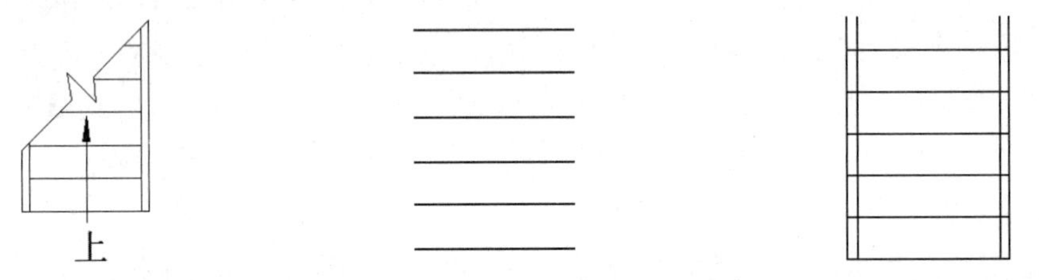


图 5-44　楼梯的绘制结果　　图 5-45　踏步线的绘制结果 1　　图 5-46　栏杆的绘制结果

（4）绘制剖断线。单击“默认”选项卡的“绘图”面板中的“构造线”按钮，设置角度为 45°，绘制剖断线并使其通过楼梯右侧栏杆线的上端点，命令行提示与操作如下。

```
命令: _XLINE
指定点或 [水平(H)/垂直(V)/角度(A)/二等分(B)/偏移(O)]: A↙
输入构造线的角度 (0) 或 [参照(R)]:  45↙
指定通过点:（选择右侧栏杆线的上端点作为通过点）
指定通过点: ↙
```

单击“默认”选项卡的“绘图”面板中的“直线”按钮╱，绘制 Z 字形折断线；单击“默认”选项卡的“修改”面板中的“修剪”按钮，修剪踏步线和栏杆线。部断线的绘制结果如图 5-47 所示。

（5）绘制带箭头的引线。在命令行中先输入“QLEADER”，然后输入“S”，按 Enter 键，在弹出的“引线设置”对话框中进行如下设置：在“引线和箭头”选项卡中，选中“引线”选项组中的“直线”单选按钮，并在“箭头”下拉列表中选择“实心闭合”选项，如图 5-48 所示；在“注释”选项卡中，选中“注释类型”选项组中的“无”单选按钮，如图 5-49 所示；以第一条踏步线的中点为起点，垂直向上绘制长度为 750 的带箭头的引线；单击“默认”选项卡的“修改”面板中的“移动”按钮✥，将引线垂直向下移动 60。

（6）标注文字。单击“默认”选项卡的“绘图”面板中的“多行文字”按钮，设置文字高度为 300，在引线下方输入“上”，结果如图 5-50 所示。

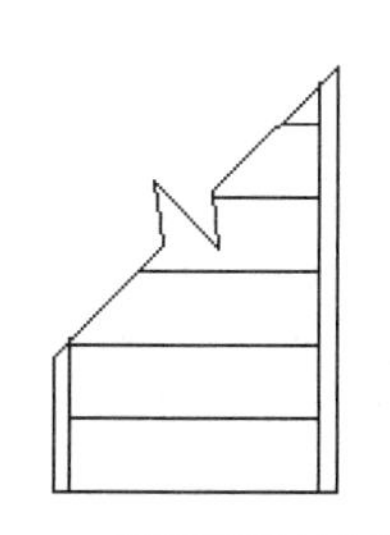

图 5-47 剖断线的绘制结果

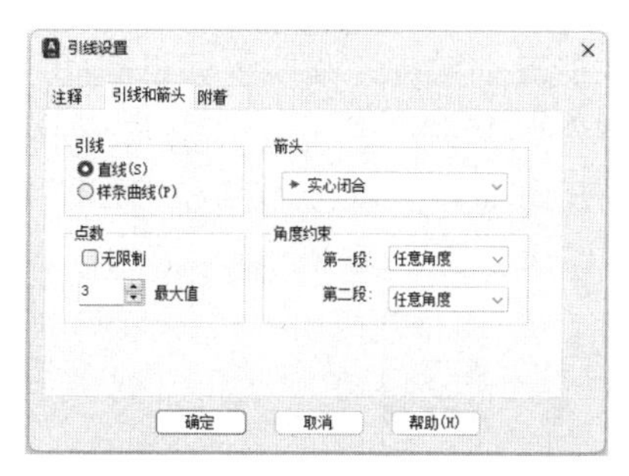


图 5-48 “引线设置”对话框的“引线和箭头”选项卡

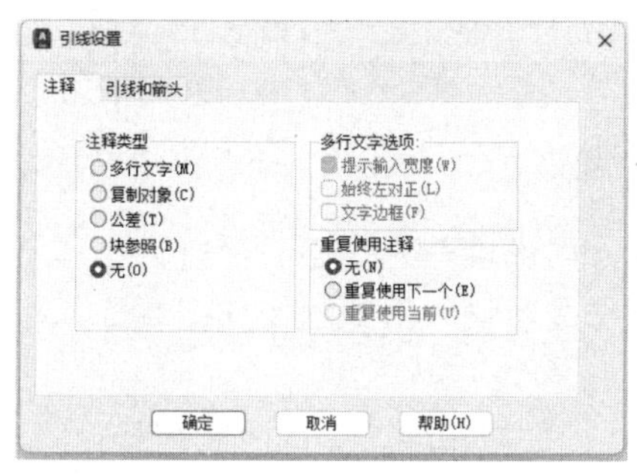


图 5-49 “引线设置”对话框的“注释”选项卡

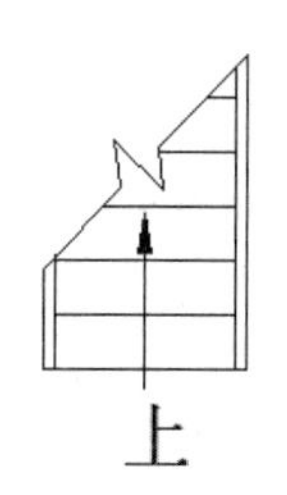


图 5-50 带箭头的引线的绘制和文字的标注结果

## 注意

别墅首层平面图中的楼梯是距地面 1m 以上位置，用一个假想的剖切平面，沿水平方向剖开（尽量剖切到楼梯间的门窗），向下进行投影得到的投影图。一般来说，楼梯是分层绘制的。在绘制楼梯时，按特点划分，可以将楼梯平面分为底层平面、标准层平面和顶层平面。

在楼梯平面中，各层被剖切到的楼梯，按国标规定，均以一根 45° 的折断线表示。在每个楼梯段处画一个长箭头，并标注文字“上”或“下”用于表示方向。

在楼梯的底层平面中，只有被剖切的楼梯段、栏杆，以及标注有文字“上”的长箭头。

2）绘制台阶

在别墅首层平面图中共有三处台阶，其中有室内台阶一处，室外台阶两处。下面以正门处的台阶为例，介绍台阶的绘制方法。正门处台阶的绘制结果如图 5-51 所示。

台阶的绘制方法与前面介绍的楼梯的绘制方法相似。因此，可以参考楼梯的绘制方法进行台阶的绘制。

微课

台阶的具体绘制方法如下。

（1）单击“默认”选项卡的“图层”面板中的“图层特性”按钮，弹出“图层特性管理器”对话框，在该对话框中创建新图层，将新图层命名为“台阶”，并将其设置为当前图层。

（2）单击“默认”选项卡的“绘图”面板中的“直线”按钮，以别墅正门中点为起点，绘制长度为 3600 的竖直直线，此直线为辅助直线；以辅助直线的上端点为中点，绘制长度为 1770 的水平直线，此直线为台阶的第一条踏步线。

（3）单击“默认”选项卡的“修改”面板中的“矩形阵列”按钮，设置行数为 4、列数为 1、行间距为-300、列间距为 0；在绘图区域中选择第一条踏步线作为阵列对象，完成第二～四条踏步线的绘制，结果如图 5-52 所示。

（4）单击“默认”选项卡的“绘图”面板中的“矩形”按钮，在踏步线两侧分别绘制尺寸为 340×1980 的矩形，作为两侧条石的平面。

（5）在命令行中输入“QLEADER”，在台阶踏步的中间绘制带箭头的引线，用于标示踏步方向，结果如图 5-53 所示。

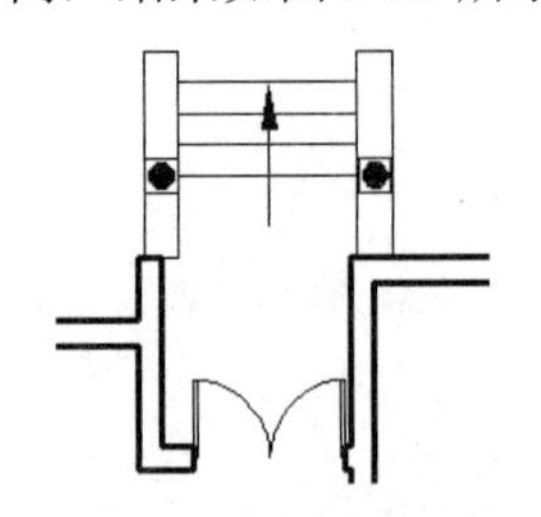

图 5-51　正门处台阶的绘制结果

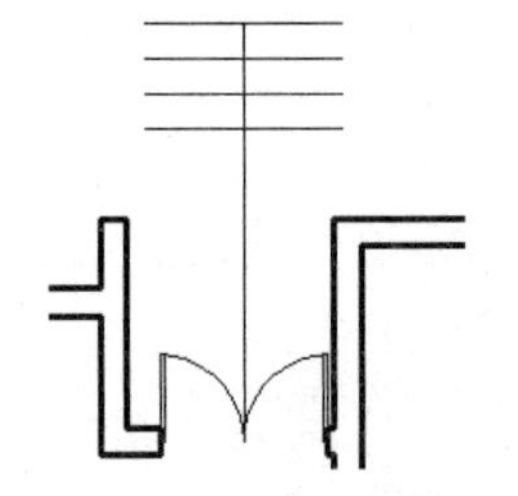

图 5-52　踏步线的绘制结果 2

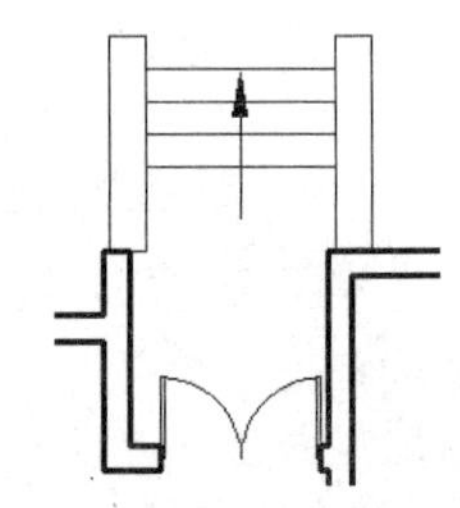

图 5-53　带箭头的引线的绘制结果

（6）两个室外台阶处均有立柱，其平面形状为圆，内部填充为实心，下方为方形基座。由于立柱的形状、大小基本相同，因此可以先将其制作成图块，再把制作的图块插入相应位置即可。立柱的具体绘制方法如下。

单击“默认”选项卡的“图层”面板中的“图层特性”按钮，弹出“图层特性管理器”对话框，在该对话框中创建新图层，将新图层命名为“立柱”，并将其设置为当前图层；单击“默认”选项卡的“绘图”面板中的“矩形”按钮，绘制边长为 340 的正方形基座；单击“默认”选项卡的“绘图”面板中的“圆”按钮，绘制直径为 240 的圆柱身平面；单击“默认”选项卡的“绘图”面板中的“图案填充”按钮，弹出“图案填充创建”选项卡，单击“图案填充图案”按钮，在弹出的下拉菜单中选择“SOLID”命令，如图 5-54 所示；单击“拾取点”按钮，在绘图区域中选择已绘制的圆柱身平面作为填充对象，结果如图 5-55 所示。

单击“默认”选项卡的“块”面板中的“创建”按钮，将如图 5-55 所示的图形定义为“立柱”图块；单击“默认”选项卡的“块”面板中的“插入”按钮，在弹出的下拉菜单中选择“最近使用的块”命令，打开“块”选项板，在“最近使用的块”列表中选择“立柱”图块，将已定义的“立柱”图块插入相应位置，完成正门处台阶的绘制。

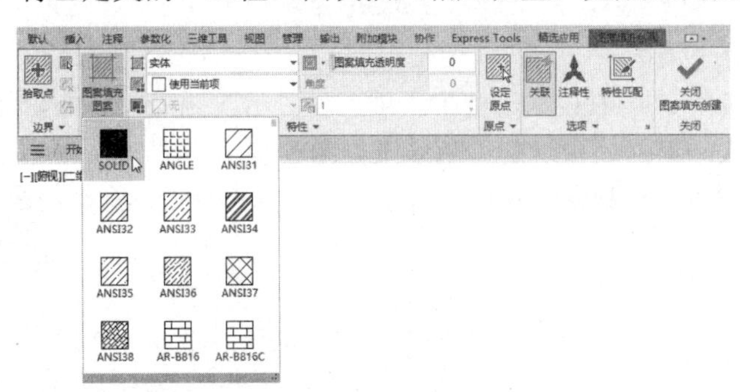


图 5-54 选择“SOLID”命令

图 5-55　立柱的绘制结果

### 7. 绘制家具

在建筑平面图中，通常要绘制室内家具，以增强视觉效果。别墅首层平面图中共有七种不同功能的房间，分别是客厅、工人房、厨房、餐厅、书房、卫生间和车库。不同功能的房间内布置的家具的种类和尺寸也有所不同，对于这些种类和尺寸不尽相同的室内家具，使用“直线”命令、“偏移”命令等简单的二维线条编辑工具一一绘制，不仅绘制过程烦琐，容易出错，而且浪费时间和精力。这里推荐借助图库完成室内家具的绘制。

微课

图库的使用方法在前面介绍门窗的绘制方法时曾提及。下面将以客厅家具和卫生间洁具的绘制为例，详细介绍图库的使用方法。

1）绘制客厅家具

客厅是主人会客和休闲娱乐的空间。因此，客厅中通常会有沙发、茶几、电视柜等家具。客厅家具的绘制结果如图 5-56 所示。

（1）在图层列表中选择“家具”图层，将其设置为当前图层。

（2）单击快速访问工具栏中的“打开”按钮，在弹出的如图 5-57 所示的“选择文件”对话框中选择“源文件\项目五\图库”选项，找到“CAD 图库.dwg”文件并将其打开。

（3）在图库的“沙发和茶几”栏中，选择“组合沙发—002P”图块，如图 5-58 所示。选择菜单栏中的“编辑”→“复制”命令。

（4）返回到别墅首层平面图的绘图区域中，选择菜单栏中的“编辑”→“粘贴为块”命令，将复制的“组合沙发—002P”图块插入客厅的相应位置。

（5）在图库的“灯具和电器”栏中，选择“电视柜 P”图块，如图 5-59 所示。将其复制并粘贴到别墅首层平面图中。单击“默认”选项卡的“修改”面板中的“旋转”按钮，使“电视柜 P”图块以自身中心点为基点旋转 90º，并将其插入客厅的相应位置。

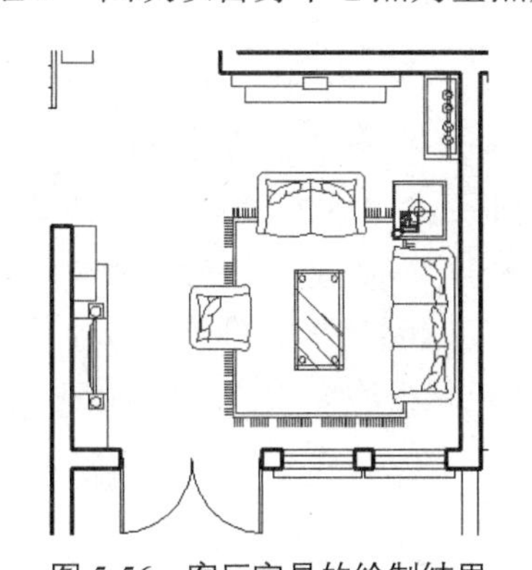

图 5-56 客厅家具的绘制结果

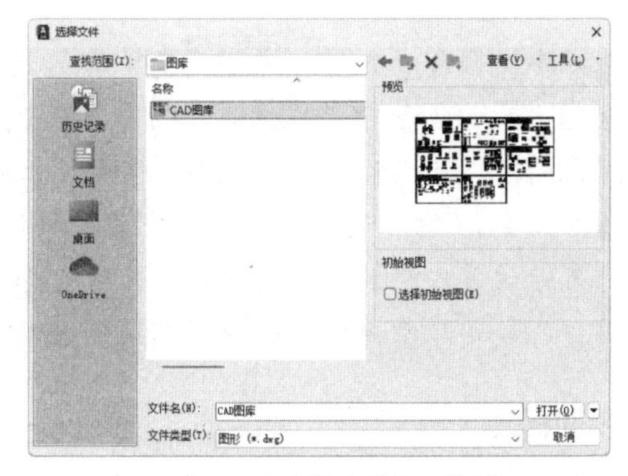


图 5-57 “选择文件”对话框

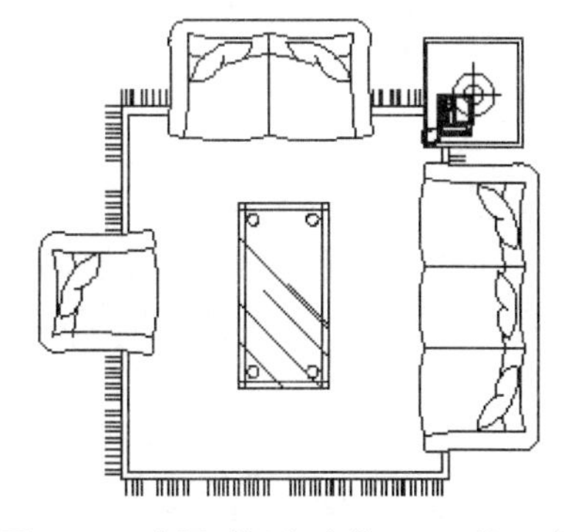

图 5-58 选择“组合沙发—002P”图块

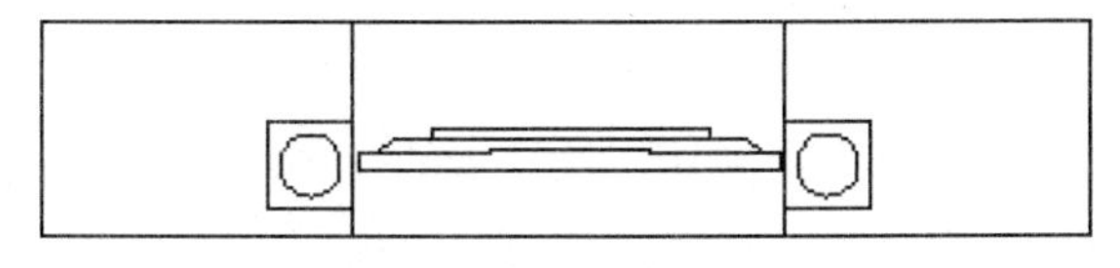

图 5-59 选择“电视柜 P”图块

（6）采用同样的方法，分别在图库中选择“电视墙 P”图块、“文化墙 P”图块、“柜子—01P”图块、“射灯组 P”图块进行复制，并在客厅内依次插入这些复制的图块，结果如图 5-56 所示。

2）绘制卫生间洁具

卫生间主要是供盥洗和沐浴的房间。因此，卫生间内应设有浴盆、马桶、洗手池和洗衣机等洁具。卫生间的绘制结果如图 5-60 所示。在安排上，卫生间的外间应设有洗手盆和洗衣机；内间应设有浴盆和马桶。卫生间洁具的绘制结果如图 5-61 所示。下面介绍卫生间洁具的绘制方法。

（1）在图层列表中选择“家具”图层，将其设置为当前图层。

（2）打开图库，在“洁具和厨具”栏中选择合适的图块，将这些图块复制到卫生间的相应位置。

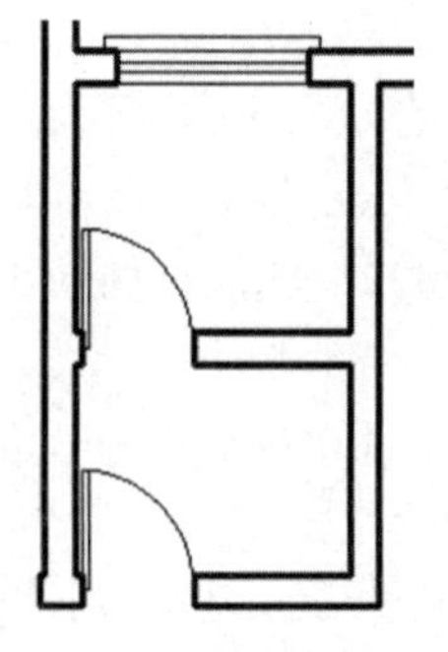

图 5-60　卫生间的绘制结果

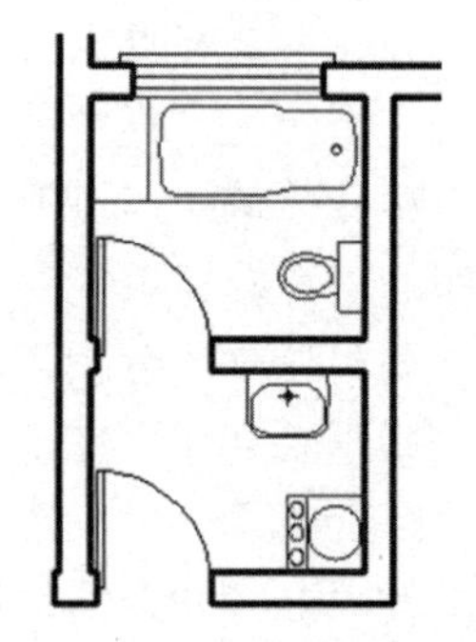

图 5-61　卫生间洁具的绘制结果

**注意**

在图库中，图块的名称经常很简要，除包括汉字外还经常包括英文字母或数字，通常来说，这些名称都是用来表明该家具的特性或尺寸的。例如，对于前面使用过的“组合沙发—002P”图块，其名称中的“组合沙发”表示家具的特性；“002”表示该家具是同类型家具中的第二个；“P”则表示这是该家具的平面图。例如，一个床图块的名称为“单人床 9×20”，表示该单人床的宽度为 900、长度为 2000。有了这些简单又明了的名称，用户就可以依据自己的实际需要快捷地选择有用的图块，而无须费神地辨认、测量了。

### 8. 平面标注

在别墅首层平面图中，标注主要包括四种，即轴号标注、标高标注、尺寸标注和文字标注。

下面将依次介绍这四种标注的具体方法。

1）轴号标注

对于形状较简单或对称的房屋，轴号一般被标注在房屋的下方及左侧。对于开关较复杂或不对称的房屋，也可以在房屋的上方或右侧标注轴号。对于别墅首层平面图，由于其形状不对称，因此需要在其上、下、左、右四个方向标注轴号。

轴号的具体标注方法如下。

（1）单击“默认”选项卡的“图层”面板中的“图层特性”按钮，弹出“图层特性管理器”对话框，选择“轴线”图层，使其保持可见，创建新图层，将新图层命名为“轴号”，并将其设置为当前图层。

（2）单击左侧的第一条纵轴线，将十字光标移动到纵轴线的下端点处单击，将夹持点激活（此时夹持点变成红色），向下移动十字光标，在命令行中输入“3000”，按 Enter 键，完成第一条轴线延长线的绘制。

微课

（3）单击“默认”选项卡的“绘图”面板中的“圆”按钮，以已绘制的轴线延长线的端点为圆心，绘制半径为350的圆；单击“默认”选项卡的“修改”面板中的“移动”按钮✥，将已绘制的圆向下移动350，结果如图5-62所示。

（4）重复上述步骤，完成其他轴线延长线及对应圆的绘制。

（5）单击“默认”选项卡的“注释”面板中的“多行文字”按钮A，设置文字字体为仿宋GB2312、文字高度为300，在每个轴线端点处的圆内输入相应的轴号，结果如图5-63所示。

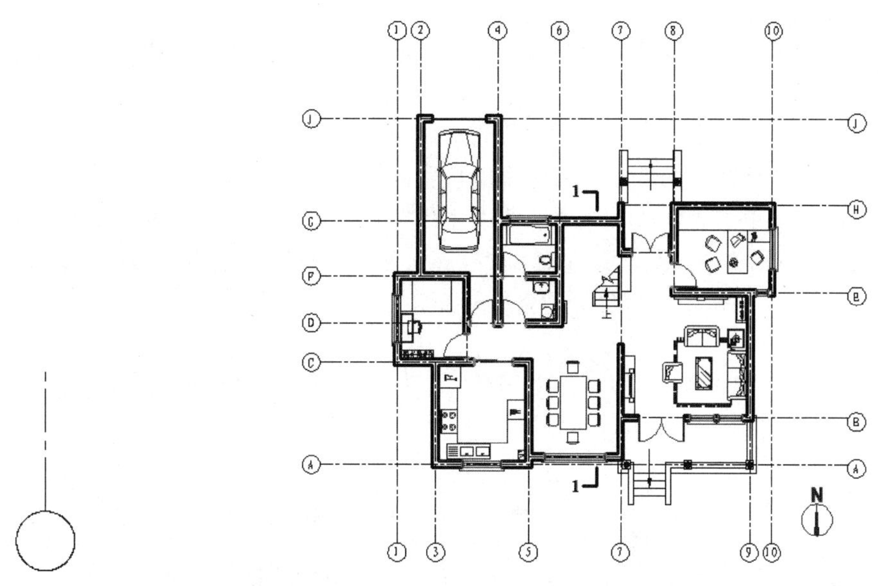


图5-62 第一条轴线延长线及对应圆的绘制结果

图5-63 轴号的绘制结果

**注意**

平面图中水平方向的轴号使用阿拉伯数字从左向右顺次编写；垂直方向的轴号使用大写英文字母自下而上顺次编写。字母I、O及Z不得用作轴号，以免与阿拉伯数字1、0及2混淆。

当两条相邻的轴线因间距较小而导致编号重叠时，可以使用“移动”命令将这两条相邻的轴线的编号分别向两侧移动少许距离。

2）标高标注

建筑中的某个部分与确定的基点的高度差被称为该部位的标高，通常用标高符号结合阿拉伯数字表示。建筑制图标准规定，标高符号应以直角等腰三角形表示。标高符号如图5-64所示。

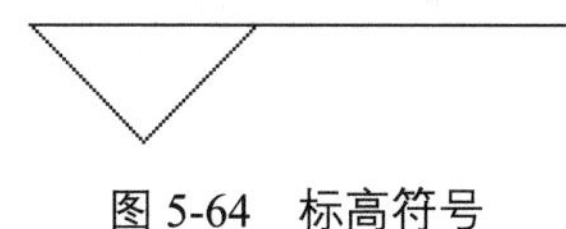

图5-64 标高符号

标高的具体标注方法如下。

（1）在图层列表中选择“标注”图层，将其设置为当前图层。

（2）单击“默认”选项卡的“绘图”面板中的“矩形”按钮▭，绘制边长为350的正方形。

（3）单击“默认”选项卡的“修改”面板中的“旋转”按钮，将正方形旋转 45°；单击“默认”选项卡的“绘图”面板中的“直线”按钮，将正方形的左、右两个端点连接起来，绘制水平方向的对角线。

（4）单击水平方向的对角线，将十字光标移动到正方形的右端点处单击，将夹持点激活（此时夹持点变成红色），向右移动十字光标，在命令行中输入“600”，按 Enter 键，完成绘制。

（5）单击“默认”选项卡的“块”面板中的“创建”按钮，将标高符号定义为图块。

（6）单击“默认”选项卡的“块”面板中的“插入”按钮，在弹出的下拉菜单中选择“最近使用的块”命令，打开“块”选项板，在“最近使用的块”列表中选择所需的图块，将所需的图块插入平面图中需要标高的位置。

（7）单击“默认”选项卡的“注释”面板中的“多行文字”按钮 A，设置文字字体为仿宋 GB2312、文字高度为 300，在标高符号的长直线上方添加具体的标注。

图 5-65 所示为台阶处的室外标高。

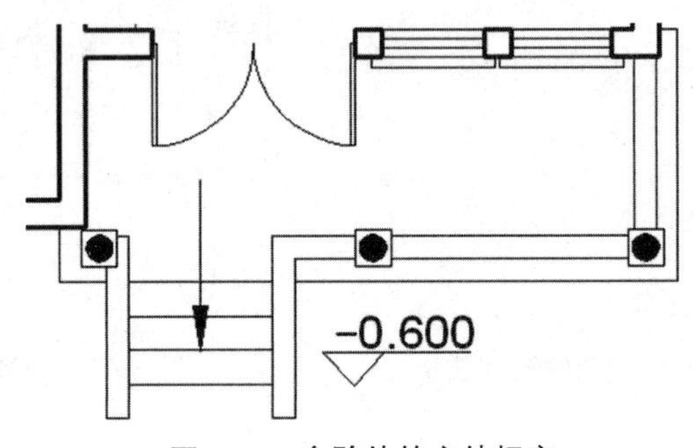


图 5-65　台阶处的室外标高

**注意**

一般来说，在平面图上绘制的标高反映的是相对标高，而不是绝对标高。绝对标高指的是以我国青岛市附近的黄海海平面为零点测定的高度。

在通常情况下，室内标高要高于室外标高，如房间标高要高于卫生间标高、阳台标高。绘图中常见的是将建筑首层室内地面的高度设置为零点，标作±0.000；低于此高度的建筑部位的标高为负值，在标高前加负号；高于此高度的建筑部位的标高为正值，在标高前不加任何符号。

3）尺寸标注

这里采用的尺寸标注有两条，一条标注的是各轴线之间的距离，另一条标注的是平面的总长度或总宽度。

尺寸的具体标注方法如下。

（1）在图层列表中选择“标注”图层，将其设置为当前图层。

（2）设置标注样式。

微课

① 单击“默认”选项卡的“注释”面板中的“标注样式”按钮，弹出如图 5-66 所示的“标注样式管理器”对话框，单击“新建”按钮，弹出“创建新标注样式”对话框，在“新样式名”文本框中输入“平面标注”，如图 5-67 所示。

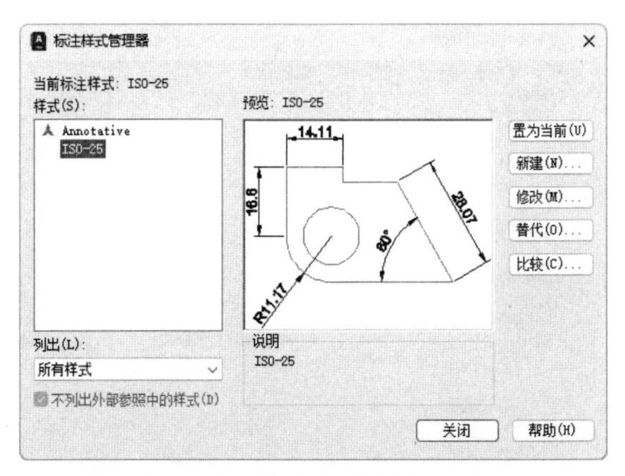


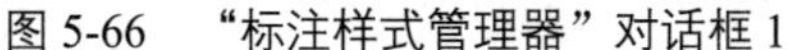

图 5-66 “标注样式管理器”对话框 1

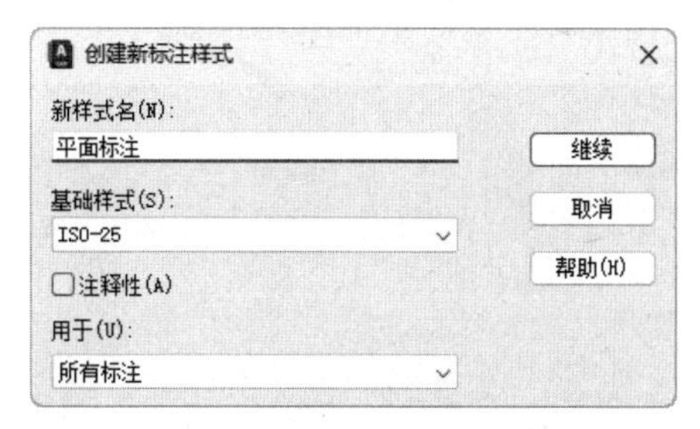


图 5-67 “创建新标注样式”对话框

② 单击“继续”按钮，弹出“新建标注样式：平面标注”对话框。

③ 在“符号和箭头”选项卡的“箭头”选项组的“第一个”下拉列表和“第二个”下拉列表中均选择“建筑标记”选项，在“引线”下拉列表中选择“实心闭合”选项，在“箭头大小”文本框中输入“100”，如图 5-68 所示。

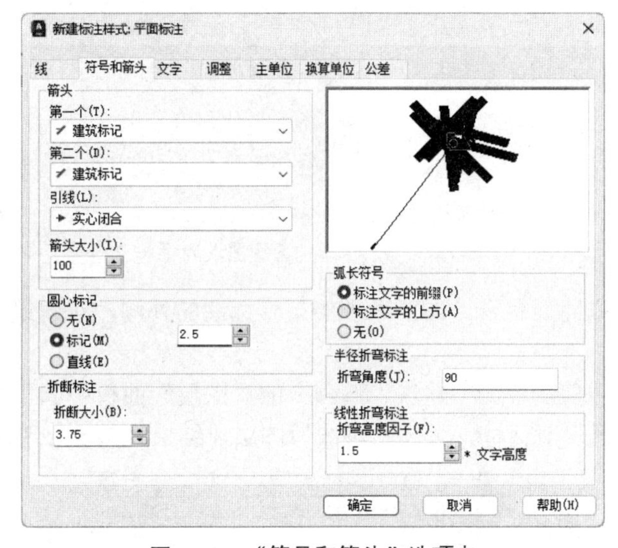


图 5-68 “符号和箭头”选项卡

④ 在“文字”选项卡的“文字外观”选项组的“文字高度”文本框中输入“300”，在“文字位置”选项组的“从尺寸线偏移”文本框中输入“100”，如图 5-69 所示。

⑤ 在“主单位”选项卡的“线性标注”选项组的“单位格式”下拉列表中选择“小数”选项，在“精度”下拉列表中选择“0”选项，如图 5-70 所示。

⑥ 单击“确定”按钮，返回到“标注样式管理器”对话框，在“样式”列表框中选择“平面标注”选项，先单击“置为当前”按钮，再单击“关闭”按钮，如图 5-71 所示。至此，完成标注样式的设置。

（3）单击“默认”选项卡的“注释”面板中的“线性”按钮，并单击“注释”选项卡的“标注”面板中的“连续”按钮，标注相邻的两条轴线的距离。

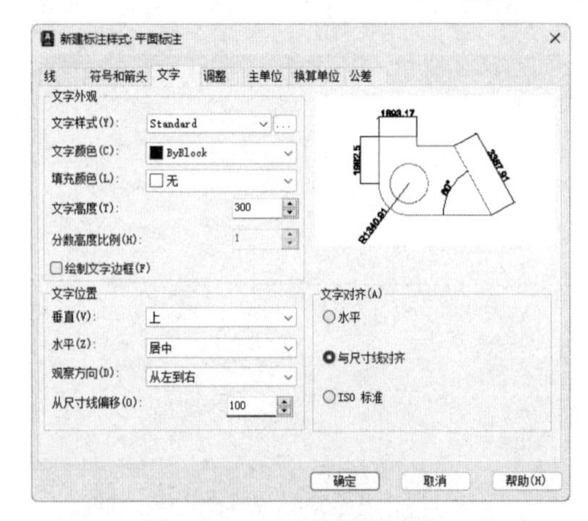


图 5-69 “文字”选项卡

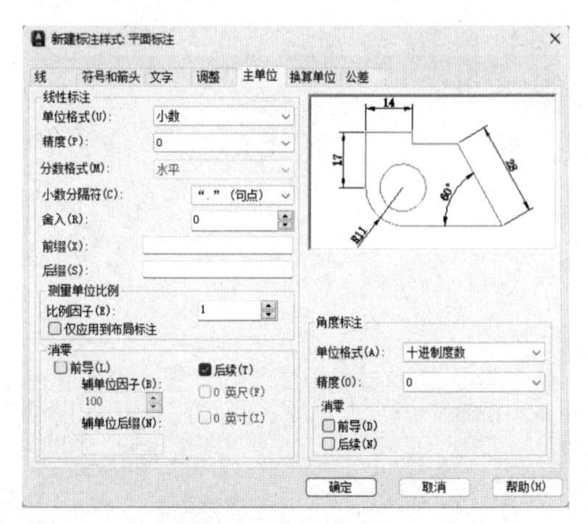


图 5-70 “主单位”选项卡

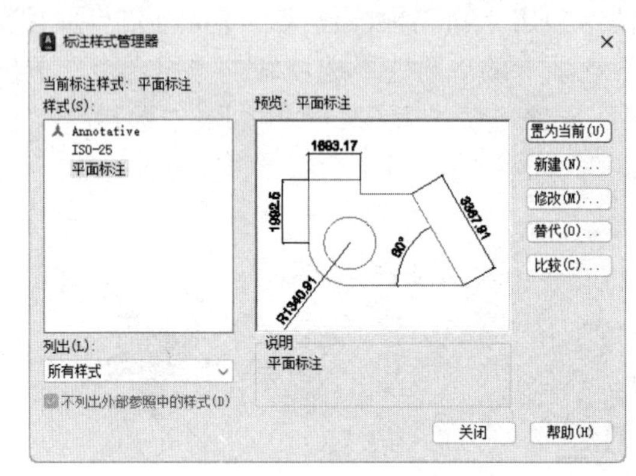


图 5-71 “标注样式管理器”对话框 2

（4）重复使用“线性”命令，在已添加的尺寸标注的外侧，对建筑平面横向和纵向的总长度进行尺寸标注。

（5）完成尺寸标注后，单击“默认”选项卡的“图层”面板中的“图层特性”按钮，弹出“图层特性管理器”对话框，关闭“轴线”图层，结果如图 5-72 所示。

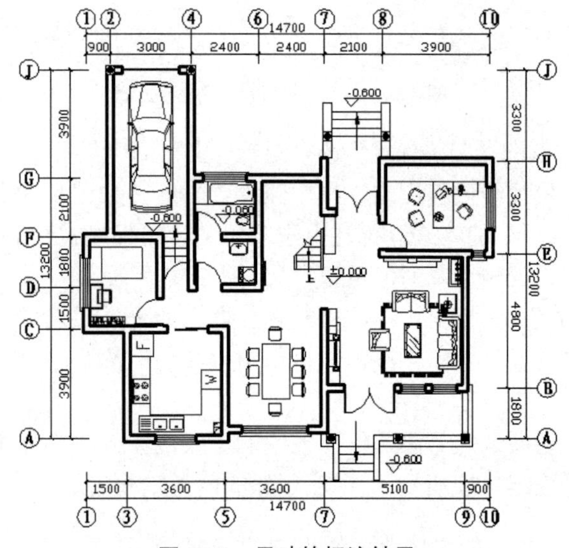


图 5-72 尺寸的标注结果

4）文字标注

别墅首层平面图中各房间的功能可以用文字进行标注。下面以别墅首层平面图中的厨房为例，介绍文字的具体标注方法。

（1）在图层列表中选择“文字”图层，将其设置为当前图层。

（2）单击“默认”选项卡的“注释”面板中的“多行文字”按钮A，指定文字插入位置后，弹出“文字编辑器”选项卡，如图 5-73 所示；在“文字编辑器”选项卡中设置文字样式为 Standard、文字字体为仿宋 GB2312、文字高度为 300。

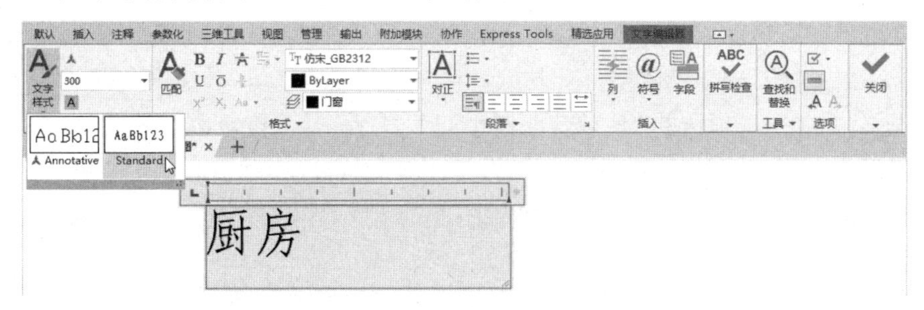


图 5-73　“文字编辑器”选项卡

（3）输入“厨房”，并通过拖动“宽度控制”滑块来调整宽度，单击“确定”按钮，完成该处的文字标注。

文字的标注结果如图 5-74 所示。

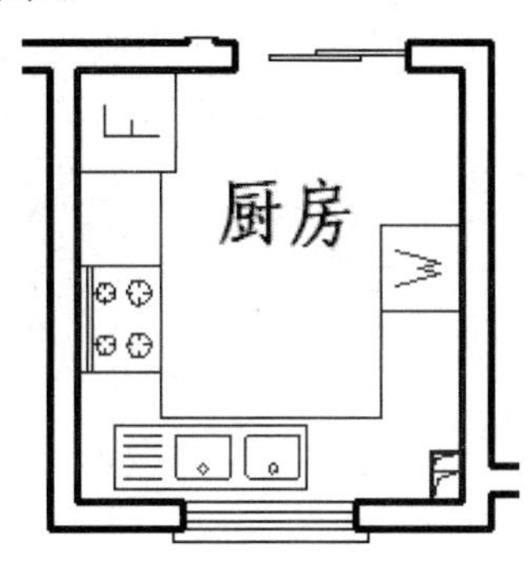


图 5-74　文字的标注结果

### 9. 绘制指北针和剖切符号

在别墅首层平面图中应绘制指北针以标明建筑方位。若需要绘制别墅的剖面图，则应在别墅首层平面图中绘制剖切符号以标明剖切位置。

微课

别墅首层平面图中指北针和剖切符号的具体绘制方法如下。

1）绘制指北针

（1）单击“默认”选项卡的“图层”面板中的“图层特性”按钮，弹出“图层特性管理器”对话框，在该对话框中创建新图层，将新图层命名为“指北针与剖切符号”，并将其设置为当前图层。

（2）单击“默认”选项卡的“绘图”面板中的“圆”按钮，绘制直径为 1200 的圆。

（3）单击“默认”选项卡的“绘图”面板中的“直线”按钮，绘制圆的竖直方向的直径作为辅助线。

（4）单击“默认”选项卡的“修改”面板中的“偏移”按钮，将辅助线向左、右两侧各偏移 75。

（5）单击“默认”选项卡的“绘图”面板中的“直线”按钮，将两条偏移线与圆的下方交点和辅助线的上端点连接起来；单击“默认”选项卡的“修改”面板中的“删除”按钮，删除三条辅助线（原有辅助线及两条偏移线），得到等腰三角形，结果如图 5-75 所示。

（6）单击“默认”选项卡的“绘图”面板中的“图案填充”按钮，弹出“图案填充创建”选项卡，单击“图案填充图案”按钮，在弹出的下拉菜单中选择“SOLID”命令，对刚刚绘制的等腰三角形进行填充。

（7）单击“默认”选项卡的“图层”面板中的“图层特性”按钮，弹出“图层特性管理器”对话框，选择“文字”图层，使其保持可见。

（8）单击“默认”选项卡的“注释”面板中的“多行文字”按钮 A，设置文字高度为 500，在等腰三角形上方顶点的正上方书写大写的英文字母“N”，用于标示正北方向。至此，完成别墅首层平面图中指北针的绘制，结果如图 5-76 所示。

2）绘制剖切符号

（1）单击“默认”选项卡的“绘图”面板中的“直线”按钮，绘制剖面图的定位线，并使该定位线两端伸出被剖切外墙面的距离均为 1000。剖面图定位线的绘制结果如图 5-77 所示。

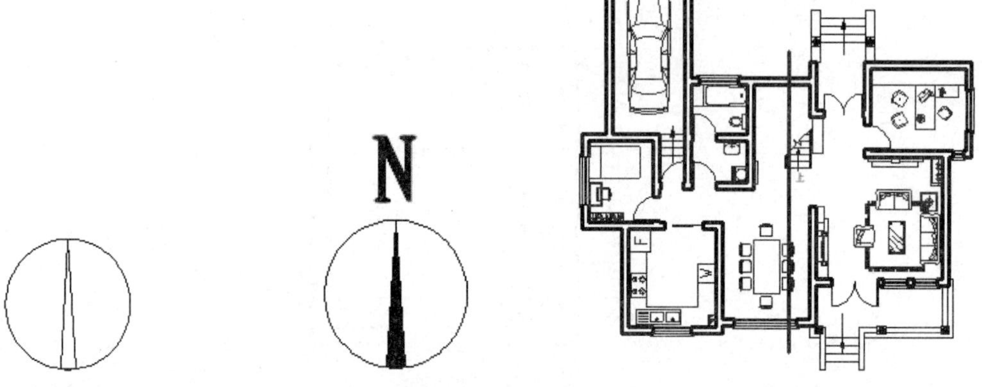


图 5-75　等腰三角形的绘制结果　图 5-76　指北针的绘制结果　图 5-77　剖面图定位线的绘制结果

（2）单击“默认”选项卡的“绘图”面板中的“直线”按钮，分别以定位线的两个端点为起点，向剖面图投影方向绘制长度为 500 剖视方向线。

（3）单击“默认”选项卡的“绘图”面板中的“圆”按钮，分别以定位线的两个端点为圆心，绘制两个半径为 700 的圆。

（4）单击“默认”选项卡的“修改”面板中的“修剪”按钮，修剪两个圆之间的投影线，绘制完成后，删除两个圆，得到两条剖切位置线。

（5）将剖切位置线和剖视方向线的宽度都设置为 0.3。

（6）单击“默认”选项卡的“注释”面板中的“多行文字”按钮 A，设置文字高度为 300，在别墅首层平面图两侧剖视方向线的端点处书写剖切符号的编号为 1。至此，完成别墅首层平面图中剖切符号的绘制，结果如图 5-78 所示。

使用上述方法完成别墅二层平面图的绘制，结果如图 5-79 所示。

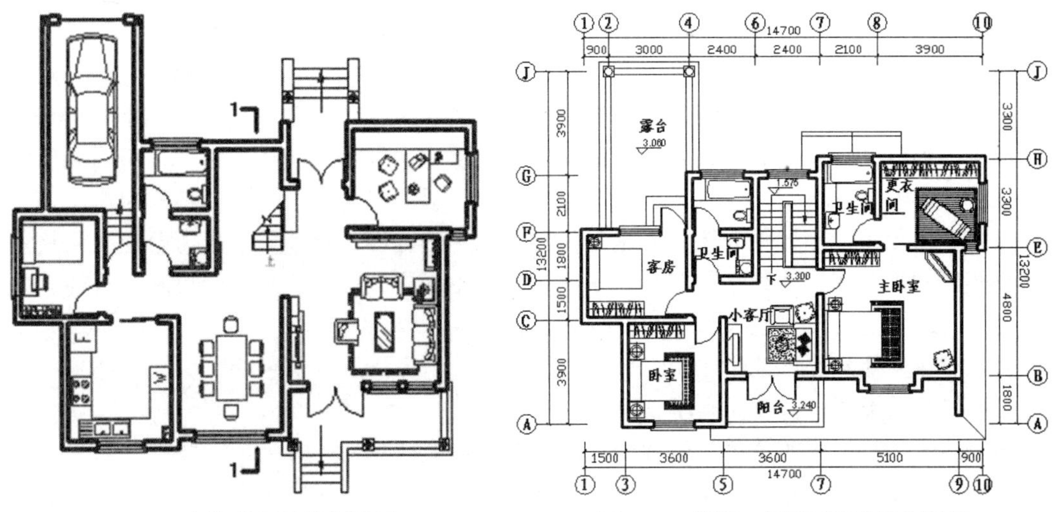


图 5-78 剖切符号的绘制结果 图 5-79 别墅二层平面图的绘制结果

使用上述方法完成别墅屋顶平面图的绘制，结果如图 5-80 所示。

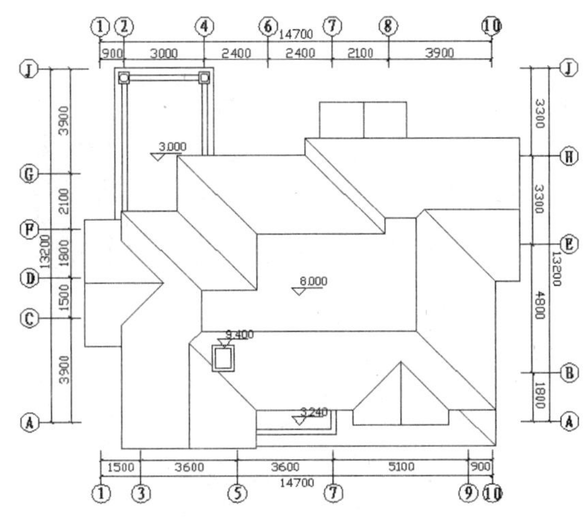


图 5-80 别墅屋顶平面图的绘制结果

## 注意

剖切符号应由剖切位置线及剖视方向线组成，均应以粗实线绘制。剖视方向线应垂直于剖切位置线，其长度应短于剖切位置线，在绘图时，剖切符号不宜与图幅上的图线接触。

剖切符号的编号宜采用阿拉伯数字，按顺序由左至右、由下至上连续编排，并应被注写在剖视方向线的一端。

## 知识点详解

本任务以绘制别墅首层平面图为例，详细介绍了绘制别墅首层平面图的方法。从总体上来说，绘制别墅首层平面图的内容丰富，是绘制别墅各层平面图的基础。因此，绘图者应认真、准确、清晰地绘制好别墅首层平面图，千万不可在绘制刚开始就出现丢三落四、草草了事或尺寸搭接不准确等情况，否则，后面在绘制别墅各层平面图，乃至立面图、剖面图及进行立体建模时将会苦不堪言。

在具体绘图时，初学者往往会对密密麻麻的图形望而兴叹，甚至产生厌恶感。其实，只要把握住由粗到细、由总体到局部的过程，分类、分项地绘制，具体的绘图将变得十分容易。对于一些无法确定尺寸或无法定位的图形，可以借助辅助线来完成，不要总想着一步到位。

本书一再强调图层的划分和管理，该环节非常重要。因为图层处理好了，可以为后面的许多设计、绘图工作带来方便。

建筑平面图（除顶棚平面图外）是用假想的水平剖面图，在建筑各层窗台上方将整幢房屋剖开得到的剖面图。建筑平面图是表达建筑的基本图样之一，主要用于反映建筑的平面布局情况。在通常情况下，建筑平面图应能够表达以下内容。

（1）墙（或柱）的位置和尺度。

（2）门窗的类型、位置和尺度。

（3）其他细节部位（楼梯、家具和各种卫生设备等）的配置情况与位置。

（4）室外台阶、花池等建筑的大小和位置。

（5）建筑及其各部分的平面尺寸标注。

（6）各层地面的标高。在通常情况下，首层平面图的室内地坪标高为±0.000。

（7）文字标注，如材料名称、构件名称、构造方法、统计表及图名等。文字标注是图纸内容的重要组成部分，制图规范对文字标注中的字体、字号等有一些具体的规定。

① 一般原则：字体应端正，排列整齐，清晰准确，美观大方，避免文字标注过于个性化。

② 字体：一般标注文字的字体推荐采用仿宋；标题的字体推荐采用楷体、隶书、黑体等；字母、数字及符号推荐采用新罗马字体，也可以采用仿宋、黑体等常用字体，示例如下。

仿宋：室内设计（小四）室内设计（四号）室内设计（二号）

黑体：室内设计（四号）室内设计（小二）

楷体：室内设计（四号）室内设计（二号）

隶书：室内设计（三号）室内设计（一号）

字母、数字及符号：01234abcd%@（五号）或01234abcd%@（二号）

③ 字号：标注的文字高度要适中，同一类型的文字应采用同样的大小，较大的文字用于较概括地说明内容，较小的文字用于较细致地说明内容。

④ 字体及字号的搭配应注意体现层次感。

## 任务二　绘制客厅平面图

### 任务背景

本任务绘制的客厅平面图主要是对绘制完成的客厅进行后期的装饰设计后的图样。客厅平面图主要用于反映客厅的大小、布置、装饰材料、门窗类型和位置等。

本任务将绘制客厅平面图，其主要绘制思路为，首先使用已绘制的别墅首层平面图生成客厅平面图轮廓，其次在客厅平面图轮廓中添加各种家具图形，最后对已绘制的客厅平面图进行尺寸标注，如有必要，还要添加方向索引符号进行方向标识。客厅平面图的绘制结果如图 5-81 所示。

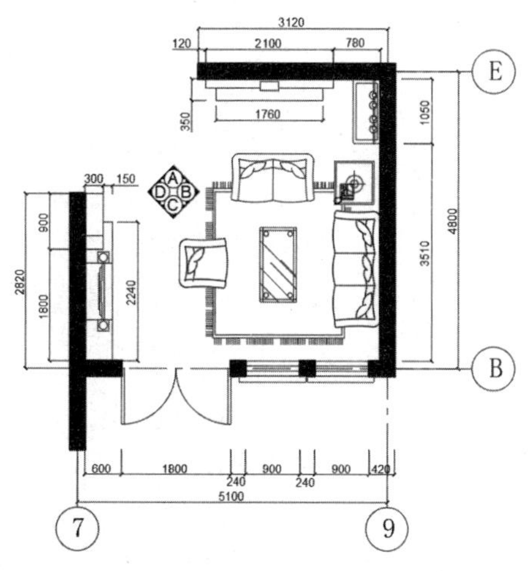


图 5-81　客厅平面图的绘制结果

## 操作步骤

微课

### 1. 设置绘图环境

1）创建图形文件

由于本章绘制的客厅平面图是别墅首层平面图的一部分，因此不必使用 AutoCAD 2024 中的“新建”命令来创建新的图形文件，可以使用已绘制的别墅首层平面图直接进行创建。

具体方法为：打开“别墅首层平面图.dwg”文件，选择菜单栏中的“文件”→“另存为”命令，打开如图 5-82 所示的“图形另存为”对话框，在“文件名”文本框中输入“客厅平面图”，单击“保存”按钮。

2）清理图形元素

（1）单击“默认”选项卡的“修改”面板中的“删除”按钮，删除客厅平面图中多余的图形元素，仅保留客厅四周的墙线及门窗。

（2）单击“默认”选项卡的“绘图”面板中的“图案填充”按钮，弹出“图案填充创建”选项卡，单击“图案填充图案”按钮，在弹出的下拉菜单中选择“SOLID”命令，填充客厅墙体，结果如图 5-83 所示。

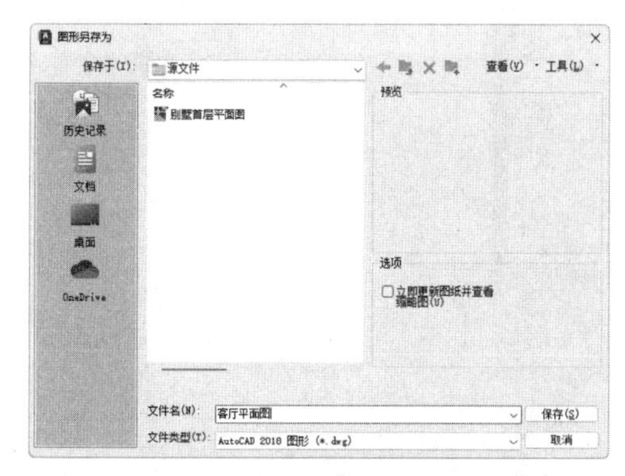


图 5-82　“图形另存为”对话框

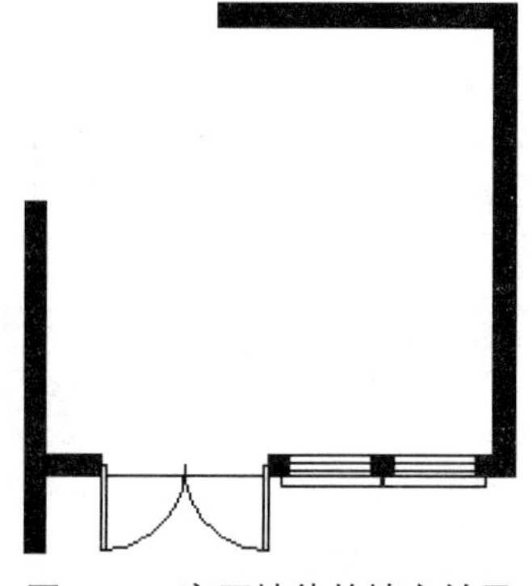

图 5-83　客厅墙体的填充结果

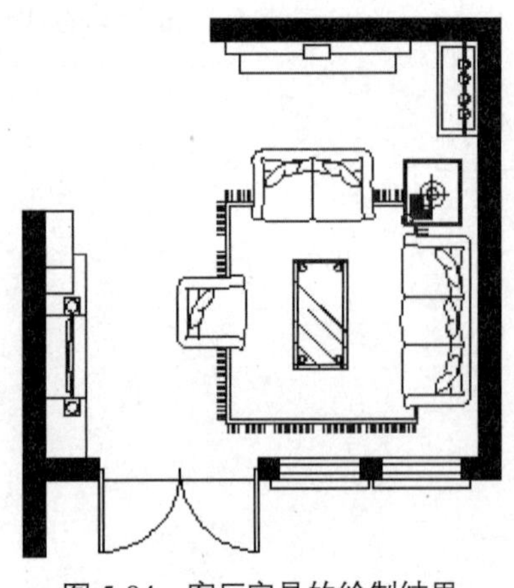

图 5-84 客厅家具的绘制结果

2. 绘制家具

客厅中应设置的家具有沙发、茶几、电视柜等。除此之外，客厅中还可以设计和摆放一些可以体现主人品位和兴趣爱好的室内装饰物。客厅家具的绘制结果如图 5-84 所示。

客厅家具的绘制方法在前面章节中已介绍，尤其在介绍别墅首层平面图中家具的绘制方法时，客厅是作为典型范例来进行说明的，这里不再重复介绍。学生可以参照前面章节中已介绍的内容自行绘制。

3. 平面标注

微课

1）轴线标识

单击“默认”选项卡的“图层”面板中的“图层特性”按钮，弹出“图层特性管理器”对话框，选择“轴线”图层和“轴号”图层，并将它们显示出来，除保留客厅相关轴线与轴号外，删除所有多余的轴线和轴号。

2）尺寸标注

（1）在图层列表中选择“标注”图层，将其设置为当前图层。

（2）单击“默认”选项卡的“注释”面板中的“标注样式”按钮，弹出“标注样式管理器”对话框，单击“新建”按钮，弹出“创建新标注样式”对话框，在“新样式名”文本框中输入“室内标注”。

单击“继续”按钮，弹出“新建标注样式：室内标注”对话框。

在“符号和箭头”选项卡的“箭头”选项组的“第一个”下拉列表和“第二个”下拉列表中均选择“建筑标记”选项，在“引线”下拉列表中选择“点”选项，在“箭头大小”文本框中输入“50”。在“文字”选项卡的“文字外观”选项组的“文字高度”文本框中输入“150”。

完成设置后，将新建的“室内标注”设置为当前标注样式。

（3）单击“默认”选项卡的“注释”面板中的“线性”按钮，对客厅中墙体的尺寸、门窗的位置和主要家具的尺寸进行标注。

尺寸的标注结果如图 5-85 所示。

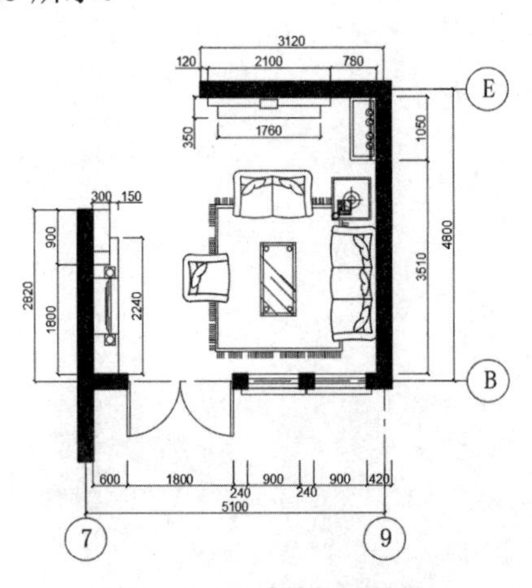


图 5-85 尺寸的标注结果

3）方向标识

微课

在绘制室内设计图纸时，为了统一室内方向标识，通常要添加方向索引符号。方向索引符号的具体绘制方法如下。

（1）在图层列表中选择“标注”图层，将其设置为当前图层。

（2）单击“默认”选项卡的“绘图”面板中的“矩形”按钮，绘制边长为 300 的正方形；单击“默认”选项卡的“绘图”面板中的“直线”按钮，绘制正方形的对角线；单击“默认”选项卡的“修改”面板中的“旋转”按钮，将已绘制的正方形旋转 45°。

（3）单击“默认”选项卡的“绘图”面板中的“圆”按钮，以正方形的对角线的交点为圆心，绘制半径为 150 的圆，要求该圆与正方形内切。

（4）单击“默认”选项卡的“修改”面板中的“分解”按钮，对正方形进行分解，并删除正方形下半部分的两条边和竖直方向的对角线，剩余图形为等腰直角三角形与圆。使用“修剪”命令，结合已知圆，修剪正方形水平方向的对角线。

（5）单击“默认”选项卡的“绘图”面板中的“图案填充”按钮，弹出“图案填充创建”选项卡，单击“图案填充图案”按钮，在弹出的下拉菜单中选择“SOLID”命令，对等腰直角三角形中未与圆重叠的部分进行填充。方向索引符号的绘制结果如图 5-86 所示。

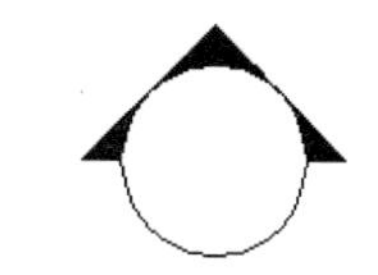
图 5-86 方向索引符号的绘制结果

（6）单击“默认”选项卡的“块”面板中的“创建”按钮，将已绘制的方向索引符号定义为图块，并命名为“室内索引符号”。

（7）单击“默认”选项卡的“块”面板中的“插入”按钮，在弹出的下拉菜单中选择“最近使用的块”命令，打开“块”选项板，插入方向索引符号，并根据需要调整方向索引符号的角度。

（8）单击“默认”选项卡的“注释”面板中的“多行文字”按钮 A，在方向索引符号内添加字母或数字进行标识，结果如图 5-81 所示。

## 知识点详解

在建筑中，一个特定的室内空间领域总存在竖向分隔（隔断或墙体）。因此，根据具体情况，就存在通过绘制一个或多个立面图来表达竖向分隔（隔断或墙体）的设计情况。内视符号被标注在平面图中，包含视点位置、方向和编号，用于建立平面图和立面图之间的联系。内视符号的形式如图 5-87 所示。其中，立面图编号可以用英文字母或阿拉伯数字表示，黑色箭头指向表示立面的方向。图 5-88（a）所示为单向内视符号，图 5-87（b）所示为双向内视符号，图 5-87（c）所示为四向内视符号，顺时针标注 A、B、C、D。

（a）单向内视符号

（b）双向内视符号

（c）四向内视符号

图 5-87 内视符号的形式

室内设计图的常用符号及其说明如表 5-1 所示。

表 5-1　室内设计图的常用符号及其说明

| 符　　号 | 说　　明 | 符　　号 | 说　　明 |
|---|---|---|---|
| 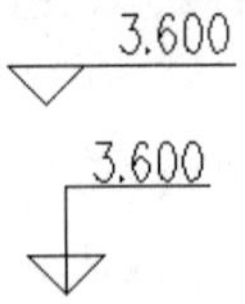 3.600 3.600 | 标高符号，线上数字为标高，单位为 m，下面一种符号在标注位置比较拥挤时采用 | 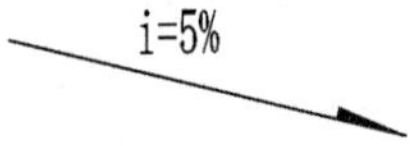 i=5% | 坡度 |
| 1 1 | 剖切符号，标注数字的方向为投影方向，1 与剖面图的编号 1-1 对应 | 2 2 | 绘制断面图的位置，标注数字的方向为投影方向，2 与断面图的编号 2-2 对应 |
|   | 对称符号。在对称图形的中轴位置绘制此符号，可以不用绘制另一半图形 |   | 指北针 |
| 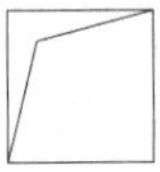  | 楼板开方孔 |   | 楼板开圆孔 |
| @ | 重复出现的固定间隔，如“双向木格栅@500” | $\phi$ | 直径，如 $\phi$30 |
|  平面图 1:100 | 图名及比例 | 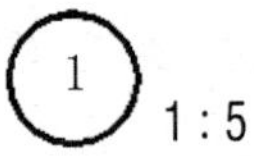 1 1:5 | 索引详图名及比例 |
| 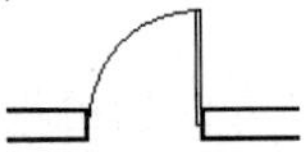  | 单扇平开门 | 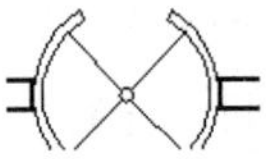  | 旋转门 |
|   | 双扇平开门 | 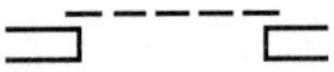  | 卷帘门 |
|   | 子母门 |   | 单扇推拉门 |
| 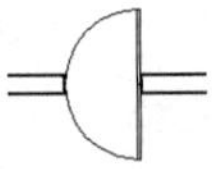  | 单扇弹簧门 |   | 双扇推拉门 |
|   | 四扇推拉门 | 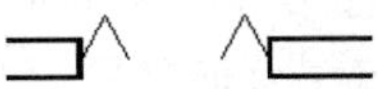  | 折叠门 |
| 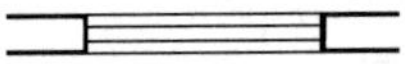  | 窗 | 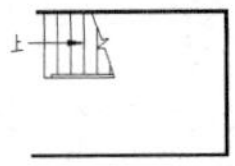 上 | 首层楼梯 |
| 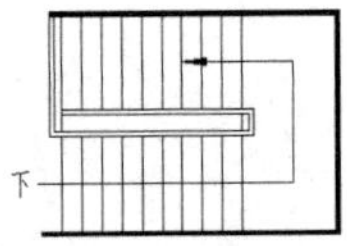 下 | 顶层楼梯 | 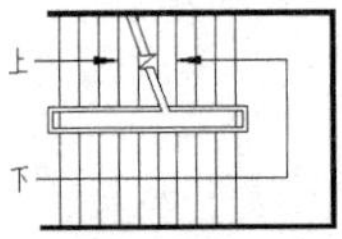 上 下 | 中间层楼梯 |

# 任务三 绘制别墅首层顶棚平面图

## 任务背景

本任务绘制的别墅首层顶棚平面图是表达别墅首层各房间顶棚的材料、装修做法，以及灯具的布置情况的图样。由于各房间的使用功能不同，顶棚的材料和装修做法均有各自不同的特点，常常需要选用不同的填充图案结合文字加以说明。因此，如何使用引线和“多行文字”命令标注文字，仍是绘制的重点。

别墅首层顶棚平面图的主要绘制思路为，首先清理别墅首层平面图，留下墙体轮廓，并在各门窗洞的位置绘制投影线，其次绘制吊顶并根据各房间选用的照明方式绘制灯具，最后进行平面标注。下面按这个思路绘制别墅首层顶棚平面图。别墅首层顶棚平面图的绘制结果如图 5-88 所示。

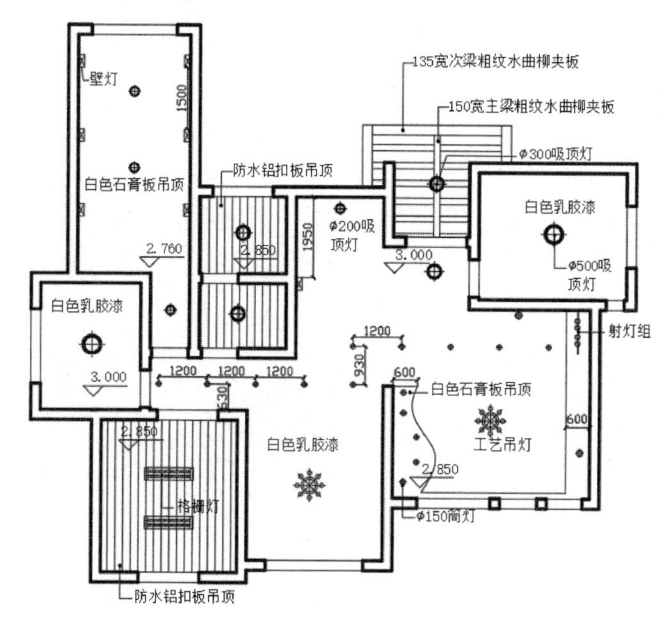


图 5-88 别墅首层顶棚平面图的绘制结果

## 操作步骤

### 1. 设置绘图环境

1）创建图形文件

打开“别墅首层平面图.dwg”文件，选择菜单栏中的“文件”→“另存为”命令，打开如图 5-89 所示的“图形另存为”对话框，在“文件名”文本框中输入“别墅首层顶棚平面图”，单击“保存”按钮。

2）清理图形元素

（1）单击“默认”选项卡的“图层”面板中的“图层特性”按钮，弹出“图层特性管理器”对话框，关闭“轴线”图层、“轴号”图层和“标注”图层。

（2）单击“默认”选项卡的“修改”面板中的“删除”按钮，删除别墅首层平面图中的所有家具、门窗及文字。

（3）选择菜单栏中的“文件”→“图形实用工具”→“清理”命令，清理无用的图层和其他图形元素。清理后的平面图如图 5-90 所示。

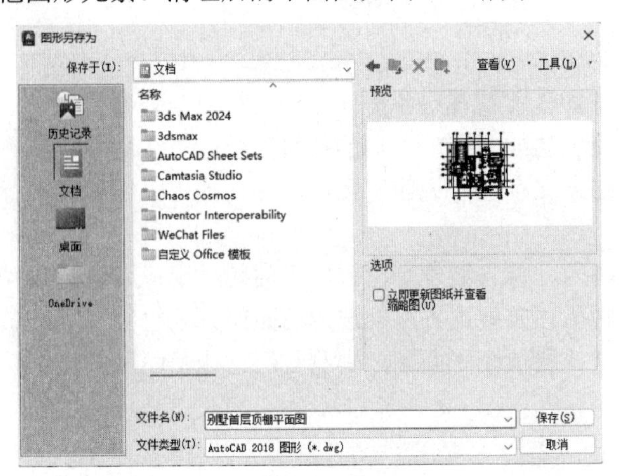


图 5-89 “图形另存为”对话框

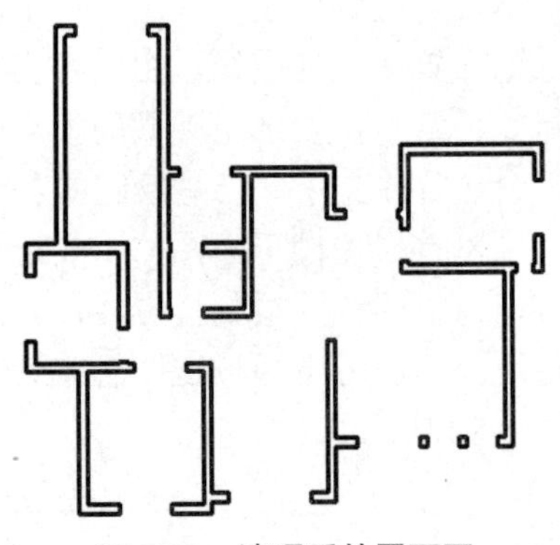

图 5-90 清理后的平面图

## 2. 绘制平面轮廓

微课

1）绘制门窗的投影线

（1）在图层列表中选择“门窗”图层，将其设置为当前图层。

（2）单击“默认”选项卡的“绘图”面板中的“直线”按钮，在门窗洞的位置绘制投影线。

2）绘制入口雨篷的轮廓

（1）单击“默认”选项卡的“图层”面板中的“图层特性”按钮，弹出“图层特性管理器”对话框，在该对话框中创建新图层，将新图层命名为“雨篷”，并将其设置为当前图层。

（2）单击“默认”选项卡的“绘图”面板中的“直线”按钮，以正门外侧投影线的中点为起点向上绘制长度为 2700 的雨篷的中心线；以中心线的上端点为中点，绘制长度为 3660 的水平直线。

（3）单击“默认”选项卡的“修改”面板中的“偏移”按钮，将顶棚的中心线向两侧各偏移 1830，得到顶棚两侧的边。重复使用“偏移”命令，将所有边均向内偏移 240，得到入口雨篷的轮廓，结果如图 5-91 所示。

平面轮廓的绘制结果如图 5-92 所示。

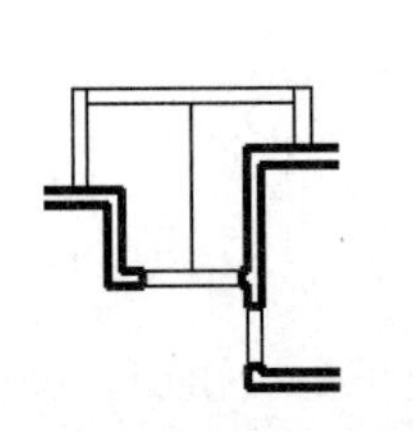

图 5-91 入口雨篷轮廓的绘制结果

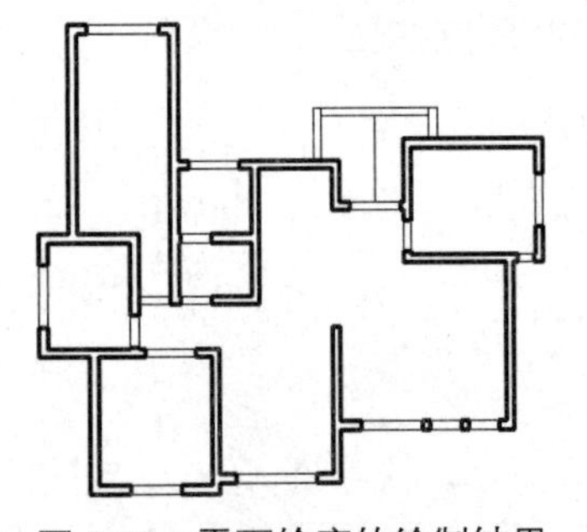

图 5-92 平面轮廓的绘制结果

### 3. 绘制吊顶

在别墅首层平面图中，卫生间和厨房出于防水或防油烟的需要，要安装防水铝扣板吊顶；客厅上方出于美观大方且为各种装饰性灯具的设置和安装提供方便的需要，要安装白色石膏板吊顶。下面分别介绍卫生间吊顶、厨房吊顶、客厅吊顶的绘制方法。

微课

1）绘制卫生间吊顶

（1）单击“默认”选项卡的“图层”面板中的“图层特性”按钮，弹出“图层特性管理器”对话框，在该对话框中创建新图层，将新图层命名为“吊顶”，并将其设置为当前图层。

（2）单击“默认”选项卡的“绘图”面板中的“图案填充”按钮，弹出“图案填充创建”选项卡，单击“图案填充图案”按钮，在弹出的下拉菜单中选择“LINE”命令，并设置图案填充角度为90°、比例为60。

在绘图区域中选择卫生间顶棚作为填充对象，进行图案填充。卫生间吊顶的绘制结果如图5-93所示。

2）绘制厨房吊顶

（1）在图层列表中选择“吊顶”图层，将其设置为当前图层。

（2）单击“默认”选项卡的“绘图”面板中的“图案填充”按钮，弹出“图案填充创建”选项卡，单击“图案填充图案”按钮，在弹出的下拉菜单中选择“LINE”命令，并设置图案填充角度为90°、比例为60。

在绘图区域中选择厨房顶棚作为填充对象，进行图案填充。厨房吊顶的绘制结果如图5-94所示。

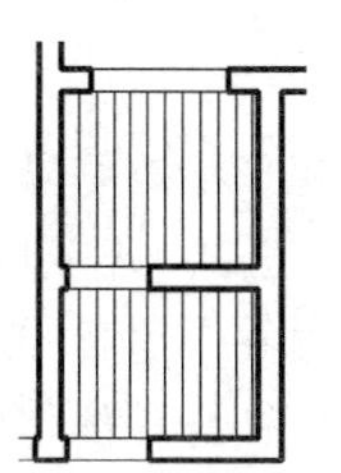

图5-93 卫生间吊顶的绘制结果

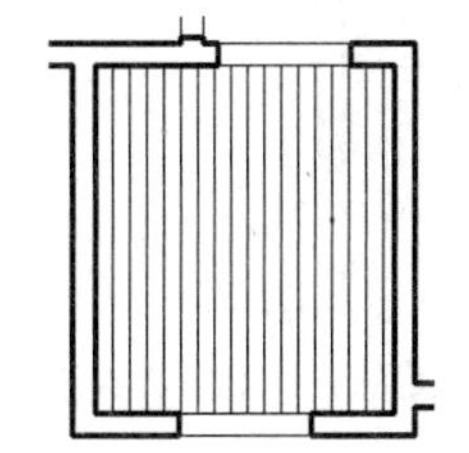

图5-94 厨房吊顶的绘制结果

3）绘制客厅吊顶

客厅吊顶的方式为周边式，不同于前面介绍的卫生间和厨房采用的完全式吊顶，客厅吊顶的重点部位在西方电视墙的上方。

（1）单击“默认”选项卡的“修改”面板中的“偏移”按钮，将客厅顶棚东、南两个方向的轮廓线分别向内偏移600和150，得到轮廓线1和轮廓线2。

（2）单击“默认”选项卡的“绘图”面板中的“样条曲线拟合”按钮，以客厅西方的墙线为基准，绘制样条曲线，结果如图5-95所示。

（3）单击“默认”选项卡的“修改”面板中的“移动”按钮，将样条曲线水平向右移动600。

（4）单击“默认”选项卡的“绘图”面板中的“直线”按钮，连接样条曲线与墙线的端点。

（5）单击“默认”选项卡的“修改”面板中的“修剪”按钮，修剪客厅吊顶的轮廓线，结果如图5-96所示。

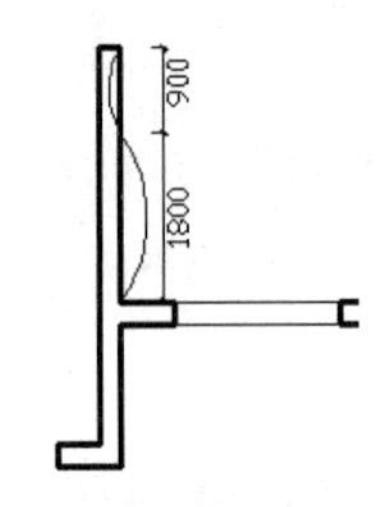


图 5-95　样条曲线的绘制结果

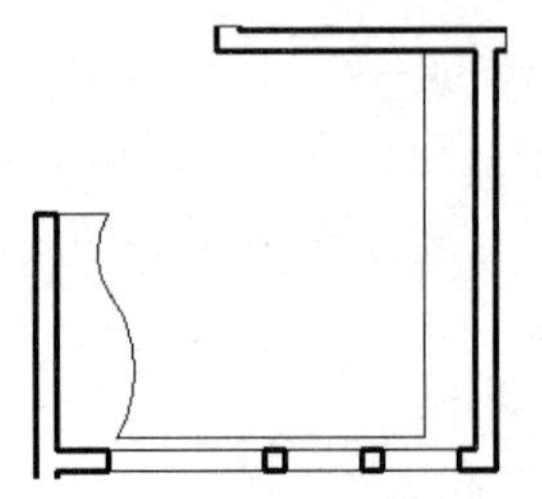

图 5-96　轮廓线的修剪结果

### 4．绘制入口雨篷顶棚

别墅正门入口雨篷顶棚由一条水平的主梁和两侧数条对称布置的次梁组成。

微课

（1）使用创建“吊顶”图层的方法，创建“顶棚”图层。

（2）在图层列表中选择“顶棚”图层，将其设置为当前图层。

（3）绘制主梁：单击“默认”选项卡的“修改”面板中的“偏移”按钮⊆，将雨篷的中心线向左、右两侧各偏移 75；单击“默认”选项卡的“修改”面板中的“删除”按钮，将原有的中心线删除。

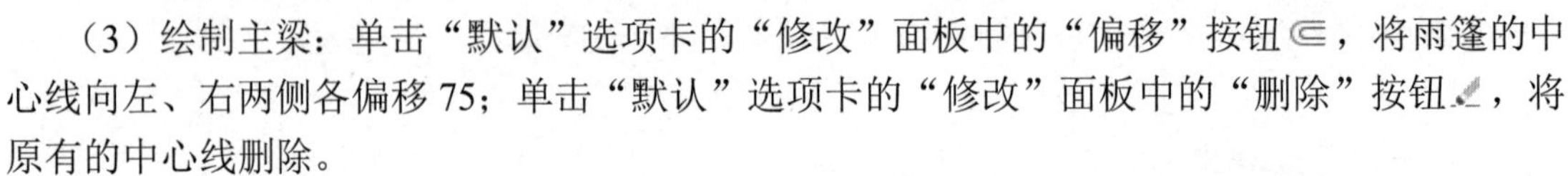

（4）绘制次梁：单击“默认”选项卡的“绘图”面板中的“图案填充”按钮，弹出“图案填充创建”选项卡，单击“图案填充图案”按钮，在弹出的下拉菜单中选择“STEEL”命令，并设置图案填充角度为 135°、比例为 135。

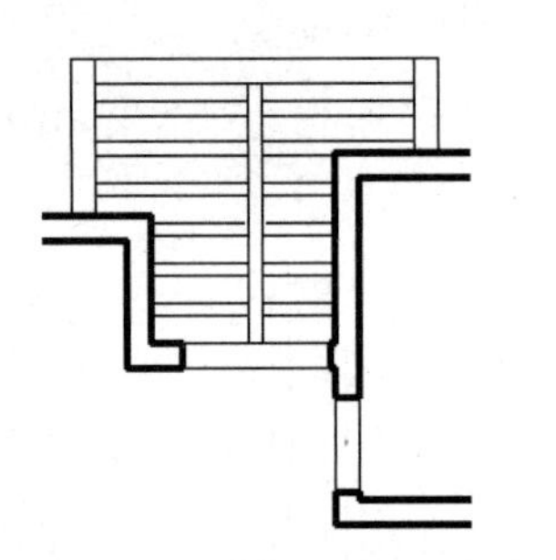

图 5-97　入口雨篷顶棚的绘制结果

（5）在绘图区域中选择中心线两侧的矩形作为填充对象，进行图案填充。入口雨篷顶棚的绘制结果如图 5-97 所示。

### 5．绘制灯具

不同种类的灯具因材料和形状的差异，平面图也大有不同。本任务中的灯具主要有工艺吊灯、吸顶灯、格栅灯、筒灯、壁灯和射灯等。图样中并不需要详细描绘出灯具的具体种类。在一般情况下，每种灯具都是用灯具图例表示的。下面主要介绍几种灯具图例的绘制方法。

1）绘制工艺吊灯图例

工艺吊灯仅在客厅和餐厅中使用。与其他灯具相比，工艺吊灯的形状更复杂。

（1）单击“默认”选项卡的“图层”面板中的“图层特性”按钮，弹出“图层特性管理器”对话框，在该对话框中创建新图层，将新图层命名为“灯具”，并将其设置为当前图层。

（2）单击“默认”选项卡的“绘图”面板中的“圆”按钮，绘制两个同心圆，设置两个同心圆的半径分别为 150 和 200。

（3）单击“默认”选项卡的“绘图”面板中的“直线”按钮，以圆心为端点，向右绘制长度为 400 的水平直线。

（4）单击“默认”选项卡的“绘图”面板中的“圆”按钮，以直线的右端点为圆心，绘制半径为 50 的圆。

（5）单击“默认”选项卡的“修改”面板中的“移动”按钮✥，将小圆水平向左移动 100。第一个吊灯单元的绘制结果如图 5-98 所示。

（6）单击“默认”选项卡的“修改”面板中的“环形阵列”按钮，设置项目数为 8、角度为 360°；选择同心圆的圆心作为阵列中心点，选择图 5-98 中的水平直线和右侧小圆作为阵列对象，生成工艺吊灯图例，结果如图 5-99 所示。

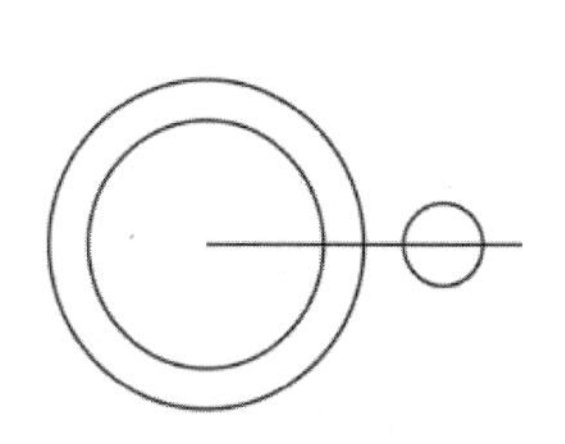
图 5-98 第一个吊灯单元的绘制结果

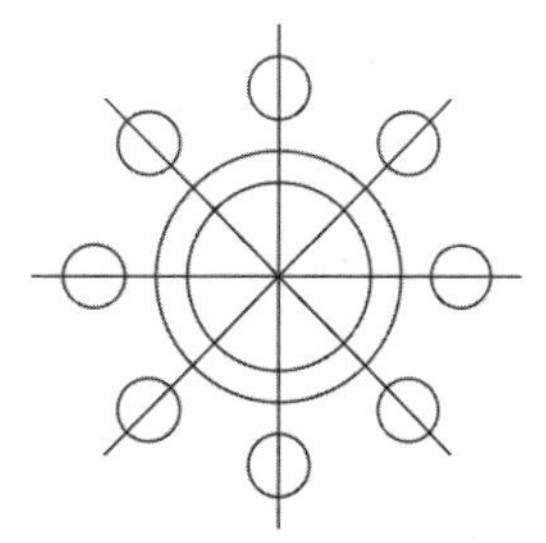
图 5-99 工艺吊灯图例的绘制结果

2）绘制吸顶灯图例

别墅首层顶棚平面图中吸顶灯是使用十分广泛的灯具。别墅入口、卫生间和卧室都使用吸顶灯进行照明。常用的吸顶灯图例有圆和矩形两种。下面主要介绍圆吸顶灯图例的绘制方法。

（1）单击“默认”选项卡的“绘图”面板中的“圆”按钮，绘制两个同心圆，设置两个同心圆的半径分别为 90 和 120。

（2）单击“默认”选项卡的“绘图”面板中的“直线”按钮，绘制两条互相垂直的直径；激活已绘制的直径的两个端点，将直径分别向两端拉伸 40，得到一个正交十字。

（3）单击“默认”选项卡的“绘图”面板中的“图案填充”按钮，弹出“图案填充创建”选项卡，单击“图案填充图案”按钮，在弹出的下拉菜单中选择“SOLID”命令，对同心圆中的圆环进行填充。

吸顶灯图例的绘制结果如图 5-100 所示。

微课

3）绘制格栅灯图例

在别墅首层顶棚平面图中，格栅灯是专门用于厨房的照明灯具。

（1）单击“默认”选项卡的“绘图”面板中的“矩形”按钮，绘制尺寸为 1200×300 的矩形格栅灯轮廓。

（2）单击“默认”选项卡的“修改”面板中的“分解”按钮，将矩形分解；单击“默认”选项卡的“修改”面板中的“偏移”按钮，将矩形的两条短边均向内偏移 80。

（3）单击“默认”选项卡的“绘图”面板中的“矩形”按钮，绘制两个尺寸均为 1040×45 的矩形灯管，设置两个矩形灯管的平行间距为 70。

（4）单击“默认”选项卡的“绘图”面板中的“图案填充”按钮，弹出“图案填充创建”选项卡，单击“图案填充图案”按钮，在弹出的下拉菜单中选择“ANSI32”命令，并设置图案填充比例为 10，对两个矩形灯管进行填充。

格栅灯图例的绘制结果如图 5-101 所示。

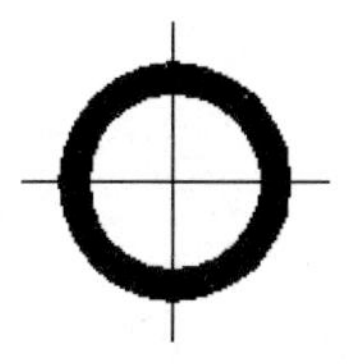
图 5-100 吸顶灯图例的绘制结果

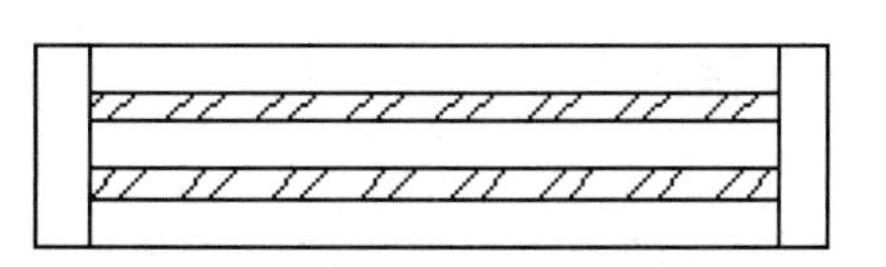
图 5-101 格栅灯图例的绘制结果

4）绘制筒灯图例

筒灯的体积较小，主要用于室内装饰照明和走廊照明。常见的筒灯图例由两个同心圆和一个十字组成。

（1）单击“默认”选项卡的“绘图”面板中的“圆”按钮，绘制两个同心圆，设置两个同心圆的半径分别为 45 和 60。

（2）单击“默认”选项卡的“绘图”面板中的“直线”按钮，绘制两条互相垂直的直径。

（3）激活已绘制的两条直径的所有端点，将两条直径分别向两端拉伸，每个方向均拉伸 20，得到一个正交十字。

筒灯图例的绘制结果如图 5-102 所示。

5）绘制壁灯图例

在别墅首层平面图中，车库和楼梯的侧墙面都通过设置壁灯来辅助照明，这里使用的壁灯图例由矩形及其两条对角线组成。

（1）单击“默认”选项卡的“绘图”面板中的“矩形”按钮，绘制尺寸为 300×150 的矩形。

（2）单击“默认”选项卡的“绘图”面板中的“直线”按钮，绘制矩形的两条对角线。

壁灯图例的绘制结果如图 5-103 所示。

6）绘制射灯组图例

射灯组图例的绘制方法在绘制客厅平面图时已有介绍，具体绘制方法可以参看前面章节，此处不再赘述。

7）插入灯具图例

（1）单击“默认”选项卡的“块”面板中的“创建”按钮，将已绘制的各种灯具图例分别定义为图块。

（2）单击“默认”选项卡的“块”面板中的“插入”按钮，在弹出的下拉菜单中选择“最近使用的块”命令，打开“块”选项板，根据各房间或空间的功能选择合适的图块，根据需要设置图块比例，将其插入别墅首层顶棚平面图中的相应位置。

灯具的绘制结果如图 5-104 所示。

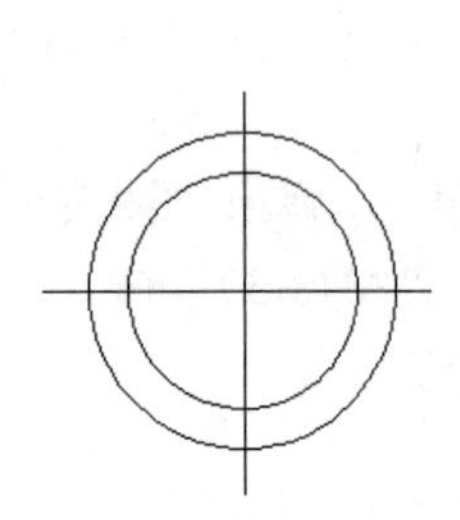

图 5-102 筒灯图例的绘制结果

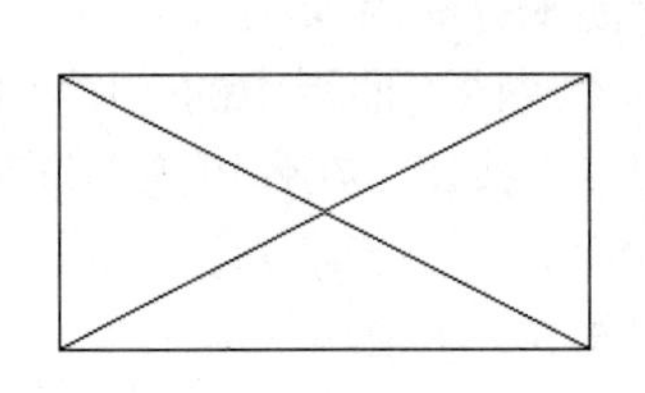

图 5-103 壁灯图例的绘制结果

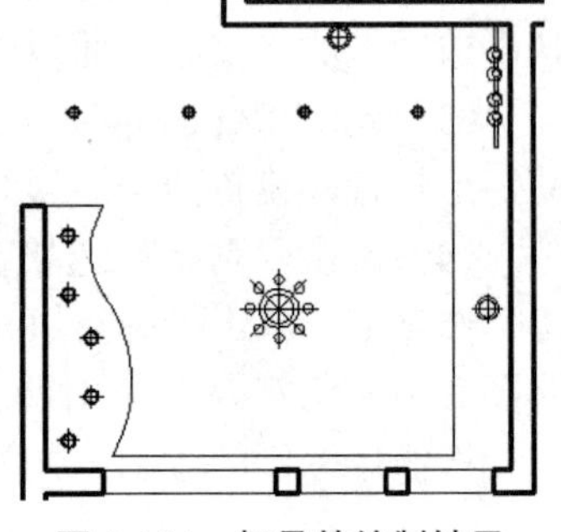

图 5-104 灯具的绘制结果

### 6. 平面标注

1）尺寸标注

尺寸标注的内容主要包括灯具和吊顶的尺寸，以及它们的水平位置。这里介绍的尺寸标

微课

注依然同前面一样，是通过“线性”命令来完成的。

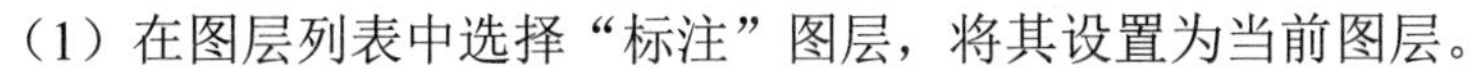

（1）在图层列表中选择“标注”图层，将其设置为当前图层。

（2）单击“默认”选项卡的“注释”面板中的“标注样式”按钮，弹出“标注样式管理器”对话框，将“室内标注”设置为当前标注样式。

（3）单击“默认”选项卡的“注释”面板中的“线性”按钮，进行尺寸标注。

2）标高标注

各房间顶棚的高度需要通过标高符号来表示。

（1）单击“默认”选项卡的“块”面板中的“插入”按钮，在弹出的下拉菜单中选择“最近使用的块”命令，打开“块”选项板，将标高符号插入各房间顶棚的位置。

（2）单击“默认”选项卡的“注释”面板中的“多行文字”按钮 A，在标高符号的长直线上方添加相应的标高。

标注结果如图 5-105 所示。

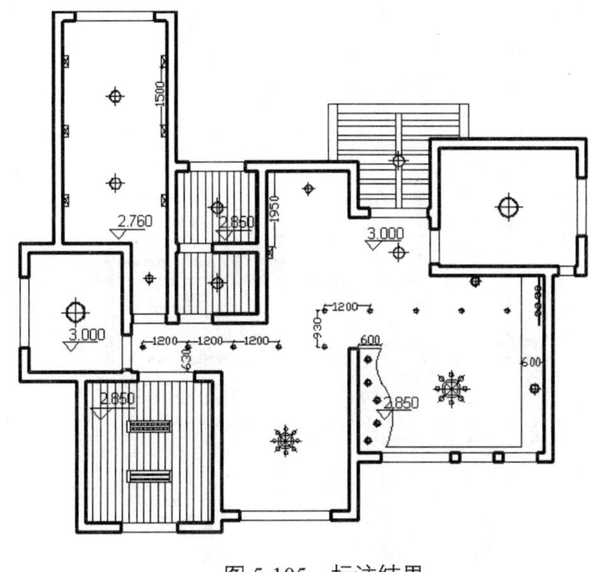


图 5-105 标注结果

微课

3）文字标注

各房间顶棚的材料和装修的做法，以及灯具的布置情况都要通过文字标注来表达。

（1）在图层列表中选择“文字”图层，将其设置为当前图层。

（2）在命令行中输入“QLEADER”，并设置引线样式为“点”。

（3）单击“默认”选项卡的“注释”面板中的“多行文字”按钮 A，设置文字字体为仿宋 GB2312、文字高度为 300，在引线的一端添加说明性文字。

## 知识点详解

别墅首层顶棚平面图是根据顶棚在其下方假想的水平镜面上的正投影绘制而成的镜像投影图。别墅首层顶棚平面图中表达的内容应包括以下几个部分。

（1）顶棚造型及材料的说明。

（2）顶棚灯具和电器的图例、名称、规格等。

（3）顶棚造型的尺寸标注，以及灯具、电器安装位置的标注。

（4）顶棚标高的标注。

（5）顶棚细节部分做法的说明。

（6）详图索引符号、图名、比例等。

# 任务四　绘制别墅首层地坪平面图

## 任务背景

本任务绘制的别墅首层地坪平面图是表达别墅首层各房间地面材料铺装情况的图样。由于各房间地面用材因各房间功能的差异而有所不同，因此在图样中通常选用不同的填充图案结合文字来表达如何采用填充图案绘制地坪材料，如何绘制引线，以及如何标注文字。

别墅首层地坪平面图的主要绘制思路为，首先由已知的别墅首层平面图生成平面墙体轮廓，其次在各门窗洞的位置绘制投影线，并根据各房间地面材料的类型，选择合适的填充图案对各房间地面进行填充，最后进行平面标注。别墅首层地坪平面图的绘制结果如图 5-106 所示。

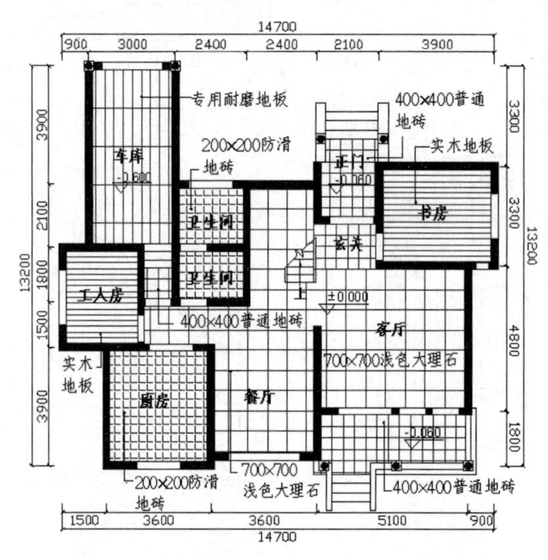


图 5-106　别墅首层地坪平面图的绘制结果

## 操作步骤

微课

### 1. 设置绘图环境

1）创建图形文件

打开“别墅首层平面图.dwg”文件，选择菜单栏中的“文件”→“另存为”命令，打开如图 5-107 所示的“图形另存为”对话框，在“文件名”文本框中输入“别墅首层地坪平面图”，单击“保存”按钮。

2）清理图形元素

（1）单击“默认”选项卡的“图层”面板中的“图层特性”按钮，弹出“图层特性管理器”对话框，关闭“轴线”图层、“轴号”图层和“标注”图层。

（2）单击“默认”选项卡的“修改”面板中的“删除”按钮，删除别墅首层平面图中的所有家具、门窗及文字。

（3）选择菜单栏中的“文件”→“图形实用工具”→“清理”命令，清理无用的图层和图形元素。清理后的平面图如图 5-108 所示。

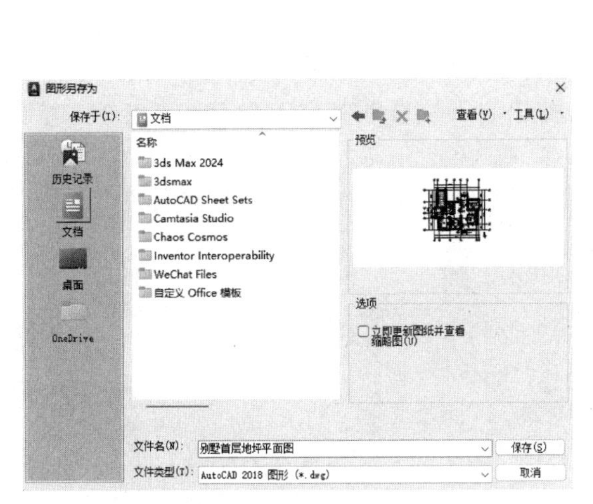


图 5-107 “图形另存为”对话框

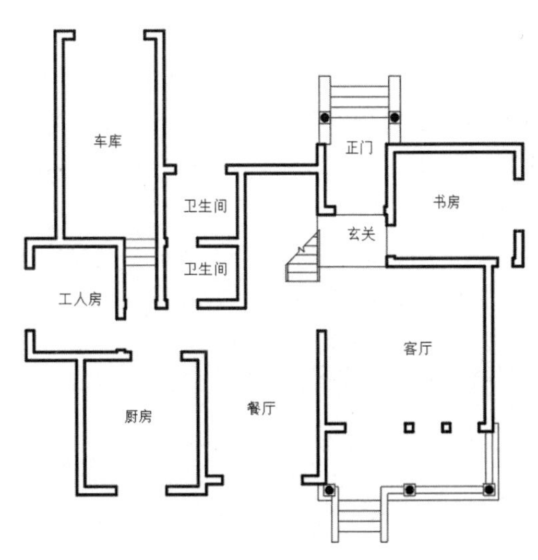


图 5-108 清理后的平面图

## 2. 补充平面元素

1）填充平面墙体

（1）在图层列表中选择“墙体”图层，将其设置为当前图层。

（2）单击“默认”选项卡的“绘图”面板中的“图案填充”按钮▨，弹出“图案填充创建”选项卡，单击“图案填充图案”按钮，在弹出的下拉菜单中选择“SOLID”命令。在绘图区域中拾取墙体内部的点，选择墙体作为填充对象进行填充。

2）绘制门窗的投影线

（1）在图层列表中选择“门窗”图层，将其设置为当前图层。

（2）单击“默认”选项卡的“绘图”面板中的“直线”按钮╱，在门窗洞的位置绘制投影线。平面元素的补充结果如图 5-109 所示。

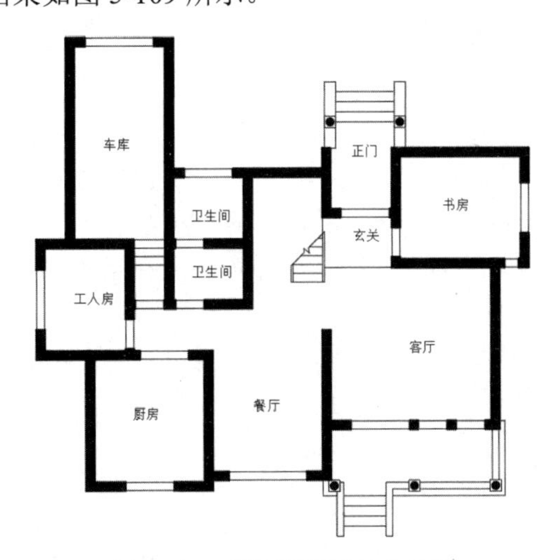


图 5-109 平面元素的补充结果

### 3. 绘制实木地板和地砖

1）绘制实木地板

铺装实木地板的房间包括工人房和书房。

（1）单击“默认”选项卡的“图层”面板中的“图层特性”按钮，弹出“图层特性管理器”对话框，在该对话框中创建新图层，将新图层命名为“地坪”，并将其设置为当前图层。

（2）单击“默认”选项卡的“绘图”面板中的“图案填充”按钮，弹出“图案填充创建”选项卡，单击“图案填充图案”按钮，在弹出的下拉菜单中选择“LINE”命令，并设置图案填充比例为60。

（3）在绘图区域中依次选择工人房和书房作为填充对象，进行实木地板图案的填充。实木地板的绘制结果如图5-110所示。

2）绘制防滑地砖

这里使用的地砖种类主要有两种，其中卫生间和厨房使用的是防滑地砖，别墅入口和外廊使用的是普通地砖。

卫生间和厨房地面的铺装材料是尺寸为200×200的防滑地砖。

（1）单击“默认”选项卡的“绘图”面板中的“图案填充”按钮，弹出“图案填充创建”选项卡，单击“图案填充图案”按钮，在弹出的下拉菜单中选择“ANGEL”命令，并设置图案填充比例为30。

（2）在绘图区域中依次选择卫生间和厨房作为填充对象，进行防滑地砖图案的填充。卫生间中防滑地砖的绘制结果如图5-111所示。

图5-110　实木地板的绘制结果

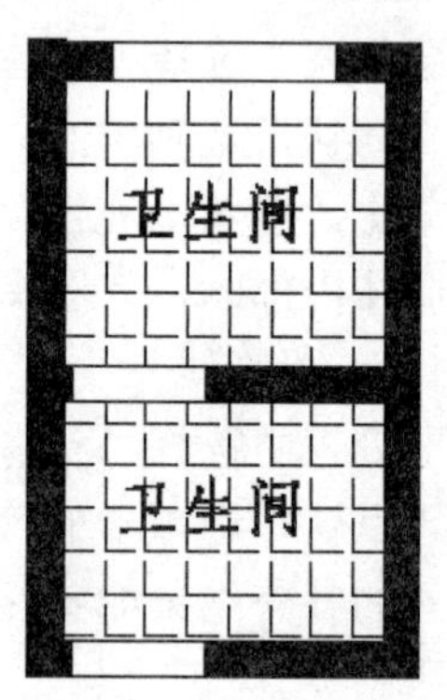


图5-111　卫生间中防滑地砖的绘制结果

3）绘制普通地砖

别墅入口和外廊地面的铺装材料是尺寸为400×400的普通地砖。

（1）单击“默认”选项卡的“绘图”面板中的“图案填充”按钮，弹出“图案填充创建”选项卡，单击“图案填充图案”按钮，在弹出的下拉菜单中选择“NET”命令，并设置图案填充比例为120。

（2）在绘图区域中依次选择别墅入口和外廊作为填充对象，进行普通地砖图案的填充。别墅入口处普通地砖的绘制结果如图5-112所示。

### 4. 绘制大理石地板

通常客厅、餐厅和走廊地面的铺装材料可以有很多种选择，如普通地砖等。这里选择在客厅、餐厅和走廊地面铺装浅色的大理石地板，其具有光亮、易清洁且耐磨损的特点。

（1）单击“默认”选项卡的“绘图”面板中的“图案填充”按钮▨，弹出“图案填充创建”选项卡，单击“图案填充图案”按钮，在弹出的下拉菜单中选择“NET”命令，并设置图案填充比例为210。

（2）在绘图区域中依次选择客厅、餐厅和走廊作为填充对象，进行大理石地板图案的填充。客厅中大理石地板的绘制结果如图5-113所示。

### 5. 绘制车库专用耐磨地板

车库地面的铺装材料是车库专用耐磨地板。

（1）单击“默认”选项卡的“绘图”面板中的“图案填充”按钮▨，弹出“图案填充创建”选项卡，单击“图案填充图案”按钮，在弹出的下拉菜单中选择“GRATE”命令，并设置图案填充角度为90º、比例为400。

（2）在绘图区域中选择车库作为填充对象，进行车库专用耐磨地板图案的填充。车库专用耐磨地板的绘制结果如图5-114所示。

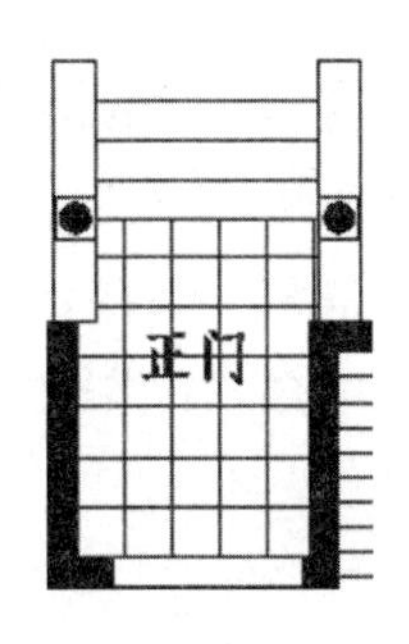


图5-112 别墅入口处普通地砖的绘制结果

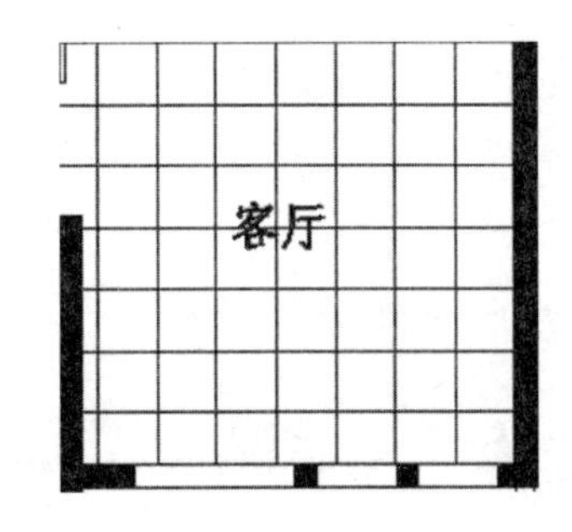


图5-113 客厅中大理石地板的绘制结果

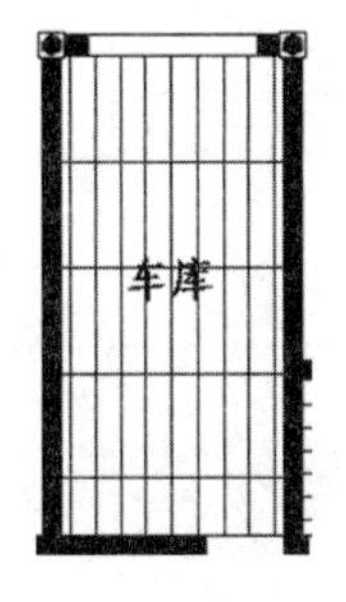


图5-114 车库专用耐磨地板的绘制结果

### 6. 平面标注

1）尺寸与标高标注

这里的尺寸与标高标注的内容和别墅首层平面图中平面标注的内容基本相同。由于别墅首层地坪平面图是在已有的别墅首层平面图的基础上绘制生成的，因此别墅首层地坪平面图中的尺寸与标高标注可以直接沿用别墅首层平面图中对应尺寸、标高的标注结果。

2）文字标注

（1）在图层列表中选择“文字”图层，将其设置为当前图层。

（2）在命令行中输入“QLEADER”，并设置引线样式为“点”。

（3）单击“默认”选项卡的“注释”面板中的“多行文字”按钮A，设置文字字体为仿宋GB2312、文字高度为300，在引线的一端添加说明性文字，标明该房间地面的铺装材料和材料做法。最终绘制结果如图5-106所示。

## 知识点详解

室内设计图中经常采用材料图例表示材料，在无法采用图例表示时，一般采用文字标注。常用材料图例及其说明如表5-2所示。

表 5-2　常用材料图例及其说明

| 材料图例 | 说　明 | 材料图例 | 说　明 |
|---|---|---|---|
| | 自然土壤 | | 夯实土壤 |
| | 毛石砌体 | | 普通砖 |
| | 石材 | | 砂、灰土 |
| | 空心砖 | | 松散材料 |
| | 混凝土 | | 钢筋混凝土 |
| | 多孔材料 | | 金属 |
| | 矿渣、炉渣 | | 玻璃 |
| | 纤维材料 | | 防水材料，上、下两种根据绘图比例选用 |
| | 木材 | | 液体，应注明液体名称 |

# 任务五　绘制客厅立面图

## 任务背景

立面图是用来研究建筑立面的造型和装修的图样。立面图主要是反映建筑外貌和立面装修做法的，这是因为建筑给人的美感主要来自其立面图的造型和装修。

室内立面图主要反映室内墙面装修与装饰的情况。本任务介绍的室内立面图的绘制方法选择的实例为客厅立面图 A。客厅立面图 A 的绘制结果如图 5-115 所示。

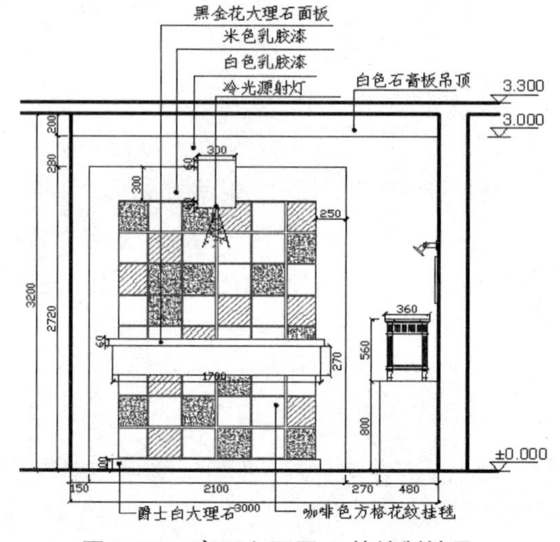


图 5-115　客厅立面图 A 的绘制结果

## 操作步骤

### 1. 设置绘图环境

1）创建图形文件

打开“客厅平面图.dwg”文件，选择菜单栏中的“文件”→“另存为”命令，打开“图形另存为”对话框，在“文件名”文本框中输入“客厅立面图 A”，单击“保存”按钮。

2）清理图形元素

（1）单击“默认”选项卡的“图层”面板中的“图层特性”按钮，弹出“图层特性管理器”对话框，关闭与绘制对象相关性不大的图层，如“轴线”图层、“轴号”图层等。

（2）分别单击“默认”选项卡的“修改”面板中的“删除”按钮和“修剪”按钮，清理客厅立面图 A 中多余的家具和墙线。清理后的图形如图 5-116 所示。

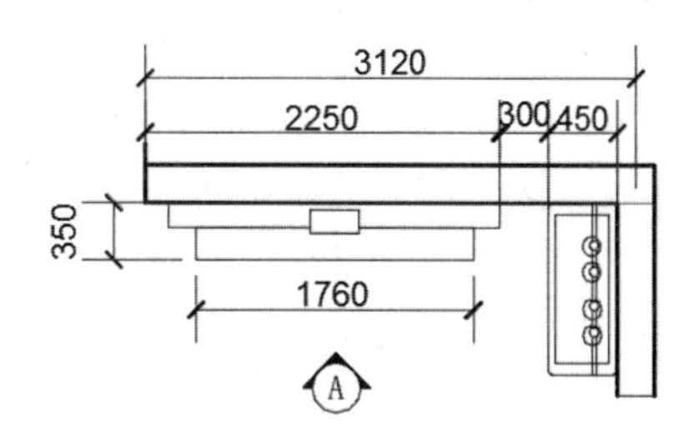

图 5-116 清理后的图形

### 2. 绘制地坪线、楼板线、梁线与墙线

在客厅立面图 A 中，被剖切的墙线和楼板线都用粗实线表示。

1）绘制地坪线

（1）单击“默认”选项卡的“图层”面板中的“图层特性”按钮，弹出“图层特性管理器”对话框，在该对话框中创建新图层，将新图层命名为“粗实线”，设置该图层的线宽为 0.3，并将其设置为当前图层。

（2）单击“默认”选项卡的“绘图”面板中的“直线”按钮，在客厅立面图 A 上方绘制长度为 4000、标高为±0.000 的室内地坪线。

2）绘制楼板线和梁线

（1）单击“默认”选项卡的“修改”面板中的“偏移”按钮，将室内地坪线依次向上偏移 3200 和 100，得到楼板线。

（2）单击“默认”选项卡的“图层”面板中的“图层特性”按钮，弹出“图层特性管理器”对话框，在该对话框中创建新图层，将新图层命名为“细实线”，并将其设置为当前图层。

（3）单击“默认”选项卡的“修改”面板中的“偏移”按钮，将室内地坪线向上偏移 3000，得到梁线。

（4）将所绘梁线转移到“细实线”图层上。

3）绘制墙线

（1）单击“默认”选项卡的“绘图”面板中的“直线”按钮，根据客厅平面图中的墙线位置，生成客厅立面图 A 中的墙线。

（2）单击“默认”选项卡的“修改”面板中的“修剪”按钮，对楼板线、梁线与墙线进行修剪。地坪线、楼板线、梁线与墙线的绘制结果如图 5-117 所示。

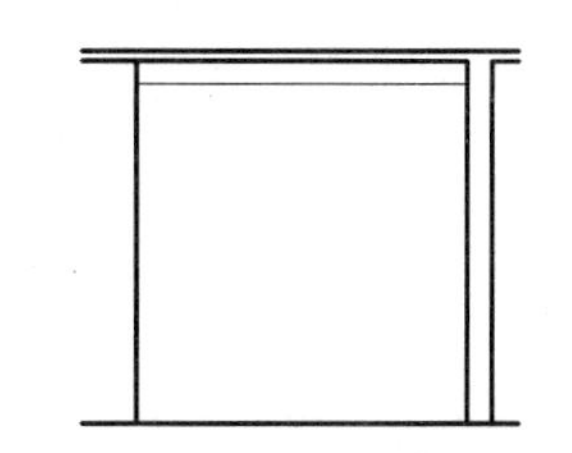
图 5-117 地坪线、楼板线、梁线与墙线的绘制结果

### 3. 绘制文化墙

1）绘制墙体

（1）单击“默认”选项卡的“图层”面板中的“图层特性”按钮，弹出“图层特性管理器”对话框，在该对话框中创建新图层，将新图层命名为“文化墙”，并将其设置为当前图层。

（2）单击“默认”选项卡的“修改”面板中的“偏移”按钮，将左侧墙线向右偏移 150，得到文化墙左侧的定位线。

（3）单击“默认”选项卡的“绘图”面板中的“矩形”按钮，以文化墙左侧的定位线与室内地坪线的交点为左下角点，绘制尺寸为 2100×2720 的矩形 1，之后使用“删除”命令删除文化墙左侧的定位线。

（4）单击“默认”选项卡的“绘图”面板中的“矩形”按钮，绘制尺寸分别为 1600×2420、1700×100、300×420、1760×60、1700×270 的矩形 2、矩形 3、矩形 4、矩形 5、矩形 6，使各矩形底边的中点均与矩形 1 底边的中点重合。

（5）单击“默认”选项卡的“修改”面板中的“移动”按钮，将矩形 4、矩形 5 和矩形 6 分别向上移动 2360、1120、850。

（6）单击“默认”选项卡的“修改”面板中的“修剪”按钮，修剪多余直线。墙体的绘制结果如图 5-118 所示。

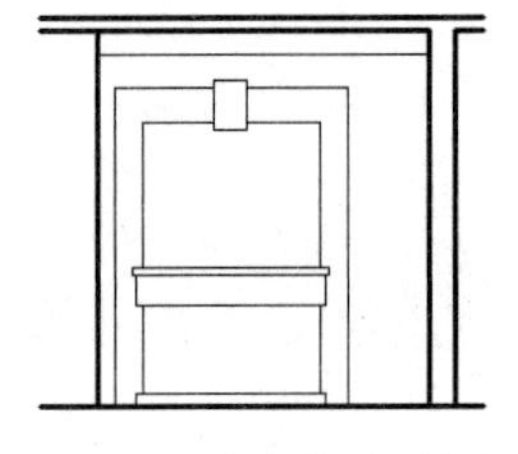

图 5-118　墙体的绘制结果

2）绘制装饰挂毯

（1）单击快速访问工具栏中的“打开”按钮，在弹出的“选择文件”对话框中选择“源文件\项目五\图库”选项，找到“CAD 图库.dwg”文件并将其打开。

（2）在“装饰”栏中，选择“挂毯”图块。“挂毯”图块如图 5-119 所示。右击“挂毯”图块，在弹出的快捷菜单中选择“复制”命令复制该图块。

返回到客厅立面图 A 的绘图区域中，将复制的图块粘贴到右侧空白处。

（3）由于“挂毯”图块的尺寸为 1140×840，小于铺放挂毯的矩形（尺寸为 1600×2320），因此，有必要对“挂毯”图块进行重新编辑。首先，单击“默认”选项卡的“修改”面板中的“分解”按钮，对“挂毯”图块进行分解。其次，使用“复制”命令，以“挂毯”图块中的方格图形为单元，复制并粘贴新的“挂毯”图块。最后，将新的“挂毯”图块填充到文化墙中央的矩形中。装饰挂毯的绘制结果如图 5-120 所示。

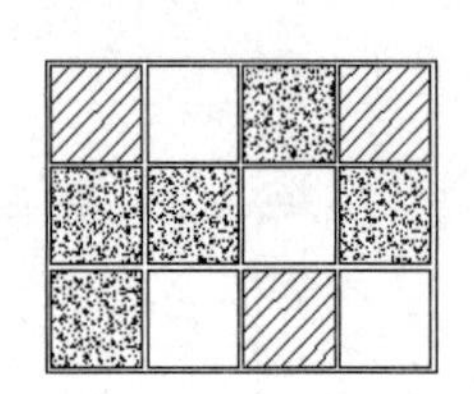

图 5-119　“挂毯”图块

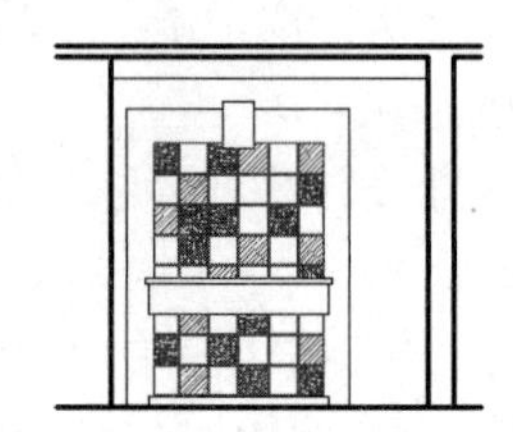

图 5-120　装饰挂毯的绘制结果

3）绘制筒灯

（1）单击快速访问工具栏中的“打开”按钮，在弹出的“选择文件”对话框中选择“源文件\项目五\图库”选项，找到“CAD 图库.dwg”文件并将其打开。

（2）在“灯具和电器”栏中，选择“筒灯立面”图块。“筒灯立面”图块如图 5-121 所示。

右击“筒灯立面”图块，在弹出的快捷菜单中选择“剪贴板”→“带基点复制”命令，选取筒灯上方的顶点作为基点。

（3）返回到客厅立面图 A 的绘图区域中，将复制的“筒灯立面”图块粘贴到文化墙中矩形 4 的下方。筒灯的绘制结果如图 5-122 所示。

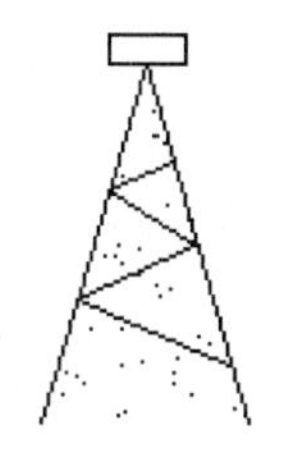

图 5-121 “筒灯立面”图块

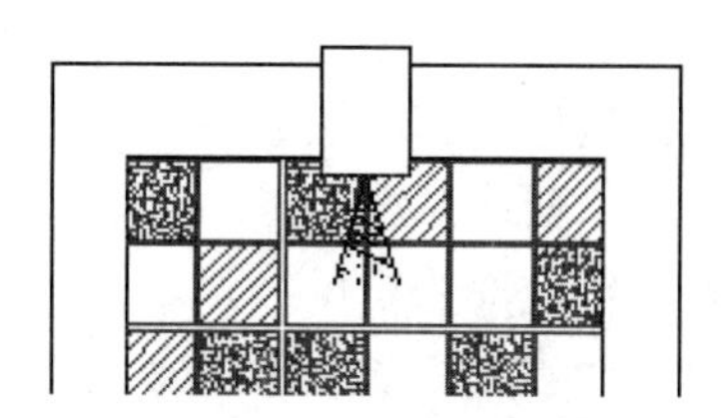

图 5-122 筒灯的绘制结果

### 4. 绘制家具

微课

1）绘制柜子底座

（1）在图层列表中选择“家具”图层，将其设置为当前图层。

（2）单击“默认”选项卡的“绘图”面板中的“矩形”按钮，以右侧墙体的底部端点为矩形的右下角点，绘制尺寸为 480×800 的矩形。

2）绘制装饰柜

（1）单击快速访问工具栏中的“打开”按钮，在弹出的“选择文件”对话框中选择“源文件\项目五\图库”选项，找到“CAD 图库.dwg”文件并将其打开。

（2）在“装饰”栏中，选择“柜子—01CL”图块。“柜子—01CL”图块如图 5-123 所示。右击“柜子—01CL”图块，在弹出的快捷菜单中选择“复制”命令，复制该图块。

返回到客厅立面图 A 的绘图区域中，将复制的“柜子—01CL”图块粘贴到已绘制的柜子底座的上方。

3）绘制射灯组

（1）单击“默认”选项卡的“修改”面板中的“偏移”按钮，将室内地坪线向上偏移 2000，得到射灯组的定位线。

（2）单击快速访问工具栏中的“打开”按钮，在弹出的“选择文件”对话框中选择“源文件\项目五\图库”选项，找到“CAD 图库.dwg”文件并将其打开。

（3）在“灯具”栏中，选择“射灯组 CL”图块。“射灯组 CL”图块如图 5-124 所示。右击“射灯组 CL”图块，在弹出的快捷菜单中选择“复制”命令，复制该图块。

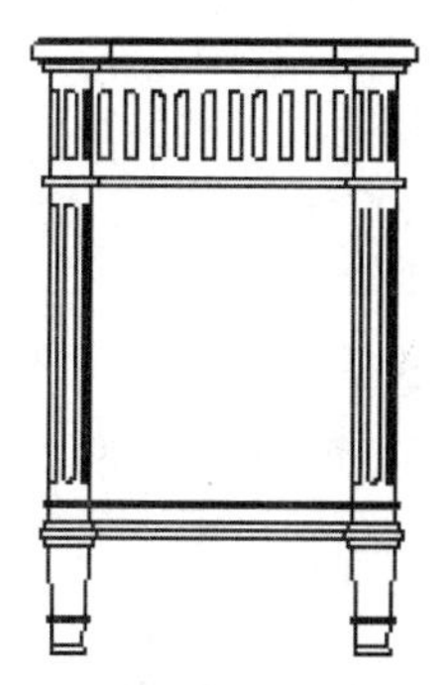

图 5-123 “柜子—01CL”图块

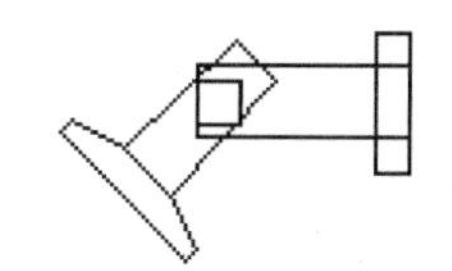

图 5-124 “射灯组 CL”图块

返回到客厅立面图 A 的绘图区域中，将复制的“射灯组 CL”图块粘贴到已绘制的射灯组的定位线处。

（4）单击“默认”选项卡的“修改”面板中的“删除”按钮，删除射灯组的定位线。

### 5. 绘制装饰画

在装饰柜与射灯组之间的墙面上，挂有裱框装饰画一幅。从客厅立面图 A 中只能看到画框侧面，其立面可以用相应大小的矩形表示。

装饰画的具体绘制方法如下。

（1）单击“默认”选项卡的“修改”面板中的“偏移”按钮，将室内地坪线向上偏移1500，得到画框底部的定位线。

（2）单击“默认”选项卡的“绘图”面板中的“矩形”按钮，以画框底部的定位线与墙线的交点为右下角点，绘制尺寸为 30×420 的画框侧面。

（3）单击“默认”选项卡的“修改”面板中的“删除”按钮，删除画框底部的定位线。

以装饰柜为中心的家具组合立面图的绘制结果如图 5-125 所示。

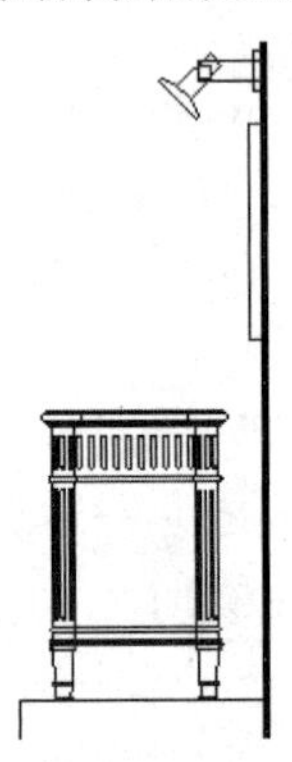

图 5-125　以装饰柜为中心的家具组合立面图的绘制结果

### 6. 立面标注

1）标高标注

（1）在图层列表中选择“标注”图层，将其设置为当前图层。

（2）单击“默认”选项卡的“块”面板中的“插入”按钮，在弹出的下拉菜单中选择“最近使用的块”命令，打开“块”选项板，在客厅立面图 A 中的地坪、楼板和梁的位置插入标高符号。

（3）单击“默认”选项卡的“注释”面板中的“多行文字”按钮 A，在标高符号的长直线上方添加标高。

微课

2）尺寸标注

在客厅立面图 A 中，对家具尺寸和空间位置的关系要使用“线性”命令进行标注。

（1）单击“默认”选项卡的“注释”面板中的“标注样式”按钮，弹出“标注样式管理器”对话框，将“室内标注”设置为当前标注样式。

（2）单击“默认”选项卡的“注释”面板中的“线性”按钮，对家具尺寸和空间位置的关系进行标注。

3）文字标注

在客厅立面图 A 中，通常采用文字标注表达各部位装饰的材料和装修的做法。

（1）在图层列表中选择“文字”图层，将其设置为当前图层。

（2）在命令行中输入“QLEADER”。

（3）单击“默认”选项卡的“注释”面板中的“多行文字”按钮 A，设置文字字体为仿宋GB2312、文字高度为100，在引线的一端添加说明性文字。立面的标注结果如图5-115所示。

使用客厅立面图A的绘制方法完成客厅立面图B的绘制，结果如图5-126所示。

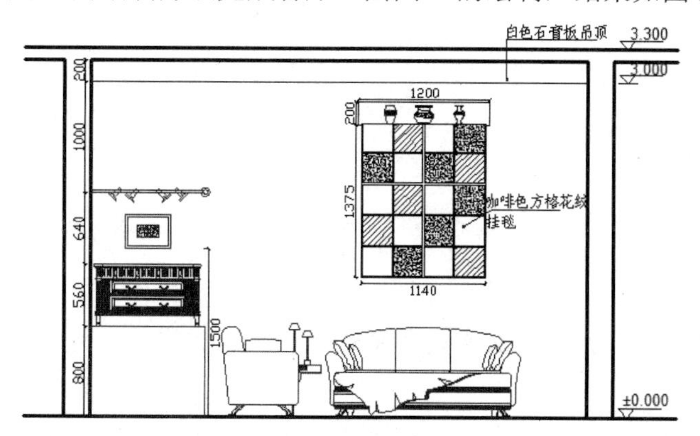


图5-126 客厅立面图B的绘制结果

## 知识点详解

将平行于室内墙面的切面前面部分切去后，剩余部分的正投影图即室内立面图。室内立面图中表达的内容应包括以下个几部分。

（1）墙面造型、材质及家具陈设在立面图上的正投影图。

（2）门窗立面图及其他装饰元素立面图。

（3）各组成部分的尺寸、地坪吊顶的标高。

（4）材料名称及细节部分做法的说明。

（5）详图索引符号、图名、比例等。

# 任务六 上机实验

**实验1 绘制如图5-127所示的办公室室内平面图**

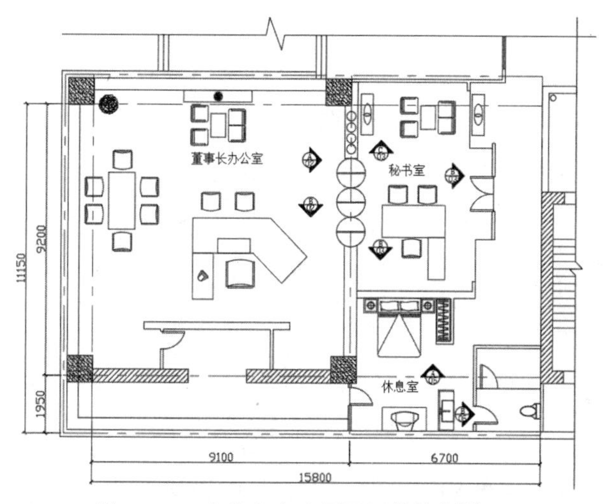


图5-127 办公室室内平面图的绘制结果

◆ 目的要求

本实验绘制的是一个办公室室内平面图，在绘制过程中将循序渐进地涉及室内设计的基本知识，以及 AutoCAD 2024 的基本操作方法。

◆ 操作提示

（1）绘制轴线。

（2）绘制外部墙线。

（3）绘制柱子。

（4）绘制内部墙线。

（5）补添柱子。

（6）绘制室内装饰。

（7）平面标注。

**实验 2　绘制如图 5-128 所示的办公室立面图 A**

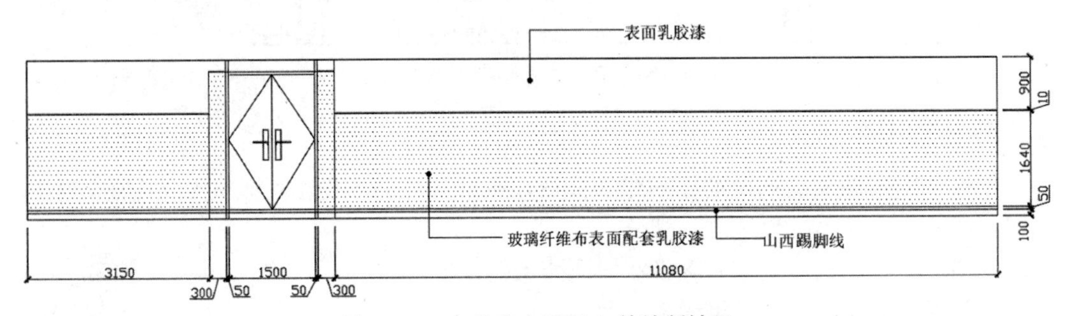


图 5-128　办公室立面图 A 的绘制结果

◆ 目的要求

为了符合办公室的特点，本实验绘制的办公室立面图 A 将着重表现庄重典雅、具有文化气息的设计风格，并考虑如何与室内地面相协调。办公室立面图 A 装饰的重点在于墙面、屏风造型及其交接部位，采用的材料主要为天然石材、木材、不锈钢、局部软包等。

本实验要求学生进一步掌握和巩固室内立面图的绘制方法。

◆ 操作提示

（1）绘制外轮廓。

（2）补充内部细节。

（3）立面标注。

**实验 3　绘制如图 5-129 所示的办公室立面图 B**

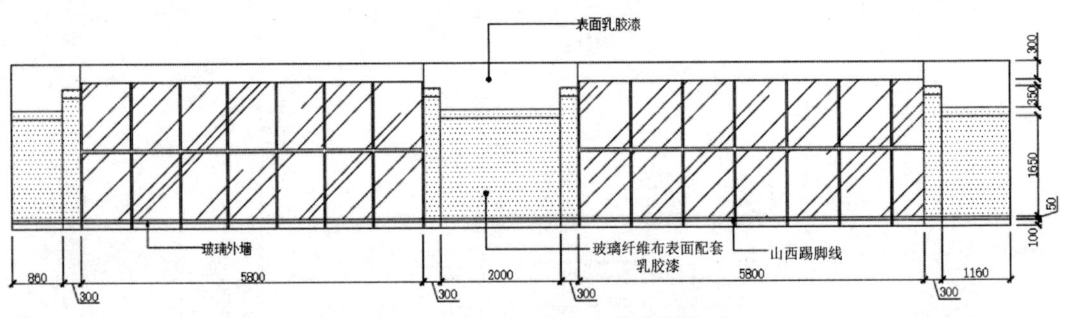


图 5-129　办公室立面图 B 的绘制结果

◆ 目的要求

本实验绘制的办公室立面图 B 大致按立面轮廓的绘制、立面装饰元素及细节部分的处理、尺寸标注、文字标注、其他符号标注、线宽设置的顺序来介绍。

◆ 操作提示

（1）绘制外轮廓。

（2）补充内部细节。

（3）立面标注。

# 项目六　绘制住宅室内设计图

## 学习情境

随着人们生活水平和文化素质的提高，以及住宅条件的改善，“室内设计”已不再是专业人士的专利，普通人参与设计或动手布置家居已形成风气，这就给广大设计人员提出了更高的要求。

本项目将以绘制住宅室内设计图为例，详细介绍住宅室内设计图的绘制过程，并介绍关于绘制住宅室内设计图的相关知识和技巧。本项目内容包括绘制住宅室内平面图、住宅顶棚平面图、客厅立面图、厨房立面图、书房立面图涉及的相关知识及具体操作步骤。

## 能力目标

- 掌握住宅室内设计图的具体绘制方法。
- 灵活应用各种 AutoCAD 2024 命令。
- 熟练绘制具体的住宅室内设计图，提高绘制室内设计图的效率。

## 素质目标

- 提升细节处理与精细化设计的能力：注重细节的处理，提升对材料、装饰细节等方面的精细化设计的能力。
- 提升团队协作与沟通能力：在团队项目中，学会与他人合作，能够与他人共同完成设计任务，进而提升团队协作与沟通能力。

## 课时安排

10 课时（讲课 4 课时，练习 6 课时）。

# 任务一　绘制住宅室内平面图

## 任务背景

住宅自古以来是人类生活的必需品。随着社会的发展，其使用功能及风格流派也在不断发生变化。现代居室不仅是人类居住的环境和空间，也是居住者品位的体现、生活理念的象征。不同风格的住宅能给居住者提供不同的居住环境，且能营造不同的生活氛围，改变居住者的心情。优良的室内设计是通过设计师精心布置、仔细雕琢，根据一定的设计理念和设计风格完成的。

典型的住宅装饰风格有中式风格、古典主义风格、新古典主义风格、现代简约风格、实用主义风格等。本任务将主要介绍如何绘制现代简约风格的住宅室内平面图。现代简约风格是近年来比较流行的一种风格，追求时尚与潮流，非常注重居室空间的布局与使用功能的结合。

进行住宅室内设计应遵循以下几点原则。

（1）在进行住宅室内设计时，应遵循实用、安全、经济、美观的基本原则。

（2）在进行住宅室内设计时，必须确保建筑安全，不得随意改变建筑的承重结构。

（3）在进行住宅室内设计时，不得破坏建筑的外立面，若要打安装孔洞，则安装设备后，必须修整，保持原建筑立面效果。

（4）住宅室内设计应在住宅的分户门以内的住房面积范围内进行，不得占用公用部位。

（5）在进行住宅室内设计时，在考虑客户的经济承受能力的同时应采用新型的节能型和环保型装饰材料及用具，不得采用对人体健康有害的伪劣建材。

（6）在进行住宅室内设计时，应遵循国家颁布、实施的建筑和电气等设计规范的相关规定。

（7）在进行住宅室内设计时，应遵循现行的国家和地方有关防火、环保、给排水等标准的有关规定。

本任务的目标是绘制 110m$^2$ 的两室两厅的住宅室内平面图，业主为一对拥有一个孩子的年轻夫妇。针对上班族的业主，设计师采用简约、明朗的线条，对空间进行了合理的分隔。面对纷扰的都市生活，营造一处能让心灵静谧沉淀的生活空间，是业主心中的一份渴望，也是本任务要体现的主要思想。开放式的大厅设计给人以通透之感，避免视觉给人带来的压迫感，可以缓解业主工作一天的疲惫。本任务通过简约实用的设计手法，将业主的工作空间巧妙地融入生活空间中。住宅室内平面图的绘制结果如图 6-1 所示。

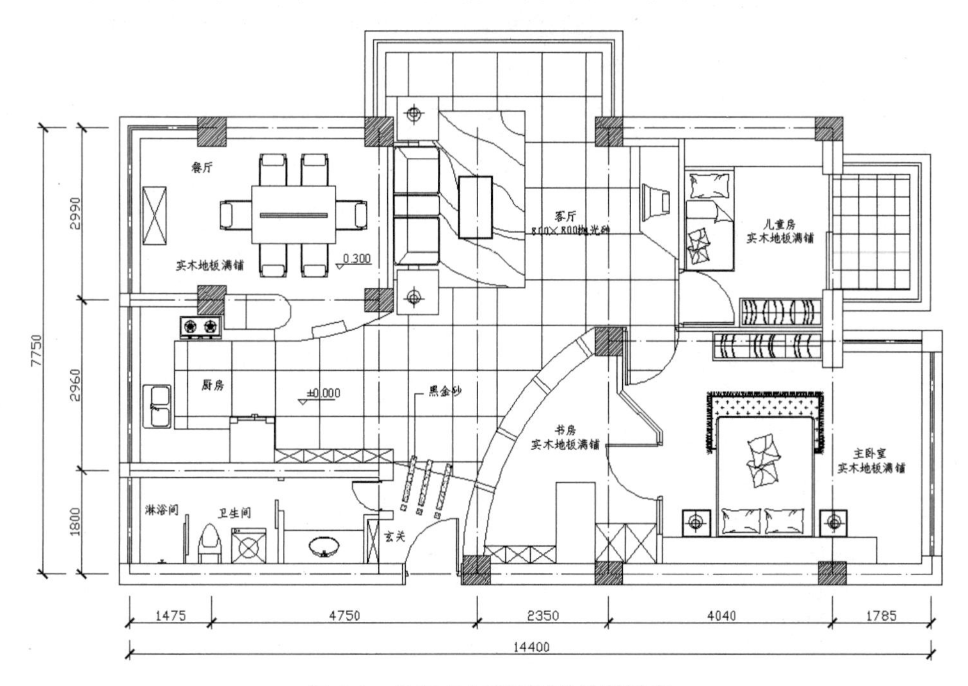


图 6-1 住宅室内平面图的绘制结果

## 操作步骤

微课

### 1. 绘图准备

新建文件后，单击“默认”选项卡的“图层”面板中的“图层特性”按钮，弹出“图层特性管理器”对话框，新建下列图层。

（1）“墙线”图层：颜色为白色，线型为实线，线宽为 0.3。

（2）“门窗”图层：颜色为蓝色，线型为实线，线宽为默认值。

（3）“装饰”图层：颜色为蓝色，线型为实线，线宽为默认值。

（4）“地板”图层：颜色为 9，线型为实线，线宽为默认值。

（5）“文字”图层：颜色为白色，线型为实线，线宽为默认值。

（6）“尺寸标注”图层：颜色为蓝色，线型为实线，线宽为默认值。

（7）“轴线”图层：颜色为红色，线型为点画线，线宽为默认值。

**注意**

建议通过新建几个图层来组织图形，而不是将整个图形创建在“0”图层上。

### 2. 绘制轴线

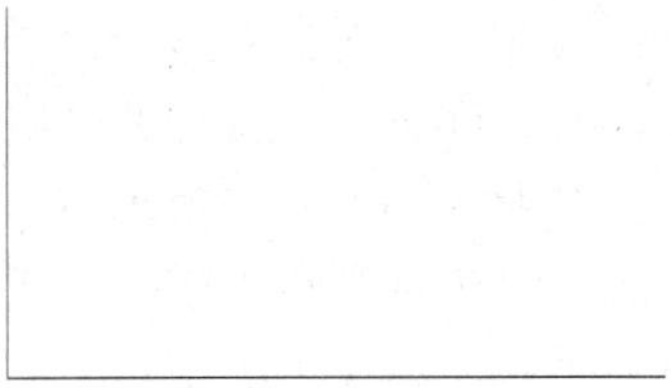

（1）在图层列表中选择“轴线”图层，将其设置为当前图层。单击“默认”选项卡的“绘图”面板中的“直线”按钮，分别绘制长度为 14400 的水平轴线和长度为 7750 的竖直轴线，结果如图 6-2 所示。

图 6-2 轴线的绘制结果

此时，虽然轴线的线型已被设置为点画线，但是由于线型比例设置的问题，轴线仍然显示为实线。选择刚刚绘制的轴线并右击，在弹出的快捷菜单中选择“特性”命令，打开“特性”选项板，如图 6-3 所示。

将“线型比例”设置为“30”，按 Enter 键，关闭“特性”选项板，此时，刚刚绘制的轴线的显示结果如图 6-4 所示。

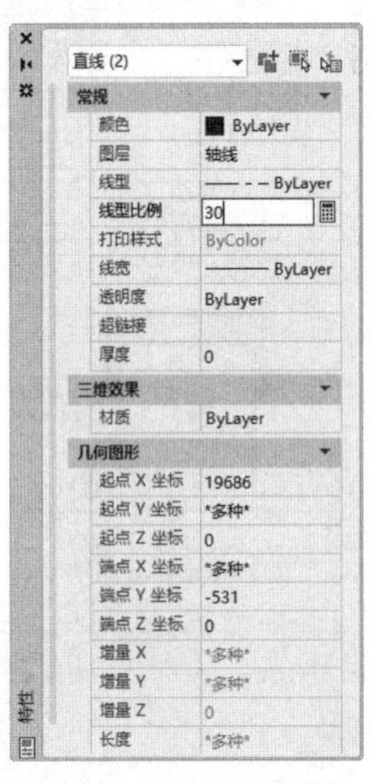


图 6-3 “特性”选项板

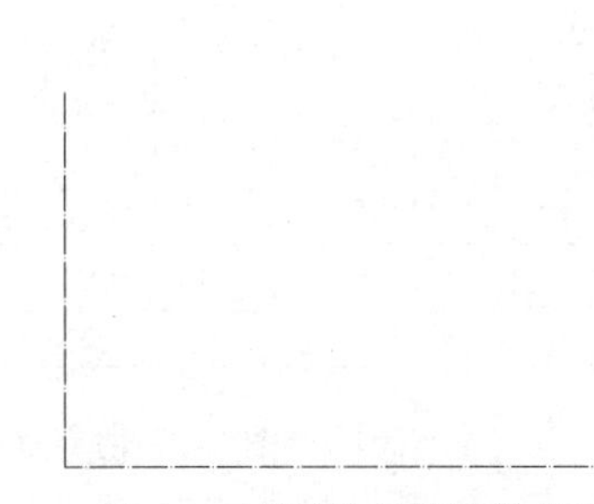

图 6-4 刚刚绘制的轴线的显示结果

（2）单击“默认”选项卡的“修改”面板中的“偏移”按钮⊆，将竖直轴线向右偏移 1475，结果如图 6-5 所示。

（3）单击“默认”选项卡的“修改”面板中的“偏移”按钮⊆，继续偏移其他轴线，其中将水平轴线分别向上偏移 1800、4240、4760、7750；将竖直轴线分别向右偏移 4465、6225、8575、12615、14400。轴线的最终偏移结果如图 6-6 所示。

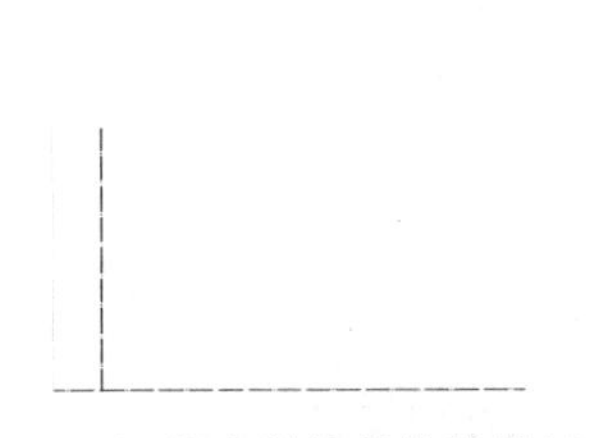

图 6-5　竖直轴线的偏移结果

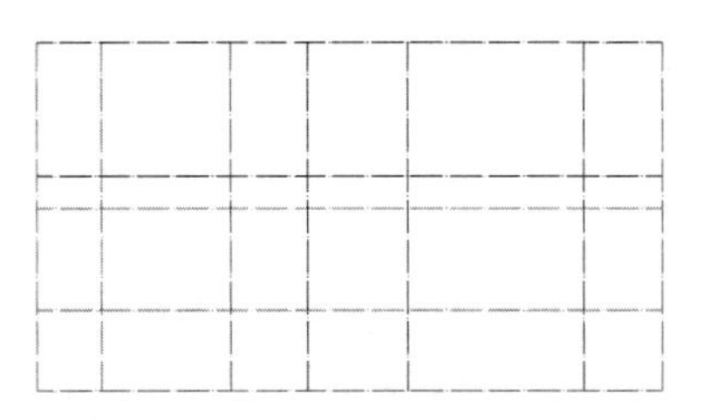

图 6-6　轴线的最终偏移结果

（4）单击“默认”选项卡的“修改”面板中的“修剪”按钮✂，选择从左向右数的第五条竖直轴线作为修剪的基准线，并右击，单击从上向下数的第三条水平轴线左侧的一点，删除左半部分，结果如图 6-7 所示。重复使用“修剪”命令，删除从上向下数的第二条水平轴线的右半部分及其他多余轴线，最终修剪结果如图 6-8 所示。

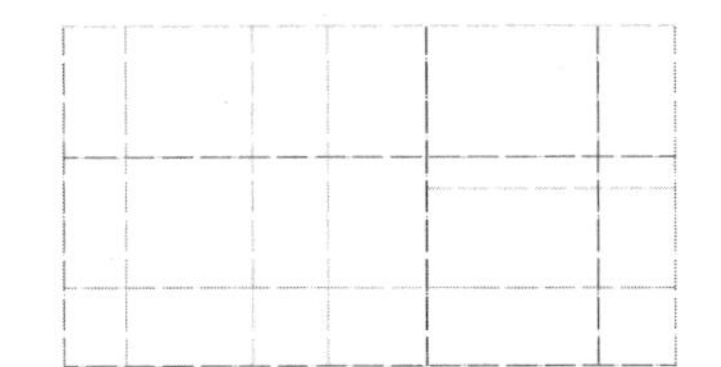

图 6-7　水平轴线的修剪结果

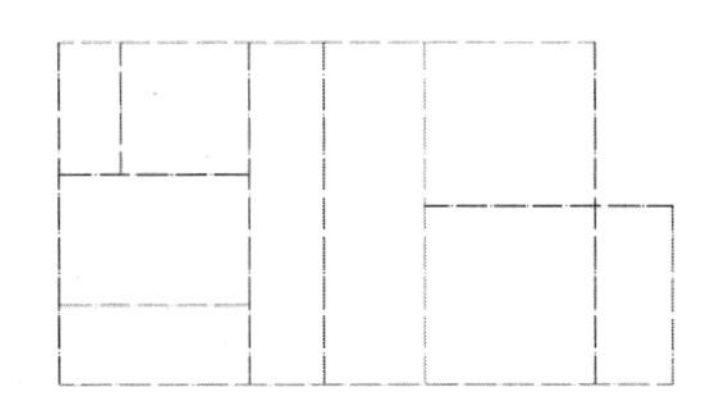

图 6-8　最终修剪结果

## 注意

（1）通过全局修改或单个修改每个对象的线型比例，可以以不同的比例使用同一个线型。

在默认情况下，将全局线型和单个线型的比例均设置为 1。比例越小，每个绘图单位中生成的重复图案就越多。例如，在将比例设置为 0.5 时，每个绘图单位在线型定义中显示重复两次的同一图案。不能显示完整线型图案的短直线被显示为连续的直线。对于太短，甚至不能显示为虚线的直线，可以使用更小的线型比例。

（2）要及时保存已绘制的图形。这样，不至于在出现意外时丢失已有的图形数据。

### 3. 设置多线样式

微课

一般建筑结构的墙线均是通过使用“多线”命令绘制的，下面将使用“多线”命令、“修剪”命令和“偏移”命令完成多线的绘制。

（1）绘制多线之前，将“墙线”图层设置为当前图层。选择菜单栏中的“格式”→“多线样式”命令，打开“多线样式”对话框，如图 6-9 所示。

在“多线样式”对话框中，可以看到“样式”列表框中只有系统自带的“STANDARD”样式，单击“新建”按钮，弹出“创建新的多线样式”对话框，如图 6-10 所示。在“新样式名”文本框中输入“wall_1”，作为多线样式名，单击“继续”按钮，弹出“新建多线样式：WALL_1”对话框，如图 6-11 所示。

（2）wall_1 为绘制外墙时应用的多线样式，由于外墙的宽度为 370，因此这里将“偏移”分别设置为“185”和“–185”，并勾选“封口”选项组中“直线”后面的两个复选框，之后单击“确定”按钮，返回到“多线样式”对话框中，单击“确定”按钮。

图 6-9　“多线样式”对话框

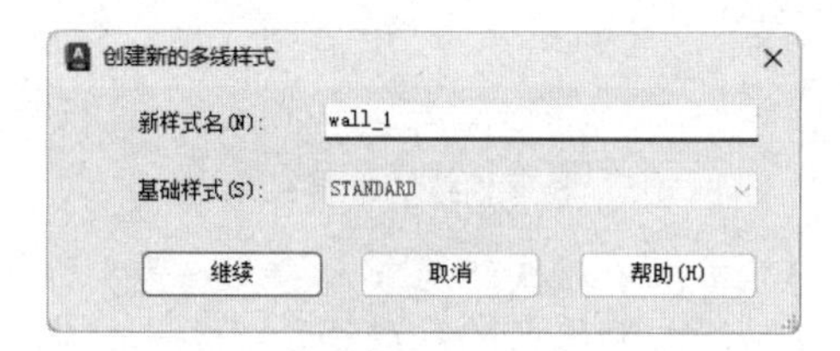


图 6-10　“创建新的多线样式”对话框 1

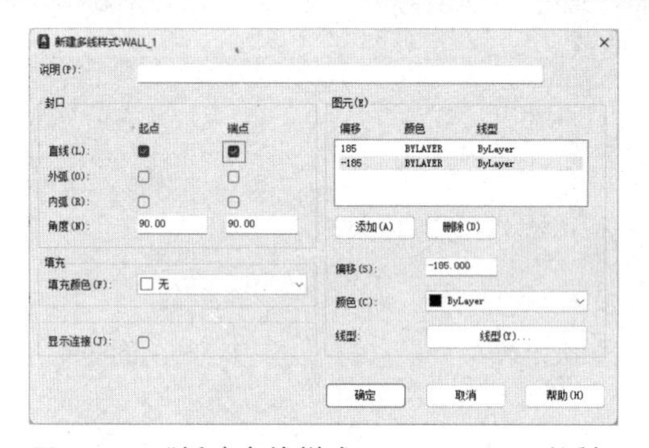


图 6-11　“新建多线样式：WALL_1”对话框

### 4．绘制墙线

（1）选择菜单栏中的“绘图”→“多线”命令，命令行提示与操作如下。

```
命令:_MLINE
当前设置:对正=上,比例=20.00,样式=STANDARD
指定起点或[对正(J)/比例(S)/样式(ST)]:st
输入多线样式名或[?]:wall_1（设置多线样式为 wall_1）
当前设置:对正=上,比例=20.00,样式=WALL_1
指定起点或[对正(J)/比例(S)/样式(ST)]:j
输入对正类型[上(T)/无(Z)/下(B)]<上>:z（设置对正类型为无）
当前设置:对正=无,比例=20.00,样式=WALL_1
指定起点或[对正(J)/比例(S)/样式(ST)]:s
输入多线比例<20.00>:1（设置多线比例为 1）
当前设置:对正=无,比例=1.00,样式=WALL_1
指定起点或[对正(J)/比例(S)/样式(ST)]:（选择底部的水平轴线左侧）
指定下一点:（选择底部的水平轴线右侧）
指定下一点或[放弃(U)]:
```

继续绘制其他外墙的墙线。外墙墙线的绘制结果如图 6-12 所示。

（2）参考上一步，再次新建多线样式，并将其命名为“wall_2”，将“偏移”分别设置为“120”和“–120”，作为内墙墙线的多线样式。内墙墙线的绘制结果如图 6-13 所示。

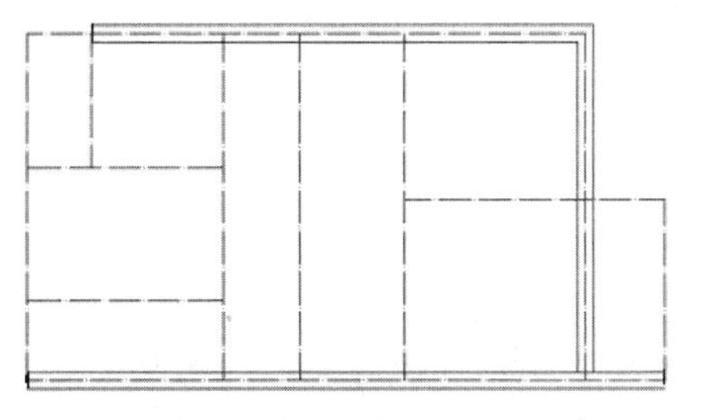

图 6-12　外墙墙线的绘制结果

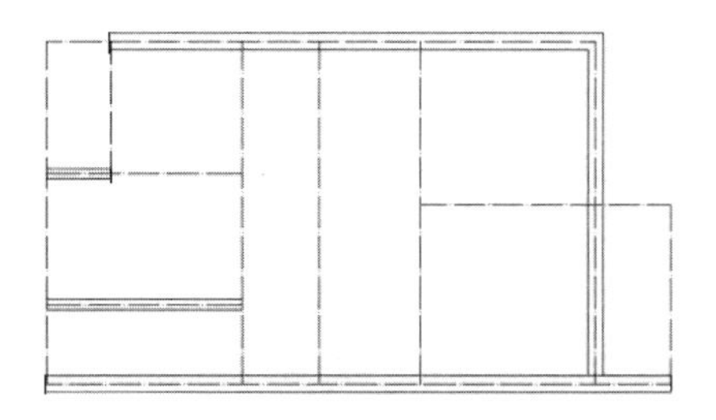

图 6-13　内墙墙线的绘制结果

**注意**

一般在 AutoCAD 2024 中绘制的住宅的外墙厚度为 240，隔墙厚度为 120，实际绘图时应根据具体情况而定。

### 5. 绘制柱子

本任务中柱子的尺寸有 500×500 和 500×400 两种，要求先在空白处绘制好柱子，然后将柱子移动到适当的轴线上。

（1）单击“默认”选项卡的“绘图”面板中的“矩形”按钮 ，绘制尺寸分别为 500×500 和 500×400 的两个矩形，作为柱子的轮廓，结果如图 6-14 所示。

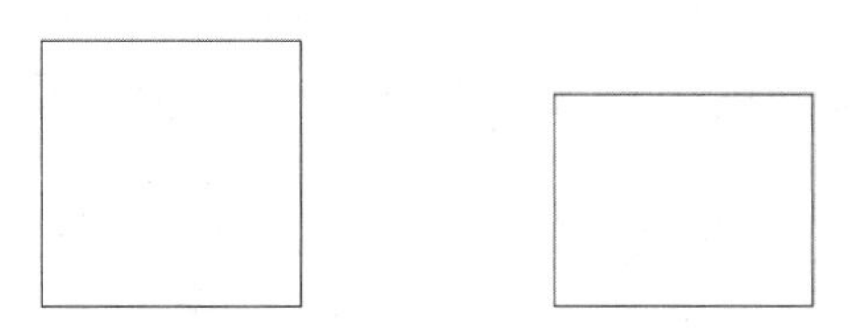

图 6-14　柱子的轮廓的绘制结果

（2）单击“默认”选项卡的“绘图”面板中的“图案填充”按钮 ，弹出“图案填充创建”选项卡，单击“图案填充图案”按钮，在弹出的下拉菜单中选择“ANSI31”命令，并设置图案填充比例为 15，如图 6-15 所示。

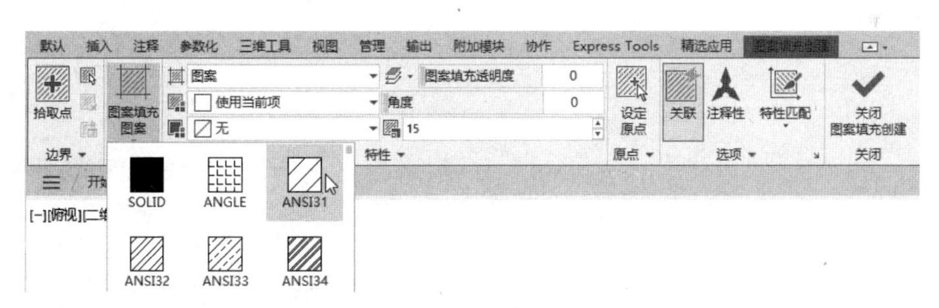


图 6-15　图案填充设置

（3）采用同样的方法，填充另一个矩形。注意，不能同时填充两个矩形，这是因为如果同时填充两个矩形，那么填充图案将是同一个对象，两个矩形的位置将无法变化，不利于编辑。填充结果如图 6-16 所示。

（4）柱子和轴线需要定位，为了定位方便和准确，这里在柱子截面的中心绘制两条辅助线，并使其分别通过两个对边的中点，结果如图 6-17 所示。

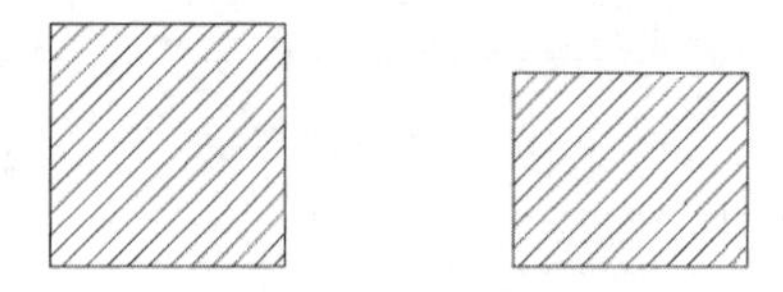

图 6-16　填充结果

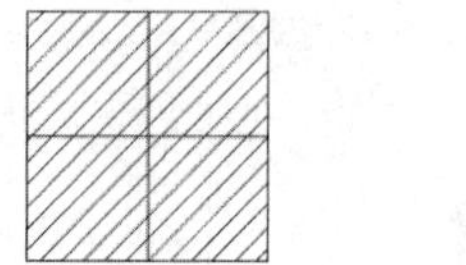

图 6-17　辅助线的绘制结果 1

（5）单击“默认”选项卡的“修改”面板中的“复制”按钮，将尺寸为 500×500 的截面的柱子以矩形的辅助线上方与边的交点为基点，复制到合适的位置。

（6）采用同样的方法，插入其他柱子截面，最终插入结果如图 6-18 所示。

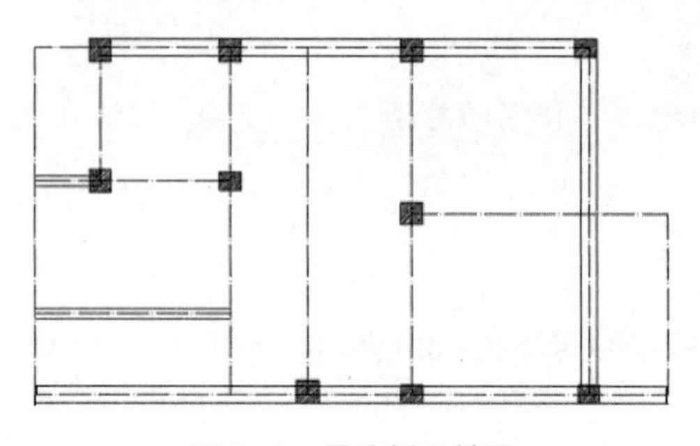

图 6-18　最终插入结果

微课

### 6．绘制窗线

（1）选择菜单栏中的“格式”→“多线样式”命令，在打开的“多线样式”对话框中单击“新建”按钮，弹出如图 6-19 所示的“创建新的多线样式”对话框，在“新样式名”文本框中输入“window”，单击“继续”按钮，弹出如图 6-20 所示的“新建多线样式：WINDOW”对话框。

（2）单击“新建多线样式：WINDOW”对话框右侧的“添加”按钮两次，添加两条直线，将四条直线的“偏移”分别设置为“185”“30”“–30”“–185”，并勾选“封口”选项组中“直线”后面的两个复选框。

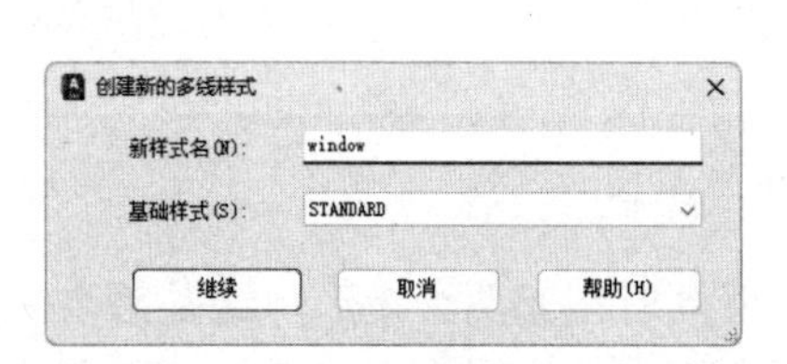


图 6-19　“创建新的多线样式”对话框 2

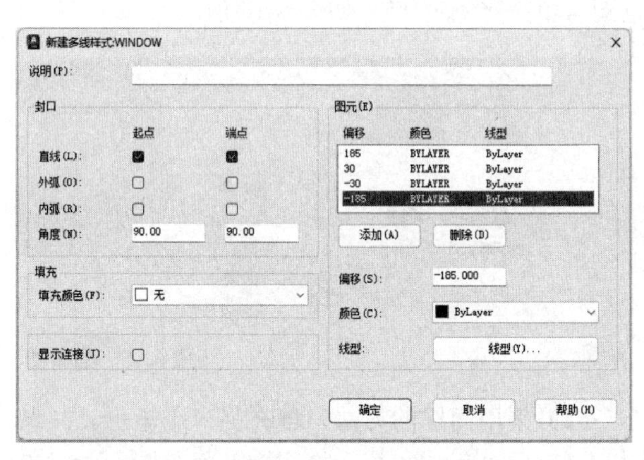


图 6-20　“新建多线样式：WINDOW”对话框

（3）选择菜单栏中的“绘图”→“多线”命令，将多线样式修改为 window，并设置多线比例为 1、对正类型为无。窗线的绘制结果如图 6-21 所示。

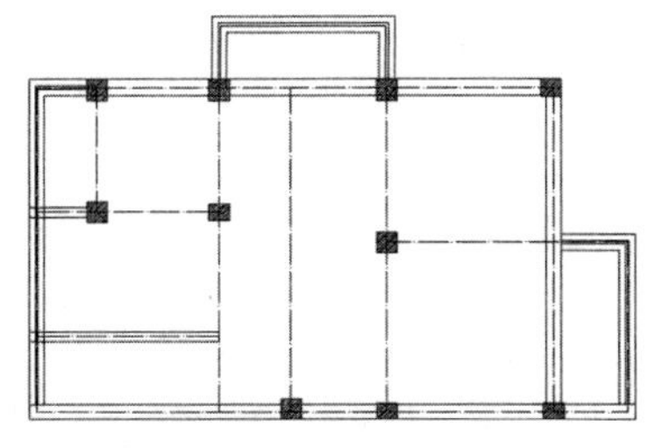

图 6-21　窗线的绘制结果

### 7. 编辑多线

（1）选择菜单栏中的“修改”→“对象”→“多线”命令，打开如图 6-22 所示的“多线编辑工具”对话框，先选择“十字闭合”选项，然后选择如图 6-23 所示的多线。先选择垂直多线，然后选择水平多线。修改后的多线交点如图 6-24 所示。

图 6-22　“多线编辑工具”对话框

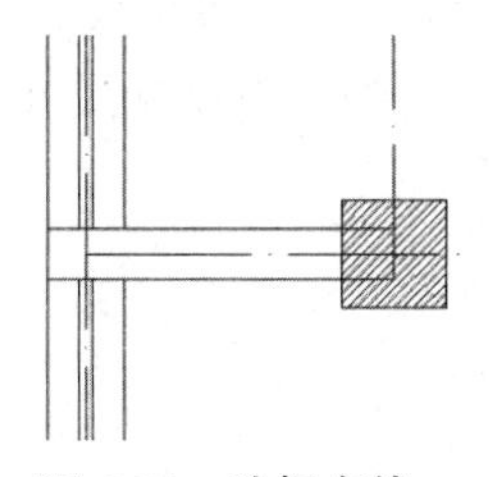

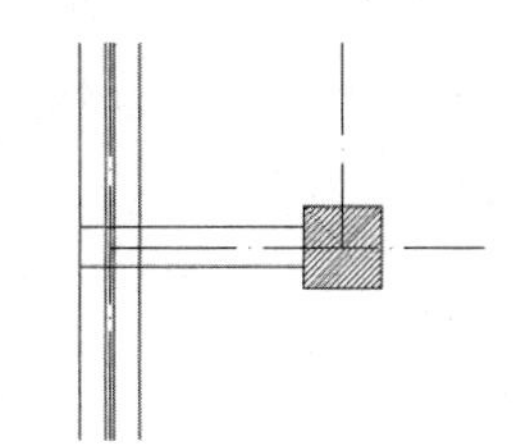

图 6-23　选择多线　　　　图 6-24　修改后的多线交点

（2）采用同样的方法，修改其他多线交点。图 6-24 中的水平多线与柱子的交点需要编辑，具体方法是：单击水平多线，显示端点，如图 6-25 所示。单击右侧的端点，将其移动到柱子边缘，如图 6-26 所示。

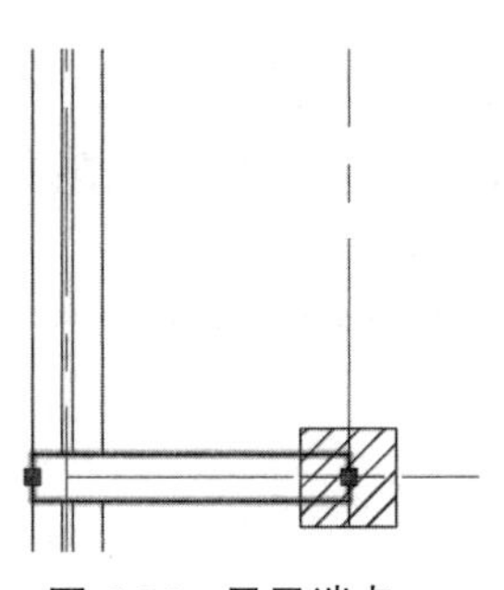

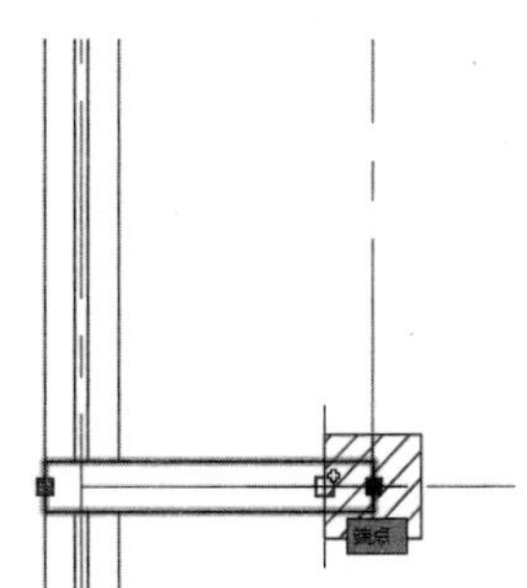

图 6-25　显示端点　　　　图 6-26　移动右侧的端点

（3）多线的编辑结果如图 6-27 所示。

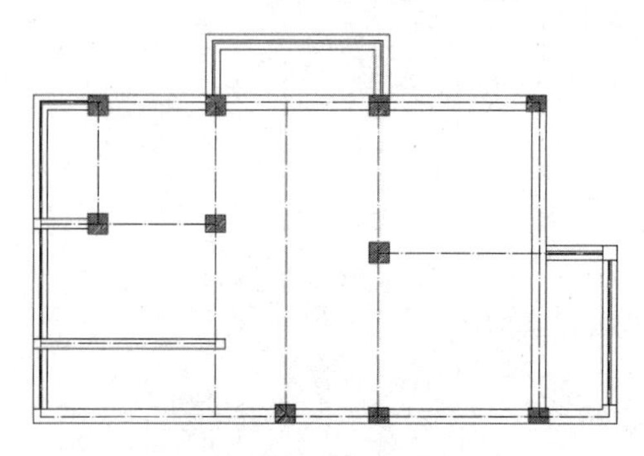

图 6-27　多线的编辑结果

## 8. 绘制单扇平开门

本任务中共涉及五个单扇平开门和三个单扇推拉门，可以先绘制一扇门，将其保存为图块，以便在以后需要时通过插入图块的方法调用，节省绘图时间。

（1）在图层列表中选择“门窗”图层，将其设置为当前图层。单击“默认”选项卡的“绘图”面板中的“矩形”按钮 ▭，在绘图区域中绘制尺寸为 60×80 的矩形作为“单扇平开门”图块，结果如图 6-28 所示。

（2）先单击“默认”选项卡的“修改”面板中的“分解”按钮，选择刚刚绘制的矩形，按 Enter 键，再单击“默认”选项卡的“修改”面板中的“偏移”按钮，将刚刚绘制的矩形左边和上边分别向右、向下偏移 40，结果如图 6-29 所示。

（3）单击“默认”选项卡的“修改”面板中的“修剪”按钮，将矩形右上部分及内部的直线修剪掉，结果如图 6-30 所示。此时，得到门垛，在门垛的上方绘制尺寸为 920×40 的矩形，结果如图 6-31 所示。

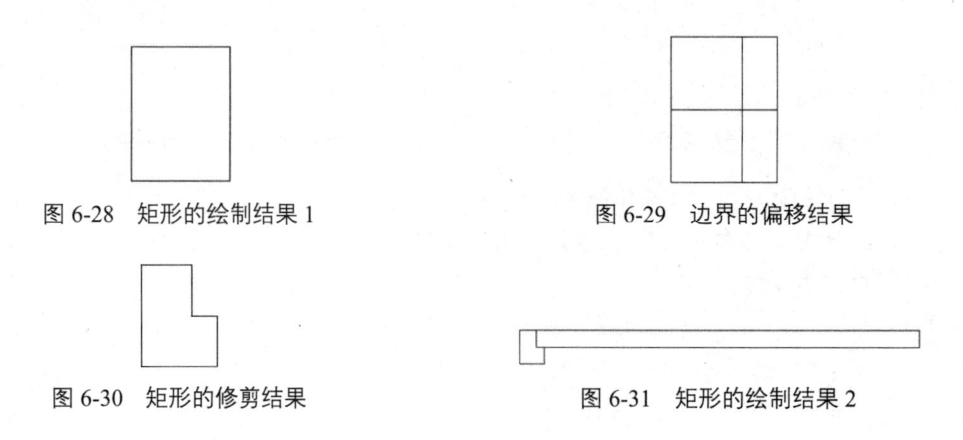

图 6-28　矩形的绘制结果 1

图 6-29　边界的偏移结果

图 6-30　矩形的修剪结果

图 6-31　矩形的绘制结果 2

（4）单击“默认”选项卡的“修改”面板中的“镜像”按钮，选择门垛，以矩形的中轴为基准，将门垛镜像到另一侧，结果如图 6-32 所示。

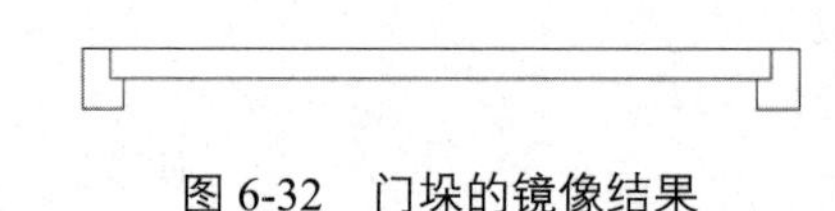

图 6-32　门垛的镜像结果

### 注意

在默认情况下镜像文字、属性和属性定义时，它们在镜像图像中不会被反转或倒置。文字的对齐方式和对正类型在镜像前后相同。

（5）单击“默认”选项卡的“修改”面板中的“旋转”按钮，选择门扇（中间的矩形），以右上角点为轴，将门扇顺时针旋转 90°，结果如图 6-33 所示。单击“默认”选项卡的“绘图”面板中的“圆弧”按钮，以矩形的右上角点为圆弧的起点，以矩形的右下角点为圆心，绘制门的开启线，结果如图 6-34 所示。

图 6-33　门扇的旋转结果　　　　图 6-34　开启线的绘制结果

（6）绘制完成后，在命令行中输入“WBLOCK”，按 Enter 键，打开“写块”对话框，如图 6-35 所示。先选择一点作为基点，然后选择保存块的路径，在“文件名和路径”文本框中输入“单扇平开门.dwg”，选择刚刚绘制的“单扇平开门”图块，并选中“对象”选项组中的“从图形中删除”单选按钮。

（7）单击“确定”按钮，保存该图块。

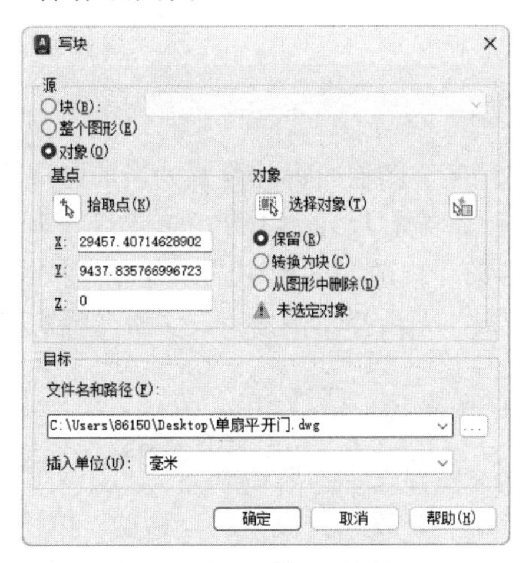


图 6-35　“写块”对话框 1

（8）单击“默认”选项卡的“块”面板中的“插入”按钮，在弹出的下拉菜单中选择“最近使用的块”命令，打开“块”选项板，如图 6-36 所示。在“最近使用的块”列表中选择“单扇平开门”图块，将其插入如图 6-37 所示的位置。此时，在选择基点时，为了绘图方便，可以将右侧门垛的中心点作为基点，以便插入定位。选择基点如图 6-38 所示。

（9）单击“默认”选项卡的“修改”面板中的“修剪”按钮，将“单扇平开门”图块中的多余墙线删除，并在左侧的墙线处绘制封闭直线，结果如图 6-39 所示。

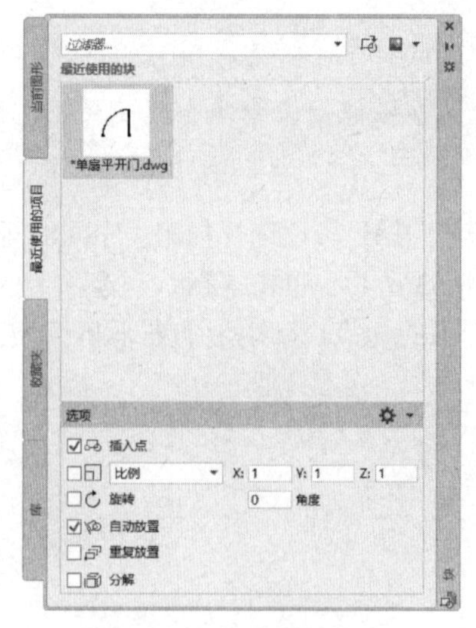


图 6-36 “块”选项板 1

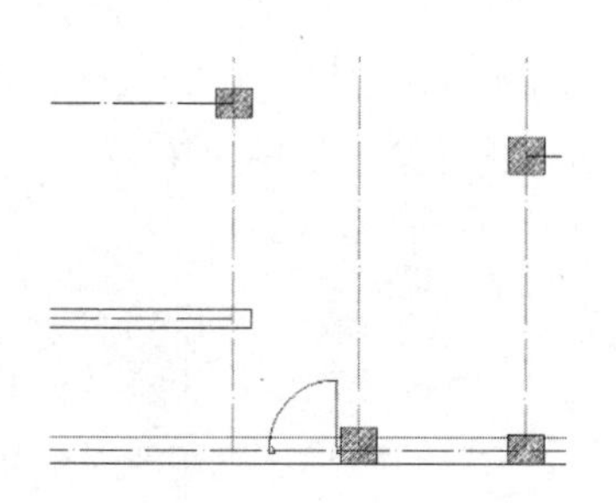

图 6-37 “单扇平开门”图块的插入结果 1

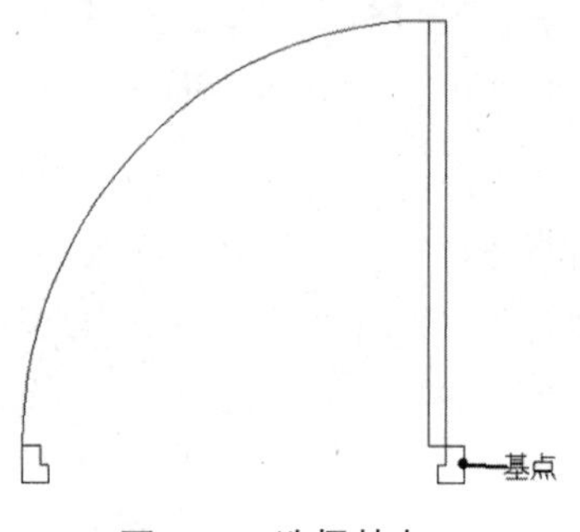


图 6-38 选择基点 1

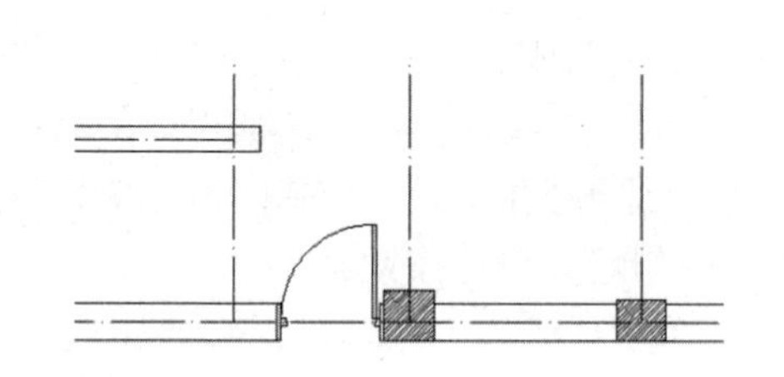

图 6-39 删除多余墙线并绘制封闭直线的结果

### 9. 绘制单扇推拉门

（1）在图层列表中选择“门窗”图层，将其设置为当前图层。单击“默认”选项卡的“绘图”面板中的“矩形”按钮 ，绘制尺寸为 1000×60 的矩形，结果如图 6-40 所示。

（2）单击“默认”选项卡的“修改”面板中的“复制”按钮 ，选择刚刚绘制的矩形，将其复制到右侧，在选择基点时，先选择左侧角点，然后选择右侧角点，结果如图 6-41 所示。

图 6-40 矩形的绘制结果 3

图 6-41 矩形的复制结果 1

（3）单击“默认”选项卡的“修改”面板中的“移动”按钮 ，先选择右侧的矩形，按 Enter 键，然后选择如图 6-42 所示的两个矩形的交界处直线上的点作为基点，将其移动到直线的下端点处，结果如图 6-43 所示。

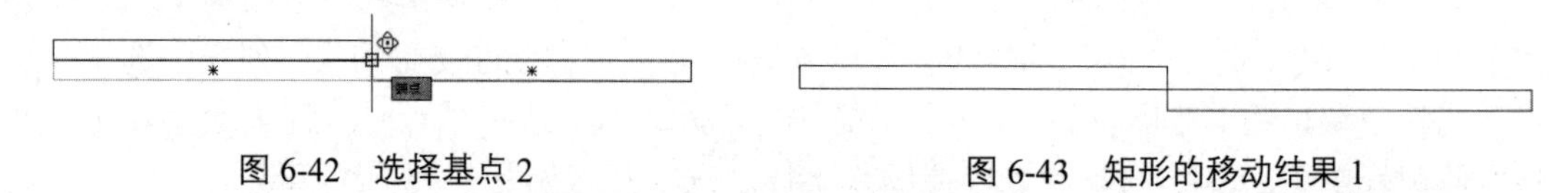

图 6-42 选择基点 2

图 6-43 矩形的移动结果 1

（4）在命令行中输入“WBLOCK”，按 Enter 键，打开“写块”对话框，如图 6-44 所示。先选择如图 6-45 所示的点作为基点，然后选择保存块的路径，在“文件名和路径”文本框中输入“单扇推拉门.dwg”，选择刚刚绘制的“单扇平开门”图块，并选中“对象”选项组中的

“从图形中删除”单选按钮。单击“确定”按钮，进行保存。

图 6-44　“写块”对话框 2

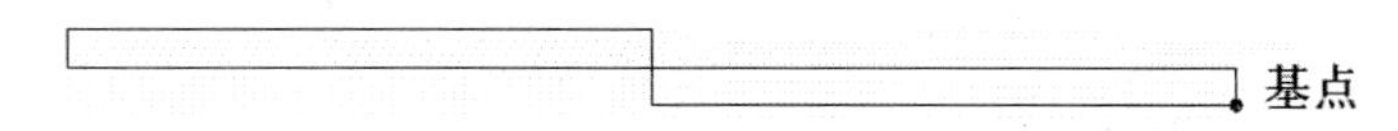


图 6-45　选择基点 3

（5）单击“默认”选项卡的“块”面板中的“插入”按钮，在弹出的下拉菜单中选择“最近使用的块”命令，打开“块”选项板，如图 6-46 所示。在“最近使用的块”列表中选择“单扇推拉门”图块，将“单扇推拉门”图块插入如图 6-47 所示的位置。

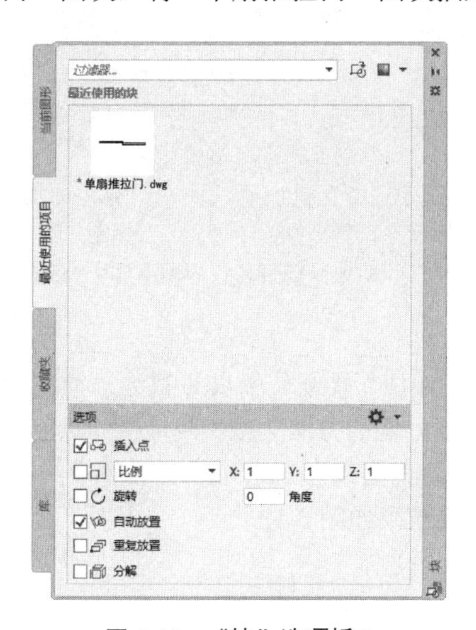


图 6-46　“块”选项板 2

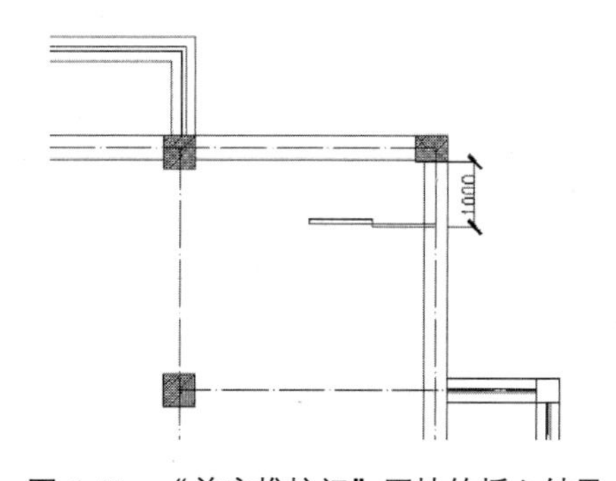


图 6-47　“单扇推拉门”图块的插入结果

（6）单击“默认”选项卡的“修改”面板中的“旋转”按钮，选择“单扇推拉门”图块，以插入点为基点，将其旋转 90°，结果如图 6-48 所示。

（7）单击“默认”选项卡的“修改”面板中的“修剪”按钮，将“单扇推拉门”图块中的多余墙线删除，结果如图 6-49 所示。

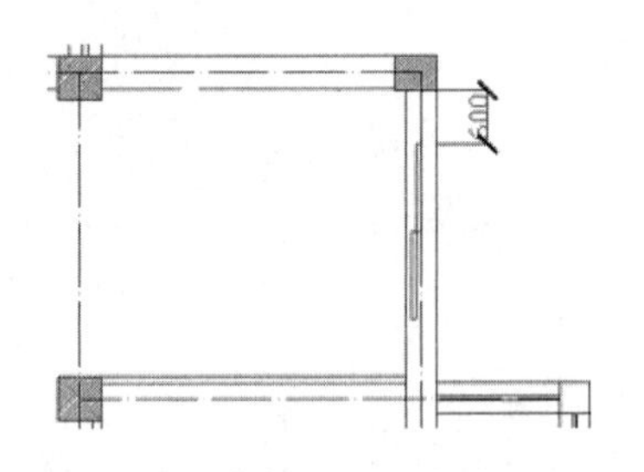

图 6-48 “单扇推拉门”图块的旋转结果

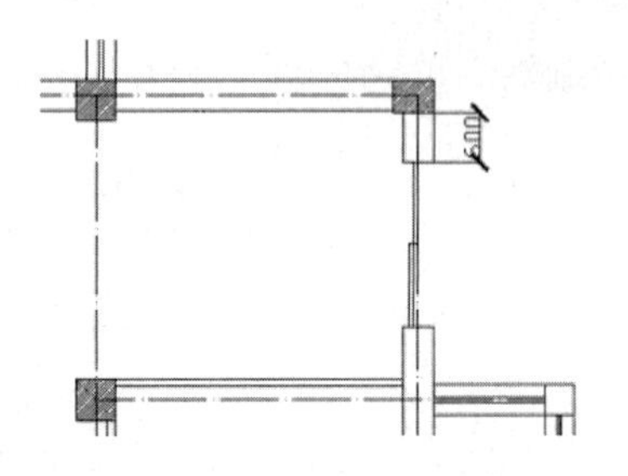

图 6-49 删除多余墙线的结果

## 10. 设置隔墙线型

建筑结构中有用来承载受力的承重墙，以及用来分割空间、美化环境的非承重墙。前面已经介绍了如何绘制用来承载受力的承重墙，下面介绍如何绘制非承重墙。

（1）选择菜单栏中的“格式”→“多线样式”命令，打开“多线样式”对话框，可以看到在绘制承重墙时创建的几种线型。单击“新建”按钮，弹出如图 6-50 所示的“创建新的多线样式”对话框，在“新样式名”文本框中输入“wall_in”。

（2）单击“继续”按钮，弹出“新建多线样式：WALL_IN”对话框，设置“偏移”分别为“50”和“-50”，如图 6-51 所示。

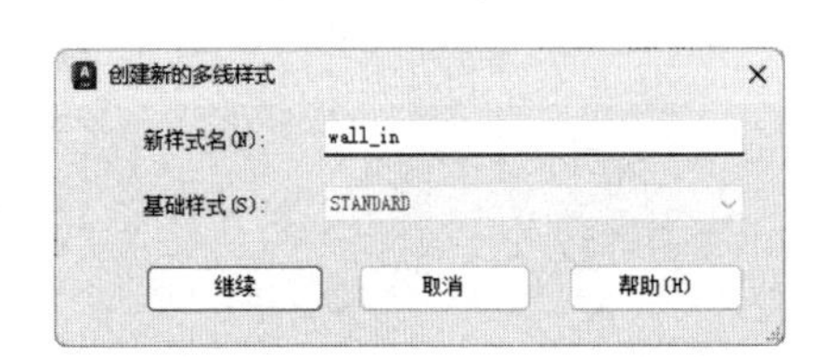


图 6-50 “创建新的多线样式”对话框 3

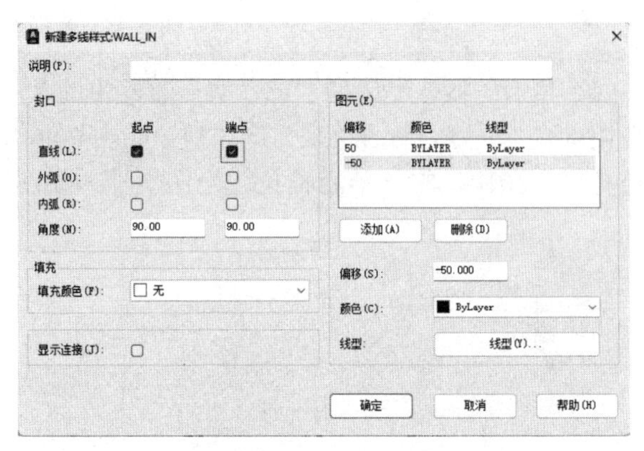


图 6-51 “新建多线样式：WALL_IN”对话框

## 11. 绘制隔墙

（1）设置好多线样式后，在图层列表中选择“墙线”图层，将其设置为当前图层。隔墙的绘制结果如图 6-52 所示。绘制隔墙的方法与绘制外墙的方法类似。隔墙①的绘制方法为：选择菜单栏中的“绘图”→“多线”命令，将多线样式修改为 wall_in，并设置多线比例为 1、对正类型为上，由点 *A* 向点 *B* 绘制。隔墙①的绘制结果如图 6-53 所示。

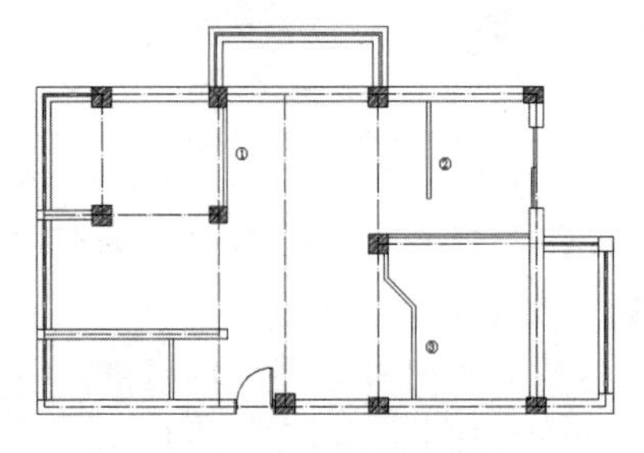

图 6-52 隔墙的绘制结果

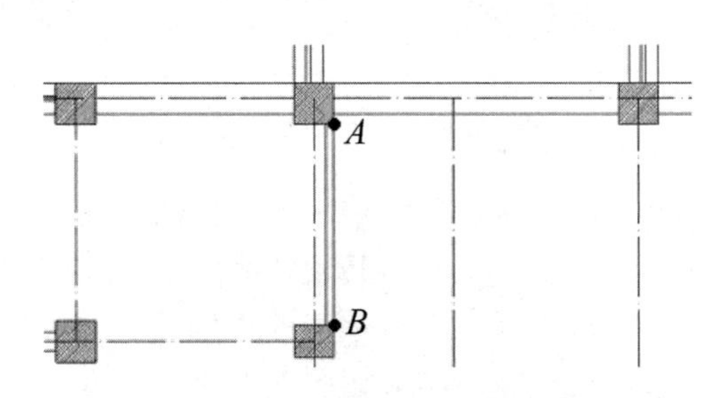


图 6-53 隔墙①的绘制结果

（2）在绘制隔墙②时，因为多线样式已经修改过了，所以先选择菜单栏中的“绘图”→“多线”命令，当出现系统提示时选择点 *A*，并右击，在弹出的快捷菜单中选择“取消”命令，取消选择点 *A*；然后选择菜单栏中的“绘图”→“多线”命令，在命令行中依次输入“@1100,0”“@0,–2400”，按 Enter 键。隔墙②的绘制结果如图 6-54 所示。

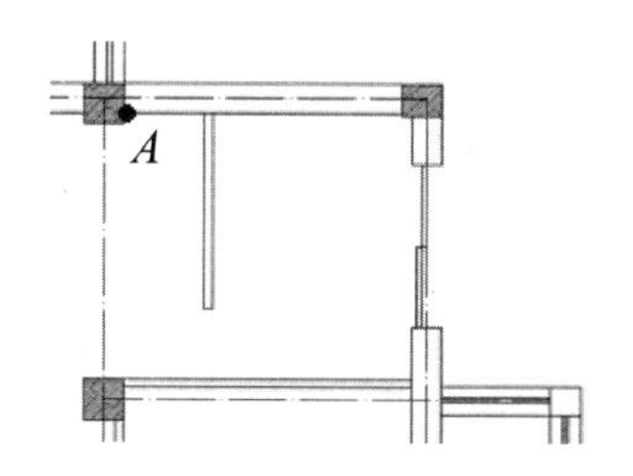


图 6-54 隔墙②的绘制结果

（3）绘制隔墙③的方法与绘制隔墙①和隔墙②的方法类似，即选择菜单栏中的“绘图”→“多线”命令，选择点 *A*，在命令行中依次输入“@0, –600”“@700, –700”，选择点 *B*。隔墙③的绘制结果如图 6-55 所示。采用同样的方法，绘制其他隔墙。分别单击“默认”选项卡的“修改”面板中的“移动”按钮和“修剪”按钮，插入“单扇平开门”图块，结果如图 6-56 所示。

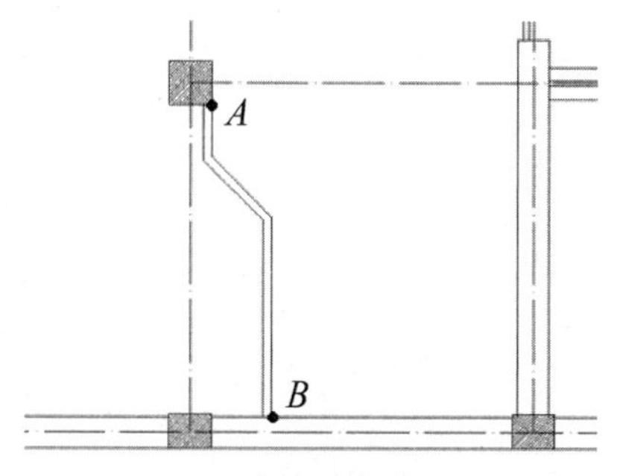


图 6-55 隔墙③的绘制结果

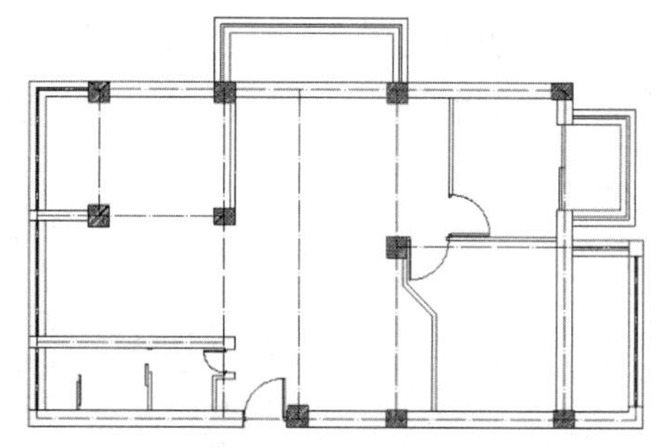

图 6-56 “单扇平开门”图块的插入结果 2

（4）单击“默认”选项卡的“绘图”面板中的“圆弧”按钮，绘制如图 6-57 所示的书房区域（阴影部分），其隔墙为弧形。

（5）单击“默认”选项卡的“绘图”面板中的“圆弧”按钮，以柱子的角点为基点，依次选择点 *A*、点 *B*、点 *C*，绘制圆弧，结果如图 6-58 所示。

（6）单击“默认”选项卡的“修改”面板中的“偏移”按钮，将圆弧向右偏移 380。圆弧的偏移结果如图 6-59 所示。

（7）单击“默认”选项卡的“绘图”面板中的“直线”按钮，在两个圆弧之间绘制辅助线，用于分割，结果如图 6-60 所示。

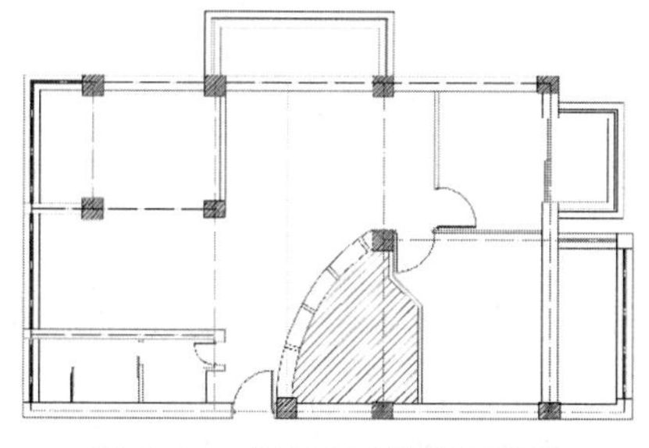

图 6-57 书房区域的绘制结果

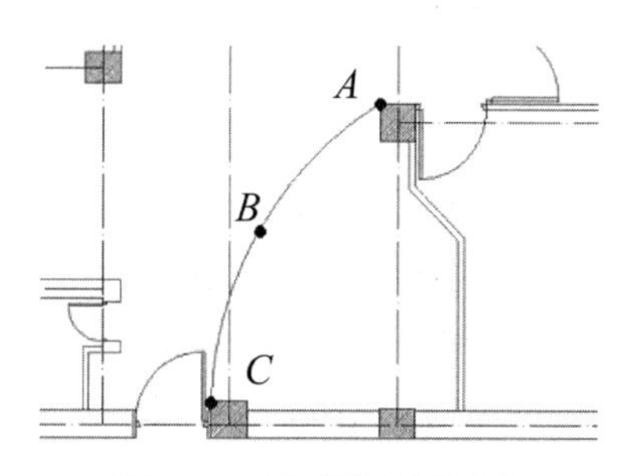


图 6-58 圆弧的绘制结果

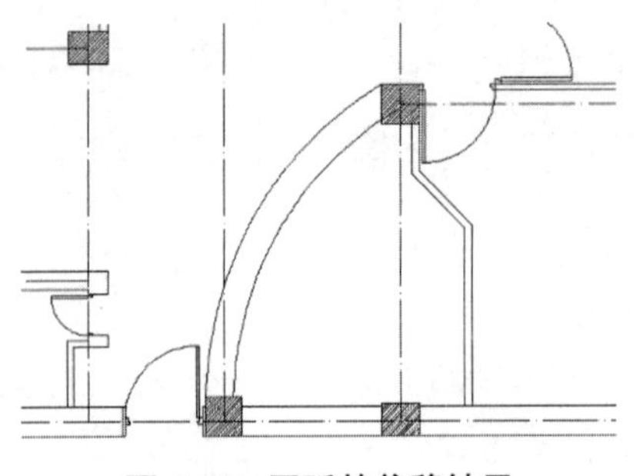

图 6-59　圆弧的偏移结果

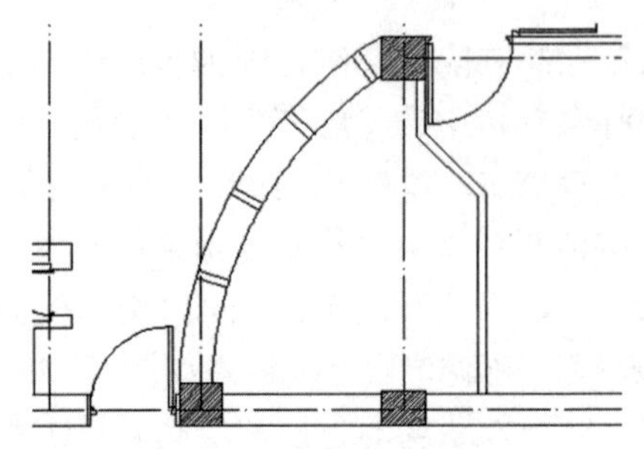

图 6-60　辅助线的绘制结果 2

## 12. 绘制装饰

微课

1）绘制餐桌

（1）在图层列表中选择“装饰”图层，将其设置为当前图层。单击“默认”选项卡的“绘图”面板中的“矩形”按钮 ▭，绘制尺寸为 1500×1000 的矩形，结果如图 6-61 所示。

（2）单击“默认”选项卡的“绘图”面板中的“直线”按钮 ╱，分别连接矩形的两条长边和两条短边的中点，各绘制一条直线作为辅助线，结果如图 6-62 所示。

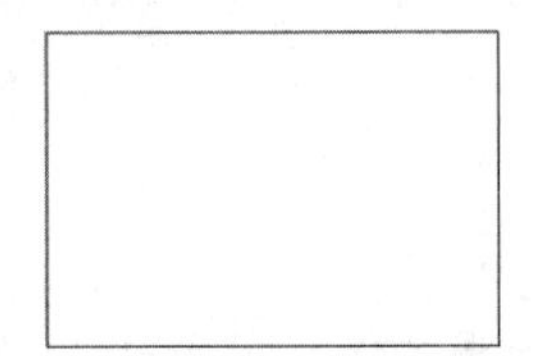

图 6-61　矩形的绘制结果 4

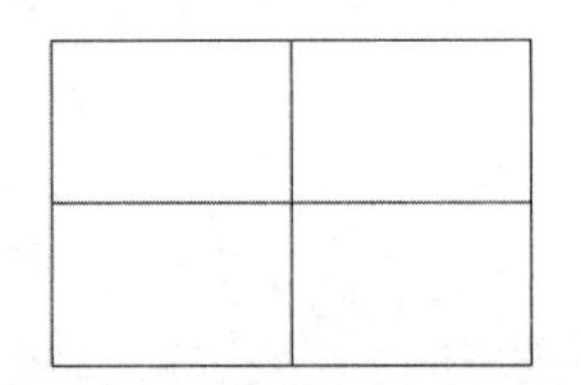

图 6-62　辅助线的绘制结果 3

（3）单击“默认”选项卡的“绘图”面板中的“矩形”按钮 ▭，在空白处绘制尺寸为 1200×40 的矩形，结果如图 6-63 所示。单击“默认”选项卡的“修改”面板中的“移动”按钮 ✥，以矩形底边的中点为基点，移动矩形至刚刚绘制的辅助线的交叉处，结果如图 6-64 所示。

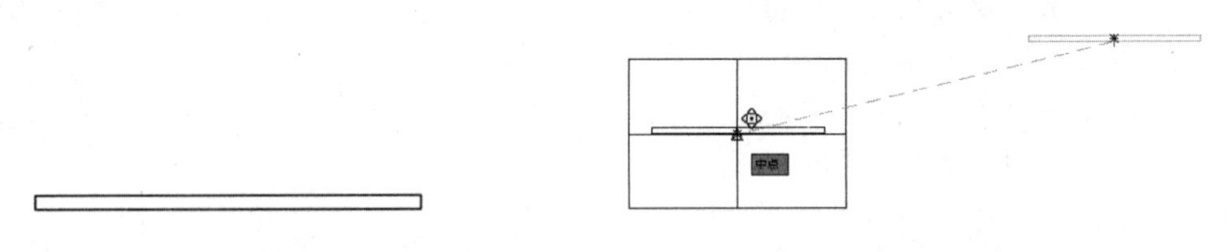


图 6-63　矩形的绘制结果 5

图 6-64　矩形的移动结果 2

（4）单击“默认”选项卡的“修改”面板中的“镜像”按钮 ⚠，将刚刚移动的矩形以水平辅助线为轴，镜像到下方，结果如图 6-65 所示。

（5）单击“默认”选项卡的“绘图”面板中的“矩形”按钮 ▭，在空白处绘制边长为 500 的正方形，结果如图 6-66 所示。

（6）单击“默认”选项卡的“修改”面板中的“偏移”按钮 ⊆，将刚刚绘制的正方形向内偏移 20，结果如图 6-67 所示。单击“默认”选项卡的“绘图”面板中的“矩形”按钮 ▭，绘制尺寸为 400×200 的矩形，结果如图 6-68 所示。

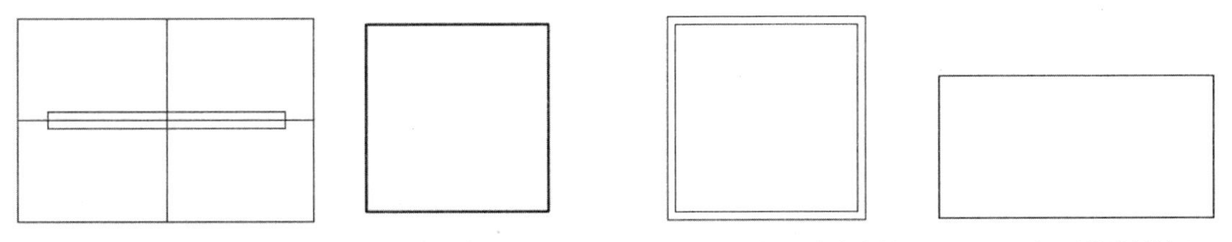

图 6-65 矩形的镜像结果 图 6-66 正方形的绘制结果 1 图 6-67 正方形的偏移结果 图 6-68 矩形的绘制结果 6

（7）单击“默认”选项卡的“修改”面板中的“圆角”按钮，设置矩形的圆角半径为50。重复使用“圆角”命令，对矩形的四个角进行圆角处理，结果如图 6-69 所示。

（8）单击“默认”选项卡的“修改”面板中的“移动”按钮，将刚刚进行圆角处理的矩形移动到刚刚绘制的正方形的一条边的合适位置，结果如图 6-70 所示。

（9）单击“默认”选项卡的“修改”面板中的“修剪”按钮，修剪矩形内部的多余直线，结果如图 6-71 所示。

图 6-69 圆角的处理结果 图 6-70 矩形的移动结果 3 图 6-71 多余直线的修剪结果 1

（10）单击“默认”选项卡的“绘图”面板中的“直线”按钮，在矩形上方绘制直线，直线的端点及位置如图 6-72 所示。此时，“椅子”图块绘制完成。单击“默认”选项卡的“修改”面板中的“移动”按钮，将“椅子”图块内部正方形的左下角点或右下角点作为移动的基点，移动“椅子”图块使其与餐桌的外边重合，结果如图 6-73 所示。单击“默认”选项卡的“修改”面板中的“修剪”按钮，修剪餐桌边缘内部的多余直线，结果如图 6-74 所示。

（11）分别单击“默认”选项卡的“修改”面板中的“镜像”按钮及“旋转”按钮，复制“椅子”图块；单击“默认”选项卡的“修改”面板中的“删除”按钮，删除辅助线。“椅子”图块的复制结果如图 6-75 所示。

（12）将图形命名为“餐桌”并保存为图块。单击“默认”选项卡的“块”面板中的“插入”按钮，在弹出的下拉菜单中选择“最近使用的块”命令，打开“块”选项板，在“最近使用的块”列表中选择“餐桌”图块，将“餐桌”图块插入餐厅中，结果如图 6-76 所示。

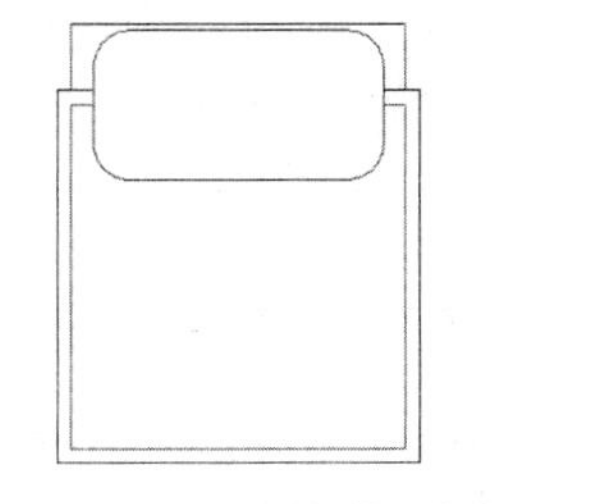

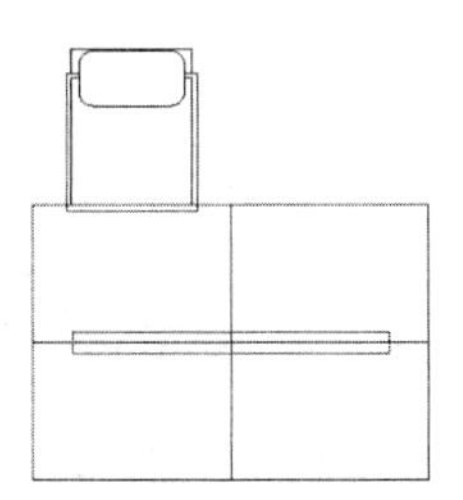

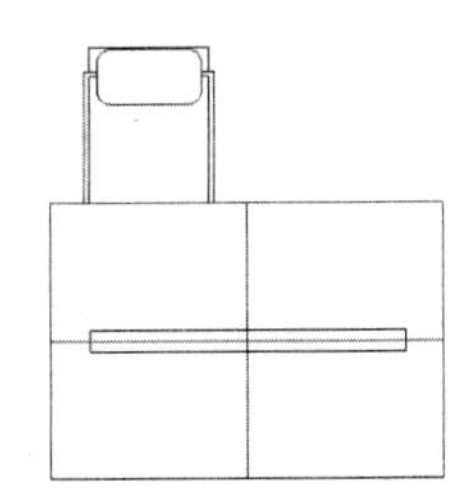

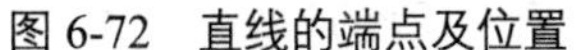

图 6-72 直线的端点及位置 图 6-73 “椅子”图块的移动结果 图 6-74 多余直线的修剪结果 2

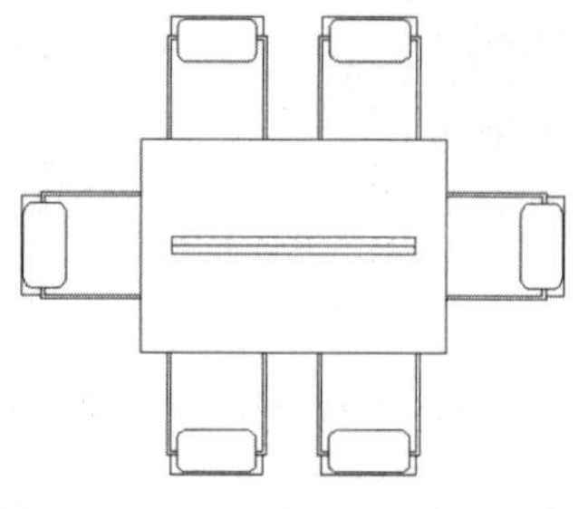

图 6-75 “椅子”图块的复制结果 3

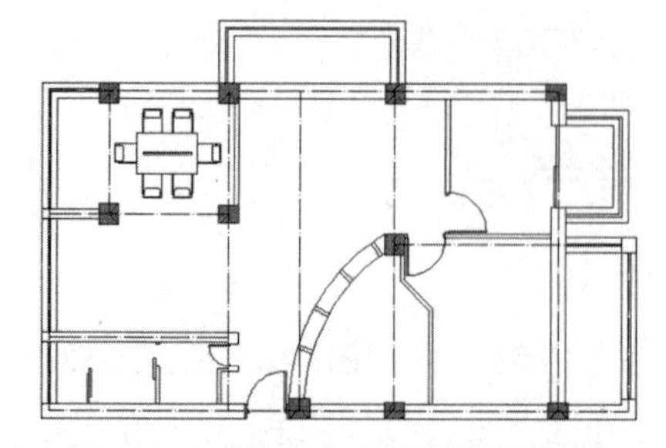

图 6-76 “餐桌”图块的插入结果

**注意**

在绘图时，常常会应用到一些标准图块，如“椅子”图块等，此时用户可以从设计中心直接调用相应的图块。

2）绘制书房门窗

微课

（1）在图层列表中选择“门窗”图层，将其设置为当前图层。单击“默认”选项卡的“块”面板中的“插入”按钮，在弹出的下拉菜单中选择“最近使用的块”命令，打开“块”选项板，选择“单扇平开门”图块，保证将基点插入如图 6-77 所示的点 *A* 处。

（2）单击“默认”选项卡的“修改”面板中的“旋转”按钮，绕着基点将“单扇平开门”图块旋转 90°，结果如图 6-78 所示。

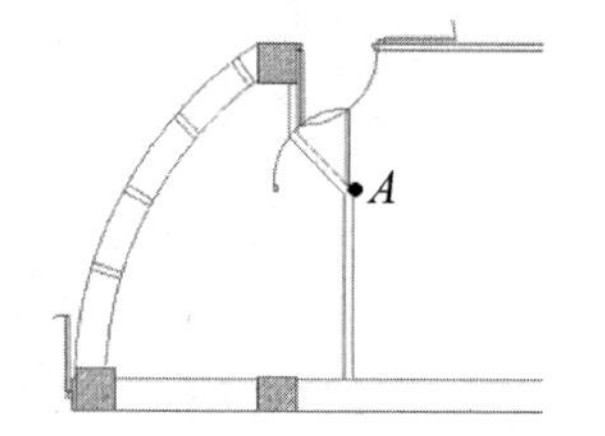


图 6-77 “单扇平开门”图块的插入结果 3

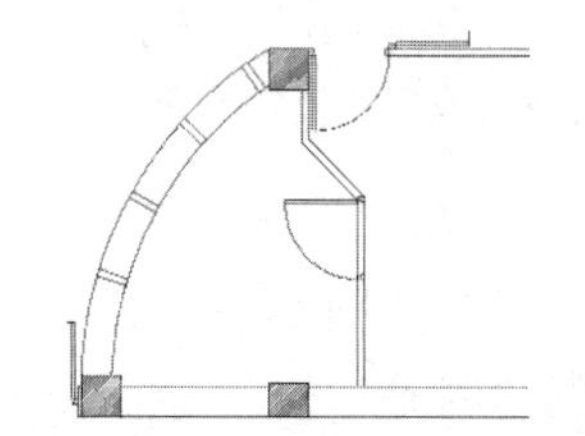

图 6-78 “单扇平开门”图块的旋转结果

（3）单击“默认”选项卡的“修改”面板中的“移动”按钮，将“单扇平开门”图块向下移动 200，结果如图 6-79 所示。单击“默认”选项卡的“绘图”面板中的“直线”按钮，在门垛的两侧分别绘制一条直线，作为分割的辅助线，结果如图 6-80 所示。

（4）单击“默认”选项卡的“修改”面板中的“修剪”按钮，以辅助线为修剪的边界，修剪隔墙的多线。单击“默认”选项卡的“修改”面板中的“删除”按钮，删除辅助线，结果如图 6-81 所示。

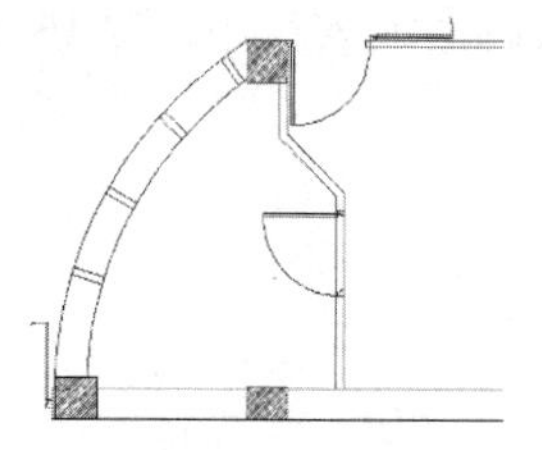

图 6-79 “单扇平开门”图块的移动结果

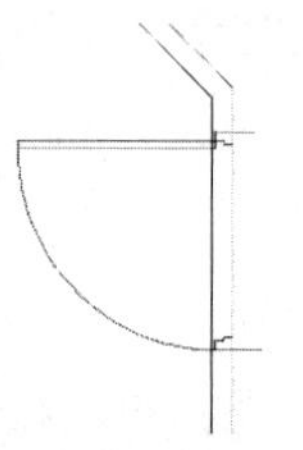

图 6-80 辅助线的绘制结果 4

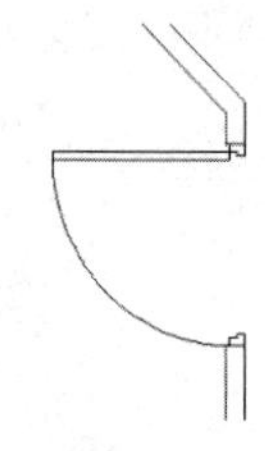

图 6-81 辅助线的删除结果 1

（5）选择菜单栏中的“格式”→“多线样式”命令，打开“多线样式”对话框，以隔墙为基准，单击“新建”按钮，弹出“创建新的多线样式”对话框，在“新样式名”文本框中输入“window2”，如图 6-82 所示。单击“继续”按钮，在如图 6-83 所示的“新建多线样式：WINDOW2”对话框中将“偏移”分别设置为“50”“0”“–50”。在刚刚插入的“单扇平开门”图块两侧绘制多线作为窗线，结果如图 6-84 所示。

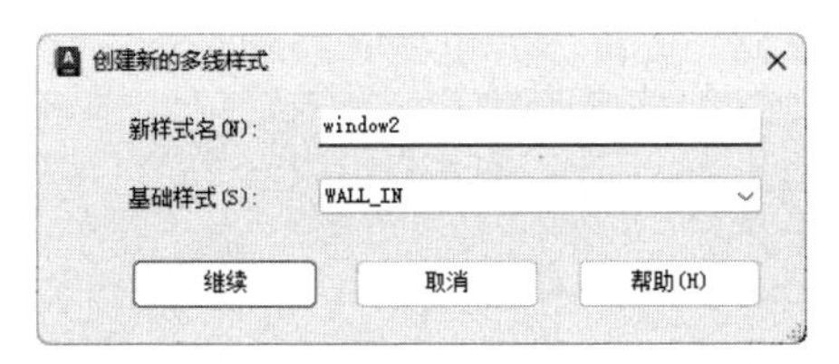


图 6-82 “创建新的多线样式”对话框 4

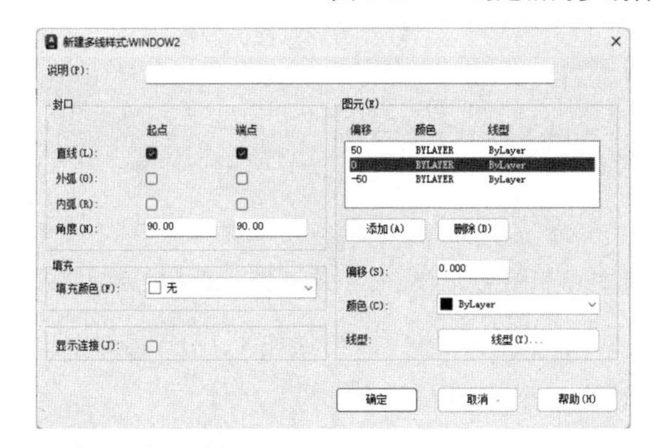


图 6-83 “新建多线样式：WINDOW2” 对话框

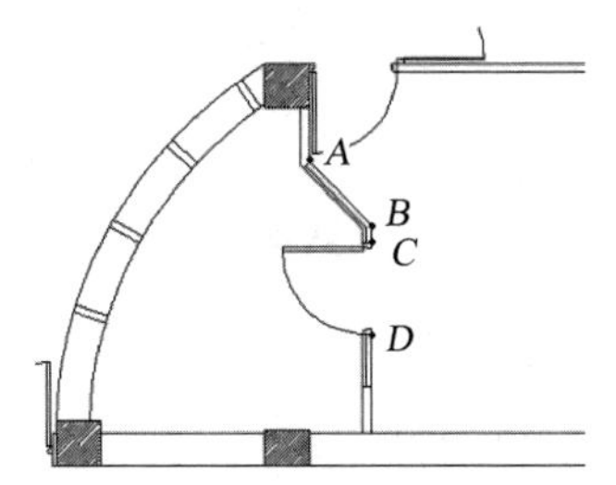

图 6-84 窗线的绘制结果

微课

3）绘制衣柜

衣柜是卧室中必不可少的设施，在设计时要充分注意空间，并考虑人的活动范围。

（1）在图层列表中选择“装饰”图层，将其设置为当前图层。单击“默认”选项卡的“绘图”面板中的“矩形”按钮，绘制尺寸为 2000×500 的矩形作为衣柜轮廓，结果如图 6-85 所示。单击“默认”选项卡的“修改”面板中的“偏移”按钮，将矩形向内偏移 40，结果如图 6-86 所示。

图 6-85 衣柜轮廓的绘制结果

图 6-86 矩形的偏移结果

（2）选择矩形，单击“默认”选项卡的“修改”面板中的“分解”按钮，将矩形分解。单击“默认”选项卡的“绘图”面板中的“定数等分”按钮，选择内部矩形下边，将其分解为相等的三份。

（3）单击“默认”选项卡的“绘图”面板中的“直线”按钮，捕捉等分点，绘制两条竖直直线，结果如图 6-87 所示。

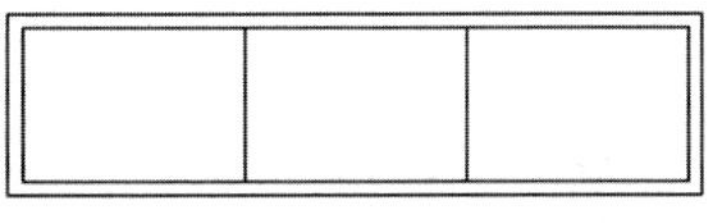

图 6-87 竖直直线的绘制结果

（4）单击“默认”选项卡的“绘图”面板中的“直线”按钮，在矩形内绘制水平直线，该水平直线的两个端点分别位于矩形两个侧边的中点处，结果如图 6-88 所示。

（5）单击“默认”选项卡的“绘图”面板中的“直线”按钮，先绘制长度为 400 的水平直线，然后绘制通过其中点的竖直直线，结果如图 6-89 所示。

（6）单击“默认”选项卡的“绘图”面板中的“圆弧”按钮，以水平直线的两个端点为基点，绘制圆弧，结果如图 6-90 所示。单击“默认”选项卡的“绘图”面板中的“圆”按钮，在圆弧的两个端点处各绘制一个直径为 20 的圆，结果如图 6-91 所示。单击“默认”选项卡的“绘图”面板中的“圆弧”按钮，以两个圆的正下方端点为基点，绘制另一个圆弧，结果如图 6-92 所示。

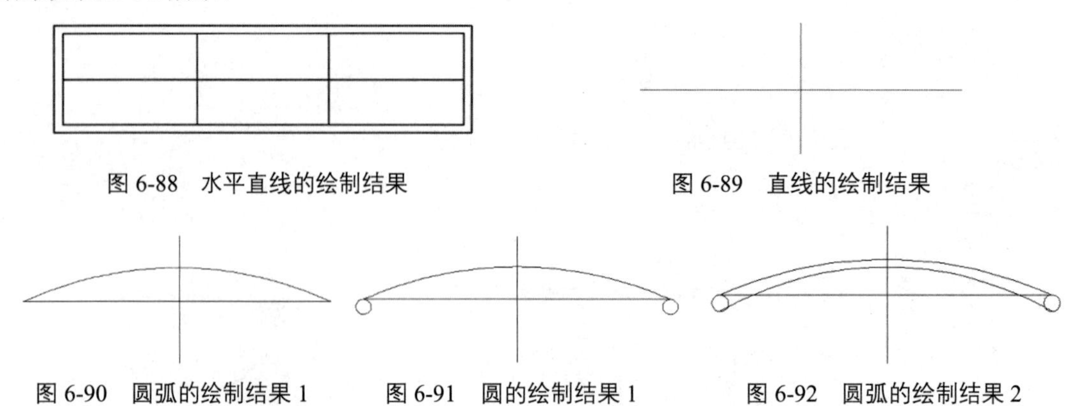

图 6-88　水平直线的绘制结果　　图 6-89　直线的绘制结果

图 6-90　圆弧的绘制结果 1　　图 6-91　圆的绘制结果 1　　图 6-92　圆弧的绘制结果 2

（7）分别单击“默认”选项卡的“修改”面板中的“修剪”按钮和“删除”按钮，删除辅助线及圆弧内的圆，完成衣架的绘制，结果如图 6-93 所示。

（8）单击“默认”选项卡的“块”面板中的“创建”按钮，将刚刚绘制的衣架保存为图块，并将插入点设置为圆弧的中点。单击“默认”选项卡的“块”面板中的“插入”按钮，在弹出的下拉菜单中选择“最近使用的块”命令，打开“块”选项板，选择“衣架”图块，将“衣架”图块插入衣柜中，结果如图 6-94 所示。

（9）采用同样的方法，绘制另一个“衣柜”图块，并将其插入。衣柜的绘制结果如图 6-95 所示。

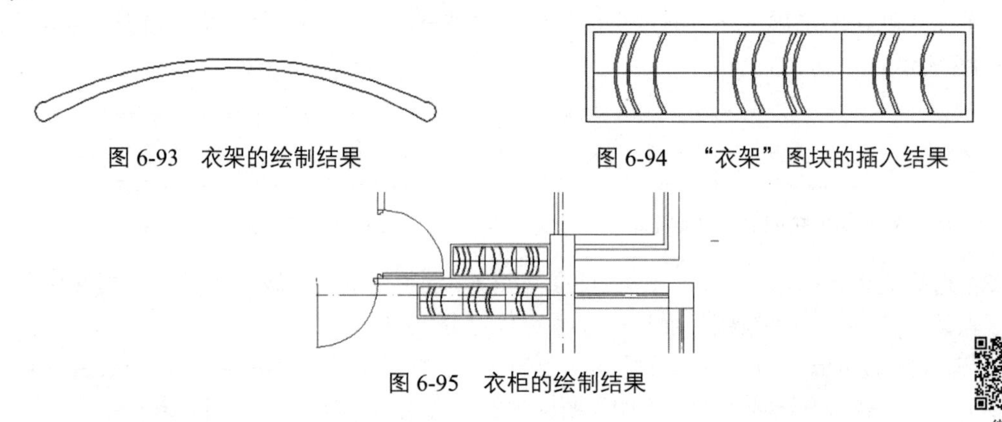

图 6-93　衣架的绘制结果　　图 6-94　“衣架”图块的插入结果

图 6-95　衣柜的绘制结果

微课

4）绘制橱柜

（1）单击“默认”选项卡的“绘图”面板中的“矩形”按钮，绘制边长为 800 的正方形，结果如图 6-96 所示。

（2）单击“默认”选项卡的“绘图”面板中的“矩形”按钮，绘制尺寸为 150×100 的矩形，结果如图 6-97 所示。

（3）单击“默认”选项卡的“修改”面板中的“镜像”按钮，选择刚刚绘制的矩形作为镜像对象，以正方形上边的中点为基点，引出垂直对称轴，将矩形镜像到另一侧，结果如

图 6-98 所示。

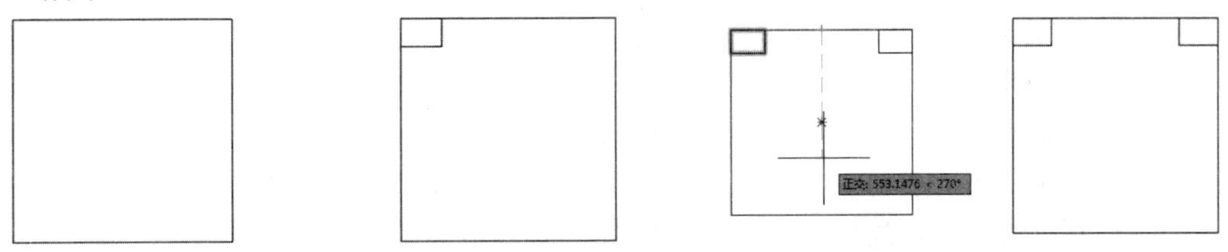

图 6-96　正方形的绘制结果 2　　图 6-97　矩形的绘制结果 7　　图 6-98　矩形的镜像结果

（4）单击“默认”选项卡的“绘图”面板中的“直线”按钮，以左上角矩形右边的中点为起点，绘制水平直线，作为橱柜门，结果如图 6-99 所示。在橱柜门的中间绘制竖直直线，单击“默认”选项卡的“绘图”面板中的“矩形”按钮，在竖直直线上方绘制两个边长均为 50 的小正方形，作为柜门的拉手，结果如图 6-100 所示。

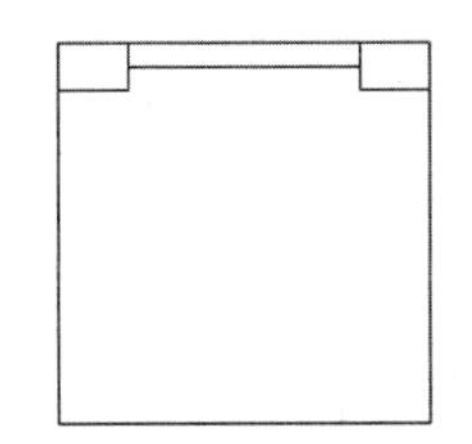

图 6-99　橱柜门的绘制结果

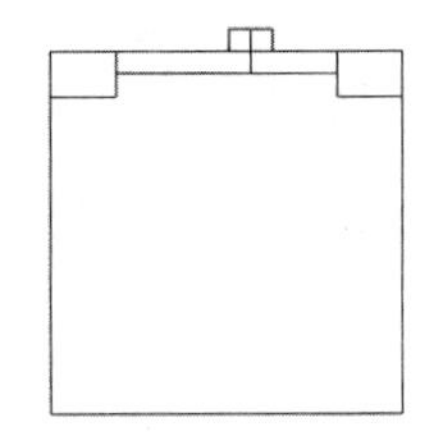

图 6-100　拉手的绘制结果

（5）单击“默认”选项卡的“修改”面板中的“移动”按钮，选择刚刚绘制的橱柜，将其移动到合适的位置，如图 6-101 所示。

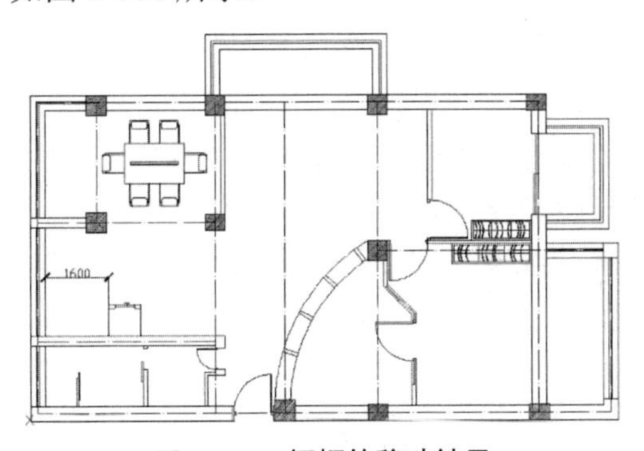


图 6-101　橱柜的移动结果

5）绘制吧台

（1）单击“默认”选项卡的“绘图”面板中的“矩形”按钮，绘制尺寸为 400×600 的矩形，结果如图 6-102 所示。在其右侧绘制尺寸为 500×600 的矩形，结果如图 6-103 所示。

（2）单击“默认”选项卡的“绘图”面板中的“圆”按钮，以矩形右边的中点为圆心，绘制半径为 300 的圆，结果如图 6-104 所示。

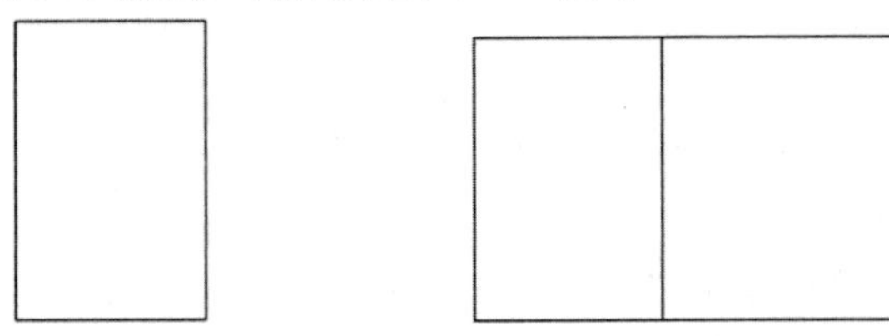

图 6-102　矩形的绘制结果 8　　图 6-103　矩形的绘制结果 9

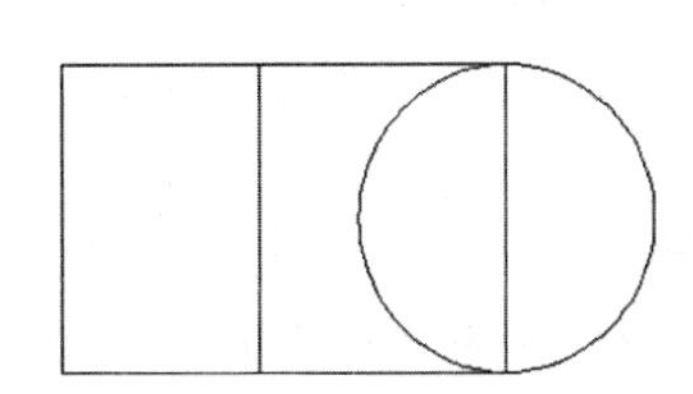

图 6-104　圆的绘制结果 2

（3）选择右侧的矩形，单击“默认”选项卡的“修改”面板中的“分解”按钮，将其分解，并删除其右边，结果如图 6-105 所示。单击“默认”选项卡的“修改”面板中的“修剪”按钮，选择上、下两条水平直线作为基准，修剪圆的左侧，完成吧台的绘制，结果如图 6-106 所示。单击“默认”选项卡的“修改”面板中的“移动”按钮，将吧台移动到如图 6-107 所示的位置。

（4）选择与吧台重合的柱子，先单击“默认”选项卡的“修改”面板中的“分解”按钮，将其分解，然后单击“默认”选项卡的“修改”面板中的“修剪”按钮，修剪吧台内的多余直线，结果如图 6-108 所示。

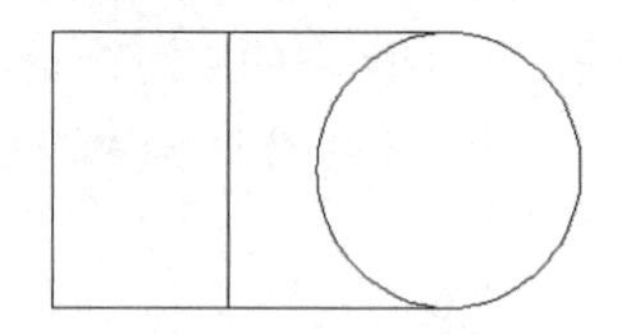

图 6-105　右侧矩形右边的删除结果

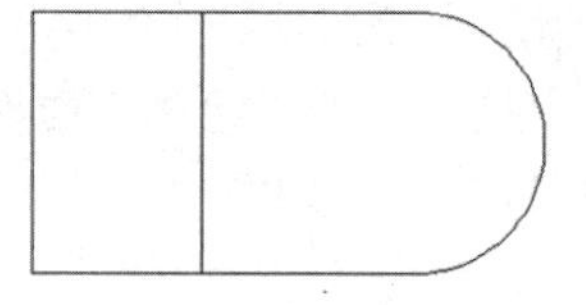

图 6-106　吧台的绘制结果

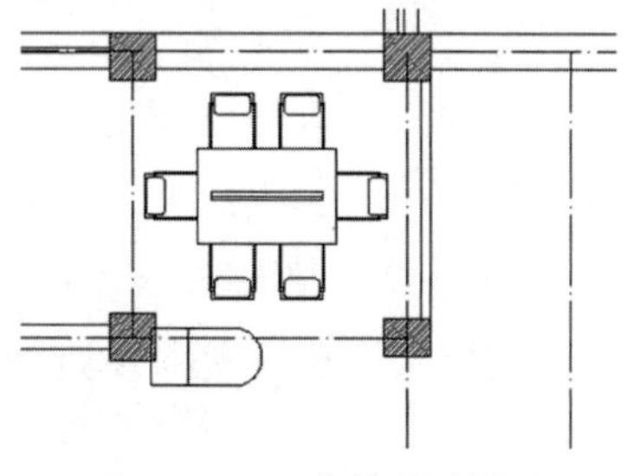

图 6-107　吧台的移动结果

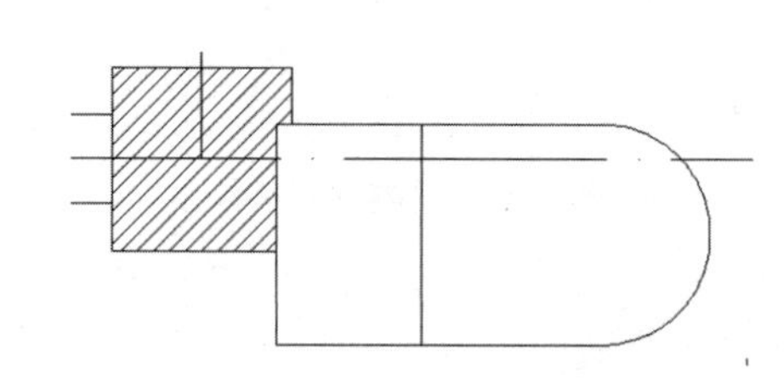

图 6-108　多余直线的修剪结果 3

6）绘制厨房水池和灶台

（1）单击“默认”选项卡的“绘图”面板中的“直线”按钮，在橱柜底部的左端点（起点）处单击，选择该端点，如图 6-109 所示。依次在命令行中输入端点坐标“@0,600”“@–1000,0”“@0,1520”“@1800,0”，按 Enter 键，将各端点与吧台相连，完成灶台的绘制，结果如图 6-110 所示。

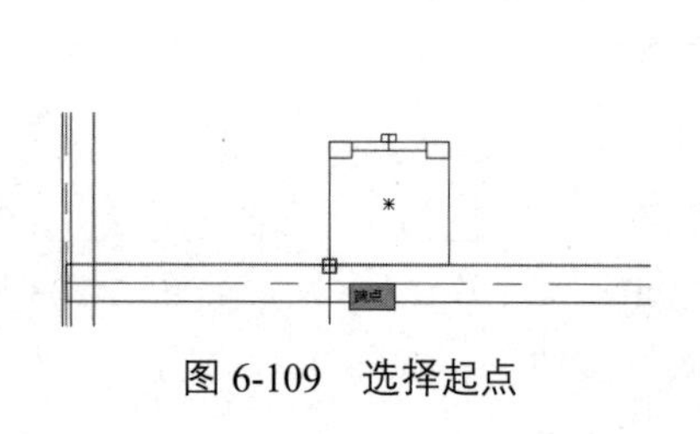

图 6-109　选择起点

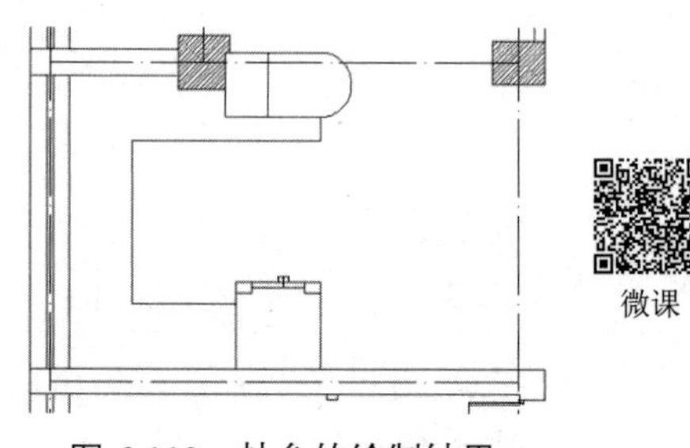

微课

图 6-110　灶台的绘制结果

（2）先单击“默认”选项卡的“绘图”面板中的“圆弧”按钮，再单击刚刚绘制的灶台线的终点，绘制如图 6-111 所示的圆弧作为一级台阶，该圆弧同时是客厅与餐厅的分界线。

（3）选择圆弧，单击“默认”选项卡的“修改”面板中的“偏移”按钮，在命令行中输入“200”，代表台阶宽度为 200。将圆弧偏移，分别单击“默认”选项卡的“修改”面板中的“修剪”按钮和“默认”选项卡的“绘图”面板中的“直线”按钮，绘制二级台阶，结果如图 6-112 所示。

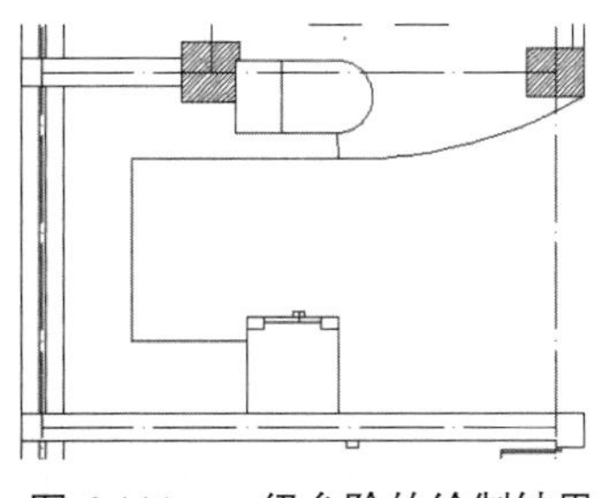

图 6-111　一级台阶的绘制结果

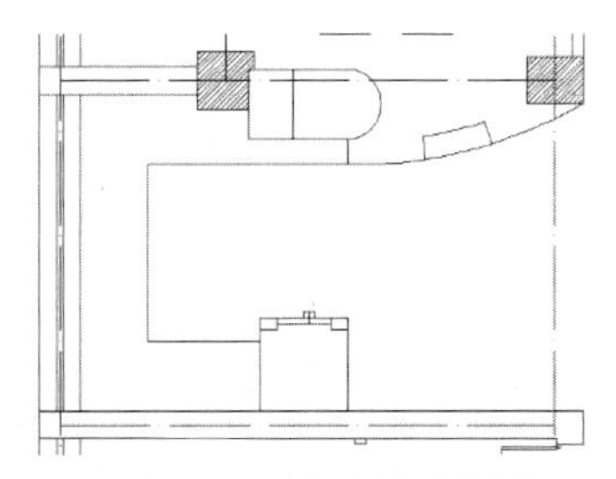

图 6-112　二级台阶的绘制结果

（4）单击“默认”选项卡的“绘图”面板中的“矩形”按钮，在灶台的左下方绘制尺寸为500×750的矩形，作为水池轮廓，结果如图6-113所示。在矩形中绘制两个边长均为300的小正方形，将其并排放置，结果如图6-114所示。

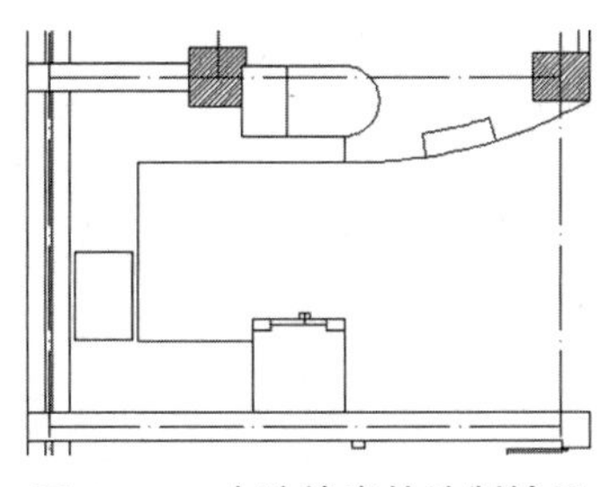

图 6-113　水池轮廓的绘制结果

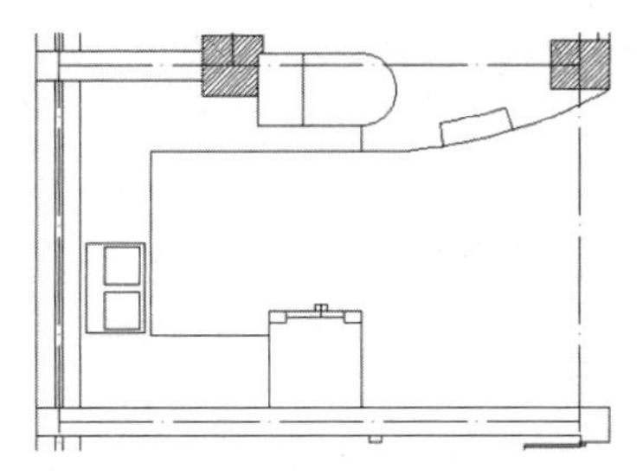

图 6-114　小正方形的绘制结果

（5）单击“默认”选项卡的“修改”面板中的“圆角”按钮，设置圆角半径为50，将小正方形的角均修改为圆角，结果如图6-115所示。

（6）分别单击“默认”选项卡的“绘图”面板中的“直线”按钮、“圆”按钮和“修改”面板中的“圆角”按钮，在两个小正方形的中间绘制水龙头，结果如图6-116所示。单击“默认”选项卡的“块”面板中的“创建”按钮，将刚刚绘制的洗手盆保存为“水池”图块。

微课

（7）燃气灶的绘制方法与水池的绘制方法类似，单击“默认”选项卡的“绘图”面板中的“矩形”按钮，绘制尺寸为750×400的矩形，结果如图6-117所示。

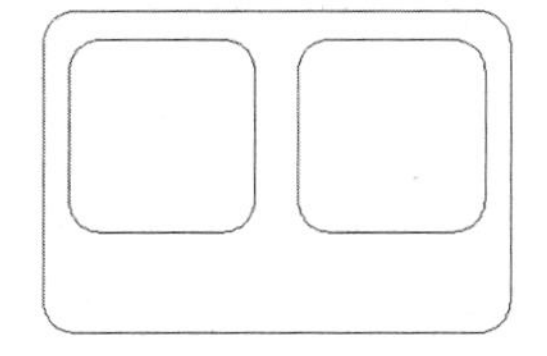

图 6-115　修改为圆角的结果

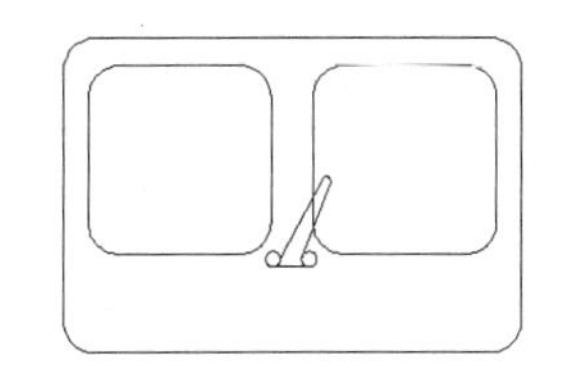

图 6-116　水龙头的绘制结果

图 6-117　矩形的绘制结果 10

（8）单击“默认”选项卡的“绘图”面板中的“直线”按钮，在距底边50的位置绘制水平直线，作为分界线，结果如图6-118所示。单击“默认”选项卡的“绘图”面板中的“直线”按钮，在控制板的中心绘制竖直直线，作为辅助线。单击“默认”选项卡的“绘图”面板中的“矩形”按钮，绘制尺寸为70×40的矩形，将其放在辅助线的中点处。单击“默认”选项卡的“修改”面板中的“删除”按钮，将辅助线删除。显示窗口的绘制结果如图6-119所示。采用同样的方法，在刚刚绘制的矩形左侧绘制控制旋钮，结果如图6-120所示。

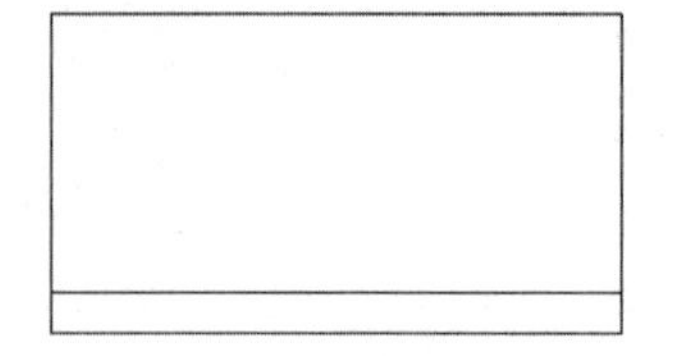
图 6-118　分界线的绘制结果

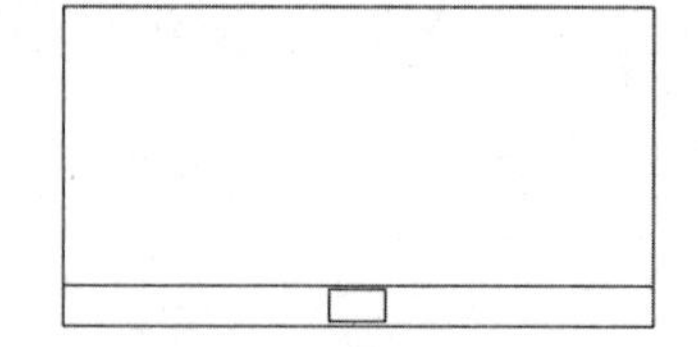
图 6-119　显示窗口的绘制结果

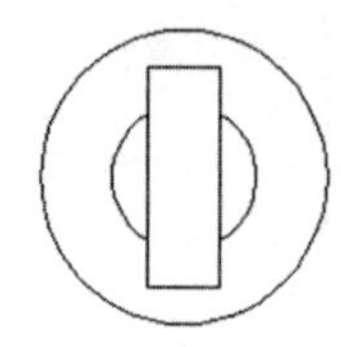
图 6-120　控制旋钮的绘制结果

（9）单击“默认”选项卡的“修改”面板中的“镜像”按钮，将控制旋钮镜像到另一侧，将对称轴作为显示窗口的中心线。控制旋钮的镜像结果如图 6-121 所示。

（10）单击“默认”选项卡的“绘图”面板中的“矩形”按钮，在空白处绘制尺寸为 700×300 的矩形。单击“默认”选项卡的“绘图”面板中的“直线”按钮，绘制水平直线，作为辅助线，结果如图 6-122 所示。在刚刚绘制的燃气灶上边的中点处绘制竖直直线，作为辅助线，结果如图 6-123 所示。

（11）单击“默认”选项卡的“修改”面板中的“移动”按钮，以刚刚绘制的矩形的水平直线和竖直直线的交点为基点，将其移动到燃气灶辅助线的中点处。单击“默认”选项卡的“修改”面板中的“圆角”按钮，将矩形的四个角修改为圆角，设置圆角半径为 30。单击“默认”选项卡的“修改”面板中的“删除”按钮，删除多余的辅助线，结果如图 6-124 所示。

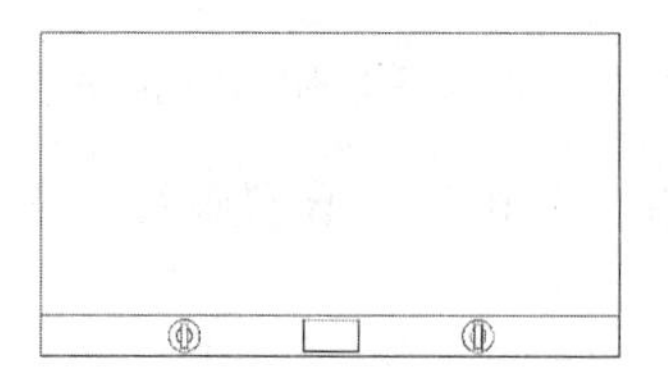
图 6-121　控制旋钮的镜像结果

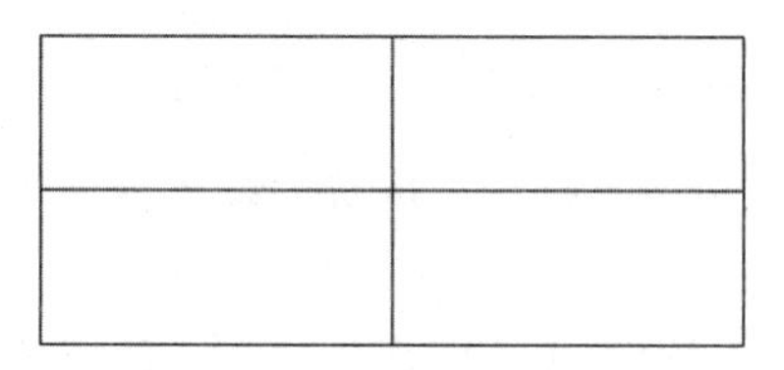
图 6-122　辅助线的绘制结果 5

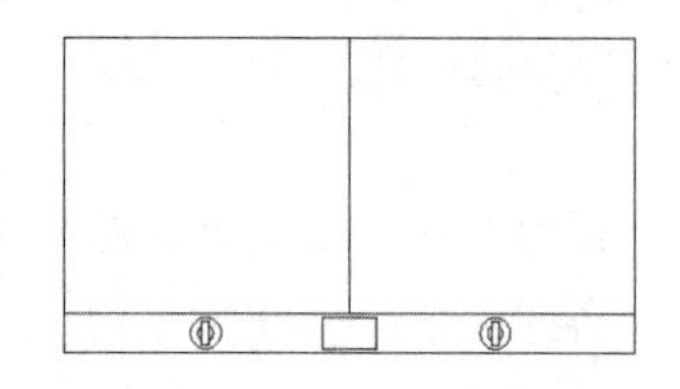
图 6-123　辅助线的绘制结果 6

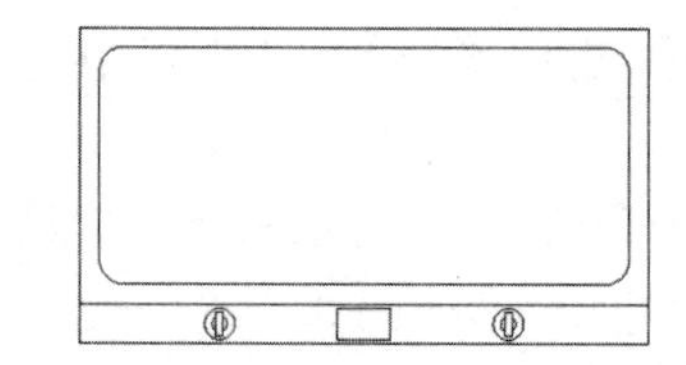
图 6-124　辅助线的删除结果 2

（12）单击“默认”选项卡的“绘图”面板中的“圆”按钮，绘制直径为 200 的圆，结果如图 6-125 所示。单击“默认”选项卡的“修改”面板中的“偏移”按钮，将圆分别向内偏移 50、70、90，结果如图 6-126 所示。

（13）先单击“默认”选项卡的“绘图”面板中的“矩形”按钮，绘制尺寸为 20×60 的矩形，再单击“默认”选项卡的“修改”面板中的“修剪”按钮，修剪多余直线。矩形的绘制结果如图 6-127 所示。单击“默认”选项卡的“修改”面板中的“环形阵列”按钮，对刚刚绘制的矩形进行阵列，设置阵列的中心点为同心圆的圆心、项目数为 5、角度为 360°。单击“默认”选项卡的“修改”面板中的“修剪”按钮，修剪多余直线。矩形的复制结果如图 6-128 所示。

（14）分别单击“默认”选项卡的“修改”面板中的“移动”按钮和“镜像”按钮，将已绘制的图形移动到燃气灶的左侧，并将其镜像到燃气灶的另一侧。燃气灶的绘制结果如图 6-129 所示。将已绘制的燃气灶保存为“燃气灶”图块，以便后续绘图时使用。

按上述操作，绘制其他房间的装饰。最终绘制结果如图 6-130 所示。

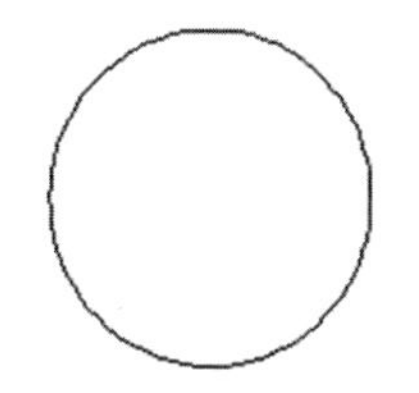

图 6-125 圆的绘制结果 3

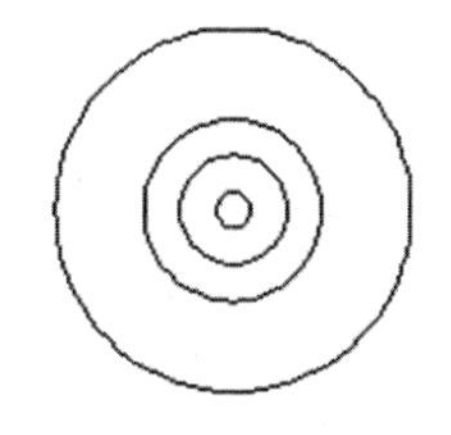

图 6-126 圆的偏移结果

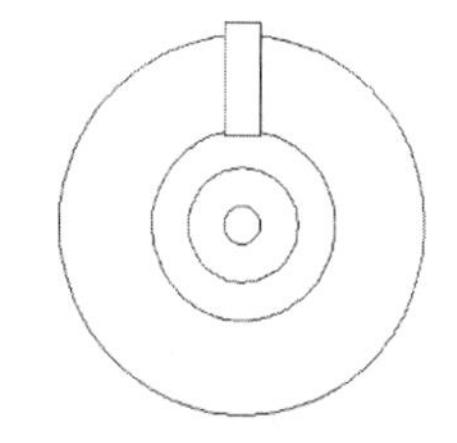

图 6-127 矩形的绘制结果 11

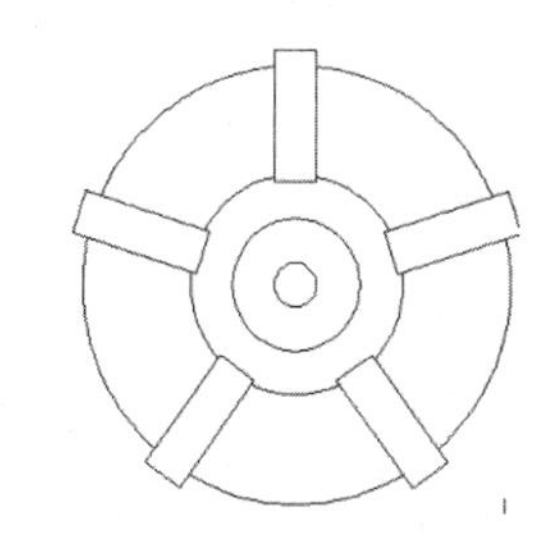

图 6-128 矩形的复制结果 2

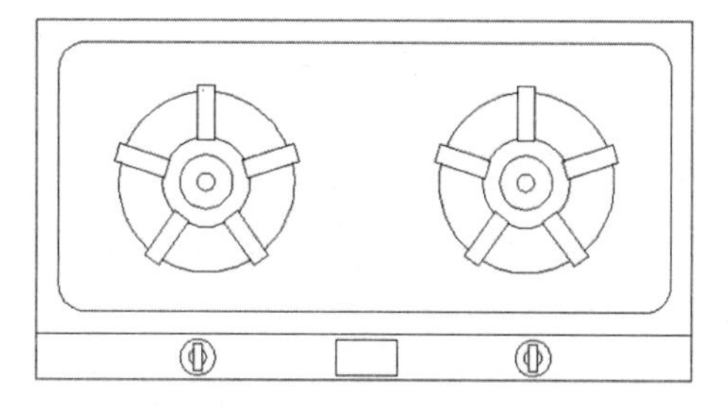

图 6-129 燃气灶的绘制结果

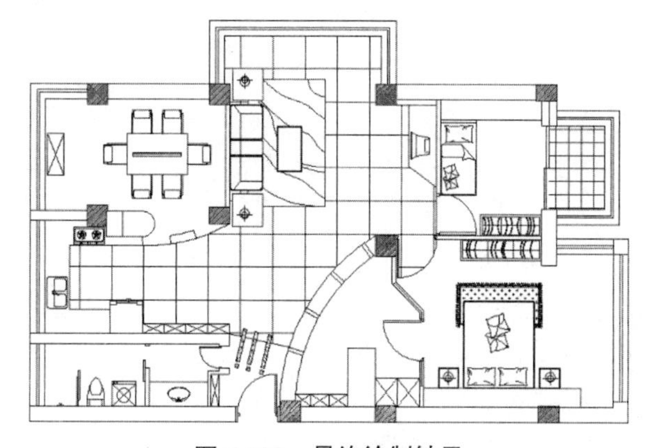

微课

图 6-130 最终绘制结果

**注意**

目前，国内以 AutoCAD 2024 为绘图平台开发了多套符合我国规范的专业软件，如天正、广厦等。这些以 AutoCAD 2024 为绘图平台开发的专业软件，通常根据建筑制图的特点，对许多图形进行模块化、参数化。使用这些专业软件可以大大提高绘图的速度，且格式规范统一，能有效降低使用 AutoCAD 2024 绘图出现错误的几率，进而给绘图人员带来极大的便利，节约大量的绘图时间。感兴趣的学生也可以尝试使用相关软件。

### 13. 尺寸标注

（1）单击“默认”选项卡的“注释”面板中的“标注样式”按钮，弹出“标注样式管理器”对话框，如图 6-131 所示。

（2）单击“修改”按钮，在弹出的对话框的“线”选项卡中按如图 6-132 所示的设置进行修改；在“符号和箭头”选项卡的“箭头”选项组的“第一个”下拉列表和“第二个”下拉列表中均选择“建筑标记”选项，在“箭头大小”文本框中输入“150”，如图 6-133 所示；

在“文字”选项卡的“文字外观”选项组的“文字高度”文本框中输入“150”，在“文字位置”选项组的“从尺寸线偏移”文本框中输入“50”，如图 6-134 所示。

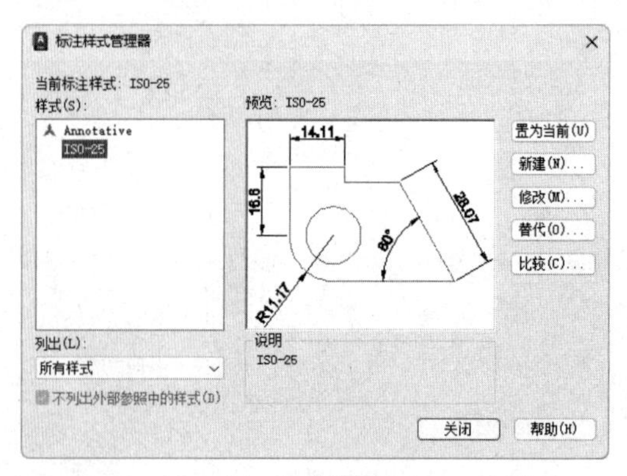


图 6-131 “标注样式管理器”对话框

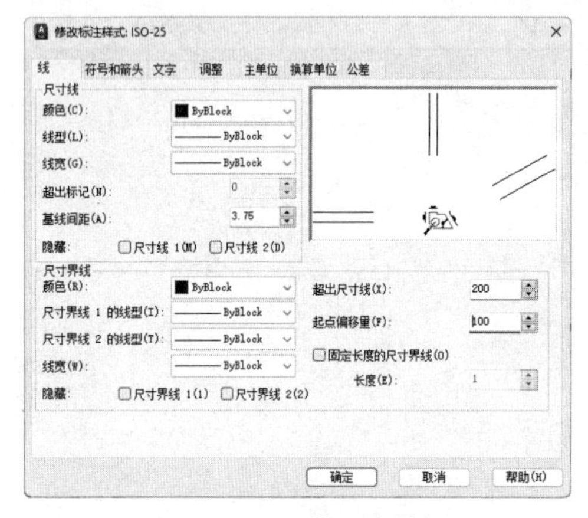


图 6-132 “线”选项卡

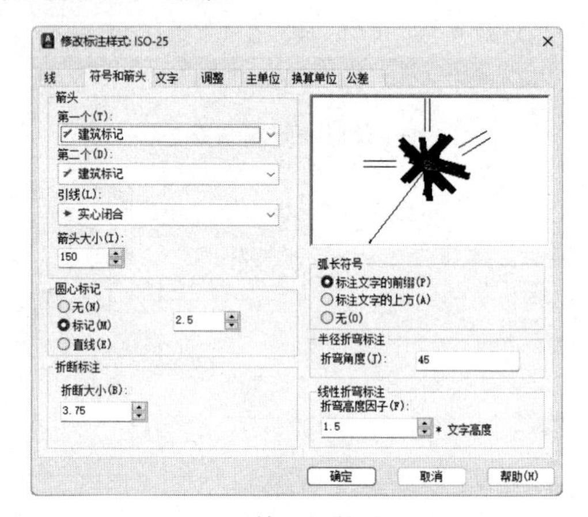


图 6-133 “符号和箭头”选项卡

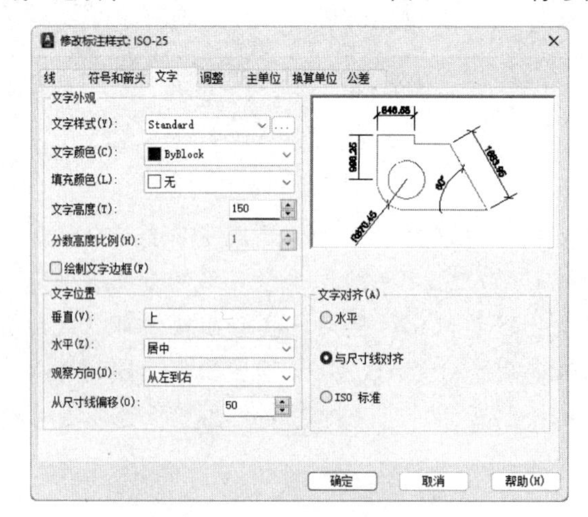


图 6-134 “文字”选项卡

（3）在图层列表中选择“尺寸标注”图层，将其设置为当前图层。单击“默认”选项卡的“注释”面板中的“线性”按钮，标注相邻两条轴线的距离。尺寸的标注结果如图 6-135 所示。

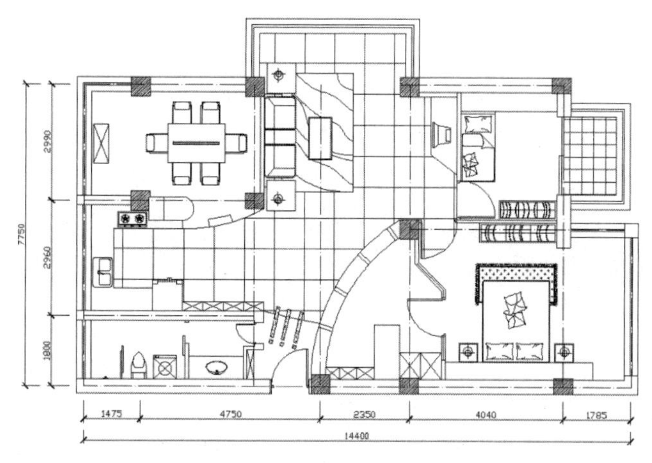


图 6-135 尺寸的标注结果

## 注意

按《房屋建筑制图统一标准》的要求，在对标注样式（文字、单位、箭头等）进行设置时，应注意各项涉及的尺寸都应以实际图纸上的尺寸乘以制图比例的倒数为准。若需要在 A4 图纸上看到 3.5mm 单位的文字，则应将 AutoCAD 2024 中的文字高度设置为 350。

### 14. 文字标注

（1）单击“默认”选项卡的“注释”面板中的“文字样式”按钮，弹出“文字样式”对话框，单击“新建”按钮，弹出“新建文字样式”对话框，在“样式名”文本框中输入“说明”，单击“确定”按钮，返回到“文字样式”对话框中，在“字体名”下拉列表中选择“宋体”选项，在“高度”文本框中输入“150”。

## 注意

在输入汉字时，可以选择不同的字体，在“字体名”下拉列表中，有些字体前面带有@，如“@仿宋_GB2312”，这说明该字体用于横向输入汉字，即输入的汉字逆时针旋转 90°。横向输入的汉字如图 6-136 所示。要输入纵向的汉字，不能选择前面带有@的字体。

（2）在图 6-135 中的相应位置输入需要标注的文字，结果如图 6-137 所示。

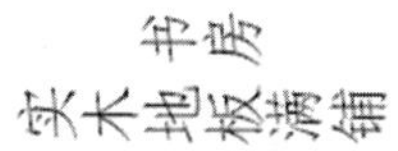

书房
实木地板满铺

图 6-136 横向输入的汉字

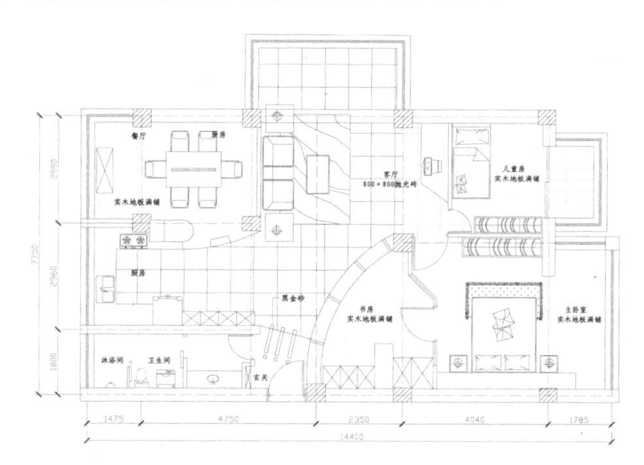


图 6-137 文字的标注结果

**注意**

在使用 AutoCAD 2024 时，除有定义默认的 Standard 字体外，一般只有两种字体定义。一种字体定义是常规定义，宽度为 0.75，一般所有汉字、英文都采用这种字体；另一种字体定义采用与第一种相同的字库，但是宽度为 0.5。这种字体是在进行尺寸标注时使用的专用字体。在大多数施工图中，会有很多细小的尺寸挤在一起，此时采用较窄的字体，就会降低文字相互重叠情况发生的几率。

### 15. 标高标注

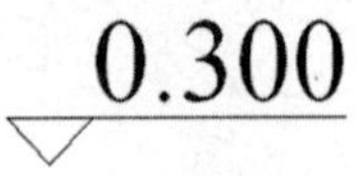

0.300

图 6-138 标高的标注结果

（1）单击“默认”选项卡的“注释”面板中的“文字样式”按钮，弹出“文字样式”对话框，单击“新建”按钮，弹出“新建文字样式”对话框，在“样式名”文本框中输入“标高”，单击“确定”按钮，返回到“文字样式”对话框中，在“字体名”下拉列表中选择“宋体”选项。

（2）采用同样的方法，绘制标高符号，结果如图 6-138 所示。插入标高符号，最终标注结果如图 6-1 所示。

## 任务二 绘制住宅顶棚平面图

### 任务背景

顶棚是室内装饰不可缺少的重要组成部分，也是室内装饰中富有变化、引人注目的部分。顶棚设计的好坏直接影响到房间整体特点、氛围的体现。例如，古典风格的顶棚要体现高贵典雅，而简约风格的顶棚则要充分体现现代气息。可以从不同的角度出发，依据设计理念进行合理搭配。

本任务将在上一个任务绘制的住宅室内平面图的基础上，介绍如何绘制住宅顶棚平面图，带领学生逐步完成住宅顶棚平面图的绘制。住宅顶棚平面图的绘制结果如图 6-139 所示。

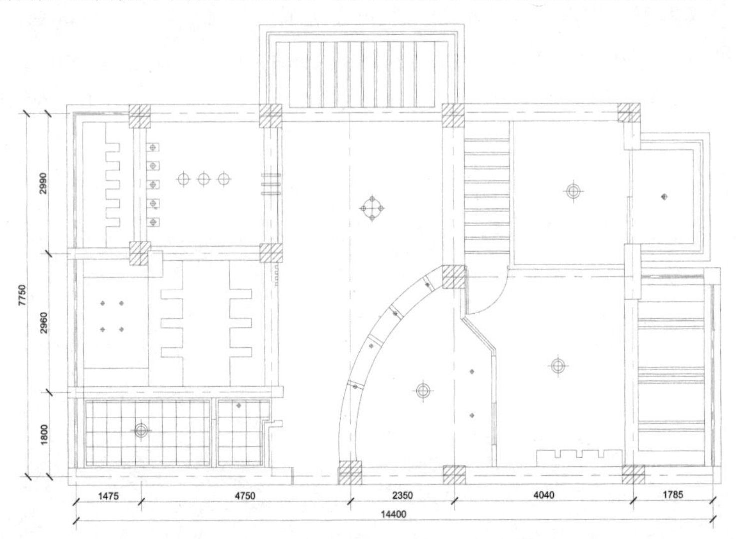


图 6-139 住宅顶棚平面图的绘制结果

## 操作步骤

### 1. 绘图准备

（1）新建文件，将其命名为“顶棚平面图”，并保存到合适的位置。

（2）打开上一个任务绘制的住宅室内平面图，将“装饰”图层、“文字”图层和“地板”图层关闭，结果如图 6-140 所示。

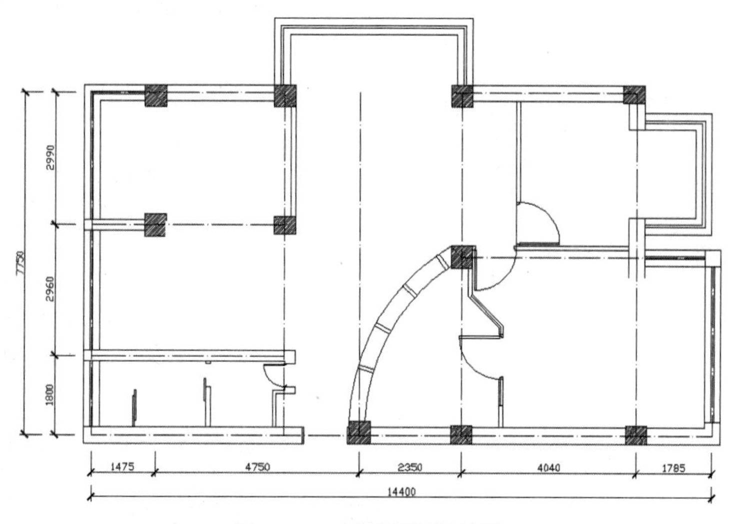


图 6-140　关闭图层的结果

（3）选择所有图形，按快捷键 Ctrl+C 进行复制，单击菜单栏中的“窗口”菜单，切换到住宅顶棚平面图中，按快捷键 Ctrl+V 进行粘贴，将选择的图形复制到当前文件中。

### 2. 设置图层

（1）单击“默认”选项卡的“图层”面板中的“图层特性”按钮，弹出如图 6-141 所示的“图层特性管理器”对话框，可以看到，随着图形的复制，其所在图层同样会被复制到对应文件中。

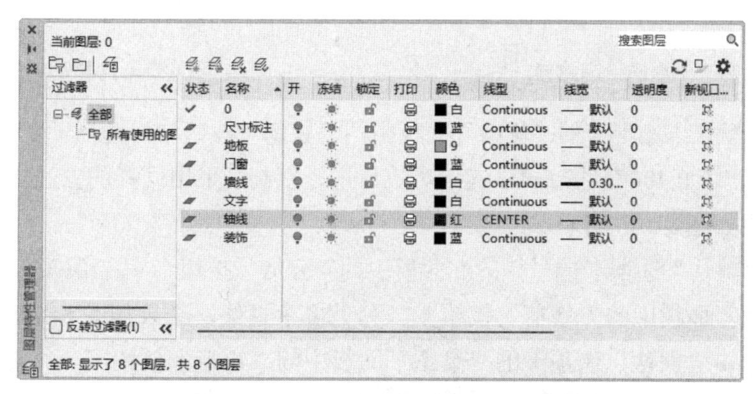


图 6-141　“图层特性管理器”对话框

（2）单击“新建图层”按钮，新建“顶棚”图层和“灯具”图层。

### 3. 绘制顶棚

下面简要介绍绘制各个顶棚的方法。

1）绘制餐厅顶棚

（1）在图层列表中选择“顶棚”图层，将其设置为当前图层。选择菜单栏中的“格式”→“多线样式”命令，打开“多线样式”对话框，单击“新建”按钮，弹出“创建新的多线样式”对话框，在“新样式名”文本框中输入“ceiling”，单击“继续”按钮，在弹出的对话框中将“偏移”分别设置为“150”和“-150”。多线的绘制结果如图 6-142 所示。

（2）先单击“默认”选项卡的“绘图”面板中的“直线”按钮╱，在餐厅左侧绘制竖直直线，再将空间分割为两个部分。单击“默认”选项卡的“绘图”面板中的“直线”按钮╱，在餐厅中间绘制辅助线，结果如图 6-143 所示。

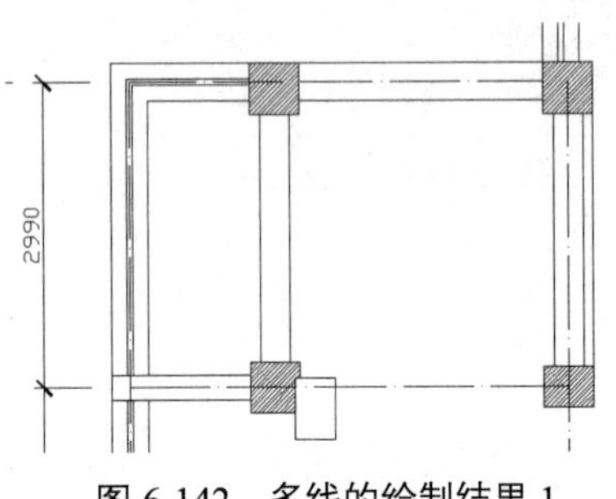

图 6-142　多线的绘制结果 1

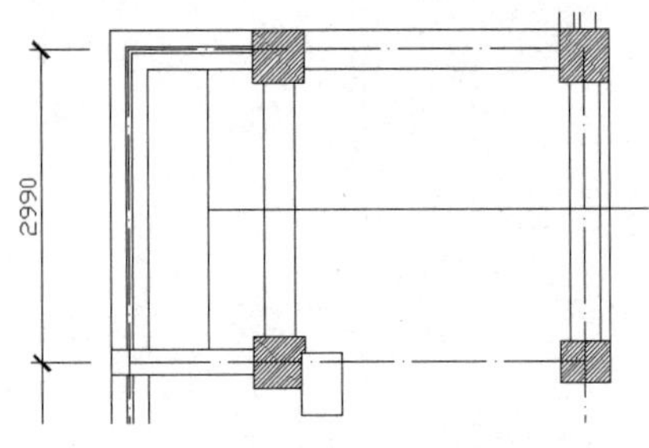

图 6-143　辅助线的绘制结果

（3）单击“默认”选项卡的“绘图”面板中的“矩形”按钮□，在空白处绘制尺寸为 300×180 的矩形，结果如图 6-144 所示。单击“默认”选项卡的“修改”面板中的“移动”按钮✥，将刚刚绘制的矩形移动到如图 6-145 所示的位置。

图 6-144　矩形的绘制结果

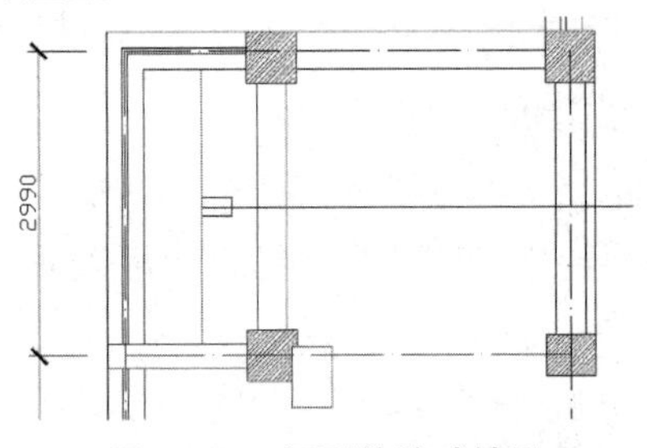

图 6-145　矩形的移动结果 1

（4）单击“默认”选项卡的“修改”面板中的“复制”按钮，选择一个基点，在命令行中输入“@0,400”，按 Enter 键，对矩形进行复制。采用同样的方法，复制其他矩形，结果如图 6-146 所示。

微课

（5）单击“默认”选项卡的“修改”面板中的“分解”按钮，分解矩形，单击“默认”选项卡的“修改”面板中的“修剪”按钮，修剪多余直线，结果如图 6-147 所示。

（6）分别单击“默认”选项卡的“绘图”面板中的“矩形”按钮□、“修改”面板中的“复制”按钮及“移动”按钮✥，绘制尺寸为 420×50 的矩形，复制几个已绘制的矩形，将其移动到如图 6-148 所示的位置，并删除多余直线。

2）绘制厨房顶棚

微课

（1）单击“默认”选项卡的“绘图”面板中的“直线”按钮╱，将厨房顶棚分割为如图 6-149 所示的几个部分。

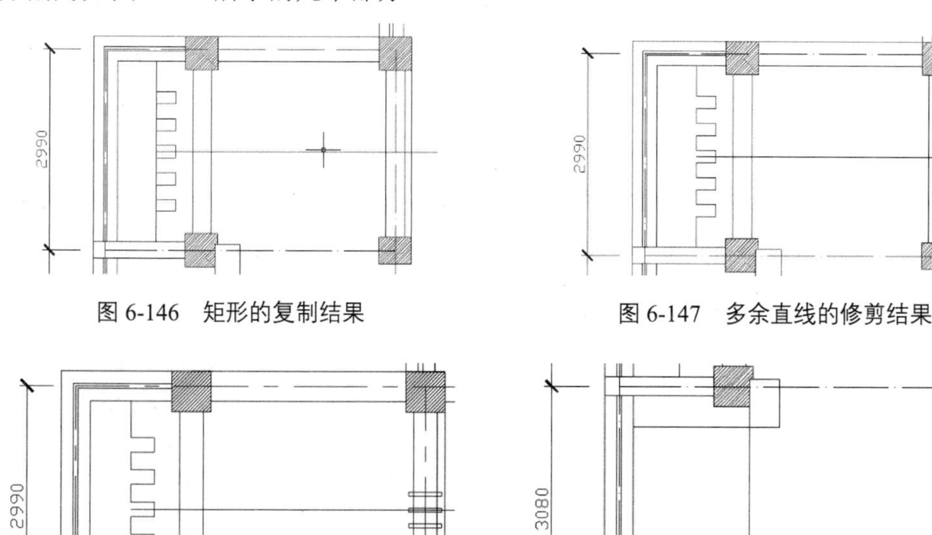


图 6-146 矩形的复制结果

图 6-147 多余直线的修剪结果

图 6-148 矩形的移动结果 2

图 6-149 厨房顶棚的分割结果

（2）选择菜单栏中的“绘图”→“多线”命令，将多线样式修改为 ceiling。多线的绘制结果如图 6-150 所示。单击“默认”选项卡的“修改”面板中的“分解”按钮，将多线分解，删除多余直线。单击“默认”选项卡的“绘图”面板中的“直线”按钮，在厨房右侧绘制两条竖直直线，结果如图 6-151 所示。

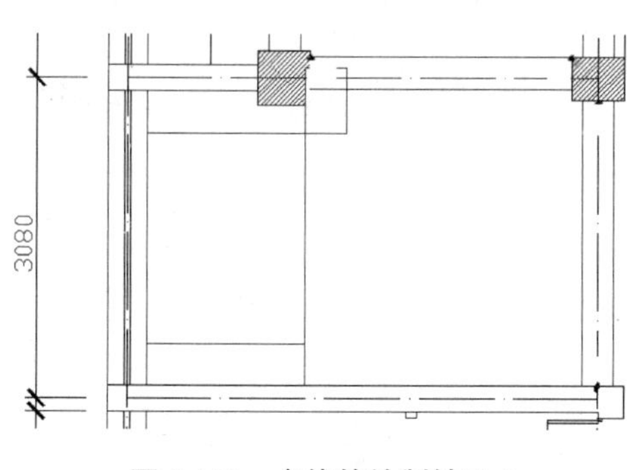


图 6-150 多线的绘制结果 2

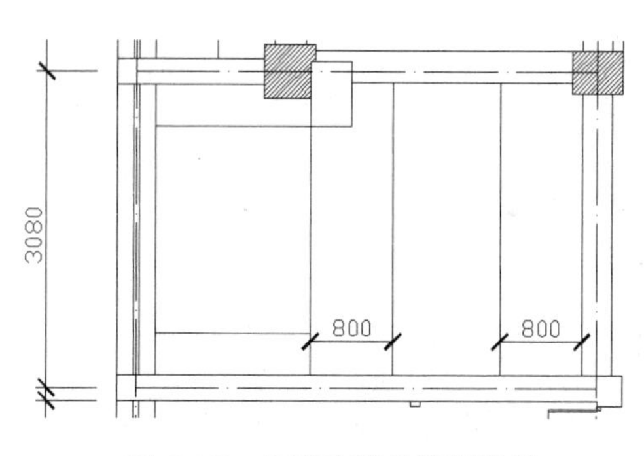


图 6-151 竖直直线的绘制结果

（3）单击“默认”选项卡的“绘图”面板中的“矩形”按钮，同餐厅顶棚的样式一样，绘制尺寸为 500×200 的矩形，并将顶棚样式修改为如图 6-152 所示的样式。

（4）单击“默认”选项卡的“绘图”面板中的“矩形”按钮，绘制尺寸为 60×60 的矩形；单击“默认”选项卡的“修改”面板中的“移动”按钮，将其移动到右侧柱子下方，结果如图 6-153 所示。

（5）单击“默认”选项卡的“修改”面板中的“矩形阵列”按钮，设置行数为 4、列数为 1、行间距为-120。选择刚刚绘制的矩形进行阵列，结果如图 6-154 所示。

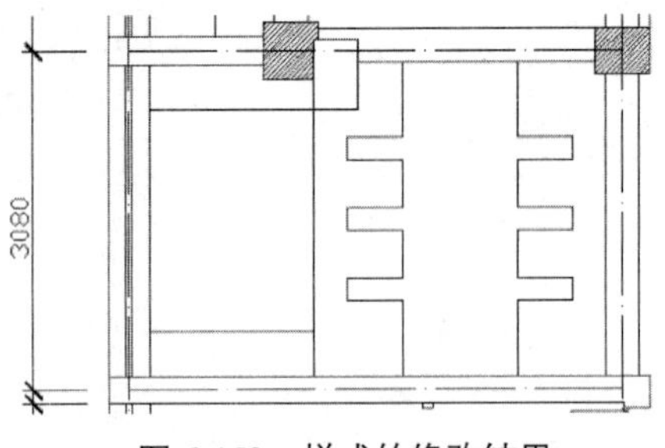


图 6-152　样式的修改结果

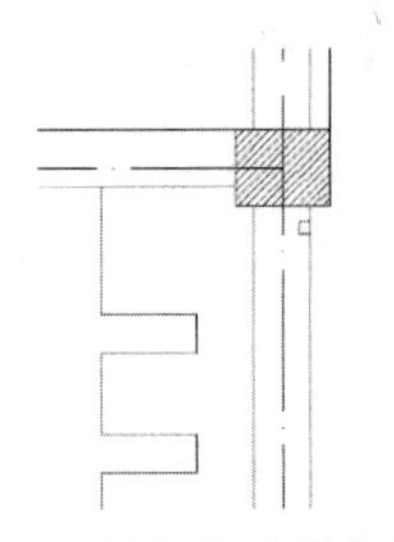

图 6-153　矩形的绘制及移动结果

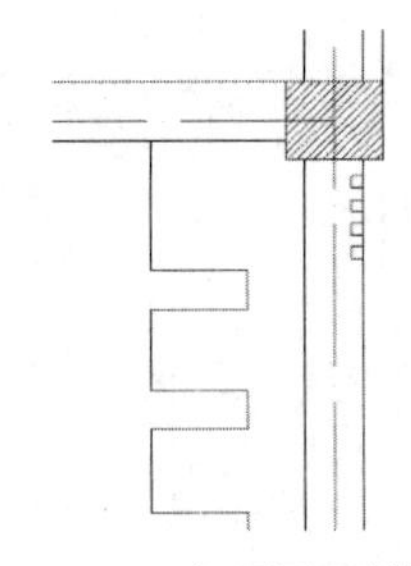

图 6-154　矩形阵列的结果

## 注意

厨房顶棚的样式应与餐厅顶棚的样式协调一致。

3）绘制卫生间顶棚

（1）选择菜单栏中的“格式”→“多线样式”命令，打开“多线样式”对话框，单击“新建”按钮，弹出“创建新的多线样式”对话框，在“新样式名”文本框中输入“t_ceiling”，设置多线的“偏移”分别为“25”和“−25”。

（2）单击“默认”选项卡的“修改”面板中的“删除”按钮，删除门窗，结果如图 6-155 所示。

（3）选择菜单栏中的“绘图”→“多线”命令，绘制顶棚图案，结果如图 6-156 所示。

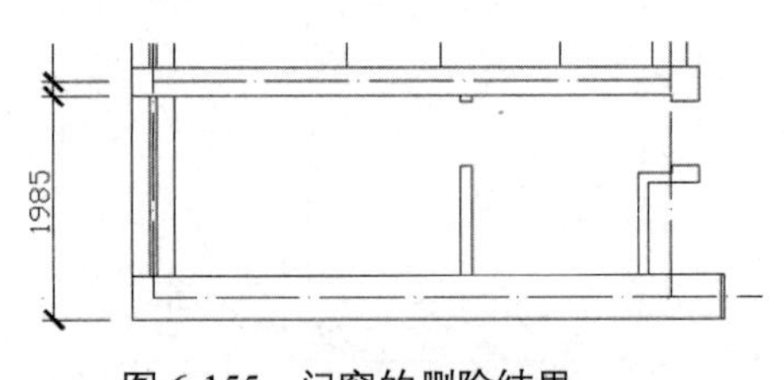


图 6-155　门窗的删除结果

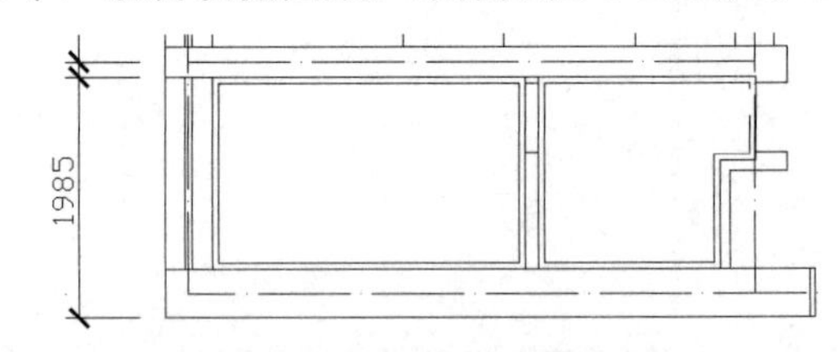


图 6-156　顶棚图案的绘制结果

（4）单击“默认”选项卡的“绘图”面板中的“图案填充”按钮，弹出“图案填充创建”选项卡，单击“图案填充图案”按钮，在弹出的下拉菜单中选择“NET”命令，设置图案填充比例为 100，如图 6-157 所示。卫生间顶棚的填充结果如图 6-158 所示。

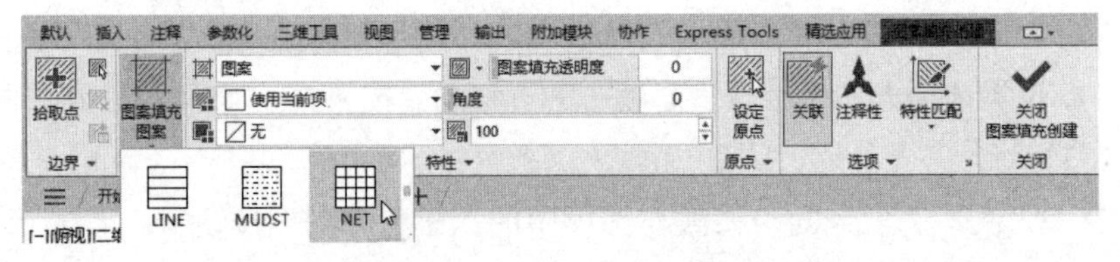


图 6-157　图案填充设置

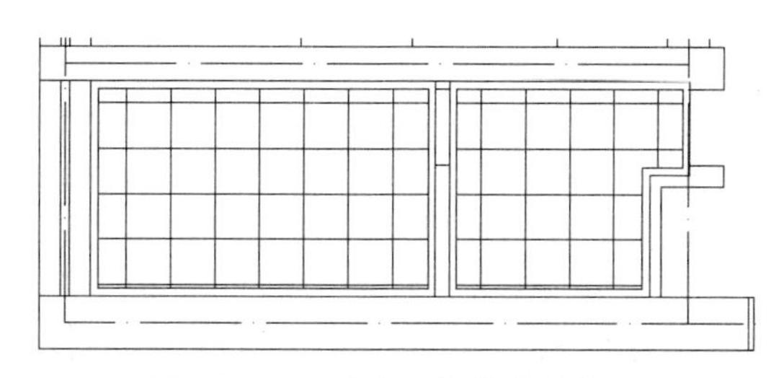

图 6-158 卫生间顶棚的填充结果

4）绘制客厅阳台顶棚

（1）分别单击“默认”选项卡的“绘图”面板中的“直线”按钮 和“修改”面板中的“修剪”按钮 ，绘制水平直线，结果如图 6-159 所示。

（2）选择阳台的多线，单击“默认”选项卡的“修改”面板中的“分解”按钮 ，将多线分解。单击“默认”选项卡的“修改”面板中的“偏移”按钮 ，将刚刚绘制的水平直线和阳台轮廓内侧的两条竖直直线向内偏移 300，结果如图 6-160 所示。

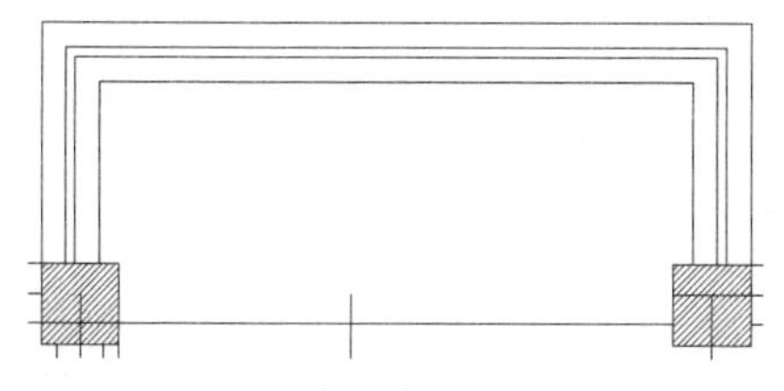

图 6-159 水平直线的绘制结果

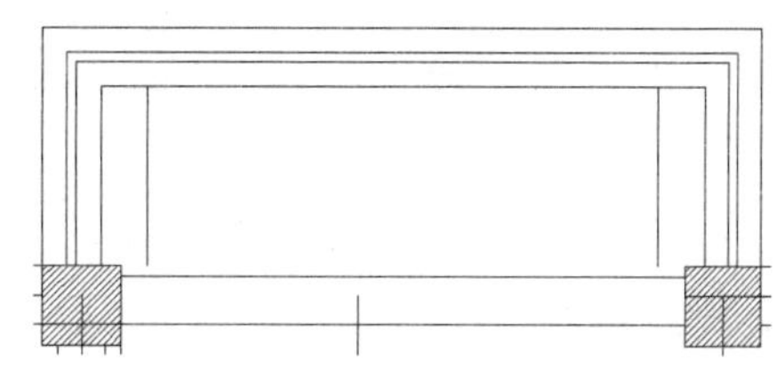

图 6-160 直线的偏移结果

（3）单击“默认”选项卡的“修改”面板中的“修剪”按钮 ，将直线修剪为如图 6-161 所示的形状。

（4）选择菜单栏中的“绘图”→“多线”命令，保持多线样式为 t_ceiling 不变，在水平直线的中点绘制多线，结果如图 6-162 所示。

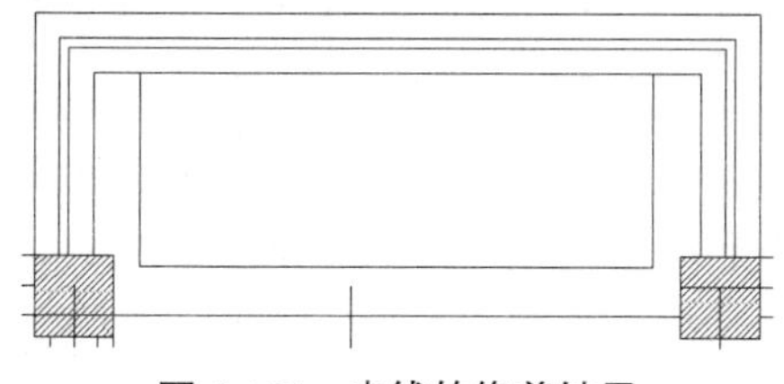

图 6-161 直线的修剪结果

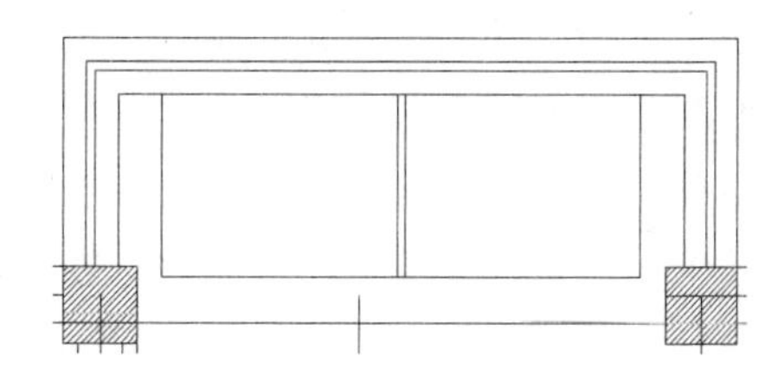

图 6-162 多线的绘制结果 3

（5）单击“默认”选项卡的“修改”面板中的“矩形阵列”按钮 ，设置行数为 1、列数为 5、列间距为 300。

（6）选择刚刚绘制的多线进行阵列，结果如图 6-163 所示。单击“默认”选项卡的“修改”面板中的“镜像”按钮 ，将右侧的多线镜像到左侧，结果如图 6-164 所示。

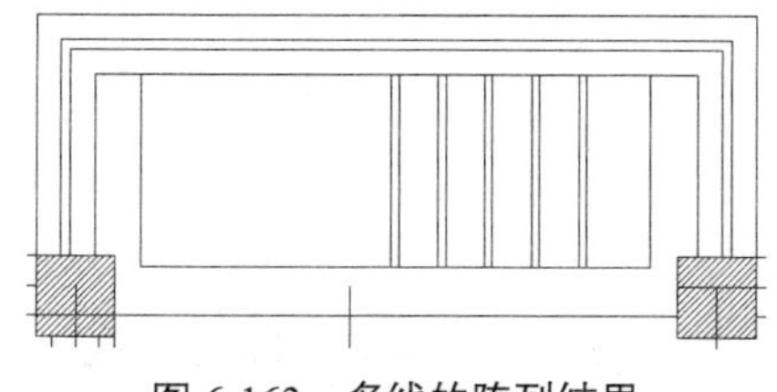

图 6-163 多线的阵列结果

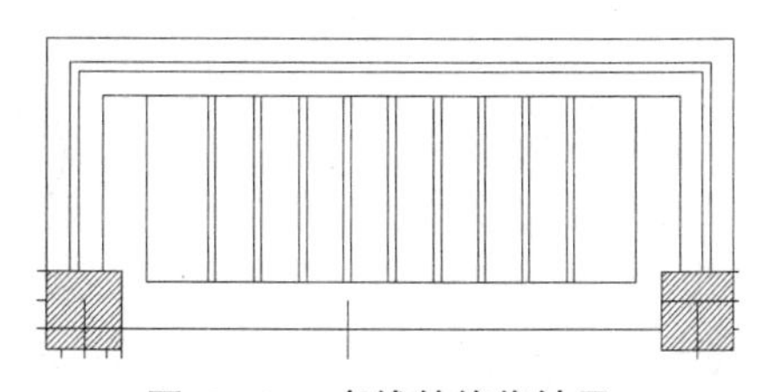

图 6-164 多线的镜像结果

（7）采用同样的方法，绘制其他室内空间的顶棚图案，最终绘制结果如图 6-165 所示。

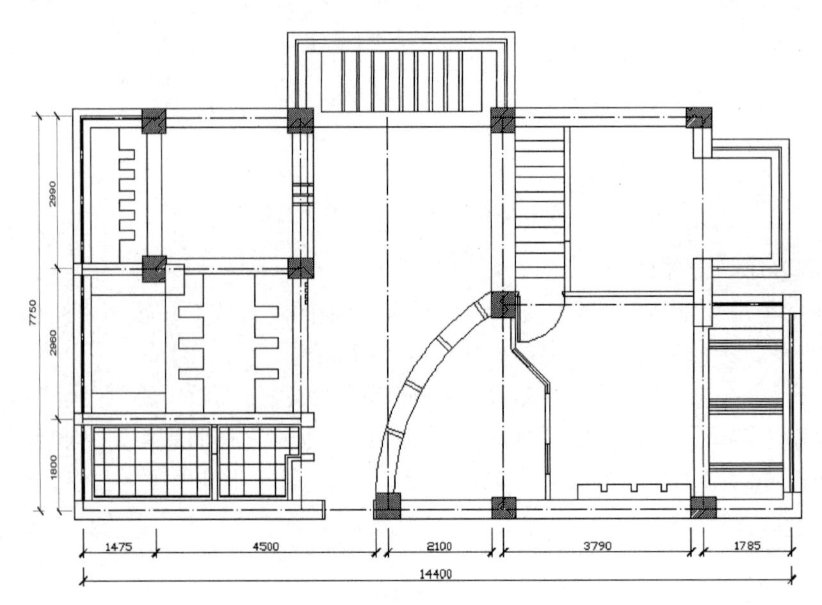


图 6-165　顶棚图案的最终绘制结果

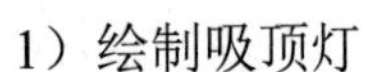

## 4. 绘制灯具

下面简单介绍绘制各种灯具的方法。

1）绘制吸顶灯

（1）在图层列表中选择“灯具”图层，将其设置为当前图层。单击“默认”选项卡的“绘图”面板中的“圆”按钮，绘制直径为 300 的圆，结果如图 6-166 所示。

（2）单击“默认”选项卡的“修改”面板中的“偏移”按钮，将圆向内偏移 50，结果如图 6-167 所示。单击“默认”选项卡的“绘图”面板中的“直线”按钮，绘制两条长度均为 500 的相交直线。单击“默认”选项卡的“修改”面板中的“移动”按钮，将相交直线的中点重合，并移动到圆心。相交直线的绘制结果如图 6-168 所示。选择轴线，单击“默认”选项卡的“块”面板中的“创建”按钮，弹出如图 6-169 所示的“块定义”对话框，在“名称”文本框中输入“吸顶灯”，单击“拾取点”按钮，选择圆心作为基点，其他选项采用默认设置，单击“确定”按钮，将图形保存为“吸顶灯”图块。

（3）单击“默认”选项卡的“块”面板中的“插入”按钮，在弹出的下拉菜单中选择“最近使用的块”命令，打开如图 6-170 所示的“块”选项板，在“最近使用的块”列表中选择“吸顶灯”图块，将“吸顶灯”图块插入图 6-165 中的相应位置，结果如图 6-171 所示。

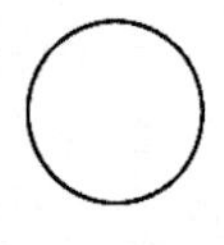

图 6-166　圆的绘制结果 1

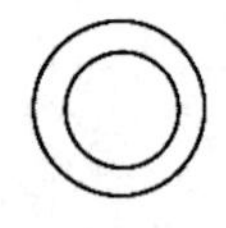

图 6-167　圆的偏移结果

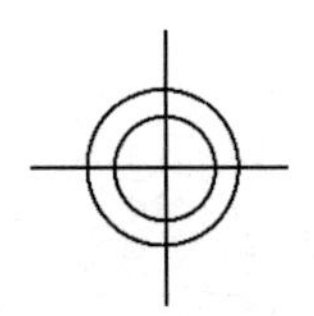

图 6-168　相交直线的绘制结果 1

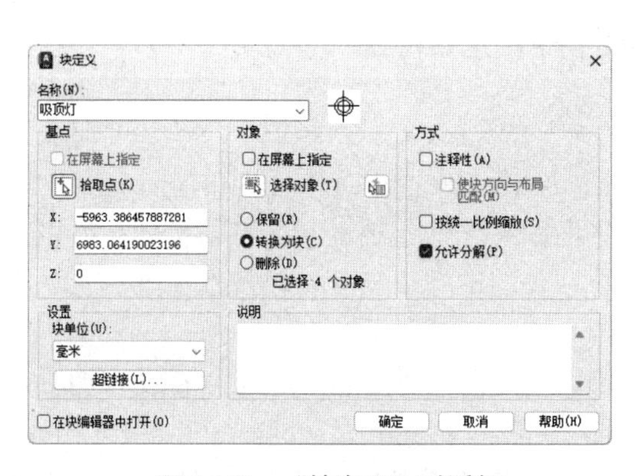


图 6-169 “块定义”对话框

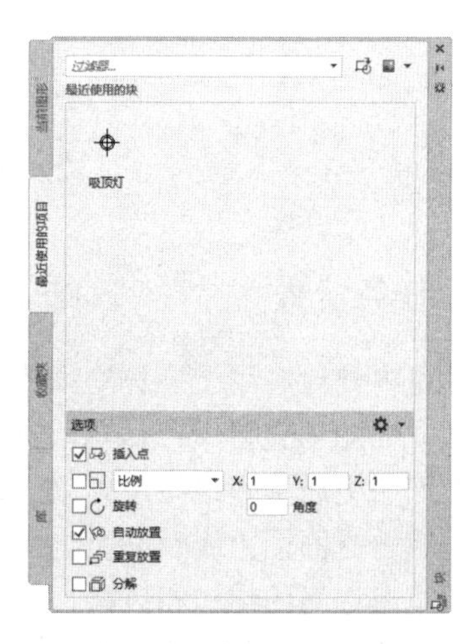


图 6-170 “块”选项板

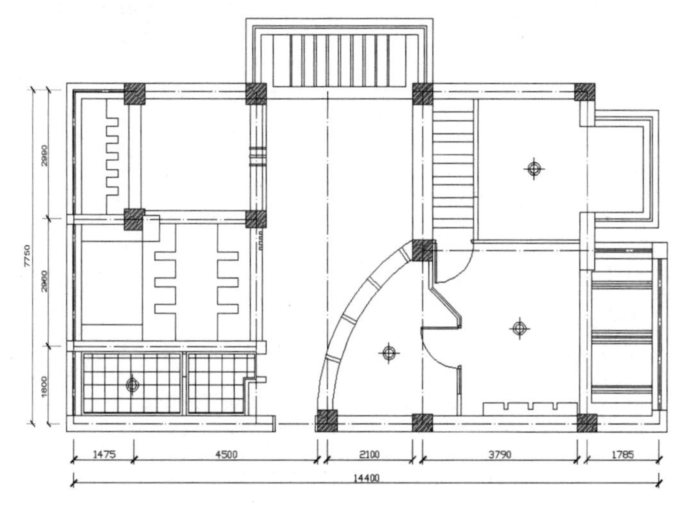


图 6-171 “吸顶灯”图块的插入结果

2）绘制吊灯

（1）单击“默认”选项卡的“绘图”面板中的“圆”按钮，绘制直径为 400 的圆，结果如图 6-172 所示。单击“默认”选项卡的“绘图”面板中的“直线”按钮，绘制两条长度均为 600 的相交直线，结果如图 6-173 所示。

（2）单击“默认”选项卡的“绘图”面板中的“圆”按钮，以直线和圆的交点为圆心，绘制四个直径均为 100 的圆，结果如图 6-174 所示。

（3）将此图形保存为图块，并命名为“吊灯”，插入图 6-171 中的相应位置。之后，绘制如图 6-175 所示的工艺吊灯，同样将其插入图 6-171 中的相应位置。

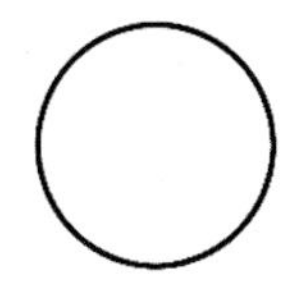

图 6-172 圆的绘制结果 2

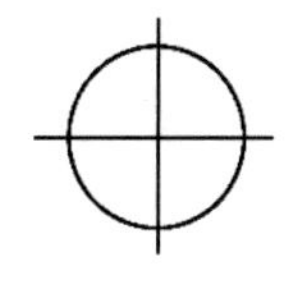

图 6-173 相交直线的绘制结果 2

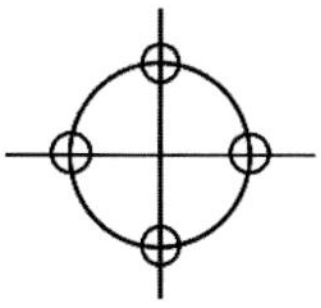

图 6-174 圆的绘制结果 3

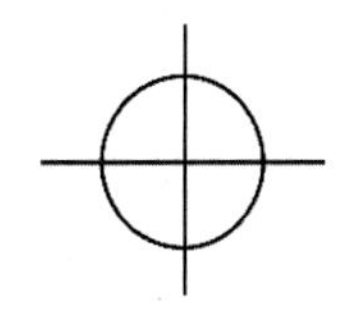

图 6-175 工艺吊灯的绘制结果

# 任务三　绘制客厅立面图

## 任务背景

室内设计应用于立体空间中，因为单一的平面图是无法正确表示所有结构的，所以需要使用立面图来完善设计信息。立面图可以将某个视角的造型、高度，以及上、下、左、右物品之间的距离清楚地呈现出来，还可以注释设计细节与材料型号。

室内立面图主要反映室内立面的形状、大小、构造和装饰等特征，可以帮助人们更好地了解室内空间的结构和风格，并指导装修施工。

本任务将绘制客厅立面图。其主要绘制思路为，首先绘制客厅立面的主要框架，其次绘制客厅立面家具，最后得到整个客厅立面的结构。客厅立面图的绘制结果如图 6-176 所示。

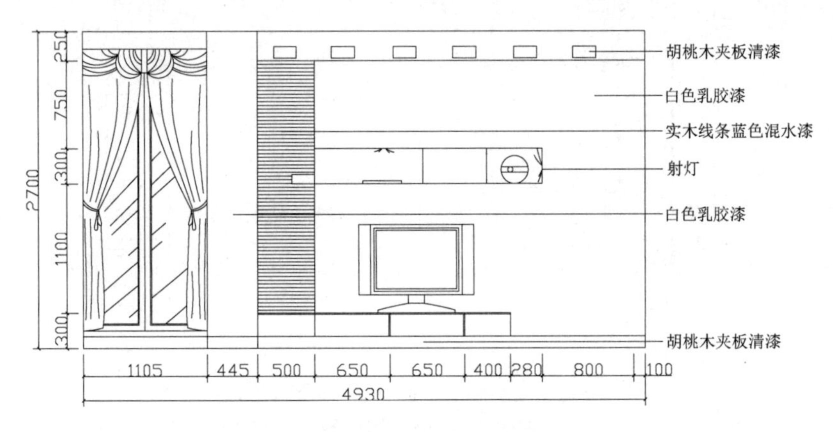


图 6-176　客厅立面图的绘制结果

## 操作步骤

（1）新建文件，将其命名为“立面图”，并保存到合适的位置。单击“默认”选项卡的“图层”面板中的“图层特性”按钮，弹出“图层特性管理器”对话框，在该对话框中创建新图层，并对其进行相应的设置，结果如图 6-177 所示。

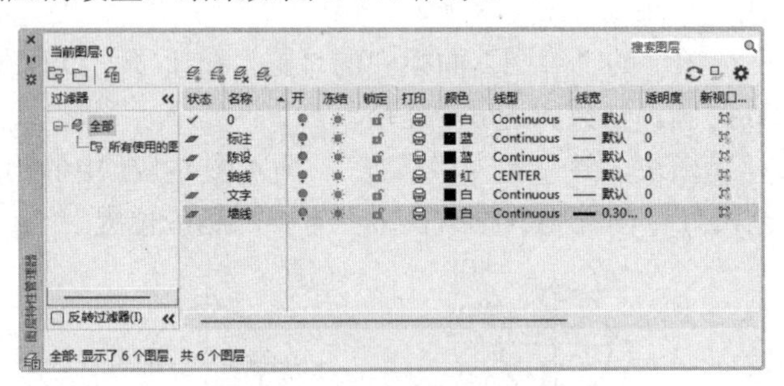

微课

图 6-177　图层的设置结果

（2）在图层列表中选择“0”图层，将其设置为当前图层。单击“默认”选项卡的“绘图”面板中的“矩形”按钮，绘制尺寸为 4930×2700 的矩形，作为正面的绘图区域，结果如图 6-178 所示。

图 6-178 矩形的绘制结果 1

（3）在图层列表中选择“轴线”图层，将其设置为当前图层。单击“默认”选项卡的“绘图”面板中的“直线”按钮，单击矩形的左下角点，在命令行中依次输入“@1105,0”“@0,2700”，按 Enter 键，轴线的绘制结果如图 6-179 所示。此时，虽然轴线的线型被设置为点画线，但是由于线型比例设置的问题，轴线仍然显示为实线。选择刚刚绘制的轴线并右击，在弹出的快捷菜单中选择“特性”命令，打开“特性”选项板，将“线型比例”设置为“10”，按 Enter 键，关闭“特性”选项板。此时，刚刚绘制的轴线的显示结果如图 6-180 所示。

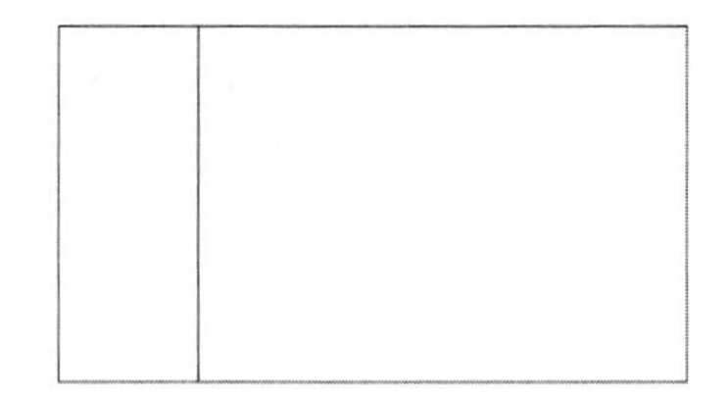

图 6-179 轴线的绘制结果

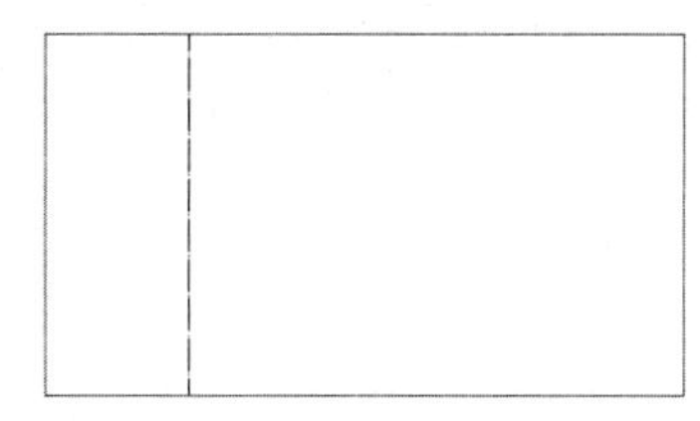

图 6-180 刚刚绘制的轴线的显示结果

（4）单击“默认”选项卡的“修改”面板中的“偏移”按钮，将刚刚绘制的轴线依次向右偏移 445、500、650、650、400、280、800，结果如图 6-181 所示。

（5）按步骤（3）和步骤（4），绘制距矩形下边 300 的水平轴线，并将水平轴线依次向上偏移 1100、300、750，结果如图 6-182 所示。

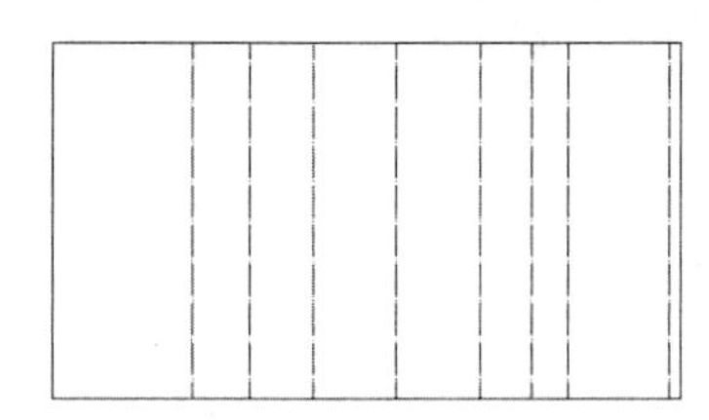

图 6-181 轴线的偏移结果

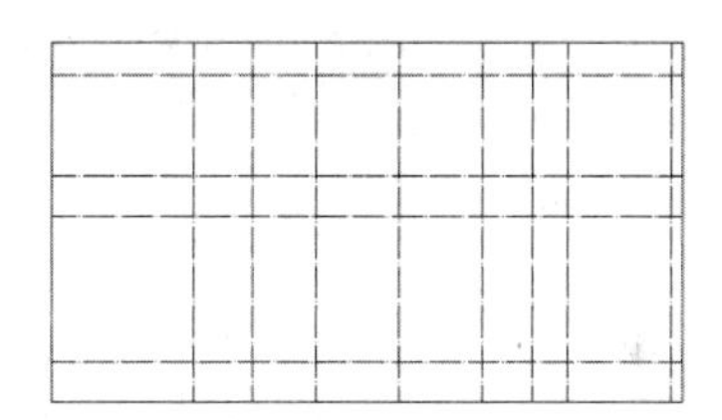

图 6-182 水平轴线的绘制及偏移结果

（6）在图层列表中选择“墙线”图层，将其设置为当前图层。在第一条竖直轴线、第二条竖直轴线和第一条水平轴线上绘制柱线，结果如图 6-183 所示。

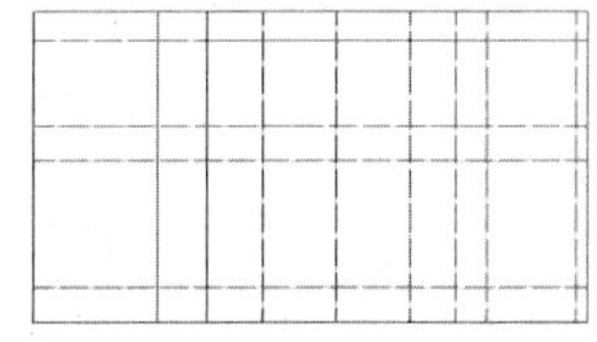

图 6-183 柱线的绘制结果

（7）单击“默认”选项卡的“绘图”面板中的“直线”按钮，绘制距矩形下边 100 的直线，作为地脚线，结果如图 6-184 所示。重复使用“直线”命令，绘制柱子左侧距矩形上边 150 的直线，作为顶棚线，结果如图 6-185 所示。

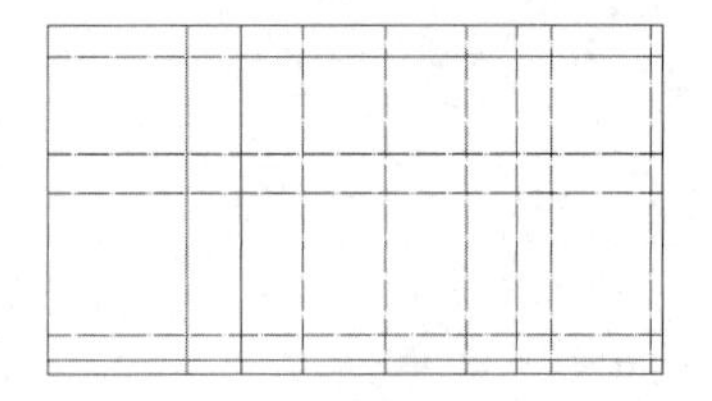

图 6-184　地脚线的绘制结果

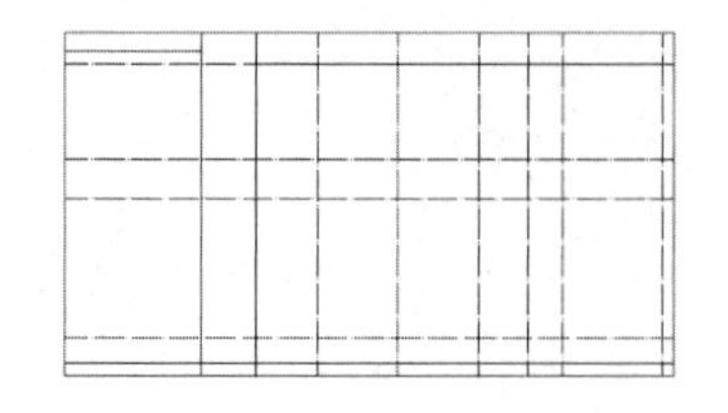

图 6-185　顶棚线的绘制结果

（8）在图层列表中选择“陈设”图层，将其设置为当前图层，绘制装饰图块。柱子左侧为落地窗，需要为其绘制窗框和窗帘。单击“默认”选项卡的“绘图”面板中的“直线”按钮╱，绘制通过左侧顶棚线中点的竖直直线，作为辅助线，结果如图 6-186 所示。单击“默认”选项卡的“绘图”面板中的“矩形”按钮□，绘制尺寸为 50×200 的矩形，作为窗帘夹，结果如图 6-187 所示。

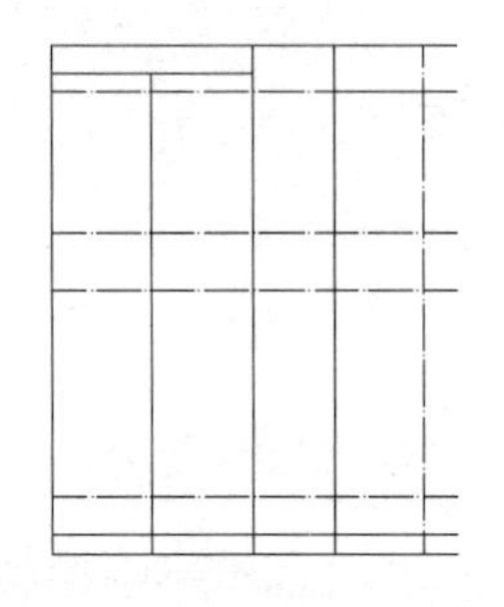

图 6-186　辅助线的绘制结果

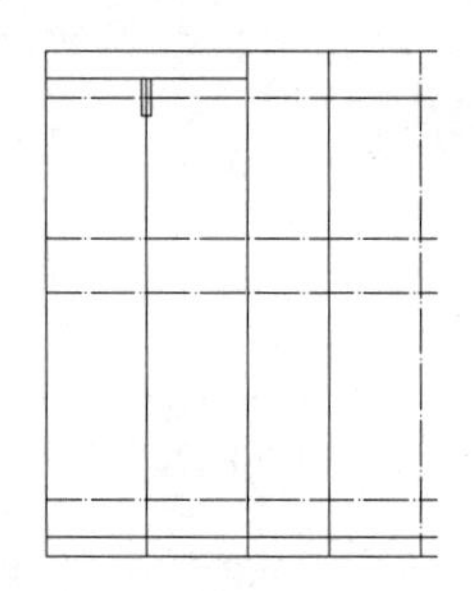

图 6-187　窗帘夹的绘制结果

（9）单击“默认”选项卡的“绘图”面板中的“直线”按钮╱，在地脚线上方 50 处绘制水平直线，作为窗下边，结果如图 6-188 所示。单击“默认”选项卡的“修改”面板中的“修剪”按钮，修剪多余直线，结果如图 6-189 所示。

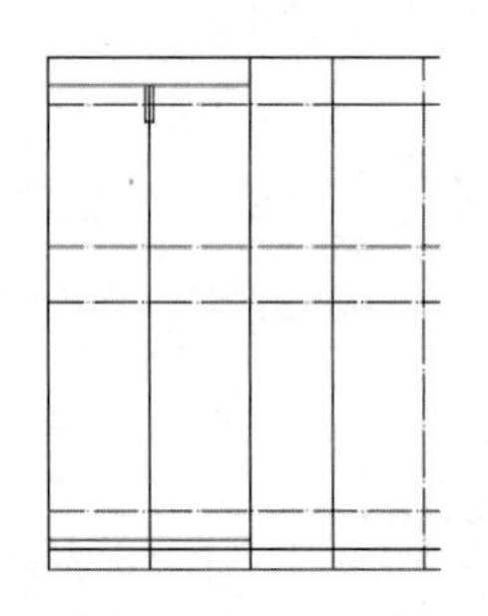

图 6-188　窗下边的绘制结果

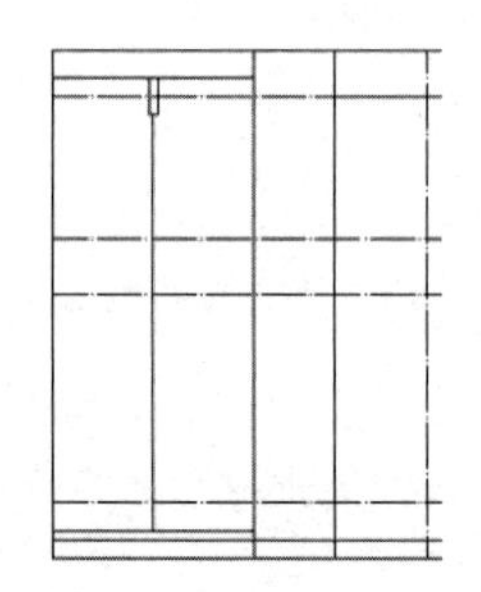

图 6-189　多余直线的修剪结果 1

（10）单击“默认”选项卡的“修改”面板中的“偏移”按钮⊆，将第（8）步绘制的竖直直线和第（9）步绘制的水平直线分别向内、向下偏移 50，结果如图 6-190 所示。重复使用“偏移”命令，将竖直直线向外偏移 10，将水平直线向上偏移 10。

（11）单击“默认”选项卡的“修改”面板中的“修剪”按钮，修剪多余直线，结果如图 6-191 所示。

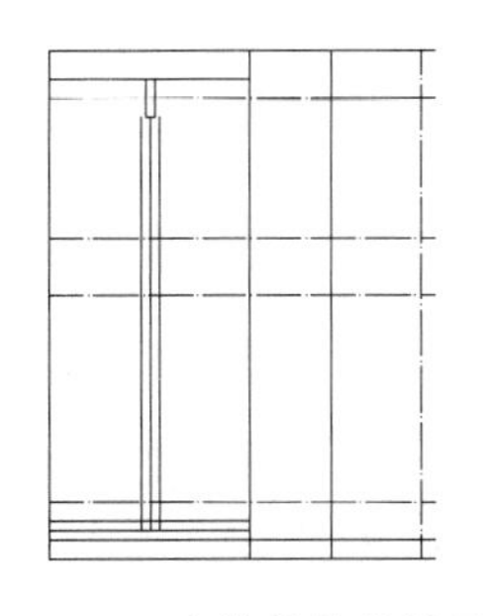

图 6-190 直线的偏移结果

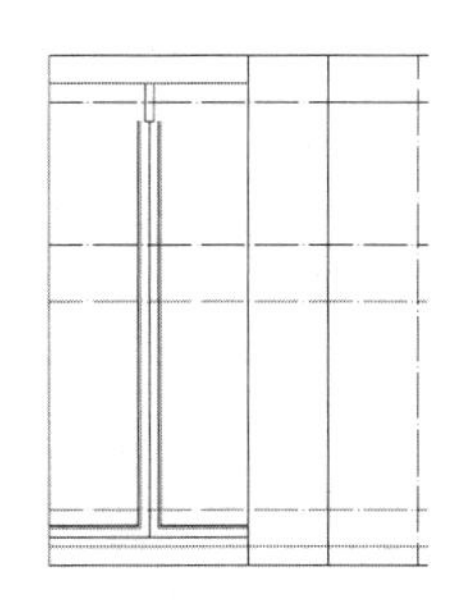

图 6-191 多余直线的修剪结果 2

（12）单击“默认”选项卡的“绘图”面板中的“圆弧”按钮，绘制窗帘的轮廓线。在绘制时要细心，有些线型特殊的曲线可以通过单击“默认”选项卡的“绘图”面板中的“样条曲线拟合”按钮来绘制。绘制完成后，单击“默认”选项卡的“修改”面板中的“镜像”按钮，将左侧窗帘镜像到右侧。窗帘的绘制结果如图 6-192 所示。

（13）单击“默认”选项卡的“绘图”面板中的“直线”按钮，在窗的中间绘制倾斜直线，作为玻璃纹路，结果如图 6-193 所示。

微课

（14）单击“默认”选项卡的“绘图”面板中的“矩形”按钮，在顶棚绘制六个尺寸均为 200×100 的矩形，结果如图 6-194 所示。

（15）单击“默认”选项卡的“绘图”面板中的“图案填充”按钮，弹出“图案填充创建”选项卡，单击“图案填充图案”按钮，在弹出的下拉菜单中选择“AR-SAND”命令，按如图 6-195 所示的图案填充设置对刚刚绘制的矩形进行填充，结果如图 6-196 所示。

微课

（16）采用同样的方法，绘制电视柜的轮廓线，结果如图 6-197 所示。

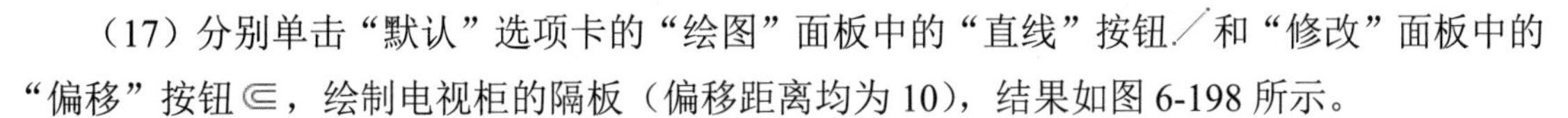

（17）分别单击“默认”选项卡的“绘图”面板中的“直线”按钮和“修改”面板中的“偏移”按钮，绘制电视柜的隔板（偏移距离均为 10），结果如图 6-198 所示。

图 6-192 窗帘的绘制结果

图 6-193 玻璃纹路的绘制结果

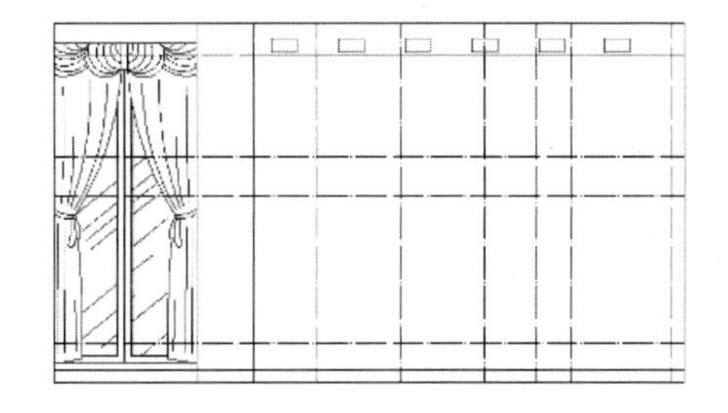

图 6-194 矩形的绘制结果 2

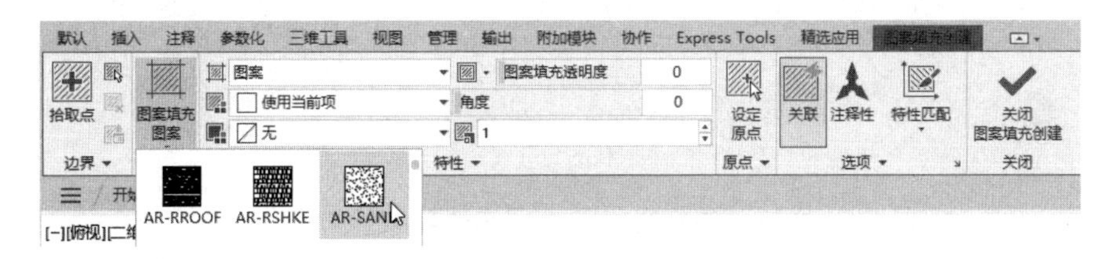


图 6-195 图案填充设置 1

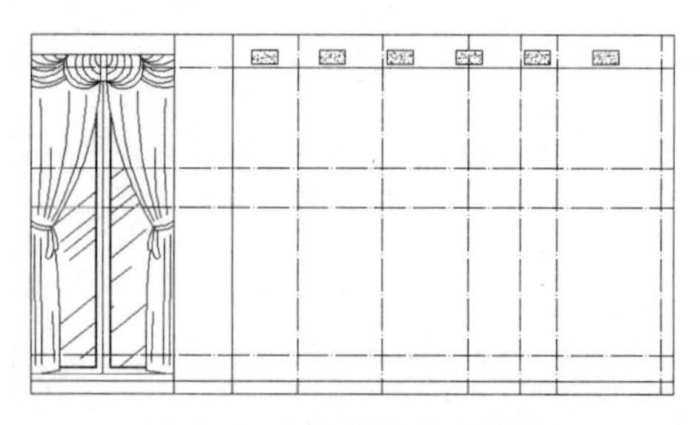

图 6-196 矩形的填充结果

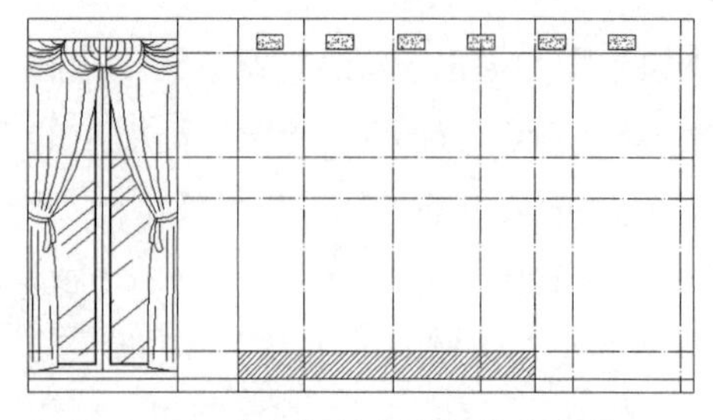

图 6-197 电视柜的轮廓线的绘制结果

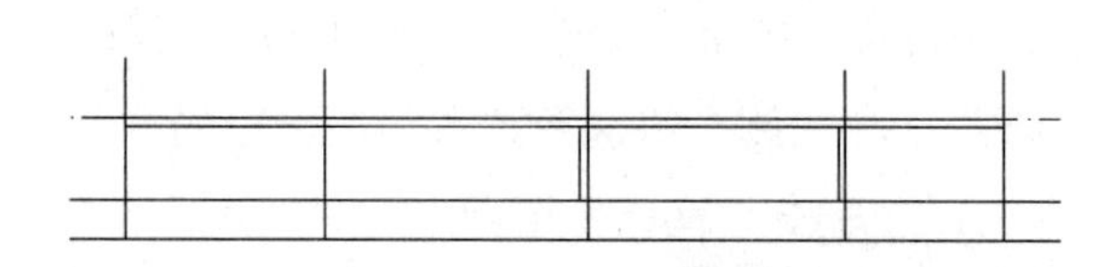

图 6-198 电视柜的隔板的绘制结果

（18）先依照轴线的位置绘制竖直直线，再单击“默认”选项卡的“绘图”面板中的“矩形”按钮 ，绘制尺寸为 200×80 的矩形，结果如图 6-199 所示。

（19）单击“默认”选项卡的“修改”面板中的“分解”按钮 ，分解矩形。单击“默认”选项卡的“修改”面板中的“修剪”按钮 ，修剪矩形右边，结果如图 6-200 所示。

（20）电视柜左侧为实木条纹装饰板。单击“默认”选项卡的“绘图”面板中的“图案填充”按钮 ，弹出“图案填充创建”选项卡，单击“图案填充图案”按钮，在弹出的下拉菜单中选择“LINE”命令，并设置图案填充比例为 10，如图 6-201 所示。选择填充区域填充装饰木板，结果如图 6-202 所示。

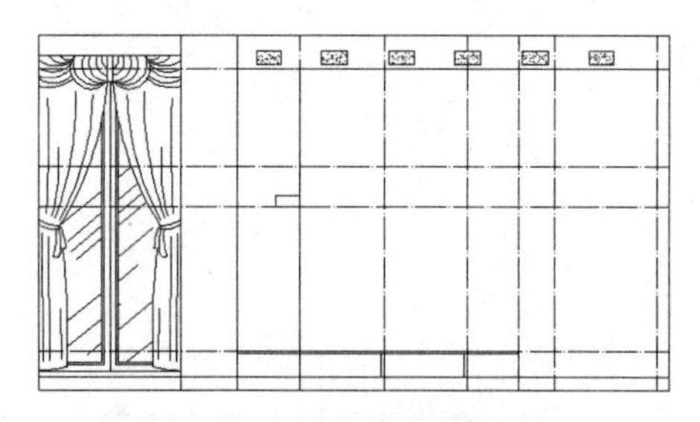

图 6-199 矩形的绘制结果 3

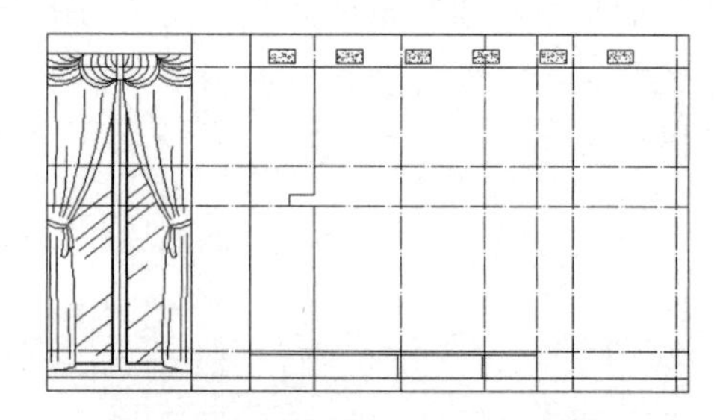

图 6-200 矩形右边的修剪结果

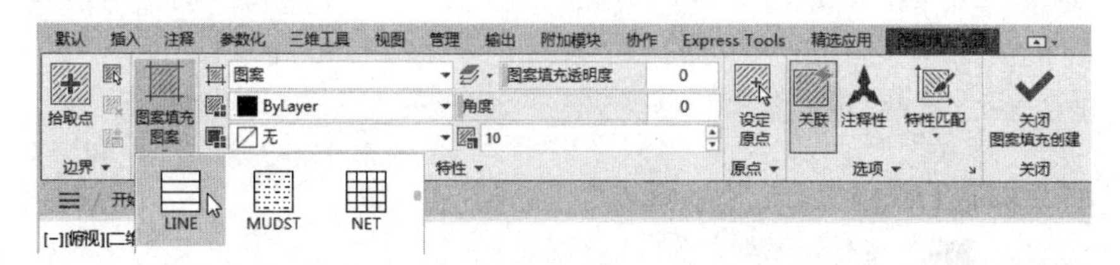


图 6-201 图案填充设置 2

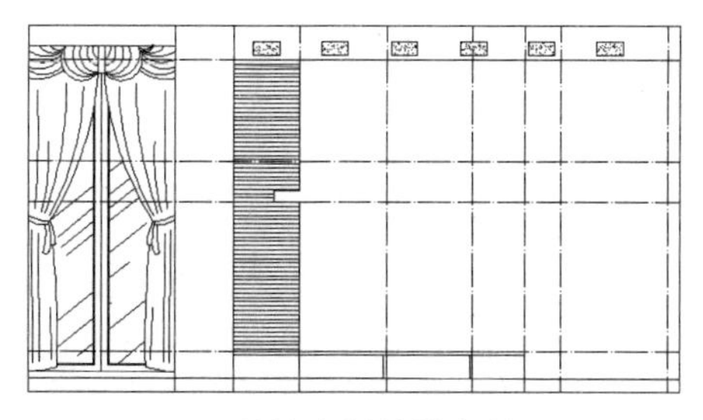

图 6-202 装饰木板的填充结果

（21）在设计本住宅时，对客厅正面的墙面中间设置了起装饰作用的凹陷部分。在绘制时，先单击“默认”选项卡的“绘图”面板中的“矩形”按钮 ，再单击轴线的交点，绘制矩形，结果如图 6-203 所示。

（22）对刚刚绘制的矩形进行填充，设置填充图案为 DOTS，并设置图案填充比例为 20。在台阶上绘制墙壁装饰和灯具，结果如图 6-204 所示。

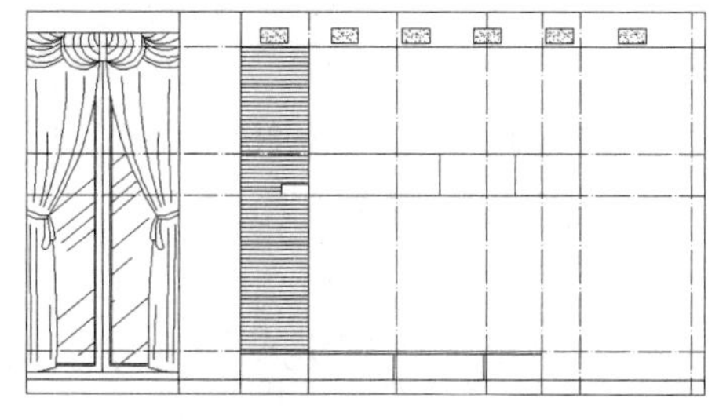

图 6-203 矩形的绘制结果 4

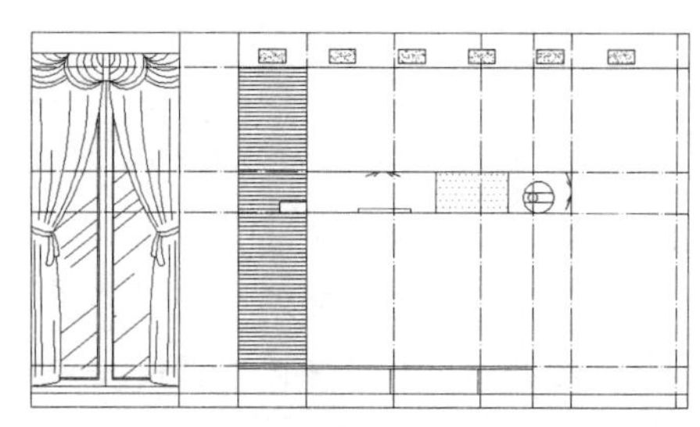

图 6-204 墙壁装饰和灯具的绘制结果

（23）绘制电视机。

① 单击“默认”选项卡的“绘图”面板中的“矩形”按钮 ，在空白处绘制尺寸为 1000×600 的矩形，结果如图 6-205 所示。

② 单击“默认”选项卡的“修改”面板中的“分解”按钮 ，分解矩形。选择矩形左边，单击“默认”选项卡的“修改”面板中的“偏移”按钮 ，设置向内偏移 100，设置完成后，对矩形右边进行类似的偏移，结果如图 6-206 所示。

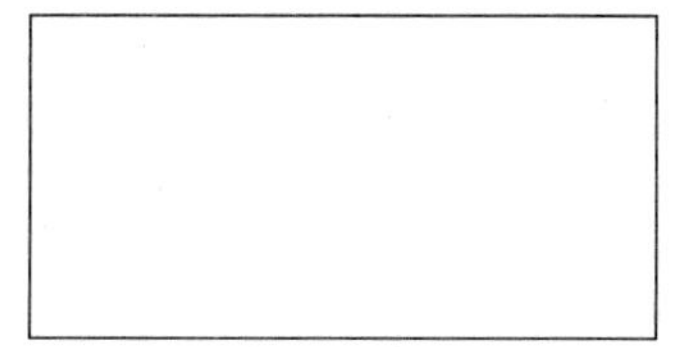

图 6-205 矩形的绘制结果 5

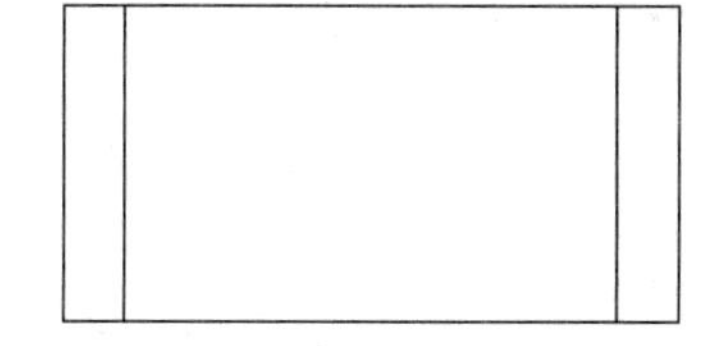

图 6-206 矩形左边、右边的偏移结果

③ 单击“默认”选项卡的“修改”面板中的“偏移”按钮 ，设置矩形上边、下边及偏移后的左边、右边均向内偏移 30，结果如图 6-207 所示。单击“默认”选项卡的“修改”面板中的“删除”按钮 ，删除多余直线，结果如图 6-208 所示。

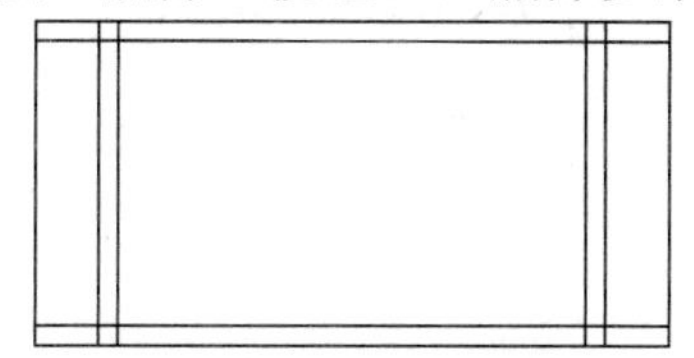

图 6-207 偏移结果

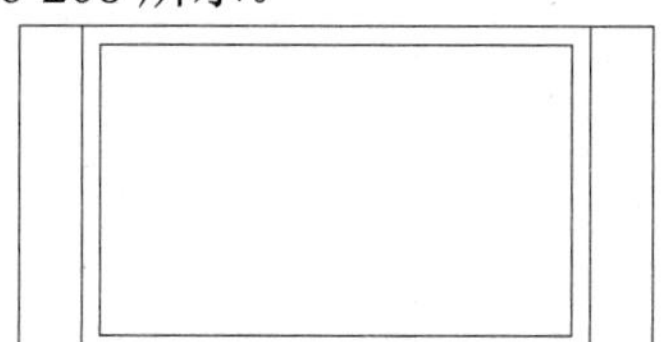

图 6-208 多余直线的删除结果

④ 单击“默认”选项卡的“修改”面板中的“偏移”按钮⊆，将内侧矩形再次向内偏移 20，结果如图 6-209 所示。

⑤ 单击“默认”选项卡的“绘图”面板中的“直线”按钮╱，在内侧矩形中绘制多条斜线，可以先绘制一条斜线，再对其进行复制，结果如图 6-210 所示。

图 6-209 内侧矩形的偏移结果

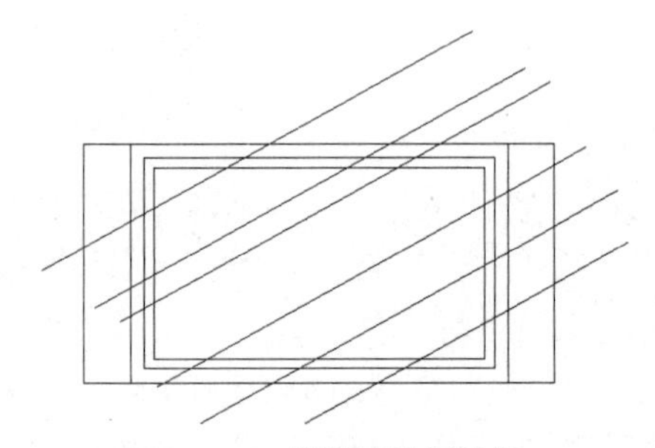

图 6-210 斜线的绘制结果

⑥ 单击“默认”选项卡的“绘图”面板中的“图案填充”按钮▨，弹出“图案填充创建”选项卡，单击“图案填充图案”按钮，在弹出的下拉菜单中选择“AR-SAND”命令，并设置图案填充比例为 0.5，如图 6-211 所示。填充后删除斜线，结果如图 6-212 所示。

⑦ 分别单击“默认”选项卡的“绘图”面板中的“矩形”按钮□和“直线”按钮╱，在电视机下方绘制台座。绘制完成后，将电视机定义为图块，并插入立面图中，结果如图 6-213 所示。

（24）在图层列表中选择“文字”图层，将其设置为当前图层。单击“默认”选项卡的“注释”面板中的“文字样式”按钮A，弹出“文字样式”对话框，单击“新建”按钮，弹出“新建文字样式”对话框，在“样式名”文本框中输入“文字标注”，单击“确定”按钮，返回到“文字样式”对话框中，取消勾选“使用大字体”复选框，在“字体名”下拉列表中选择“宋体”选项，在“高度”文本框中输入“100”。

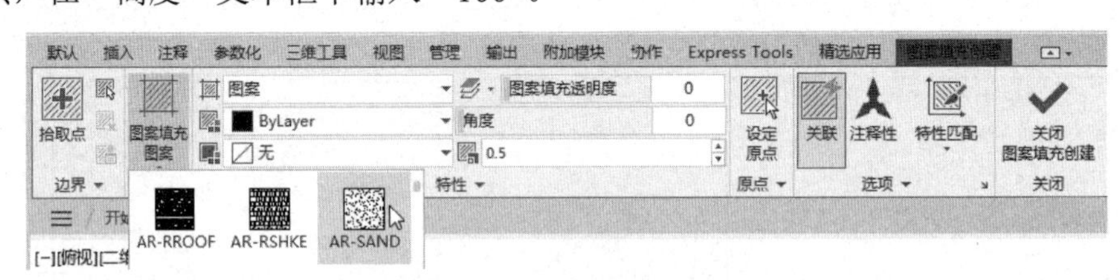

微课

图 6-211 图案填充设置 3

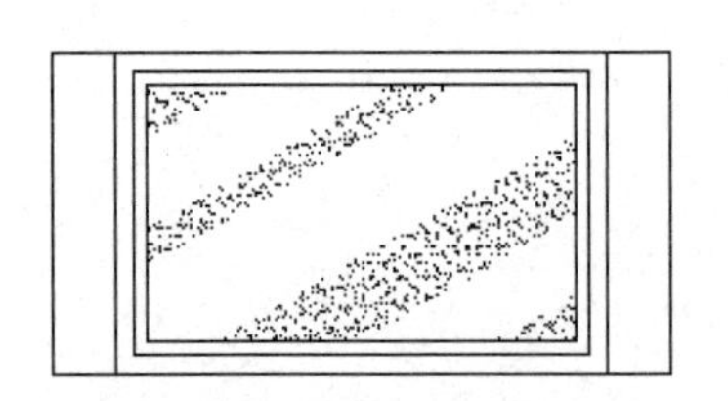

图 6-212 斜线的删除结果

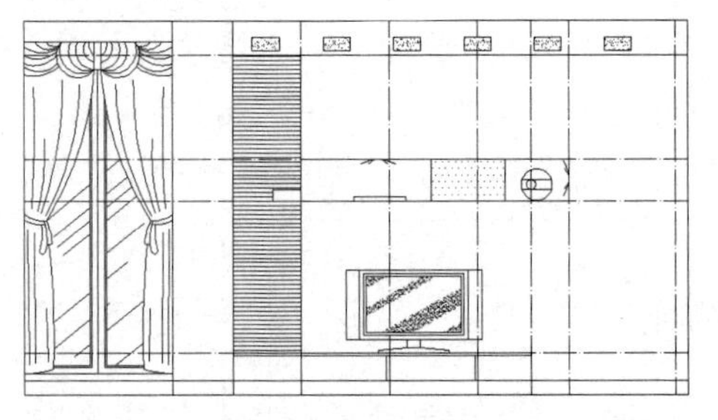

图 6-213 “电视机”图块的插入结果

（25）标注文字，结果如图 6-214 所示。

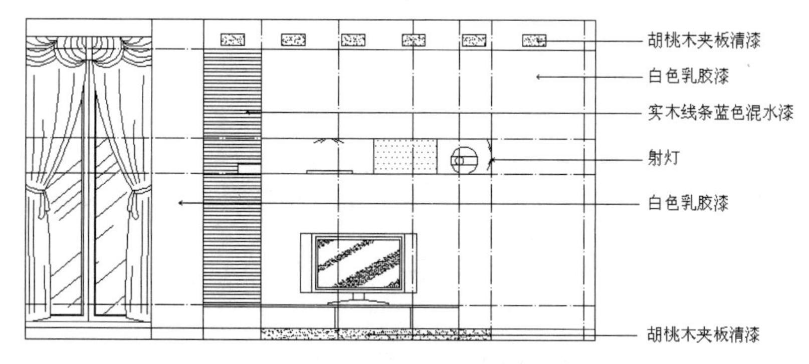


图 6-214 文字的标注结果

**注意**

在多数情况下，同一幅图中的文字通常使用同一种字体，但文字高度是不统一的，如标注文字、标题文字、说明文字等文字高度是不一致的。在某个文字样式中，若文字高度默认为 0，则每次使用该样式输入文字时，系统都将提示输入文字高度。若输入大于 0 的高度，则代表该样式的字体被设置了固定的文字高度，在使用该字体时，其文字高度是不允许被改变的。

（26）单击“默认”选项卡的“注释”面板中的“标注样式”按钮，弹出“标注样式管理器”对话框，单击“新建”按钮，弹出“创建新标注样式”对话框，在“新样式名”文本框中输入“立面标注”，编辑标注样式。

其基本设置如下：超出尺寸线为 50，起点偏移量为 50，箭头样式为建筑标记，箭头大小为 25，文字大小为 100。

（27）单击“默认”选项卡的“注释”面板中的“线性”按钮，标注尺寸。标注后，关闭“轴线”图层，结果如图 6-176 所示。

**注意**

在绘制立面图时，并不是将所有辅助线绘制好后才绘制图样，一般是按照由总体到局部、由粗到细，一项一项地完成的。如果将所有辅助线一次绘出，那么看起来会密密麻麻，无法分清。

# 任务四 绘制厨房立面图

## 任务背景

本任务将绘制厨房立面图。其主要绘制思路为，首先绘制立面墙体，其次绘制厨房立面家具，最后得到整个厨房立面的结构。厨房立面图的绘制结果如图 6-215 所示。

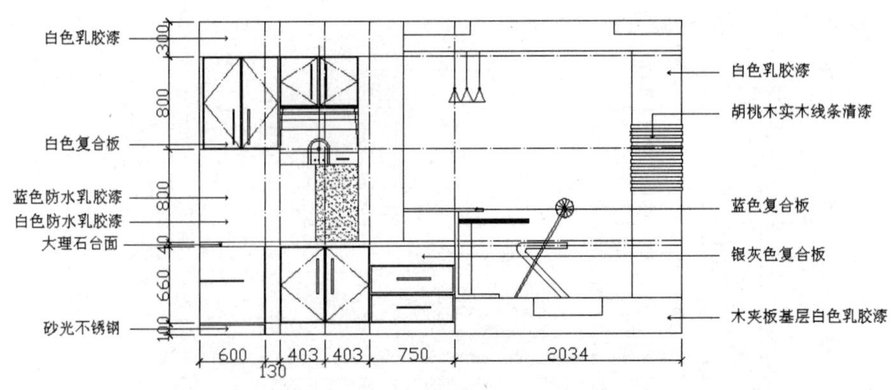


图 6-215　厨房立面图的绘制结果

微课

## 操作步骤

（1）在图层列表中选择“0”图层，将其设置为当前图层。单击“默认”选项卡的“绘图”面板中的“矩形”按钮，绘制尺寸为4320×2700的矩形，作为绘图区域，结果如图6-216所示。

（2）在图层列表中选择“轴线”图层，将其设置为当前图层，绘制轴线，结果如图6-217所示。

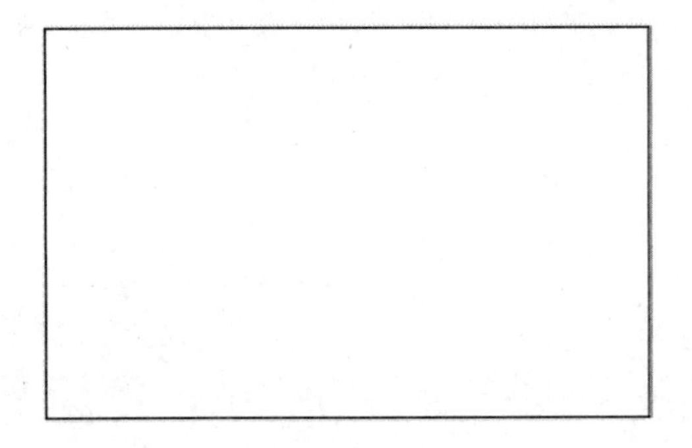

图 6-216　绘图区域的绘制结果

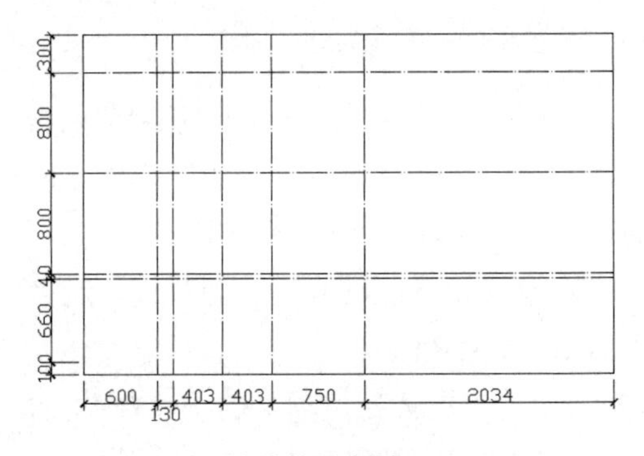


图 6-217　轴线的绘制结果

（3）单击“默认”选项卡的“修改”面板中的“复制”按钮，将客厅立面图中的柱子复制到厨房立面图右侧，结果如图6-218所示。

同样地，在顶棚和地面分别绘制装饰线、踢脚线，结果如图6-219所示。

（4）在图层列表中选择“陈设”图层，将其设置为当前图层。单击“默认”选项卡的“绘图”面板中的“矩形”按钮，通过轴线的交点绘制灶台的边缘线，并删除多余的柱线。灶台的绘制结果如图6-220所示。

微课

（5）单击“默认”选项卡的“绘图”面板中的“矩形”按钮，单击轴线的边界，绘制灶台下方的柜门，以及分割空间的挡板，结果如图6-221所示。

（6）单击“默认”选项卡的“修改”面板中的“偏移”按钮，将柜门向内偏移10，结果如图6-222所示。

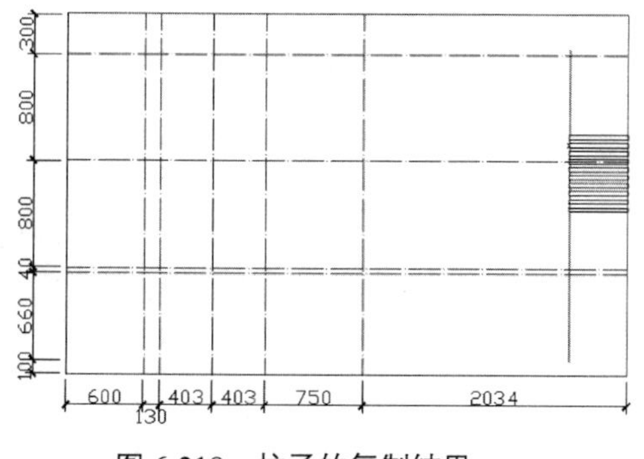


图 6-218　柱子的复制结果

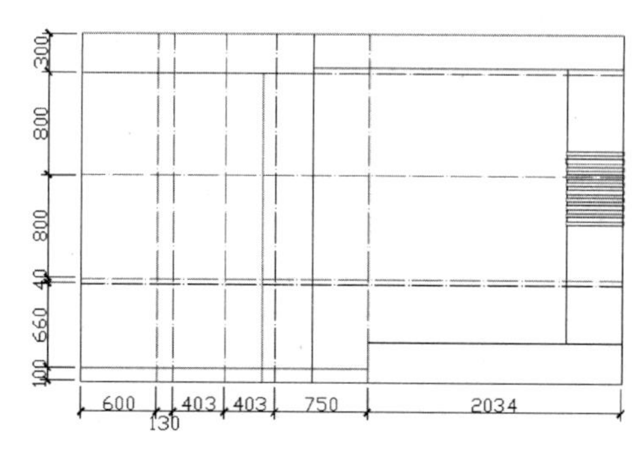


图 6-219　装饰线和踢脚线的绘制结果

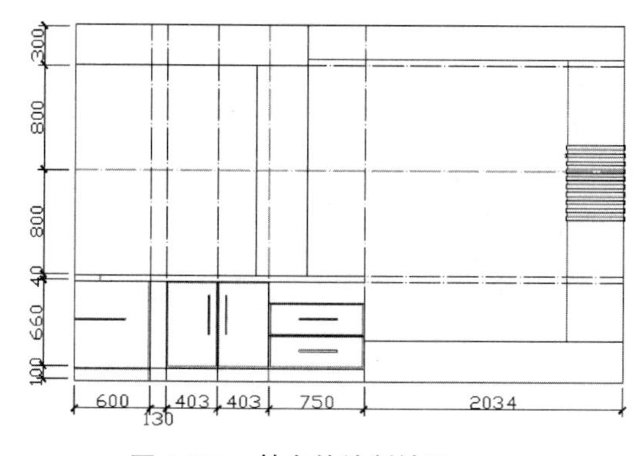


图 6-220　灶台的绘制结果

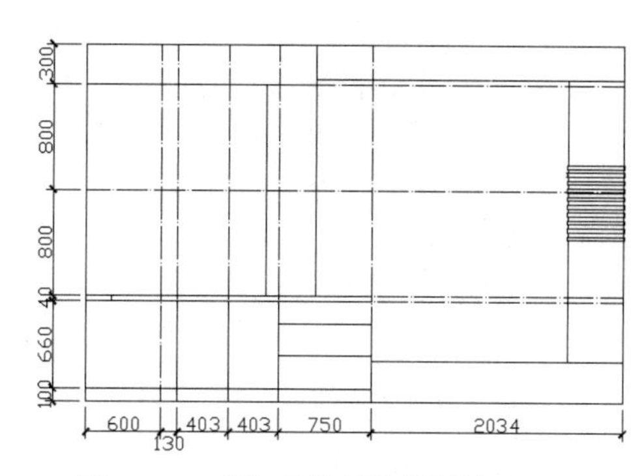


图 6-221　柜门及挡板的绘制结果

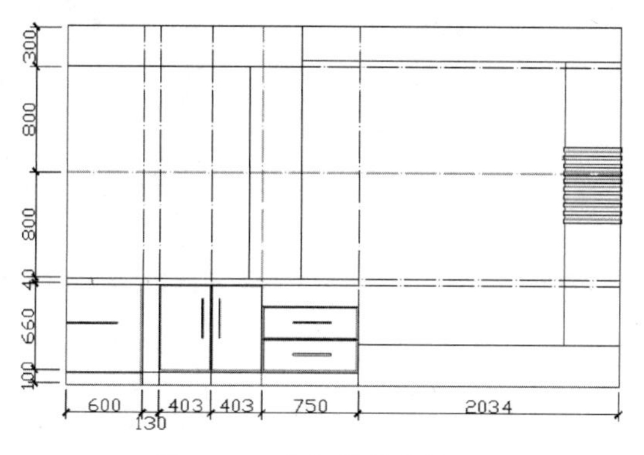


图 6-222　柜门的偏移结果

（7）单击“默认”选项卡的“绘图”面板中的“直线”按钮／，单击柜门中间的上角点（图 6-223 中的点 $A$），并单击柜门侧边的中点，绘制柜门的装饰线，结果如图 6-223 所示。选择刚刚绘制的装饰线并右击，在弹出的快捷菜单中选择“特性”命令，打开“特性”选项板，将“线型比例”设置为“10”，如图 6-224 所示。

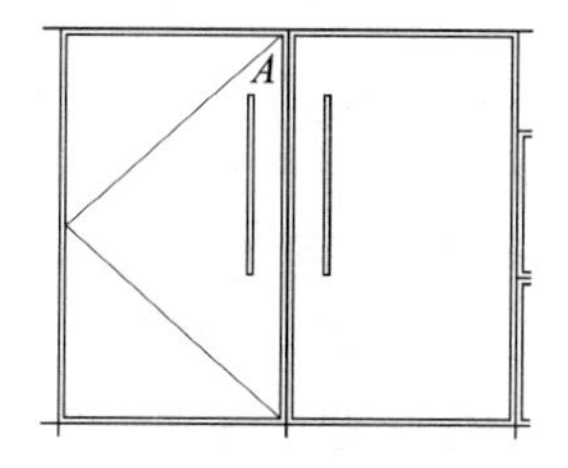


图 6-223　装饰线的绘制结果

（8）单击“默认”选项卡的“修改”面板中的“镜像”按钮⚠，选择刚刚绘制的装饰线，以柜门的中轴线为基准，将其镜像到另一侧，结果如图 6-225 所示。

采用同样的方法，绘制灶台上方的壁柜，结果如图 6-226 所示。

（9）单击“默认”选项卡的“绘图”面板中的“矩形”按钮 ▭，以灶台上方的壁柜的交点为起点，绘制尺寸为 700×500 的矩形，作为抽油烟机的外轮廓，结果如图 6-227 所示。

图 6-224 设置线型比例

微课

图 6-225 装饰线的镜像结果

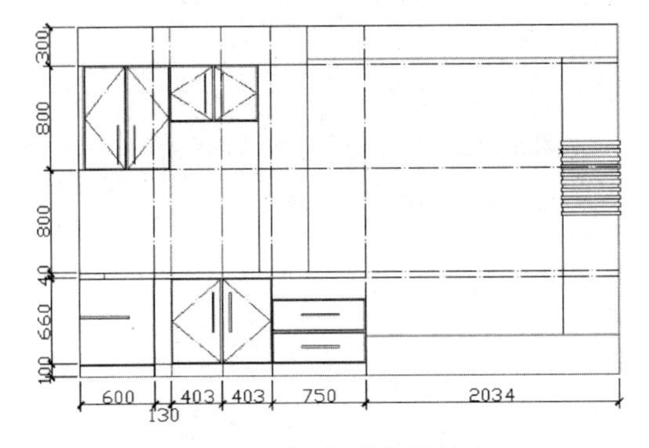


图 6-226 壁柜的绘制结果

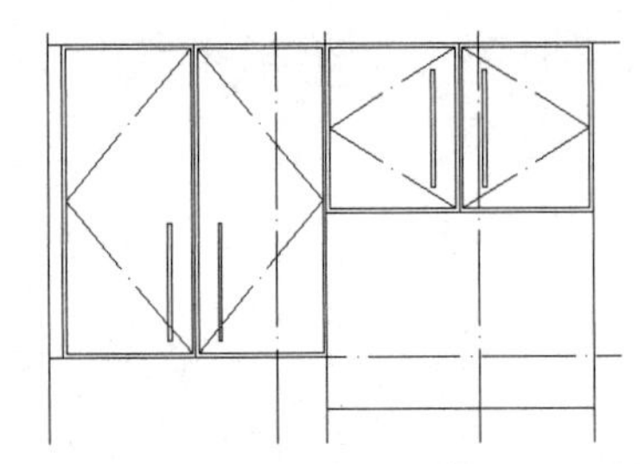

图 6-227 抽油烟机的外轮廓的绘制结果

（10）选择刚刚绘制的矩形，单击“默认”选项卡的“修改”面板中的“分解”按钮，分解矩形。单击“默认”选项卡的“修改”面板中的“偏移”按钮，将矩形下边向上偏移 100，结果如图 6-228 所示。

（11）单击“默认”选项卡的“绘图”面板中的“直线”按钮，选择偏移后的直线的左端点，在命令行中输入“@30,400”，按 Enter 键。单击“默认”选项卡的“绘图”面板中的“直线”按钮，选择偏移后的直线的右端点，在命令行中输入“@-30,400”，按 Enter 键。斜线的绘制结果如图 6-229 所示。

（12）单击“默认”选项卡的“修改”面板中的“复制”按钮，选择下方水平直线的左端点，在命令行中输入“@0,200”“@0,280”“@0,330”“@0,350”“@0,380”“@0,390”“@0,395”，按 Enter 键。波纹线的绘制结果如图 6-230 所示。

（13）单击“默认”选项卡的“绘图”面板中的“直线”按钮，绘制辅助线，结果如图 6-231 所示。重复使用“直线”命令，在辅助线左侧绘制长度为 200 的竖直直线。单击“默认”选项卡的“修改”面板中的“镜像”按钮，选择辅助线作为对称轴，将刚刚绘制的竖直直线镜像到另一侧。

（14）单击“默认”选项卡的“绘图”面板中的“圆弧”按钮，绘制圆弧，结果如图 6-232 所示。单击“默认”选项卡的“修改”面板中的“偏移”按钮，将竖直直线和圆弧均向内偏移 20。竖直直线和圆弧的偏移结果如图 6-233 所示。

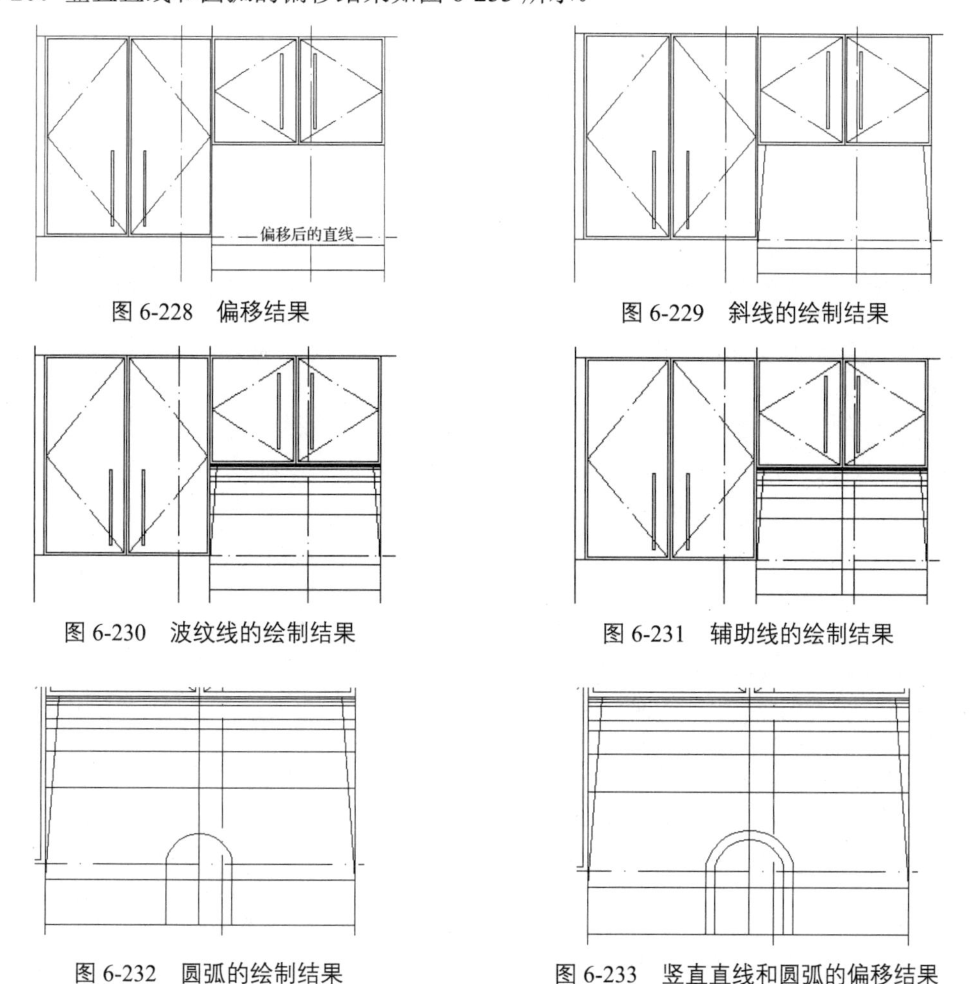


图 6-228　偏移结果

图 6-229　斜线的绘制结果

图 6-230　波纹线的绘制结果

图 6-231　辅助线的绘制结果

图 6-232　圆弧的绘制结果

图 6-233　竖直直线和圆弧的偏移结果

（15）单击“默认”选项卡的“绘图”面板中的“圆”按钮，先在圆弧下方绘制直径分别为 30 和 10 的圆，作为抽油烟机的指示灯，再在圆弧右侧绘制开关，结果如图 6-234 所示。

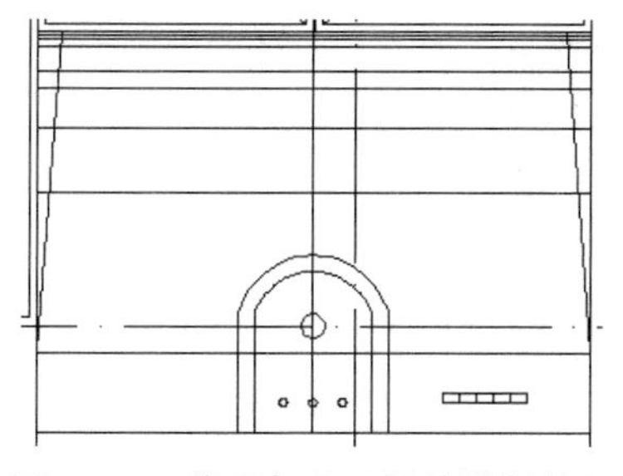

图 6-234　指示灯和开关的绘制结果

微课

（16）单击“默认”选项卡的“绘图”面板中的“矩形”按钮，在柜门右侧绘制尺寸为 20×900 的矩形，作为椅子靠背，结果如图 6-235 所示。

（17）单击“默认”选项卡的“修改”面板中的“旋转”按钮，选择刚刚绘制的矩形，

以点 *A* 为旋转轴，将其顺时针旋转 30°，结果如图 6-236 所示。

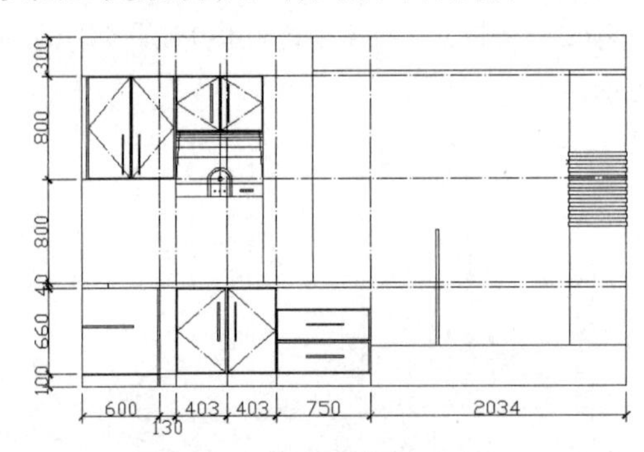


图 6-235　椅子靠背的绘制结果

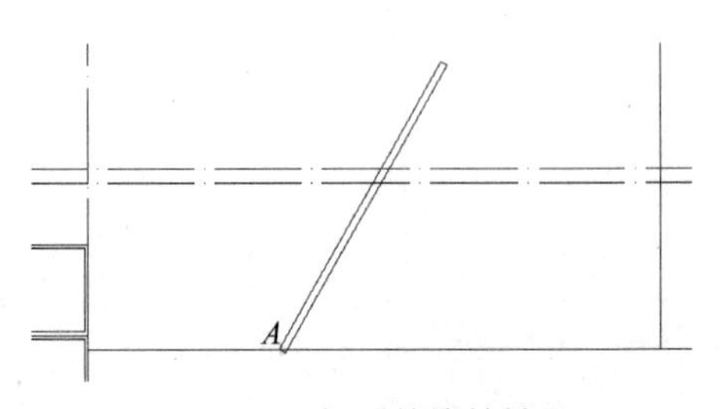


图 6-236　矩形的旋转结果

（18）单击“默认”选项卡的“修改”面板中的“修剪”按钮，将位于地面以下的椅子部分删除。

（19）单击“默认”选项卡的“绘图”面板中的“矩形”按钮，在柜门右侧绘制尺寸为 50×600 的矩形。单击“默认”选项卡的“修改”面板中的“旋转”按钮，将矩形逆时针旋转 45°，作为椅子腿，结果如图 6-237 所示。

（20）单击“默认”选项卡的“绘图”面板中的“矩形”按钮，在长度较短的矩形的顶部绘制尺寸为 400×50 的矩形，作为坐垫，结果如图 6-238 所示。

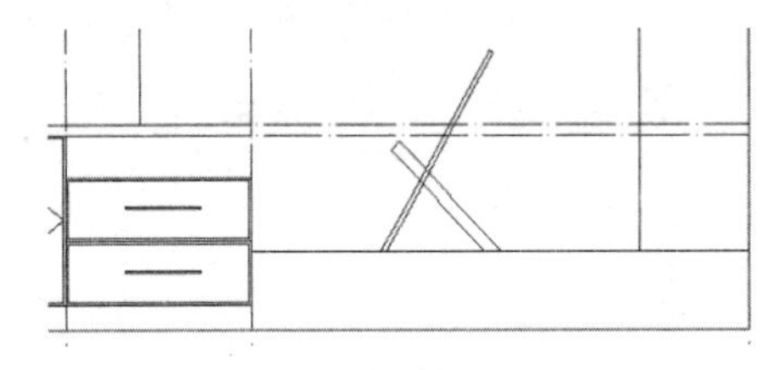

图 6-237　椅子腿的绘制结果

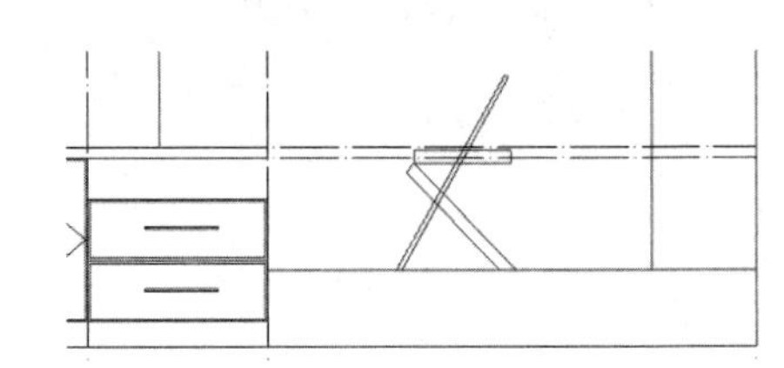

图 6-238　坐垫的绘制结果

（21）单击“默认”选项卡的“修改”面板中的“分解”按钮，分解矩形。单击“默认”选项卡的“修改”面板中的“圆角”按钮，选择相交的边，将外侧圆角半径设置为 50，将内侧圆角半径设置为 20。圆角的处理结果如图 6-239 所示。

（22）单击“默认”选项卡的“绘图”面板中的“圆”按钮，以椅子靠背的顶端中点为圆心，绘制半径为 80 的圆。单击“默认”选项卡的“绘图”面板中的“直线”按钮，绘制直线进行装饰，作为椅子靠背的靠垫。椅子的绘制结果如图 6-240 所示。

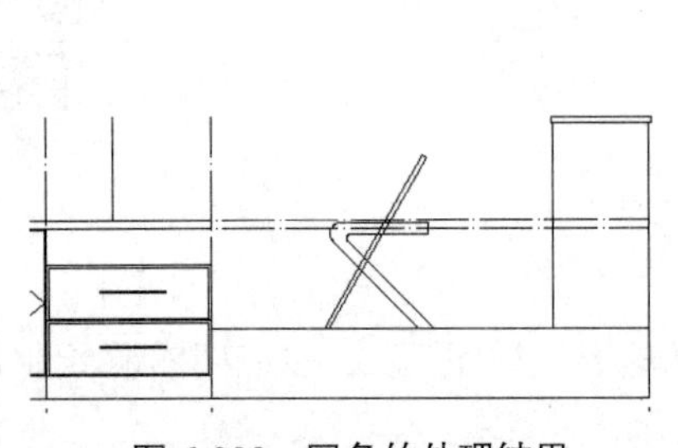

图 6-239　圆角的处理结果

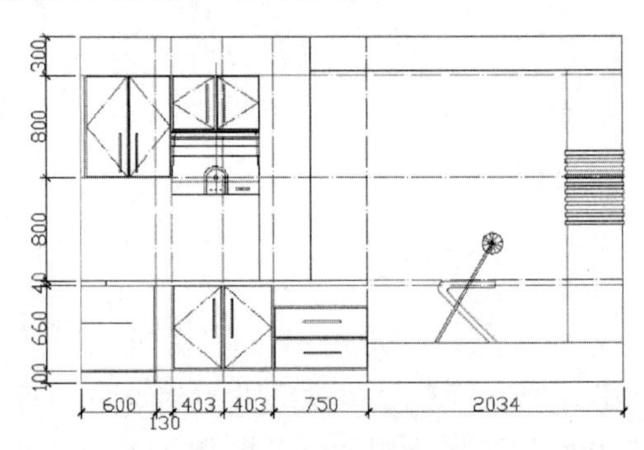


图 6-240　椅子的绘制结果

（23）采用同样的方法，绘制厨房立面图的其他设施，结果如图 6-241 所示。

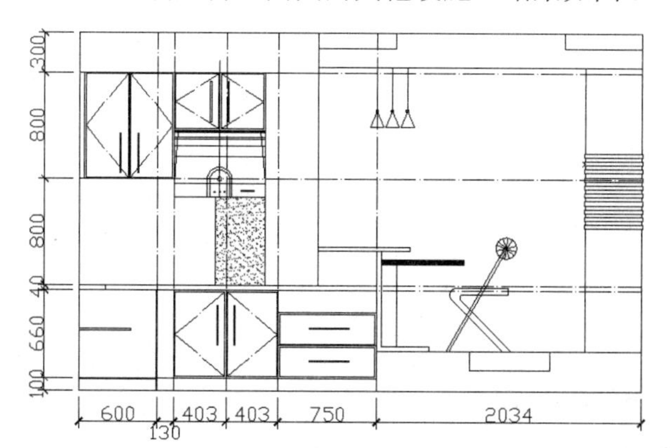

图 6-241 其他设施的绘制结果

（24）在图层列表中选择“文字”图层，将其设置为当前图层，进行文字标注。最终绘制结果如图 6-215 所示。

# 任务五 绘制书房立面图

## 任务背景

书房立面图的绘制重点是书房的立体构造。通过学习书房立面图的绘制方法，学生可以掌握此类立面图的基本绘制方法。

本任务将绘制书房立面图。其主要绘制思路为，首先绘制立面墙体，其次绘制书房立面家具，最后得到整个书房立面的结构。书房立面图的绘制结果如图 6-242 所示。

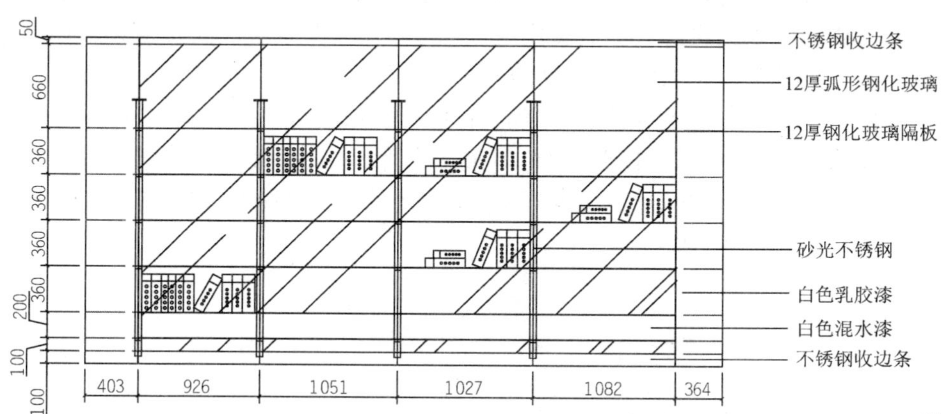


图 6-242 书房立面图的绘制结果

## 操作步骤

（1）在图层列表中选择“0”图层，将其设置为当前图层。单击“默认”选项卡的“绘图”面板中的“矩形”按钮 ▭，绘制尺寸为 4853×2550 的矩形，作为绘图区域，结果如图 6-243 所示。

（2）在图层列表中选择“轴线”图层，将其设置为当前图层，绘制轴线，结果如图 6-244 所示。

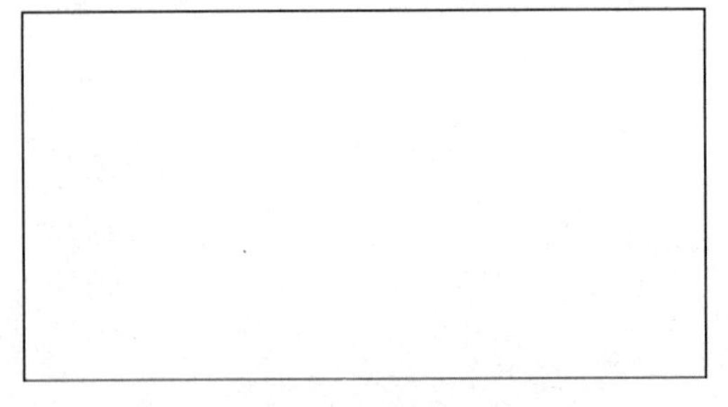

图 6-243　绘图区域的绘制结果

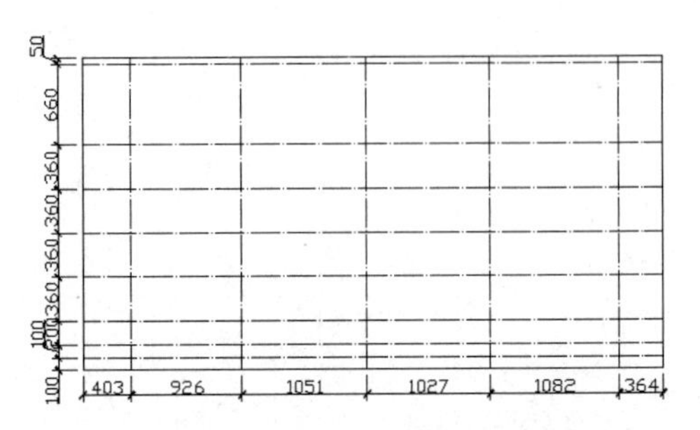


图 6-244　轴线的绘制结果

（3）在图层列表中选择“陈设”图层，将其设置为当前图层。单击“默认”选项卡的“绘图”面板中的“直线”按钮╱，沿轴线绘制书柜边界和玻璃分界线，结果如图 6-245 所示。

（4）单击“默认”选项卡的“绘图”面板中的“多段线”按钮，设置线宽为 10，绘制书柜水平板及两侧边缘，结果如图 6-246 所示。

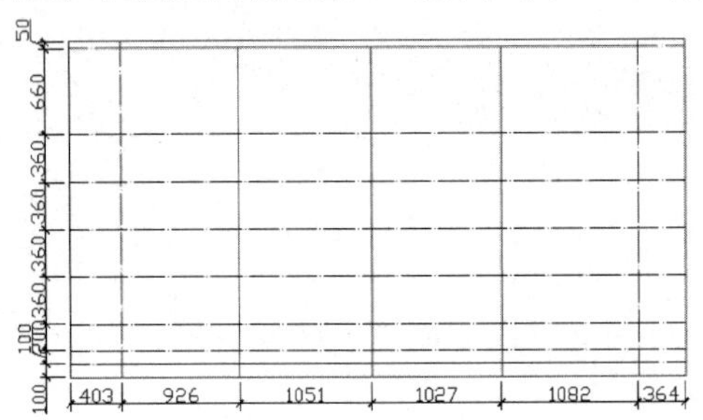


图 6-245　书柜边界和玻璃分界线的绘制结果

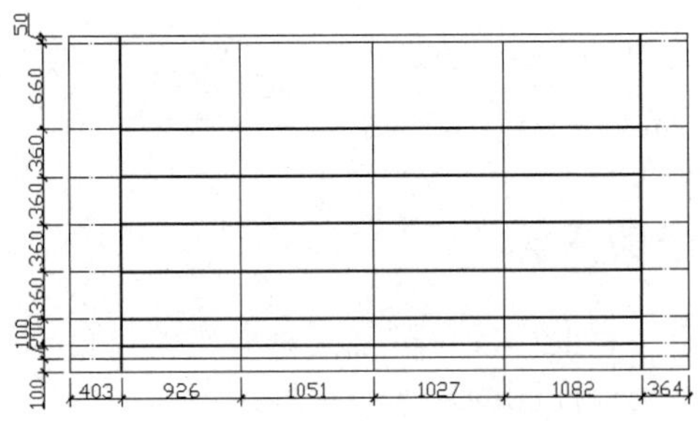


图 6-246　书柜水平板及两侧边缘的绘制结果

（5）单击“默认”选项卡的“绘图”面板中的“矩形”按钮，绘制尺寸为 50×2000 的矩形，在其上方绘制尺寸为 100×10 的矩形，作为书柜隔挡，结果如图 6-247 所示。

（6）选择菜单栏中的“格式”→“多线样式”命令，打开“多线样式”对话框，新建多线样式，进行如图 6-248 所示的设置，并在隔挡中绘制多线。其中，从上往下数，第二条和第三条水平直线的间距为 360，最下方两条水平直线的间距为 560，水平直线的绘制结果如图 6-249 所示。将隔挡复制到书柜的竖直直线上，修剪多余直线。隔挡的复制结果如图 6-250 所示。

微课

图 6-247　书柜隔挡的绘制结果

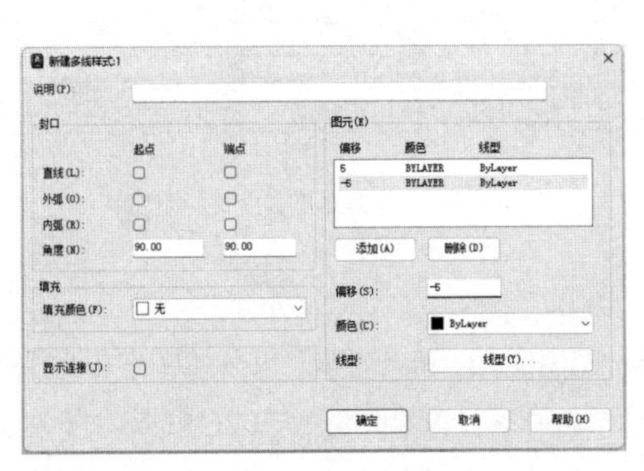


图 6-248　设置多线样式

图 6-249　水平直线的绘制结果

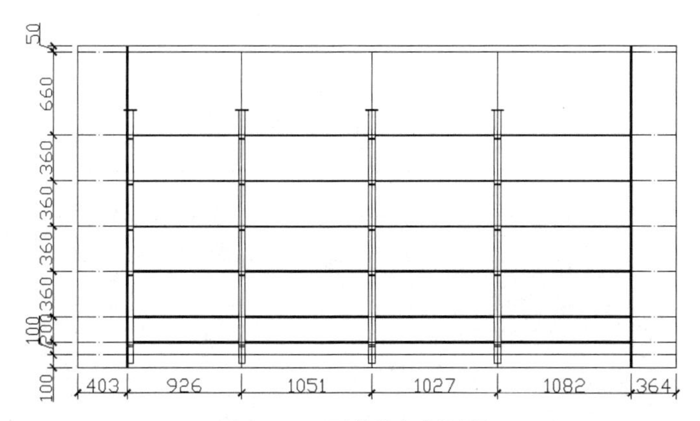


图 6-250 隔挡的复制结果

（7）单击“默认”选项卡的“绘图”面板中的“矩形”按钮 ，在空白处绘制尺寸为 400×300 的矩形。单击“默认”选项卡的“绘图”面板中的“直线”按钮 ，在其中绘制竖直直线，间距自己定义即可，结果如图 6-251 所示。

（8）单击“默认”选项卡的“绘图”面板中的“直线”按钮 ，绘制水平直线。单击“默认”选项卡的“绘图”面板中的“圆”按钮 ，在刚刚绘制的水平直线下方绘制圆，作为书名，结果如图 6-252 所示。采用同样的方法，绘制其他书的造型，结果如图 6-253 所示。

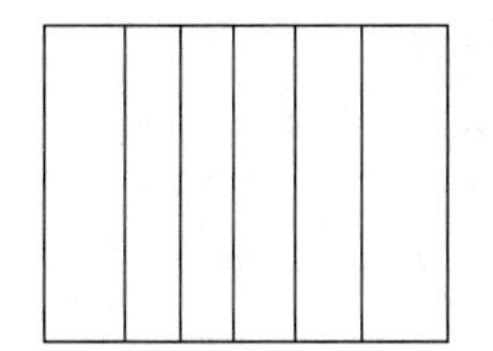

图 6-251 矩形及竖直直线的绘制结果

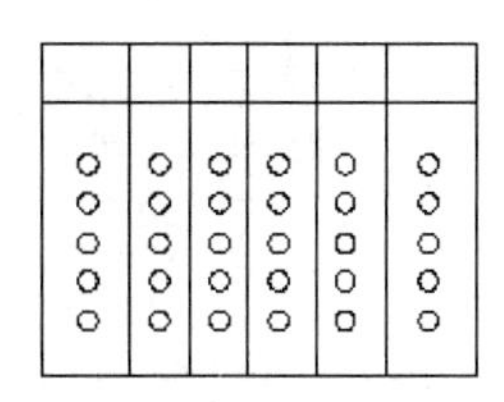

图 6-252 书名的绘制结果

（9）单击“默认”选项卡的“绘图”面板中的“直线”按钮 ，绘制与水平方向呈 45°的斜向直线，结果如图 6-254 所示。

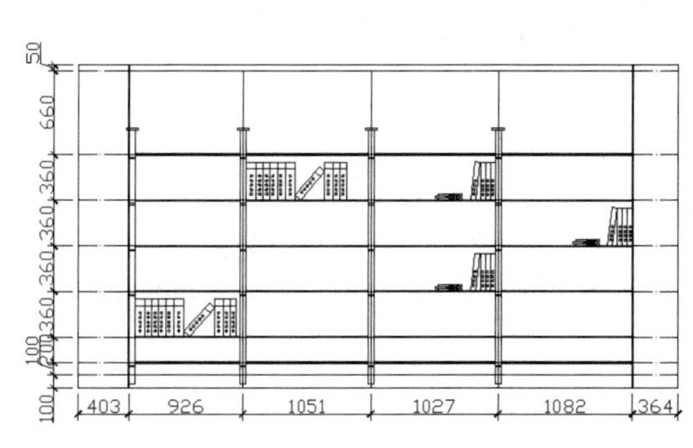


图 6-253 其他书的造型的绘制结果

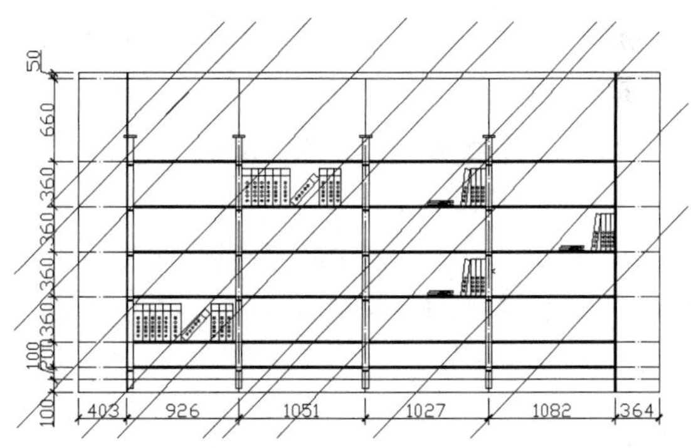


图 6-254 斜向直线的绘制结果

（10）单击“默认”选项卡的“修改”面板中的“修剪”按钮 ，修剪书柜轮廓外面和底部抽屉处的斜线，结果如图 6-255 所示。

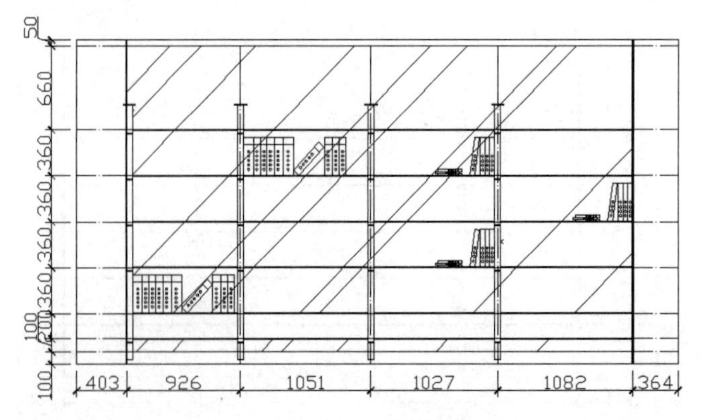


图 6-255　斜线的修剪结果

（11）单击“默认”选项卡的“修改”面板中的“打断”按钮⌒，将部分斜线打断。玻璃纹路的绘制结果如图 6-256 所示。

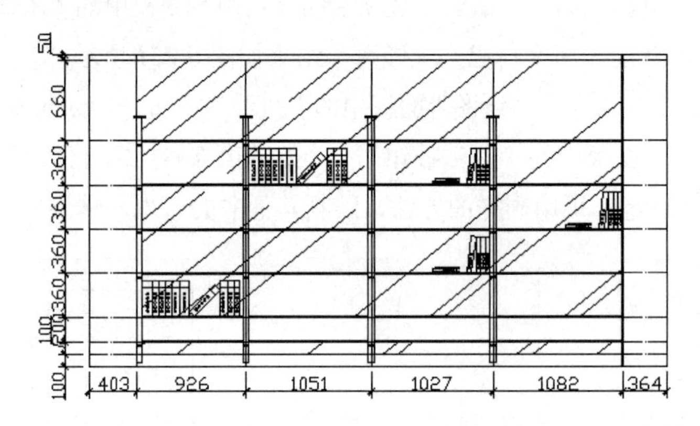


图 6-256　玻璃纹路的绘制结果

（12）在图层列表中选择“文字”图层，将其设置为当前图层，进行文字标注，最终绘制结果如图 6-242 所示。

## 任务六　上机实验

**实验 1　绘制如图 6-257 所示的两居室室内平面图**

◆ 目的要求

小户型的室内平面图中的大部分房间是方正的，为矩形。在绘制时，一般先绘制房间的开间和进深轴线，然后根据轴线绘制墙体，之后绘制门窗，最后绘制管道井等辅助空间。本实验绘制的是一个两居室室内平面图。

◆ 操作提示

（1）绘制房间的开间和进深轴线。

（2）绘制墙体。

（3）绘制门窗。

（4）绘制管道井等辅助空间。

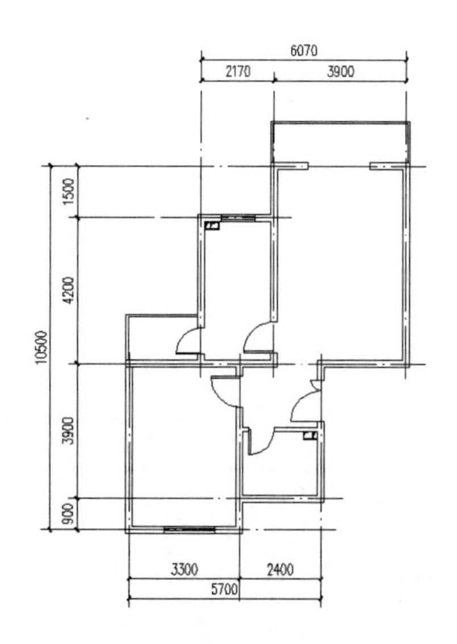


图 6-257　两居室室内平面图的绘制结果

**实验 2　绘制如图 6-258 所示的两居室顶棚平面图**

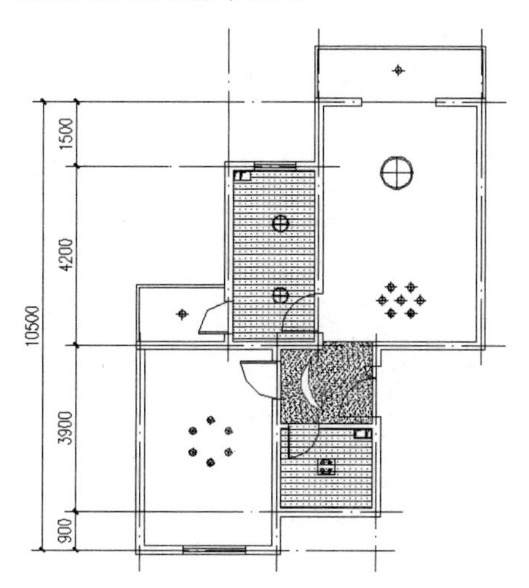


图 6-258　两居室顶棚平面图的绘制结果

◆ 目的要求

由于住宅的层高大约为 2700，比较矮，因此不建议设计复杂的造型，但在门厅处可以设计局部的造型，对卫生间、厨房等建议安装铝扣板顶棚吊顶。顶棚一般通过刷不同色彩的乳胶漆得到良好的效果。一般对没有布置家具和洁具等设施的居室平面进行顶棚设计。

◆ 操作提示

（1）绘制顶棚造型。

（2）插入所需的图块。

（3）布置灯具。

# 项目七　绘制学院会议中心室内设计图

## 学习情境

本项目将以绘制学院会议中心室内设计图为例，详细介绍大型公共建筑室内设计图的绘制过程。在这个过程中，编者将带领学生逐步完成学院会议中心室内设计图的绘制，并介绍关于绘制学院会议中心室内设计图的相关知识和技巧。本项目内容包括绘制学院会议中心平面图、学院会议中心顶棚平面图、学院会议中心立面图 A、学院会议中心立面图 B 涉及的相关知识及具体操作步骤。

## 能力目标

- 掌握学院会议中心室内设计图的具体绘制方法。
- 灵活应用各种 AutoCAD 2024 命令。
- 熟练绘制具体的学院会议中心室内设计图，提高绘制室内设计图的效率。

## 素质目标

- 提高视觉表现力与审美鉴赏能力：通过绘制美观、实用的学院会议中心室内设计图，提高视觉表现力与审美鉴赏能力。
- 发展创新思维与解决问题的能力：在设计过程中主动寻找问题并提出创新解决方案，以优化设计。

## 课时安排

10 课时（讲课 4 课时，练习 6 课时）。

## 任务一　绘制学院会议中心平面图

### 任务背景

公共建筑室内设计是指根据建筑所处环境、功能性质、空间形式和投资标准，运用美学原理、审美法则、物质技术手段，创造一个满足人类社会生活和社会特征需求，表现人类文明和进步，并制约和影响人们的观念和行为的特定公共建筑空间室内设计环境。它是一种反映人们的地域、民族、物质生活内容和行为特征，体现当代人在各种社会生活中寻求的物质、精神需求和审美理想的室内环境设计，既具有公共活动的科学、适用、高效、以人为本的功能价值，又具有地域风貌、建筑功能、历史文脉等各种因素的文化价值。

大型公共建筑室内设计具有以下特点。

（1）以功能需求为宗旨。

（2）加强环境整体观。

（3）科学性与艺术性并重。

（4）时代感与历史性并重。

大型公共建筑室内设计应遵循以下几点原则。

（1）在进行公共建筑室内设计时，应遵循实用、安全、经济、美观的基本原则。

（2）在进行公共建筑室内设计时，必须确保建筑安全，不得随意改变建筑的承重结构。

（3）在进行公共建筑室内设计时，不得破坏建筑外的立面，若要打安装孔洞，则安装设备后必须修整，以保持原建筑立面效果。

（4）在进行公共建筑室内设计时，考虑经济预算的同时应采用新型的节能型和环保型装饰材料及用具，不得采用对人体健康有害的伪劣建材。

（5）在进行公共建筑室内设计时，应遵循国家颁布、实施的建筑和电气等设计规范的相关规定。

（6）在进行公共建筑室内设计时，应遵循现行的国家和地方有关防火、环保、建筑、电气、给排水等标准的有关规定，尤其要注意消防设施的配置，确保消防安全。

（7）在进行公共建筑室内设计时，因为公共建筑为大型公共活动场所，所以除了应进行消防设计，还应进行建筑声学数据的计算。建筑声学的计算数据是功能保证的重要标准。必要时，还需对建材和造型进行局部模拟实验。剧院、大型会议室的顶面和墙面基于建筑声学的需要，大多是凸凹的且反射材料与吸声材料相间的。

（8）观众席的照明设计要考虑进/出场、演出、电影放映、阅读等各种场景的使用情况。

本任务将逐步介绍学院会议中心平面图的绘制过程。在这个过程中，编者将循序渐进地介绍学院会议中心室内设计的基本知识，以及 AutoCAD 2024 的基本操作方法。学院会议中心平面图的绘制结果如图 7-1 所示。

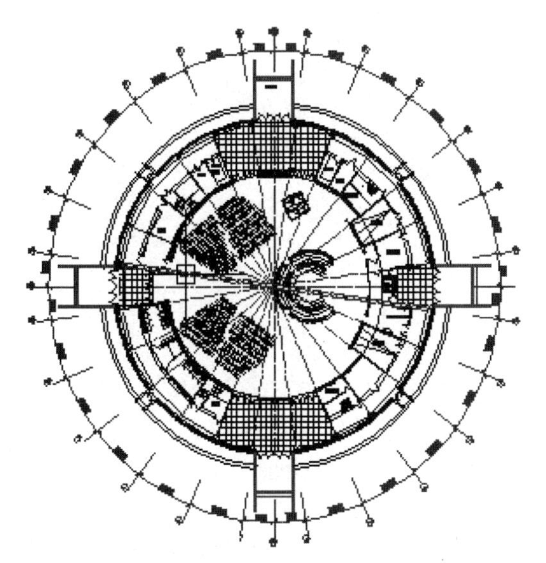

图 7-1　学院会议中心平面图的绘制结果

## 操作步骤

### 1. 系统设置

绘图之前应先进行系统设置，包括样板的选择、单位的设置、图形界限的设置及坐标的设置等。

（1）打开 AutoCAD 2024，单击快速访问工具栏中的“新建”按钮，弹出如图 7-2 所示的“选择样板”对话框，以 acadiso.dwt 为样板文件建立新文件。

（2）在 AutoCAD 2024 中，图形是以 1∶1 的比例绘制的，出图时应考虑以 1∶100 的比例输出。例如，建筑实际尺寸为 3m，在绘图时输入的距离为 3000。因此，可以将系统单位设置为 mm，以 1∶1 的比例绘制，这样在输入尺寸时无须换算，比较方便。

其具体操作是，选择菜单栏中的“格式”→“单位”命令，打开如图 7-3 所示的“图形单位”对话框，在该对话框中设置单位，设置完成后，单击“确定”按钮。

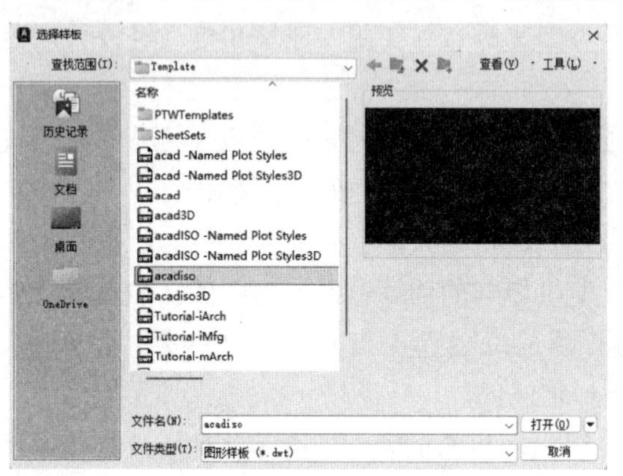

图 7-2 “选择样板”对话框

图 7-3 “图形单位”对话框

（3）将图形界限设置为 A3 图幅。AutoCAD 2024 默认的图形界限为 420×297，已经是 A3 图幅，但是当以 1∶1 的比例绘图，以 1∶100 的比例出图时，空间将缩小到原来的 1/100。因此，现在将图形界限设置为 42000×29700，即扩大 100 倍。其命令行提示与操作如下。

```
命令: LIMITS↙
重新设置模型空间界限:
指定左下角点或 [开(ON)/关(OFF)] <0,0>: ↙
指定右上角点 <420.0000,297.0000>: 42000,29700↙
```

### 2. 绘制轴线

1）绘图准备

（1）单击“默认”选项卡的“图层”面板中的“图层特性”按钮，弹出“图层特性管理器”对话框，如图 7-4 所示。

在绘图中，往往有不同的绘图内容，如轴线、墙线、装饰布置图块、地板、标注等，如果将这些内容放在一起，那么绘图之后要删除或编辑某个类型的图形时，将带来选择上的困难。AutoCAD 2024 提供了图层工具，为编辑带来了极大的方便。

在绘图初期，可以建立不同的图层，将不同类型的图形绘制在不同的图层上，在编辑时可以使用图层的显示和隐藏功能、锁定功能来操作图层上的图形，十分便于编辑。

（2）单击“图层特性管理器”对话框中的“新建图层”按钮，新建图层，如图 7-5 所示。

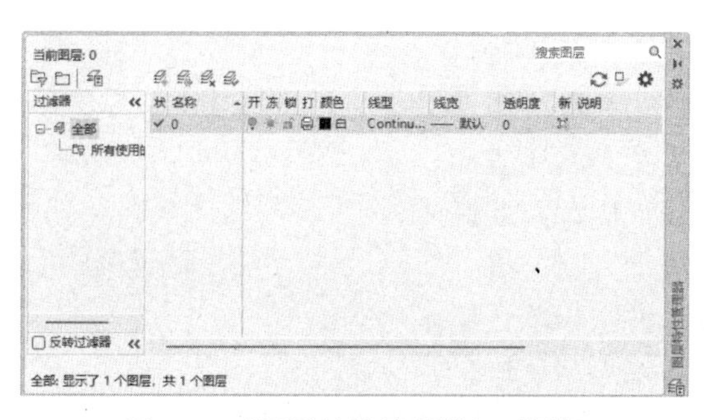
图 7-4 “图层特性管理器”对话框

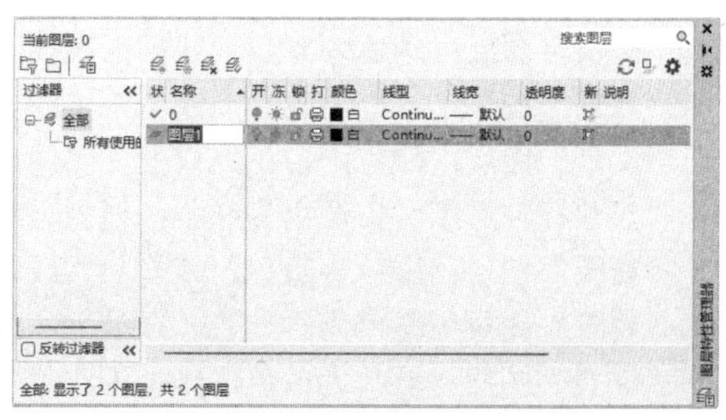
图 7-5 新建图层

（3）新建图层的图层名默认为“图层 1”，将其修改为“轴线”。图层名后面的选项由左至右依次为“打开/关闭”“解冻/冻结”“解锁/锁定”“打印/不打印”“颜色”“线型”“线宽”等。其中，编辑图形时常用的是“打开/关闭”“解锁/锁定”“线型”“颜色”。

（4）选择新建的“轴线”图层的“颜色”标签下的选项，打开如图 7-6 所示的“选择颜色”对话框，选择红色为“轴线”图层的默认颜色，单击“确定”按钮，返回到“图层特性管理器”对话框中。

（5）选择“线型”标签下的选项，打开如图 7-7 所示的“选择线型”对话框。因为轴线一般在绘图中使用中心线来绘制，所以应将“轴线”图层的默认线型设置为中心线。单击“加载”按钮，弹出如图 7-8 所示的“加载或重载线型”对话框。

（6）在“可用线型”列表框中选择“CENTER”线型，单击“确定”按钮，返回到“选择线型”对话框中，选择如图 7-9 所示的刚刚加载的线型，单击“确定”按钮，“轴线”图层设置完毕。

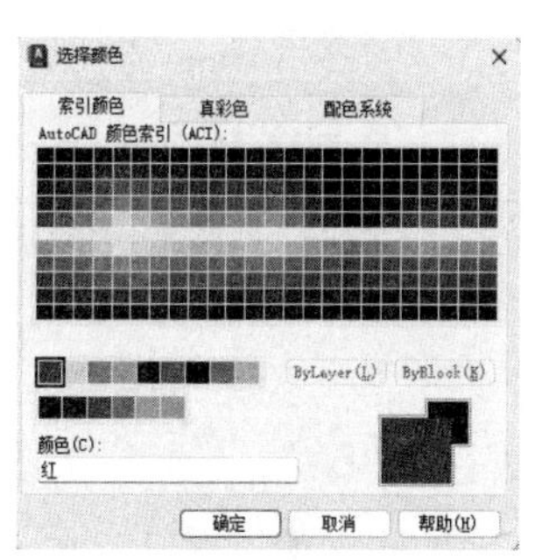
图 7-6 “选择颜色”对话框

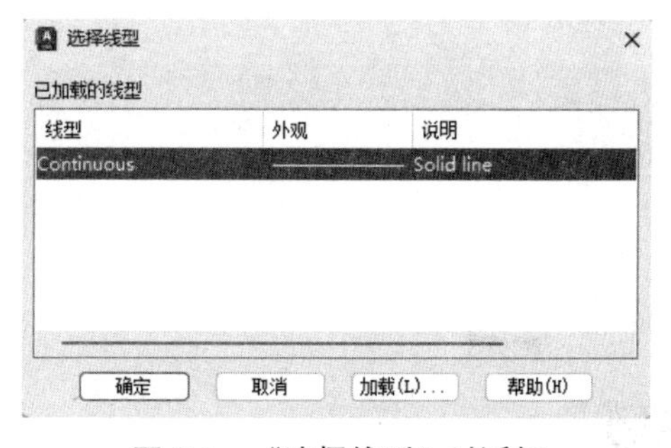
图 7-7 “选择线型”对话框

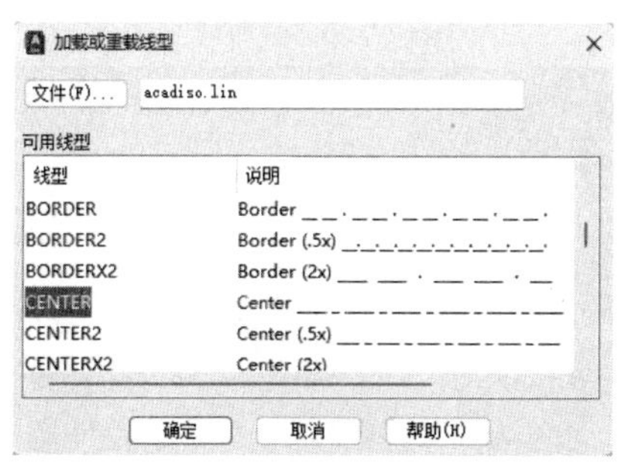
图 7-8 “加载或重载线型”对话框

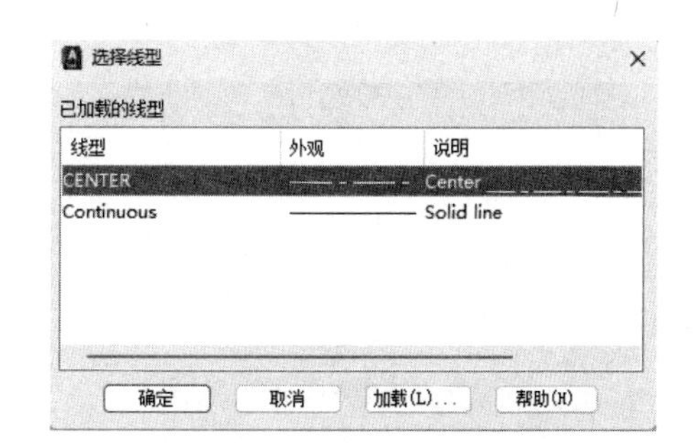
图 7-9 选择刚刚加载的线型

（7）采用同样的方法，按以下说明新建其他几个图层。

“墙线”图层：颜色为白色，线型为实线，线宽为 0.3。

“门窗”图层：颜色为蓝色，线型为实线，线宽为默认值。

“装饰”图层：颜色为蓝色，线型为实线，线宽为默认值。

“文字”图层：颜色为白色，线型为实线，线宽为默认值。

“尺寸标注”图层：颜色为绿色，线型为实线，线宽为默认值。

“楼梯”图层：颜色为蓝色，线型为实线，线宽为默认值。

“台阶”图层：颜色为洋红色，线型为实线，线宽为默认值。

“家具”图层：颜色为白色，线型为实线，线宽为默认值。

已绘制的学院会议中心平面图中有轴线、门窗、装饰、文字和尺寸标注等内容，分别按上面介绍的方法设置图层。对于其中的颜色，学生也可以依照个人绘图习惯自行设置。设置完成后的“图层特性管理器”对话框如图 7-10 所示。

（8）右击状态栏中的“对象捕捉”按钮，弹出如图 7-11 所示的右键快捷菜单，选择“对象捕捉设置”命令，打开“草图设置”对话框，在“对象捕捉”选项卡中，进行如图 7-12 所示的对象捕捉设置，单击“确定”按钮。

2）绘制轴线

（1）在图层列表中选择“轴线”图层，将其设置为当前图层。单击“默认”选项卡的“绘图”面板中的“直线”按钮，绘制长度为 33000 的竖直轴线，捕捉竖直轴线的中点作为第一条水平轴线的起点，绘制长度为 33000 的水平轴线。

（2）单击“默认”选项卡的“修改”面板中的“移动”按钮，将水平轴线的中点与竖直轴线的中点重合。轴线的绘制结果如图 7-13 所示。

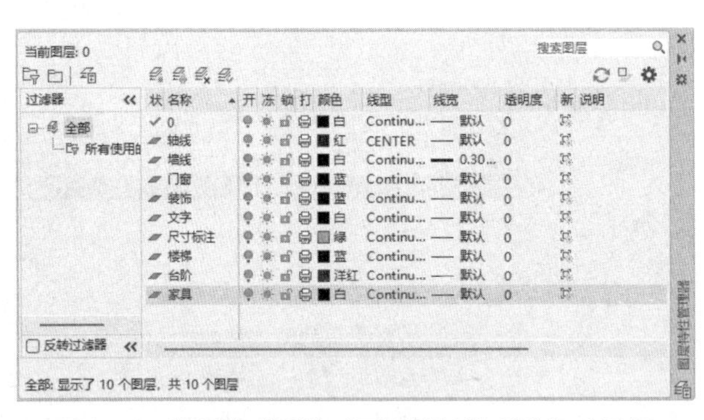


图 7-10 设置完成后的“图层特性管理器”对话框

图 7-11 右键快捷菜单

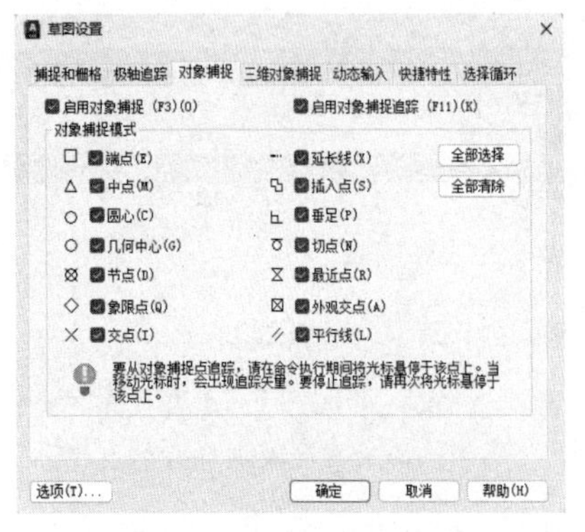


图 7-12 对象捕捉设置

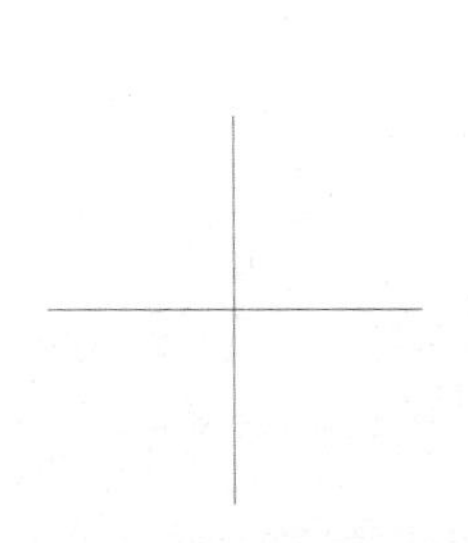

图 7-13 轴线的绘制结果

（3）此时，虽然轴线的线型为中心线，但是由于线型比例设置的问题，轴线仍然显示为实线。选择刚刚绘制的轴线并右击，在弹出的快捷菜单中选择“特性”命令（见图 7-14），打开如图 7-15 所示的“特性”选项板，将“线型比例”设置为“50”。修改线型比例后的轴线如图 7-16 所示。

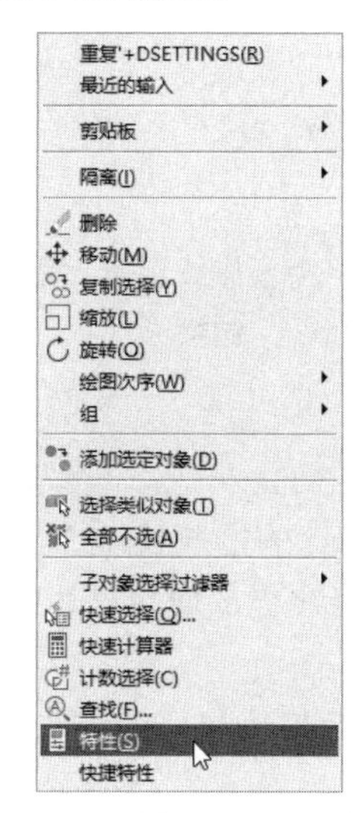


图 7-14 选择“特性”命令

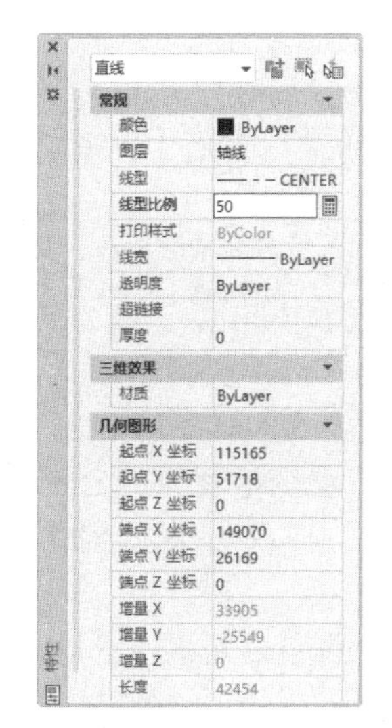


图 7-15 “特性”选项板

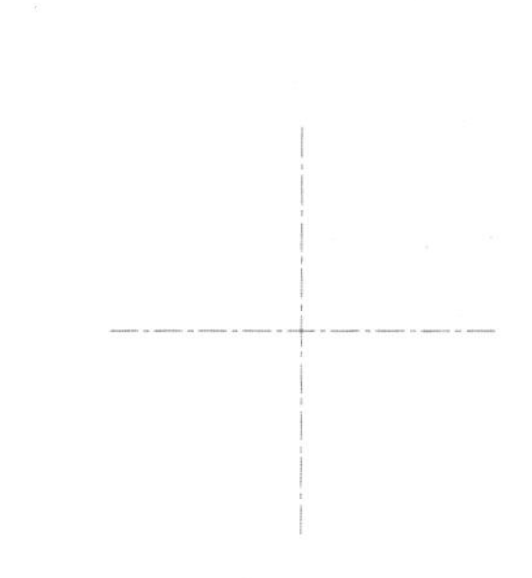

图 7-16 修改线型比例后的轴线

## 注意

因为学院会议中心的形状为圆，所以对于门可以先绘制一条主轴线，至于其他轴线使用“环形阵列”命令进行绘制即可。

（4）单击“默认”选项卡的“修改”面板中的“旋转”按钮，选择水平轴线，以水平轴线和竖直轴线的交点为旋转基点，分别旋转 8° 和−8° 并复制，命令行提示与操作如下。

```
命令: ROTATE↙
UCS 当前的正角方向: ANGDIR=逆时针    ANGBASE=0
选择对象:（选择水平轴线）
选择对象: ↙
指定基点:（选择水平轴线的中点）
指定旋转角度，或 [复制(C)/参照(R)] <0>: c↙
旋转一组选定对象
指定旋转角度，或 [复制(C)/参照(R)] <0>: 8↙
命令: ROTATE↙
UCS 当前的正角方向: ANGDIR=逆时针    ANGBASE=0
选择对象:（选择水平轴线）
指定基点:（选择水平轴线的中点）
指定旋转角度,或 [复制(C)/参照(R)] <8>: c↙
旋转一组选定对象
指定旋转角度,或 [复制(C)/参照(R)] <8>: -8↙
```

水平轴线的旋转、复制结果如图 7-17 所示。

（5）采用同样的方法，旋转、复制竖直轴线，轴线之间的角度为 8°，结果如图 7-18 所示。

（6）继续采用同样的方法，旋转、复制剩余轴线，剩余轴线之间的角度为 15°，结果如图 7-19 所示。

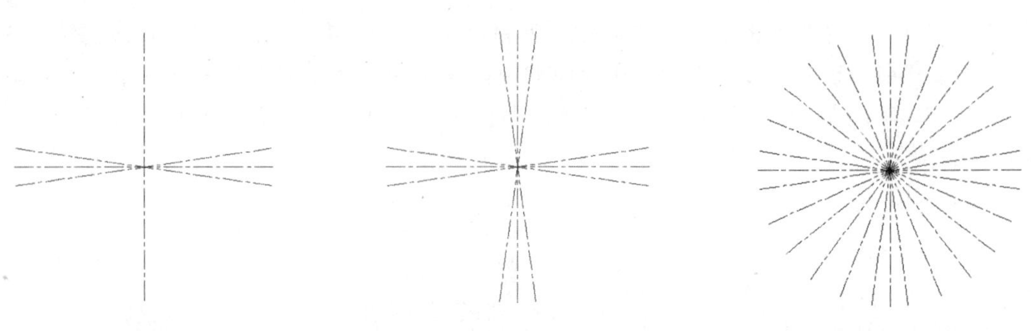

图 7-17　水平轴线的旋转、复制结果　　图 7-18　竖直轴线的旋转、复制结果　　图 7-19　剩余轴线旋转、复制的结果

### 3. 绘制墙体

一般建筑的墙线均是使用“多线”命令绘制的。这里的建筑外部墙体的墙线使用“多线”命令绘制反而会使绘制复杂化，使用“圆”命令和“偏移”命令绘制墙线更加简单。

1）绘制柱子

先在空白处将柱子轮廓绘制好，然后将绘制好的柱子轮廓移动到合适的轴线处。

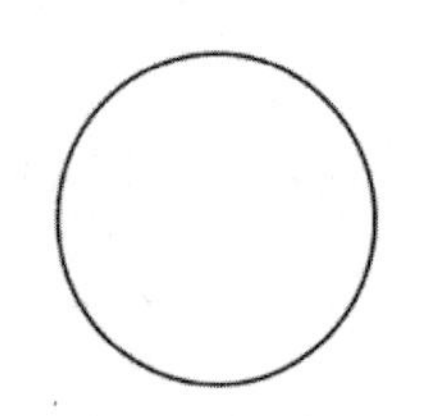

图 7-20　柱子轮廓的绘制结果

（1）在图层列表中选择“墙线”图层，将其设置为当前图层。单击“默认”选项卡的“绘图”面板中的“圆”按钮⊙，绘制半径为 500 的圆，作为柱子轮廓，结果如图 7-20 所示。

（2）单击“默认”选项卡的“修改”面板中的“移动”按钮✥，选择上一步中绘制的柱子轮廓的下端点作为基点，将柱子轮廓移动到轴线上，结果如图 7-21 所示。

（3）单击“默认”选项卡的“修改”面板中的“复制”按钮，选择已移动到一条轴线上的柱子轮廓，指定柱子轮廓上的任意一点作为基点，将柱子轮廓复制到其他轴线上，结果如图 7-22 所示。

2）编辑墙线及窗线

微课

（1）单击“默认”选项卡的“绘图”面板中的“圆”按钮⊙，以水平轴线和竖直轴线的交点为圆心绘制半径为 17600 的圆，作为外墙轮廓，结果如图 7-23 所示。

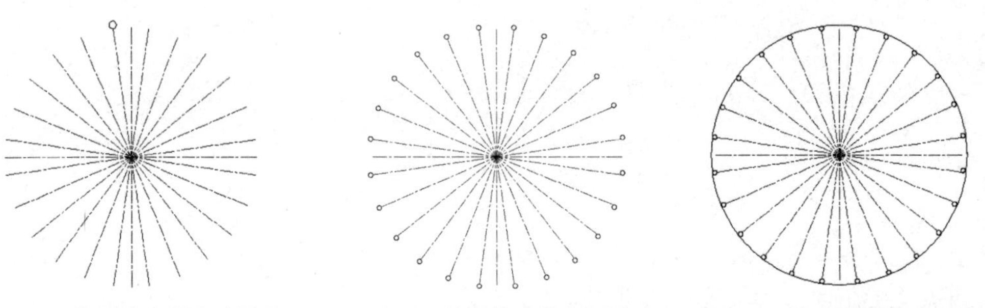

图 7-21　柱子轮廓的移动结果　　图 7-22　柱子轮廓的复制结果　　图 7-23　外墙轮廓的绘制结果

（2）单击“默认”选项卡的“修改”面板中的“偏移”按钮⊆，选择上一步绘制的外墙轮廓，将其向外偏移 240，结果如图 7-24 所示。

（3）单击“默认”选项卡的“修改”面板中的“偏移”按钮⊆，选择上一步经偏移得到的圆，将其依次向外偏移 1700、240，结果如图 7-25 所示。

（4）选择最外层的圆，将其分别向内偏移 4180、4420、7420、7660，结果如图 7-26 所示。

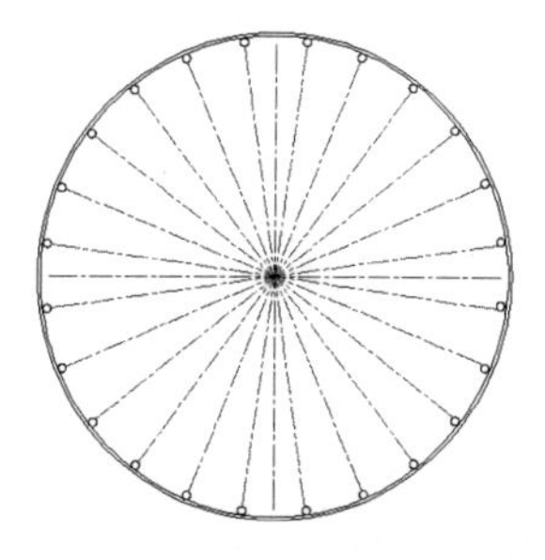

图 7-24　外墙轮廓的偏移结果

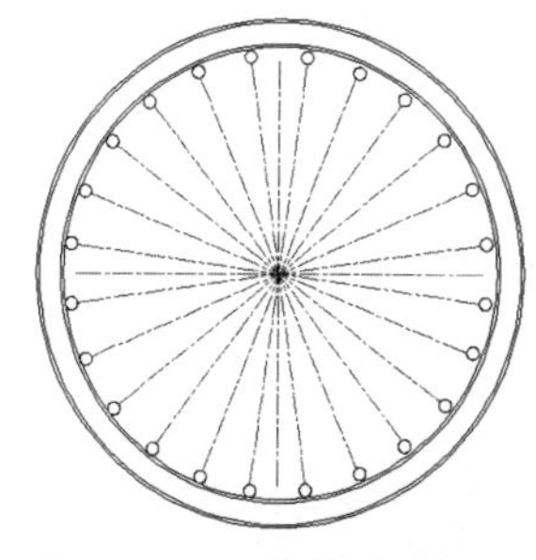

图 7-25　圆的偏移结果 1

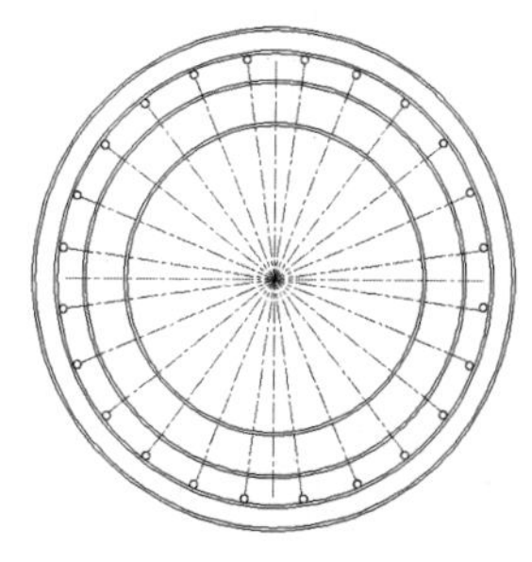

图 7-26　圆的偏移结果 2

（5）设置隔墙线型并绘制内部墙线。建筑结构中有承载受力的承重墙，以及用来分割空间、美化环境的非承重墙。

① 选择菜单栏中的“格式”→“多线样式”命令，打开“多线样式”对话框。可以看到在绘制承重墙时创建的几种线型。单击“新建”按钮，弹出“创建新的多线样式”对话框，在“新样式名”文本框中输入“WALL_IN”，单击“继续”按钮，弹出“新建多线样式：WALL_IN”对话框，设置“偏移”分别为“50”和“-50”，并勾选“封口”选项组中“直线”后面的“起点”复选框和“端点”复选框，如图 7-27 所示。

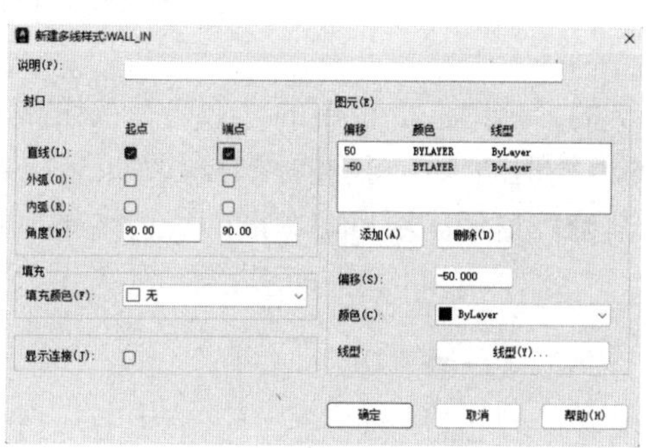


图 7-27　设置多线样式

② 选择菜单栏中的“绘图”→“多线”命令，绘制内部墙线，结果如图 7-28 所示。

（6）使用上述方法完成其他墙线的绘制。全部墙线的绘制结果如图 7-29 所示。

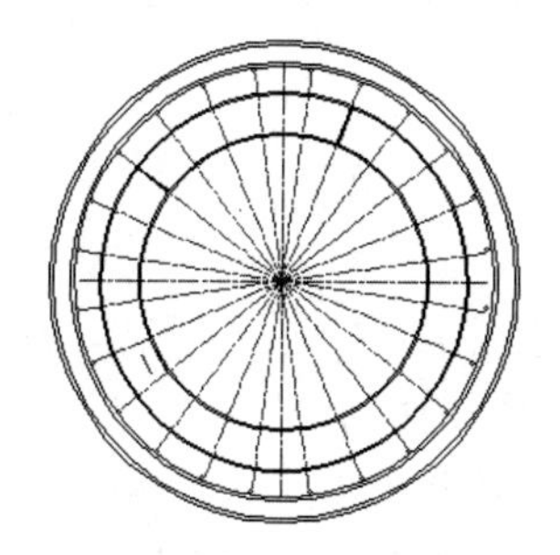

图 7-28　内部墙线的绘制结果

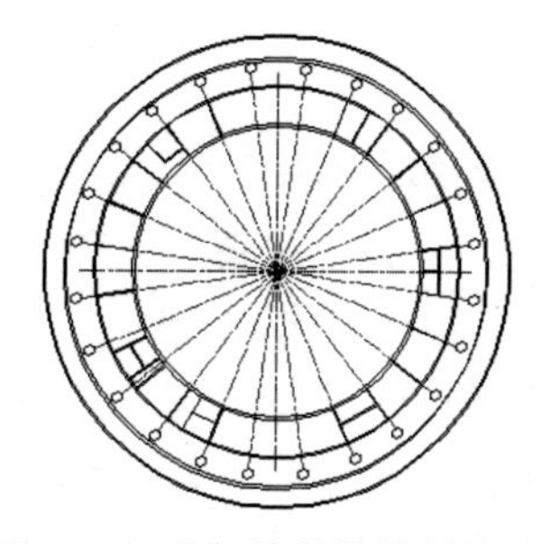

图 7-29　全部墙线的绘制结果

（7）墙线绘制完成后，使用“多线”命令、“分解”命令、“修剪”命令对多线的交点进行处理。

① 选择菜单栏中的“修改”→“对象”→“多线”命令，打开“多线编辑工具”对话框。

② 先选择“T 形合并”选项，然后选择如图 7-30 所示的多线。先选择水平多线，然后选择垂直多线，修改后的多线交点如图 7-31 所示。

③ 对其余墙线进行修改。墙线的修改结果如图 7-32 所示。

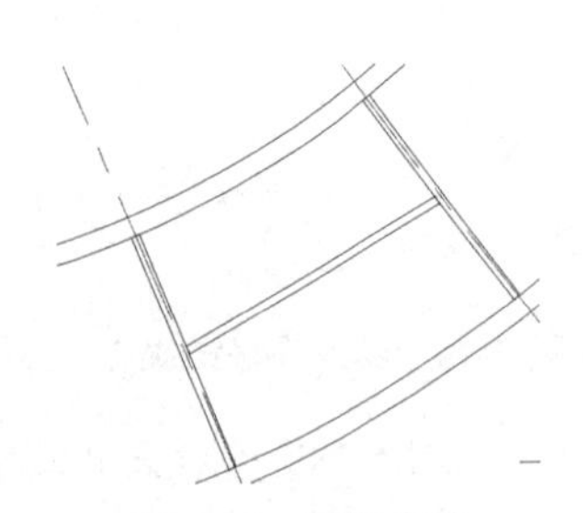

图 7-30　选择多线

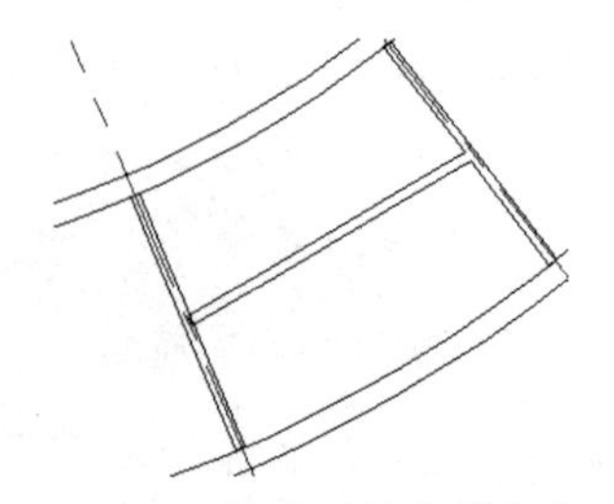

图 7-31　修改后的多线交点

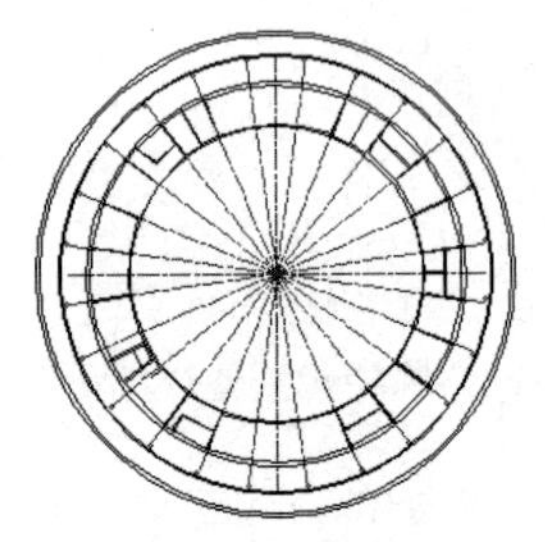

图 7-32　墙线的修改结果

（8）开门窗洞。

① 单击“默认”选项卡的“绘图”面板中的“直线”按钮，根据门窗的具体位置，在对应的墙上绘制门窗边界。

② 单击“默认”选项卡的“修改”面板中的“偏移”按钮，根据门窗的具体大小，选择上一步绘制的门窗边界，偏移对应的距离，得到门窗洞的具体位置。门窗洞的绘制结果如图 7-33 所示。

③ 单击“默认”选项卡的“修改”面板中的“修剪”按钮，按 Enter 键，使用自动修剪模式，将两条轴线之间的墙线剪断。门窗洞的修剪结果如图 7-34 所示。

④ 使用上述方法修剪其余门窗洞。所有门窗洞的修剪结果如图 7-35 所示。

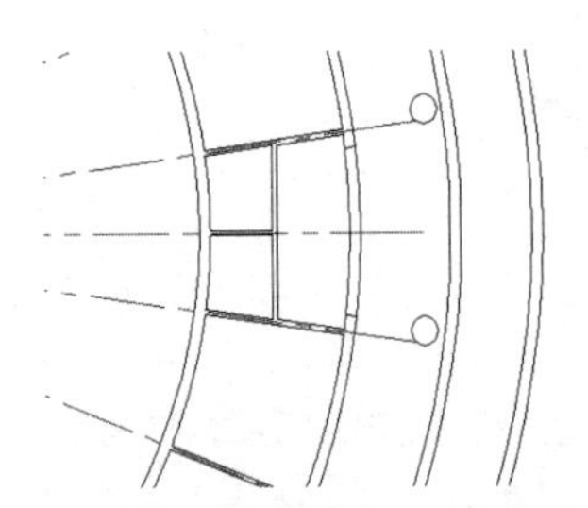

图 7-33　门窗洞的绘制结果

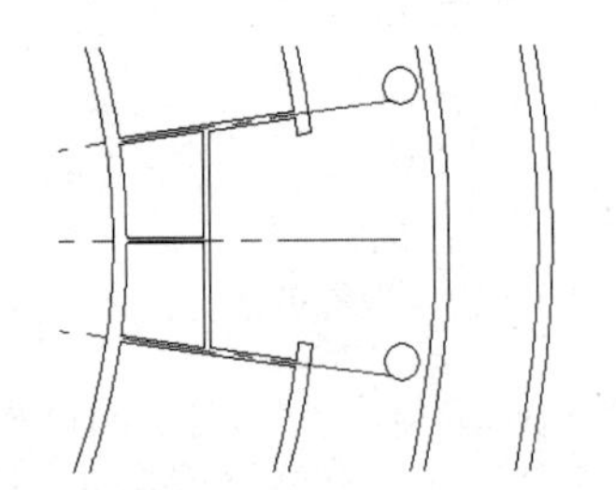

图 7-34　门窗洞的修剪结果

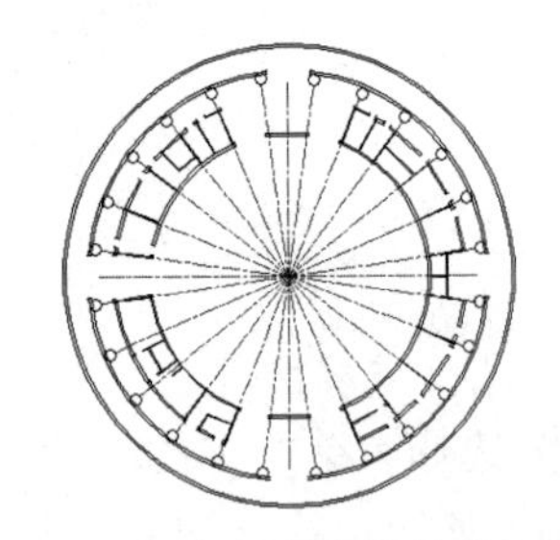

图 7-35　所有门窗洞的修剪结果

（9）绘制门。

① 在图层列表中选择“门窗”图层，将其设置为当前图层。单击“默认”选项卡的“绘图”面板中的“直线”按钮，在门洞上绘制门板线。

② 单击“默认”选项卡的“绘图”面板中的“圆弧”按钮，绘制圆弧，表示门的开启方向。绘制完成后，在命令行中输入“WBLOCK”，按 Enter 键，打开“写块”对话框，如图 7-36 所示。先选择一点作为基点，然后选择保存块的路径，在“文件名和路径”文本框中输入“单扇门.dwg”，选择刚刚绘制的“单扇门”图块，并选中“从图形中删除”单选按钮。

③ 单击“确定”按钮，保存该图块。

④ 单击“默认”选项卡的“块”面板中的“插入”按钮，在弹出的下拉菜单

微课

中选择“最近使用的块”命令，打开如图 7-37 所示的“块”选项板，在“最近使用的块”列表中选择“单扇门”图块，将“单扇门”图块插入刚刚绘制的平面图中。

图 7-36　“写块”对话框

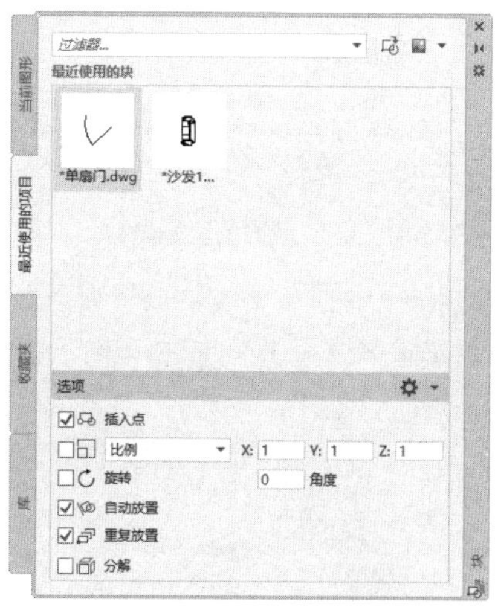


图 7-37　“块”选项板

⑤ 单击“默认”选项卡的“修改”面板中的“镜像”按钮⚠，选择单扇门并对其进行镜像，至此完成双扇门的绘制。

⑥ 使用上述方法绘制合适大小的单扇门。单击“默认”选项卡的“修改”面板中的“复制”按钮꠸，复制四个单扇门。

⑦ 分别单击“默认”选项卡的“修改”面板中的“旋转”按钮↻和“镜像”按钮⚠，将单扇门移动到合适的位置，如图 7-38 所示。

⑧ 将 WALL_IN 设置为当前样式，选择菜单栏中的“绘图”→“多线”命令，在入门处绘制两段墙线，结果如图 7-39 所示。

⑨ 使用上述方法在新绘制的墙线之间绘制四个单扇门。全部门的绘制结果如图 7-40 所示。

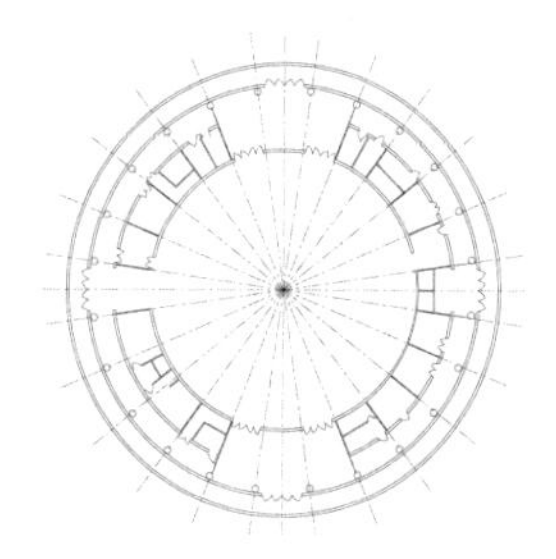
图 7-38　将单扇门移动到合适的位置

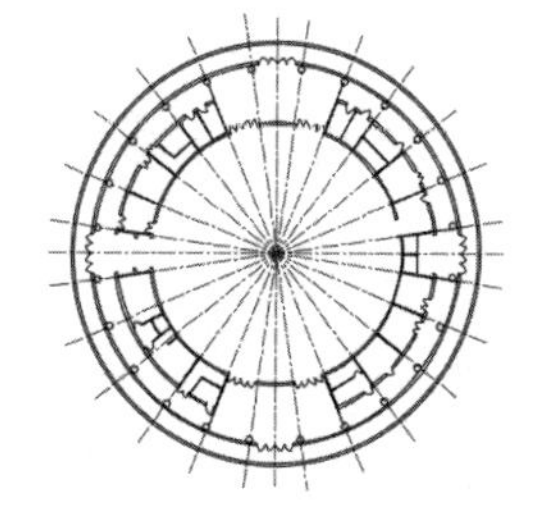
图 7-39　墙线的绘制结果

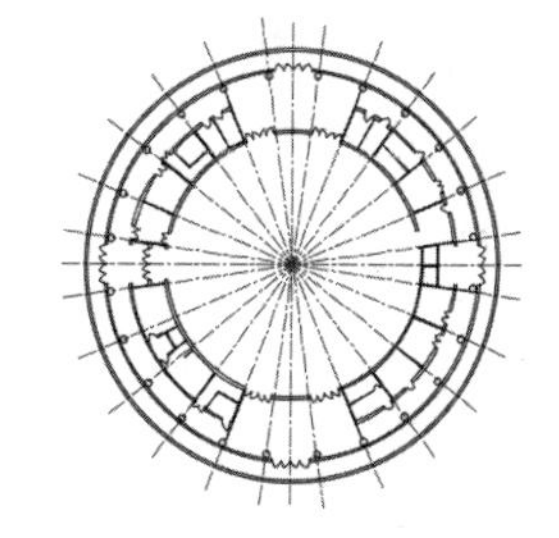
图 7-40　全部门的绘制结果

#### 4．绘制其他墙体

微课

下面介绍如何绘制非承重墙。

（1）在图层列表中选择“墙线”图层，将其设置为当前图层。单击“默认”选项卡的“绘图”面板中的“直线”按钮╱，绘制直线封闭部分的绘图区域，结果如图 7-41 所示。

（2）单击“默认”选项卡的“修改”面板中的“偏移”按钮⊆，将最外层的圆分别向内偏移 3280、8660、8900，结果如图 7-42 所示。

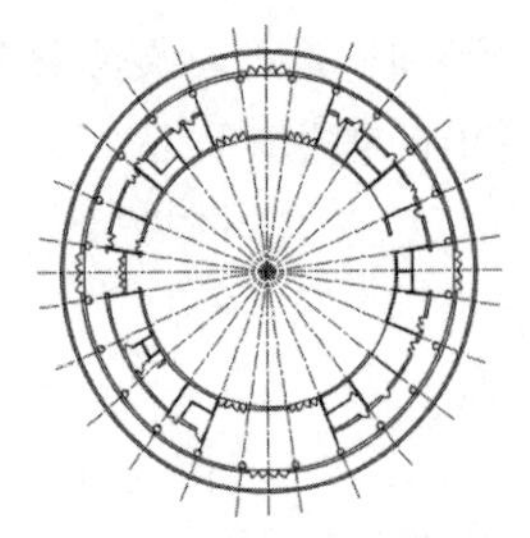

图 7-41　绘图区域的绘制结果

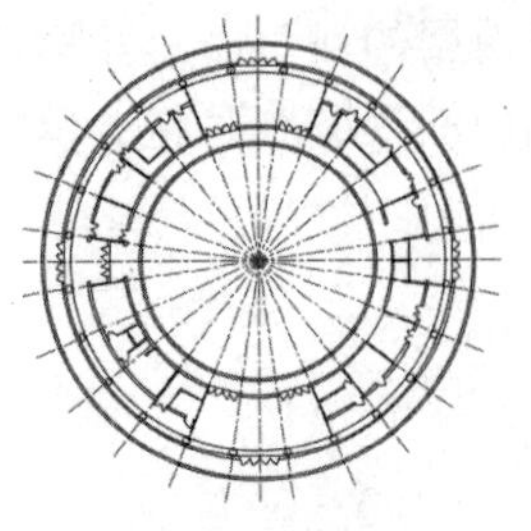

图 7-42　圆的偏移结果 3

（3）单击“默认”选项卡的“修改”面板中的“修剪”按钮，修剪多余的墙线；单击“默认”选项卡的“修改”面板中的“延伸”按钮，对修剪后的墙线进行延伸，结果如图 7-43 所示。

（4）使用上述绘制单扇门的方法在新绘制的墙体上绘制单扇门，结果如图 7-44 所示。

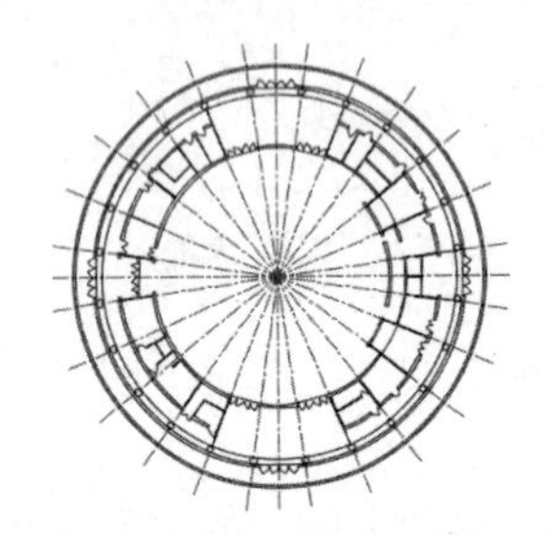

图 7-43　墙线的修剪及延伸结果

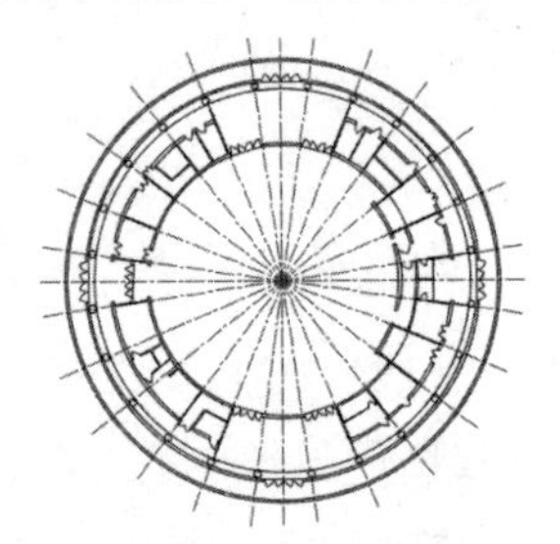

图 7-44　单扇门的绘制结果

（5）单击“默认”选项卡的“绘图”面板中的“图案填充”按钮，弹出如图 7-45 所示的“图案填充创建”选项卡，单击“图案填充图案”按钮，在弹出的下拉菜单中选择“SOLID”命令。墙体的填充结果如图 7-46 所示。

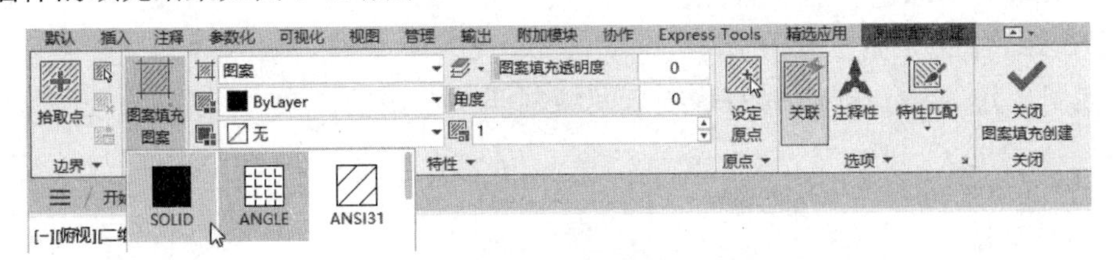


图 7-45　“图案填充创建”选项卡

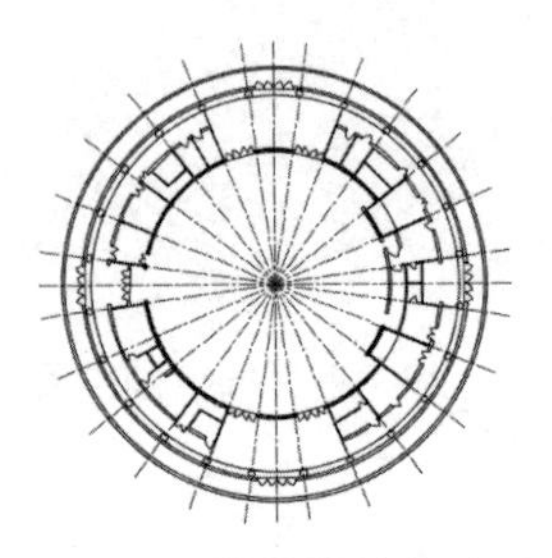

图 7-46　墙体的填充结果

5．绘制楼梯

在绘制楼梯时需要明确以下参数。

楼梯形式（单跑、双跑、直行、弧形等）；楼梯各部位的长度、宽度、高度，包括楼梯总宽度、总长度、楼梯宽度、踏步宽度、踏步高度、平台宽度等；楼梯的安装位置。

微课

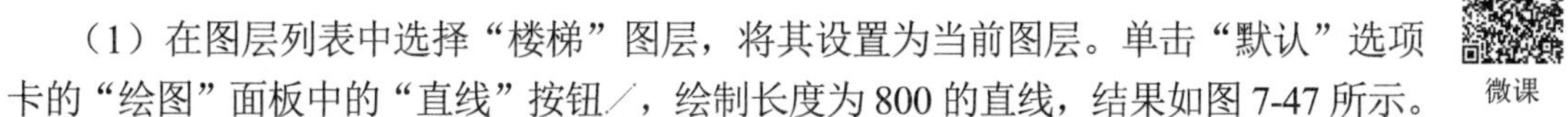

（1）在图层列表中选择“楼梯”图层，将其设置为当前图层。单击“默认”选项卡的“绘图”面板中的“直线”按钮，绘制长度为800的直线，结果如图7-47所示。

（2）单击“默认”选项卡的“修改”面板中的“偏移”按钮，选择上一步绘制的直线，将其连续向下偏移7次，共偏移180，结果如图7-48所示。

（3）单击“默认”选项卡的“绘图”面板中的“矩形”按钮，在已绘制的直线上绘制尺寸为1350×50的矩形。单击“默认”选项卡的“修改”面板中的“偏移”按钮，将矩形向内偏移10，结果如图7-49所示。

图7-47　直线的绘制结果

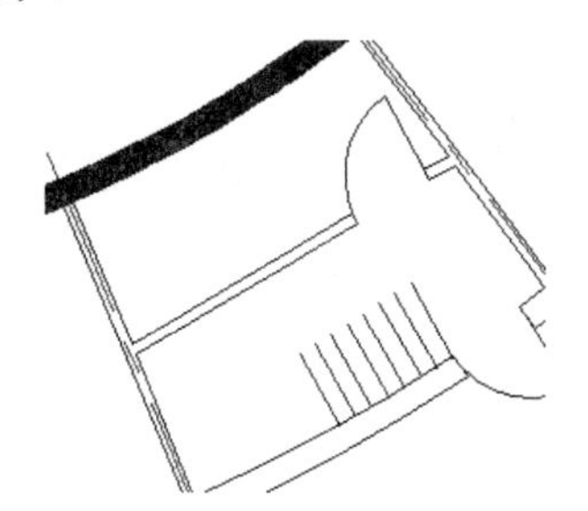

图7-48　直线的偏移结果1

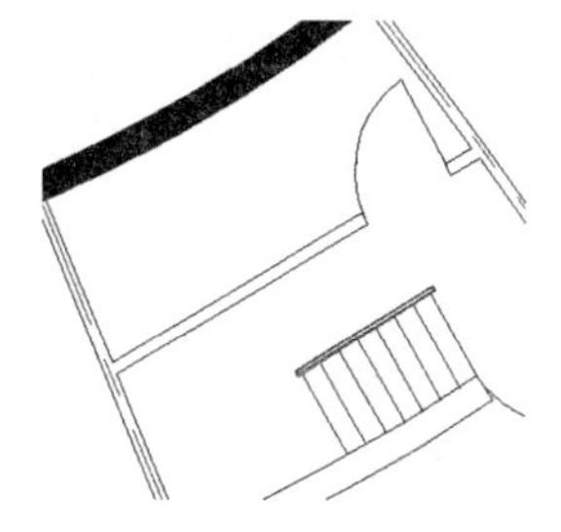

图7-49　矩形的偏移结果

（4）单击“默认”选项卡的“绘图”面板中的“直线”按钮，绘制与水平方向呈45°的斜向直线。单击“默认”选项卡的“修改”面板中的“修剪”按钮，修剪除与水平方向呈45°的斜向直线外的直线，结果如图7-50所示。

（5）单击“默认”选项卡的“绘图”面板中的“多段线”按钮，绘制楼梯指引箭头，命令行提示与操作如下。

```
命令: PLINE↙
指定起点:
当前线宽为 0.0000
指定下一点或 [圆弧(A)/半宽(H)/长度(L)/放弃(U)/宽度(W)]:（绘制一条直线）
指定下一点或 [圆弧(A)/闭合(C)/半宽(H)/长度(L)/放弃(U)/宽度(W)]: w↙
指定起点宽度 <0.0000>: 100↙
指定端点宽度 <100.0000>: 0↙
```

楼梯指引箭头的绘制结果如图7-51所示。

（6）采用同样的方法，绘制所有楼梯，结果如图7-52所示。

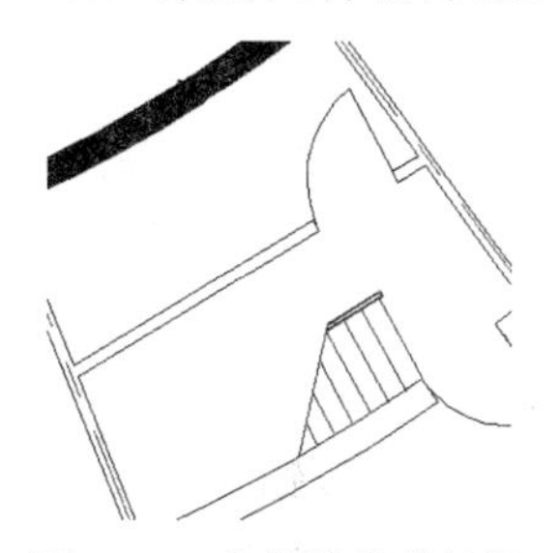

图7-50　直线的修剪结果

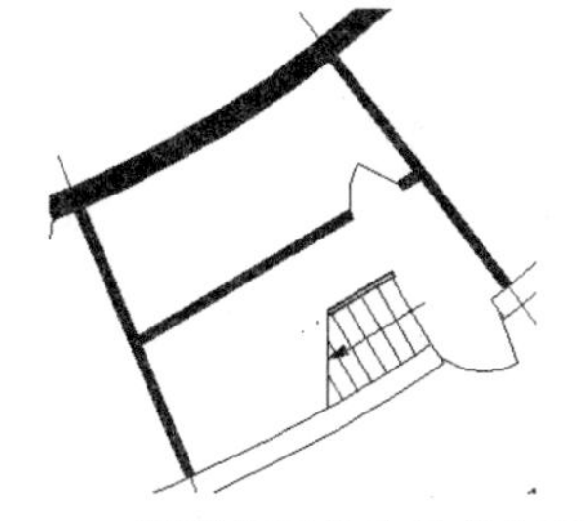

图7-51　楼梯指引箭头的绘制结果

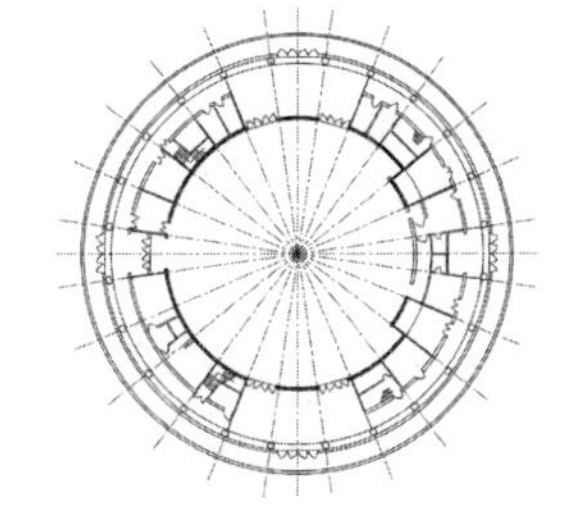

图7-52　所有楼梯的绘制结果

## 6. 绘制室外台阶

（1）在图层列表中选择“台阶”图层，将其设置为当前图层。单击“默认”选项卡的“绘图”面板中的“直线”按钮，在北入口处绘制长度为6000的竖直直线，结果如图7-53所示。

（2）单击“默认”选项卡的“修改”面板中的“镜像”按钮⚠，选择刚刚绘制的竖直直线作为镜像对象，选择竖直轴线作为镜像线，结果如图 7-54 所示。

（3）单击“默认”选项卡的“修改”面板中的“偏移”按钮⊆，选择前面操作得到的两条竖直直线，并将其均向外偏移 240。单击“默认”选项卡的“绘图”面板中的“直线”按钮／，绘制两条直线以封闭竖直直线的端口，结果如图 7-55 所示。

（4）单击“默认”选项卡的“修改”面板中的“偏移”按钮⊆，选择上一步绘制的两条直线，并将其分别依次向下偏移 800、3000、450，结果如图 7-56 所示。

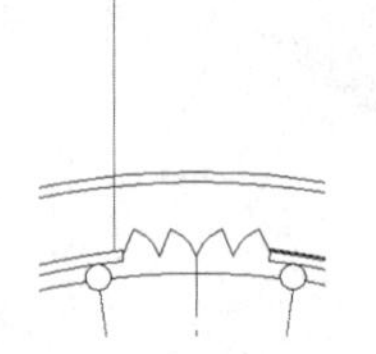
图 7-53　竖直直线的绘制结果

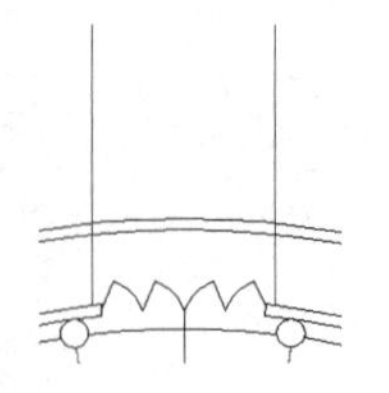
图 7-54　镜像结果

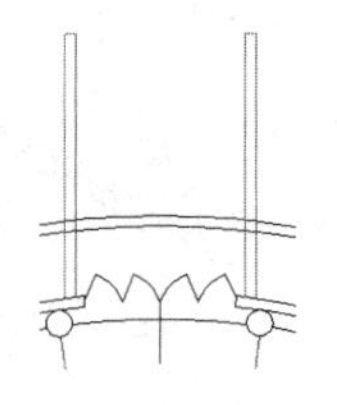
图 7-55　端口的封闭结果

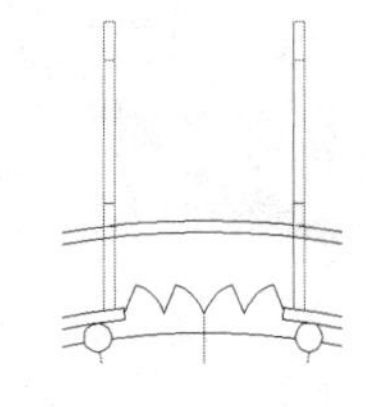
图 7-56　直线的偏移结果 2

（5）单击“默认”选项卡的“修改”面板中的“修剪”按钮✂，对图形进行修剪，结果如图 7-57 所示。

（6）单击“默认”选项卡的“绘图”面板中的“图案填充”按钮▦，弹出“图案填充创建”选项卡，单击“图案填充图案”按钮，在弹出的下拉菜单中选择“SOLID”命令，并设置图案填充角度为 0°、比例为 1。图形的填充结果如图 7-58 所示。

（7）单击“默认”选项卡的“绘图”面板中的“直线”按钮／，绘制水平直线，结果如图 7-59 所示。

（8）单击“默认”选项卡的“修改”面板中的“偏移”按钮⊆，选择上一步绘制的水平直线，将其向下偏移两次，每次均偏移 250。台阶的绘制结果如图 7-60 所示。

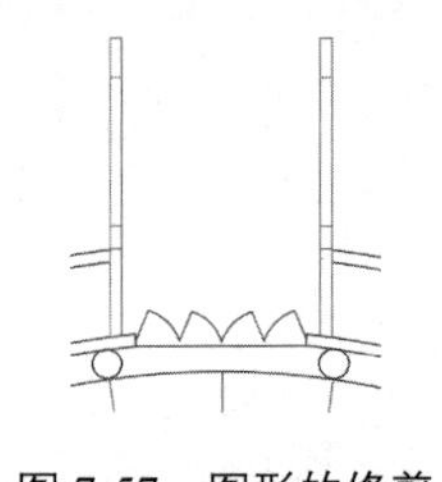
图 7-57　图形的修剪结果

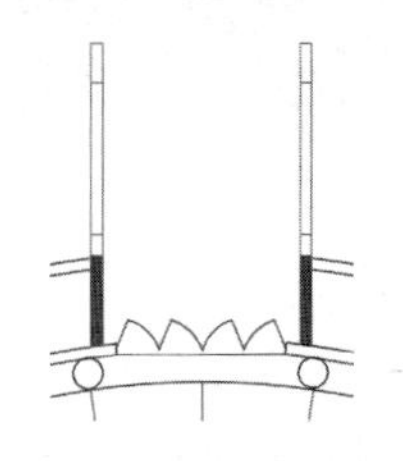
图 7-58　图形的填充结果

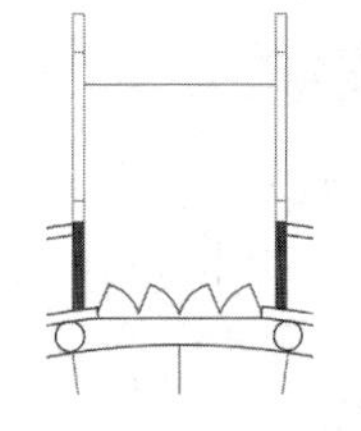
图 7-59　水平直线的绘制结果

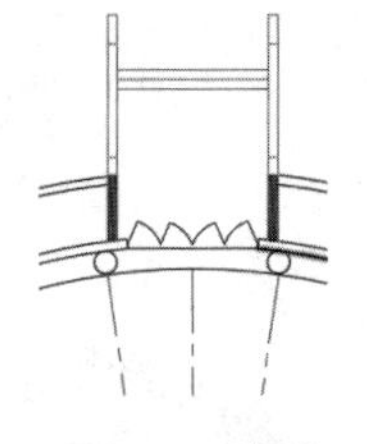
图 7-60　台阶的绘制结果

（9）单击“默认”选项卡的“修改”面板中的“复制”按钮⚇，将已绘制的台阶复制到水平方向的合适位置。单击“默认”选项卡的“修改”面板中的“旋转”按钮↻，将台阶旋转 90°。单击“默认”选项卡的“修改”面板中的“镜像”按钮⚠，分别选择竖直轴线和水平轴线作为镜像线，将旋转的台阶镜像到竖直轴线的另一侧，将上一步绘制的台阶镜像到水平轴线的另一侧，完成所有室外台阶的绘制，结果如图 7-61 所示。

（10）使用上述方法绘制剩余图形，结果如图 7-62 所示。

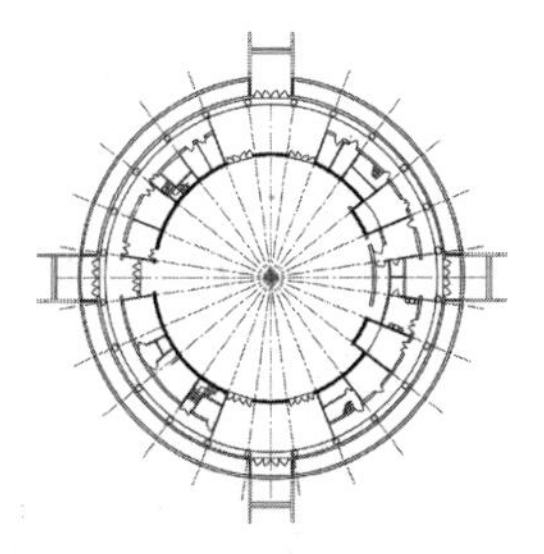

图 7-61　所有室外台阶的绘制结果

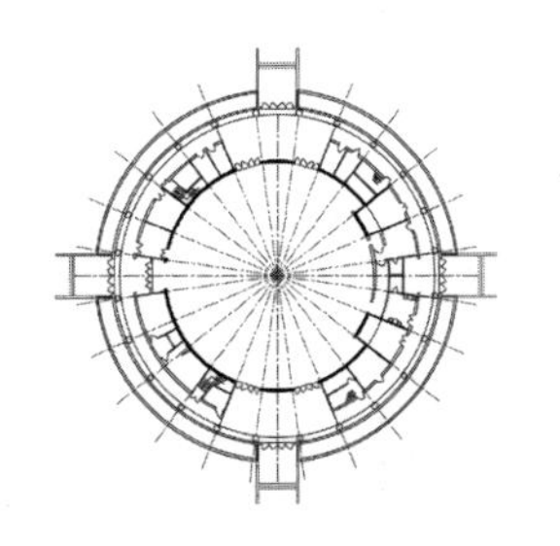

图 7-62　剩余图形的绘制结果

### 7. 绘制室内装饰

微课

下面介绍如何绘制室内装饰。室内装饰包括大厅椅子、会议桌椅组合、沙发和茶几组合，以及地面图形。

1）绘制大厅椅子

（1）在图层列表中选择“家具”图层，将其设置为当前图层。单击“默认”选项卡的“绘图”面板中的“矩形”按钮 ，在空白处绘制边长为 360 的正方形，结果如图 7-63 所示。

（2）单击“默认”选项卡的“绘图”面板中的“圆弧”按钮，围绕上一步绘制的正方形绘制三个圆弧，结果如图 7-64 所示。

（3）单击“默认”选项卡的“修改”面板中的“分解”按钮，选择矩形并对其进行分解。单击“默认”选项卡的“修改”面板中的“删除”按钮，删除矩形的一条边，结果如图 7-65 所示。

（4）单击“默认”选项卡的“绘图”面板中的“圆弧”按钮，选择底边下端点作为起点、上端点作为终点，绘制圆弧，结果如图 7-66 所示。

（5）在命令行中输入“WBLOCK”，按 Enter 键，打开“写块”对话框。先选择一点作为基点，然后选择保存块的路径，在“文件名和路径”文本框中输入“椅子.dwg”，选择刚刚绘制的“椅子”图块，并选中“从图形中删除”单选按钮，单击“确定”按钮，保存该图块。

（6）单击“默认”选项卡的“块”面板中的“插入”按钮，在弹出的下拉菜单中选择“最近使用的块”命令，打开“块”选项板，选择“椅子”图块，在合适的位置插入一个“椅子”图块。单击“默认”选项卡的“修改”面板中的“复制”按钮，将“椅子”图块布置到大厅中。“椅子”图块的插入结果如图 7-67 所示。

2）绘制会议桌椅组合

（1）单击“默认”选项卡的“绘图”面板中的“圆”按钮，绘制半径为 3360 的圆。单击“默认”选项卡的“修改”面板中的“偏移”按钮，将刚刚绘制的圆向内偏移 300。单击“默认”选项卡的“绘图”面板中的“直线”按钮，绘制直线用于分割圆。会议桌的绘制结果如图 7-68 所示。

图 7-63　正方形的绘制结果

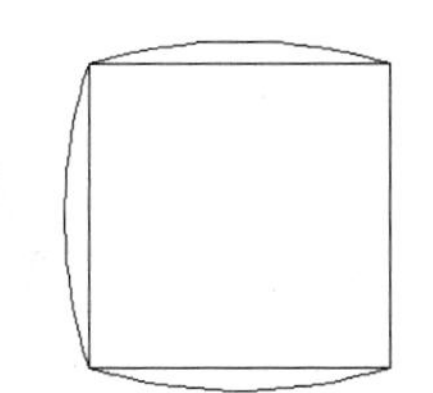

图 7-64　三个圆弧的绘制结果

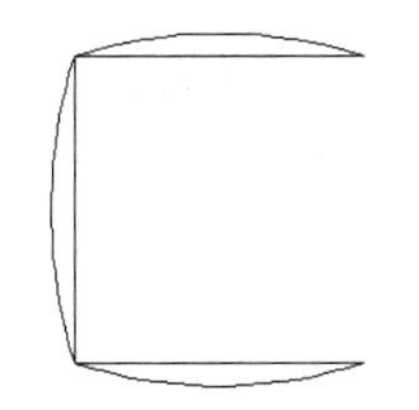

图 7-65　矩形的一条边的删除结果

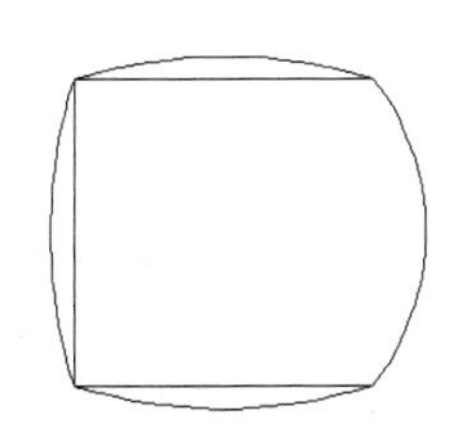

图 7-66　圆弧的绘制结果

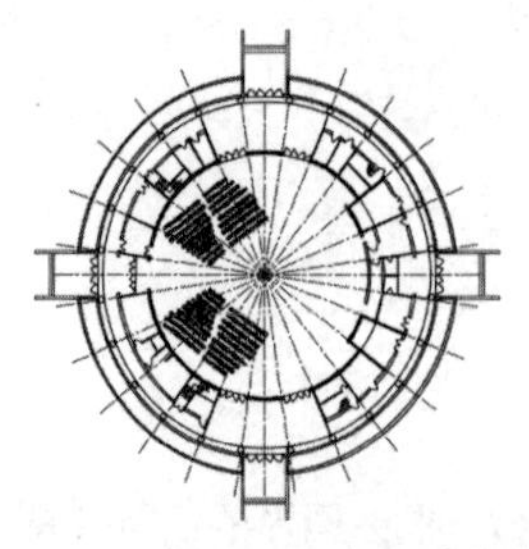

图 7-67 “椅子”图块的插入结果 1

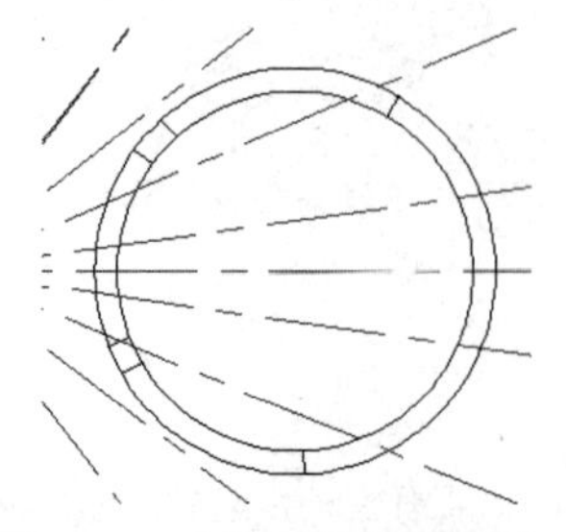

图 7-68 会议桌的绘制结果

（2）单击“默认”选项卡的“修改”面板中的“修剪”按钮，修剪多余直线。

（3）单击“默认”选项卡的“块”面板中的“插入”按钮，在弹出的下拉菜单中选择“最近使用的块”命令，打开“块”选项板，选择“椅子”图块，插入“椅子”图块，结果如图 7-69 所示。

（4）单击“默认”选项卡的“修改”面板中的“环形阵列”按钮，设置项目数为 44、角度为 360°。“椅子”图块的环形阵列结果如图 7-70 所示。

（5）采用同样的方法，绘制内圈桌椅，结果如图 7-71 所示。

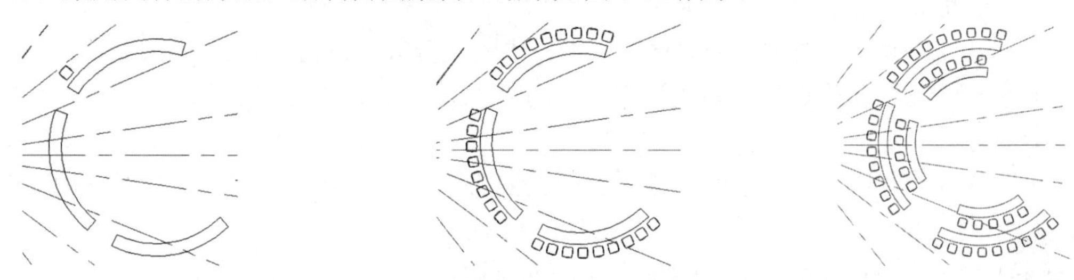

图 7-69 “椅子”图块的插入结果 2　图 7-70 “椅子”图块的环形阵列结果　图 7-71 内圈桌椅的绘制结果

3）绘制沙发和茶几组合

（1）单击“默认”选项卡的“绘图”面板中的“矩形”按钮，绘制尺寸为 484×457 的矩形，结果如图 7-72 所示。

（2）单击“默认”选项卡的“块”面板中的“插入”按钮，在弹出的下拉菜单中选择“最近使用的块”命令，打开“块”选项板，选择“椅子”图块，在上一步绘制的矩形左、右两侧各插入一个“椅子”图块，结果如图 7-73 所示。

（3）分别单击“默认”选项卡的“修改”面板中的“镜像”按钮和“移动”按钮，绘制另一侧的沙发和茶几组合。沙发和茶几组合的镜像结果如图 7-74 所示。

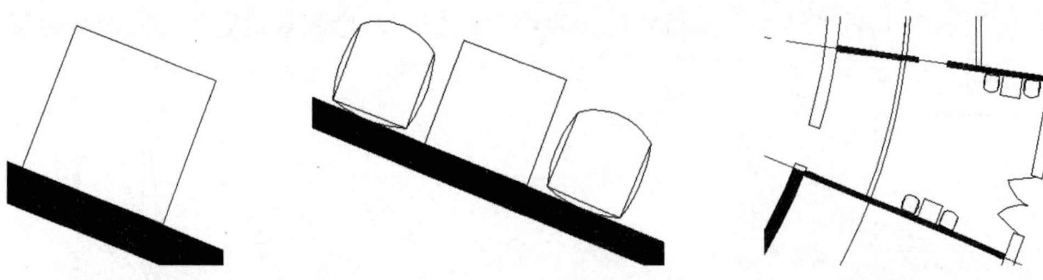

图 7-72 矩形的绘制结果　图 7-73 “椅子”图块的插入结果 3　图 7-74 沙发和茶几组合的镜像结果

（4）单击“默认”选项卡的“绘图”面板中的“直线”按钮，绘制背投室的图形，结果如图 7-75 所示。

（5）本实例中的其他图形可以通过调用图库中的已有图形来直接插入，结果如图 7-76 所示。

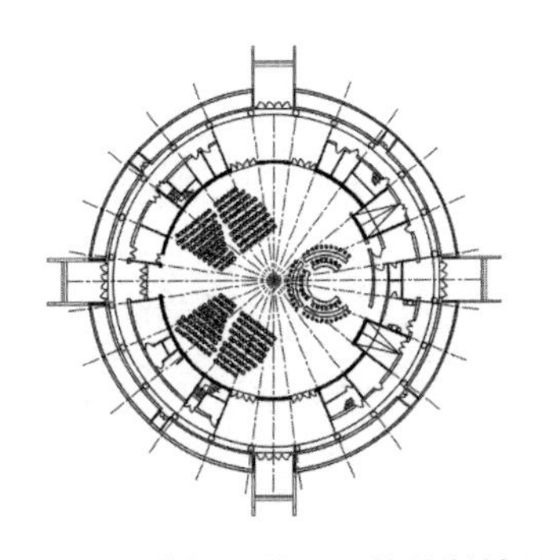

图 7-75　背投室的图形的绘制结果

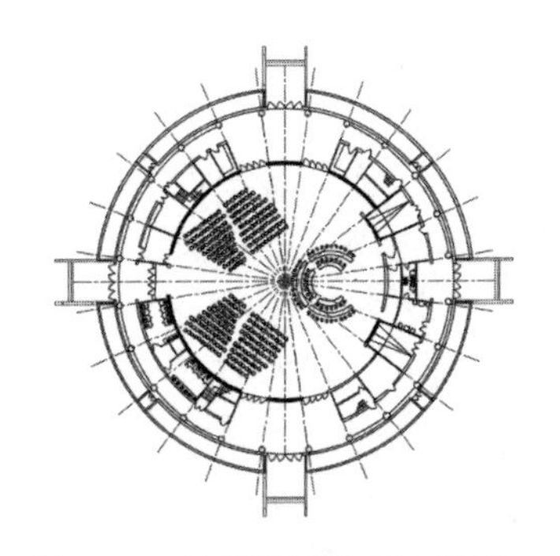

图 7-76　其他图形的插入结果

4）绘制地面图形

微课

（1）单击“默认”选项卡的“绘图”面板中的“直线”按钮，封闭绘图区域，结果如图 7-77 所示。

（2）为了使图形更清晰，关闭“轴线”图层，结果如图 7-78 所示。

（3）分别单击“默认”选项卡的“修改”面板中的“修剪”按钮和“删除”按钮，对绘图区域进行修整，结果如图 7-79 所示。

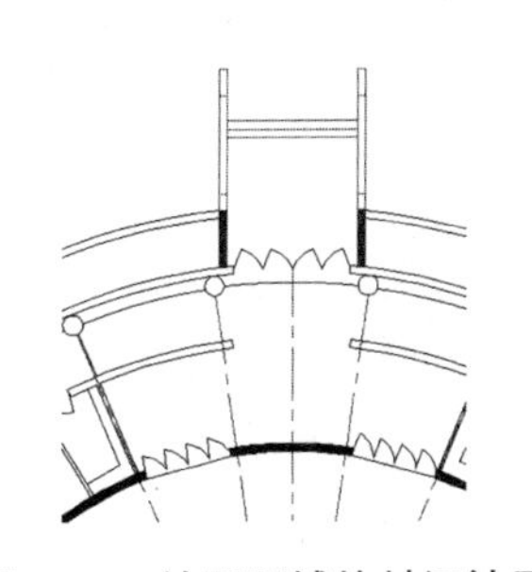

图 7-77　绘图区域的封闭结果

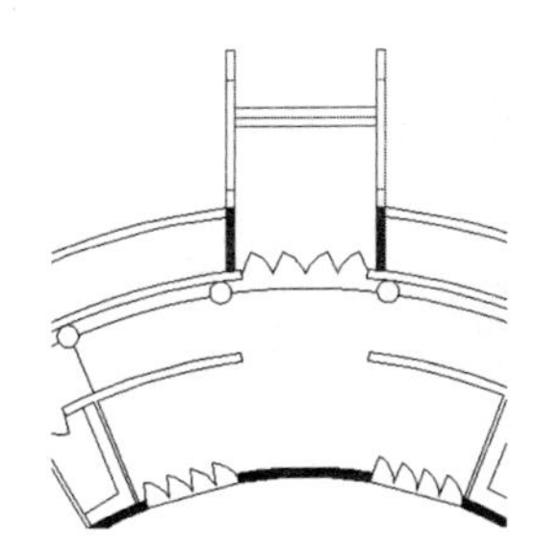

图 7-78　“轴线”图层的关闭结果

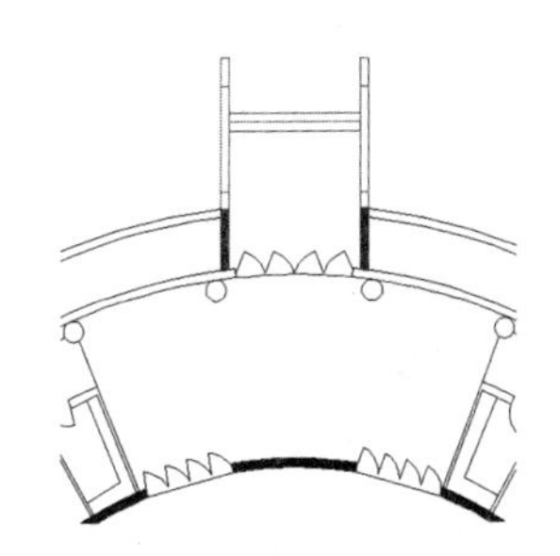

图 7-79　绘图区域的修整结果

（4）单击“默认”选项卡的“绘图”面板中的“图案填充”按钮，弹出“图案填充创建”选项卡，单击“图案填充图案”按钮，在弹出的下拉菜单中选择“NET”命令，并设置图案填充比例为 200。地面的填充结果如图 7-80 所示。

（5）使用上述方法绘制其他地面图形，结果如图 7-81 所示。

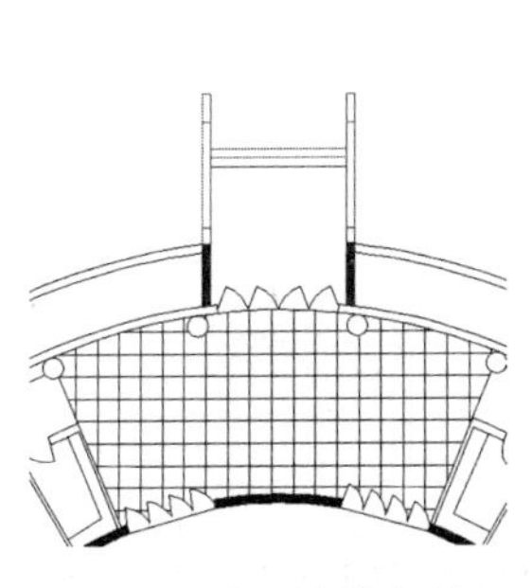

图 7-80　地面的填充结果

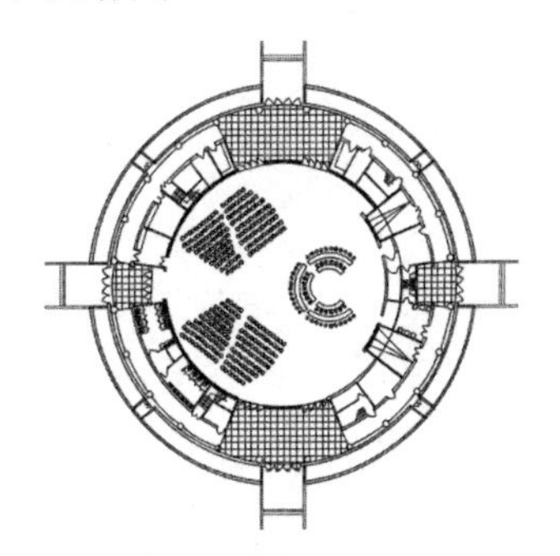

图 7-81　其他地面图形的绘制结果

## 8. 平面标注

下面介绍如何进行尺寸标注、轴号标注、文字标注和方向标识。

1）尺寸标注

为了方便标注，开启“轴线”图层。

（1）单击“默认”选项卡的“注释”面板中的“标注样式”按钮，弹出“标注样式管理器”对话框，如图 7-82 所示。

（2）单击“新建”按钮，弹出如图 7-83 所示的“创建新标注样式”对话框，在“新样式名”文本框中输入“副本 ISO-25”。

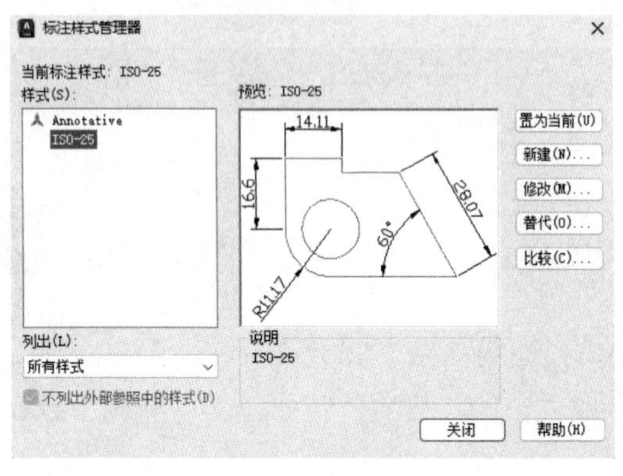


图 7-82 “标注样式管理器”对话框

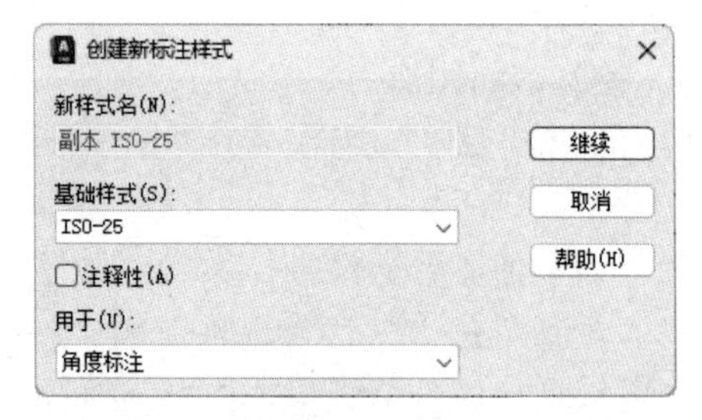


图 7-83 “创建新标注样式”对话框

（3）单击“继续”按钮，弹出“新建标注样式：ISO-25：角度”对话框。在“线”选项卡中，按如图 7-84 所示的设置进行修改；在“符号和箭头”选项卡的“箭头”选项组的“第一个”下拉列表和“第二个”下拉列表中均选择“建筑标记”选项，在“箭头大小”文本框中输入“800”，如图 7-85 所示；在“文字”选项卡的“文字外观”选项组的“文字高度”文本框中输入“900”，在“文字位置”选项组的“从尺寸线偏移”文本框中输入“0”，如图 7-86 所示。

（4）在图层列表中选择“尺寸标注”图层，将其设置为当前图层。单击“默认”选项卡的“注释”面板中的“角度”按钮，标注相邻两条轴线的距离，结果如图 7-87 所示。

图 7-84 “线”选项卡

图 7-85 “符号和箭头”选项卡

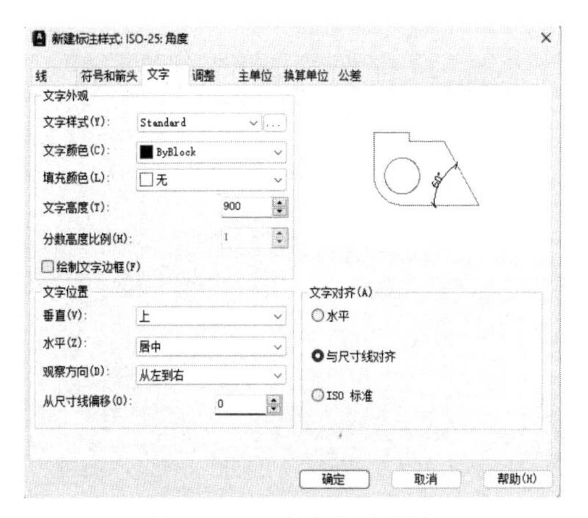


图 7-86 “文字”选项卡

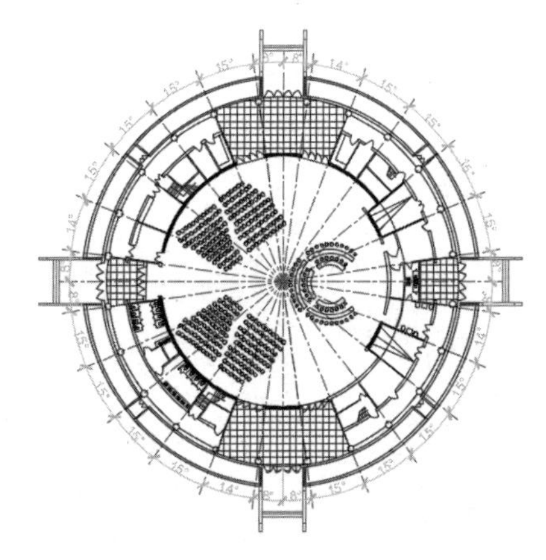

图 7-87 尺寸的标注结果

2）轴号标注

（1）在图层列表中选择“尺寸标注”图层，将其设置为当前图层。单击“默认”选项卡的“绘图”面板中的“圆”按钮，以轴线的端点为圆心，绘制半径为 500 的圆，结果如图 7-88 所示。

（2）单击“默认”选项卡的“块”面板中的“定义属性”按钮，弹出如图 7-89 所示的“属性定义”对话框，单击“确定”按钮，在圆心位置输入属性，结果如图 7-90 所示。

（3）单击“默认”选项卡的“块”面板中的“创建”按钮，弹出如图 7-91 所示的“块定义”对话框，在“名称”文本框中输入“轴号”，以圆心为基点；选择整个圆和刚刚定义的“轴号”图块作为对象，单击“确定”按钮，弹出如图 7-92 所示的“编辑属性”对话框，在“轴号”文本框中输入“17”，单击“确定”按钮。轴号的输入结果如图 7-93 所示。

（4）单击“默认”选项卡的“块”面板中的“插入”按钮，在弹出的下拉菜单中选择“最近使用的块”命令，打开“块”选项板，在“最近使用的块”列表中选择“轴号”图块，将“轴号”图块插入轴线上，并修改“轴号”图块的属性。轴号的标注结果如图 7-94 所示。

图 7-88 圆的绘制结果

图 7-89 “属性定义”对话框

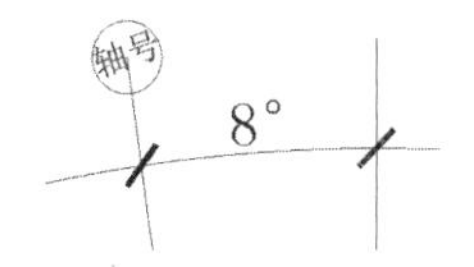


图 7-90 在圆心位置输入属性的结果

图 7-91　“块定义”对话框

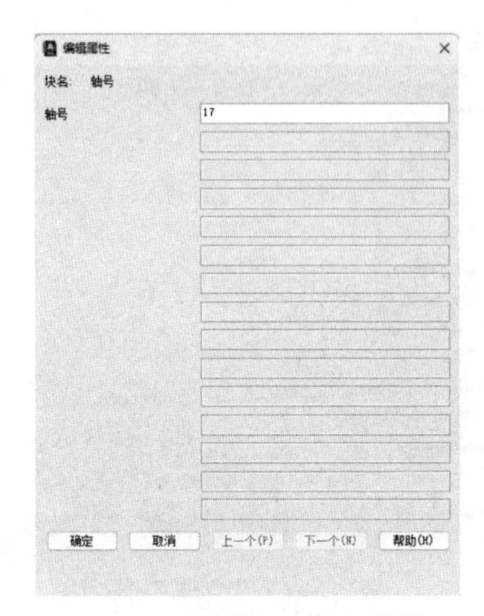


图 7-92　“编辑属性”对话框

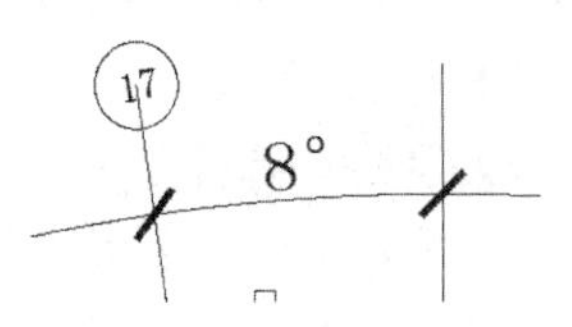


图 7-93　轴号的输入结果

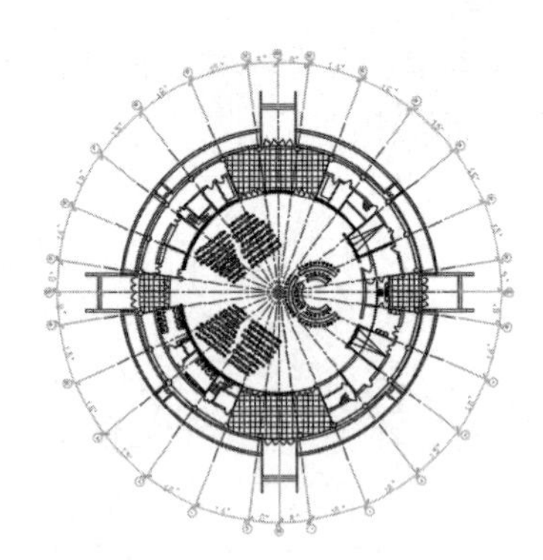

图 7-94　轴号的标注结果

3）文字标注

（1）单击“默认”选项卡的“注释”面板中的“文字样式”按钮，弹出“文字样式”对话框，如图 7-95 所示。

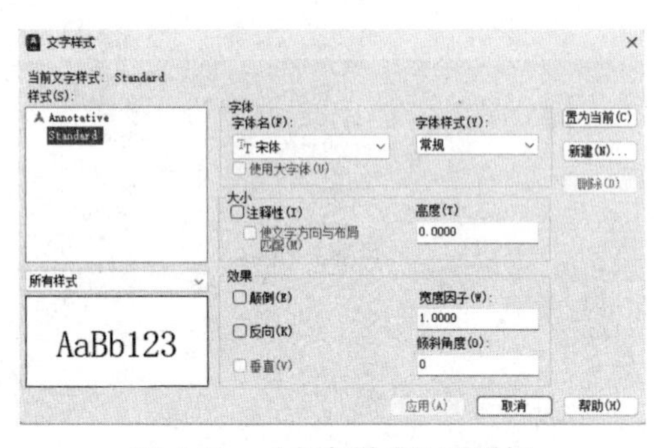


图 7-95　“文字样式”对话框

（2）单击“新建”按钮，弹出如图 7-96 所示的“新建文字样式”对话框，在“样式名”文本框中输入“说明”。

（3）单击“确定”按钮，返回到“文字样式”对话框中，取消勾选“使用大字体”复选框，在“字体名”下拉列表中选择“宋体”选项，在“高度”文本框中输入“350”，如图 7-97 所示。

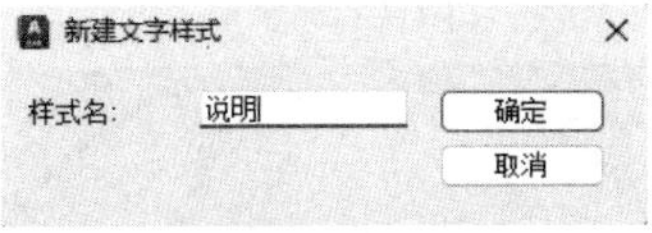

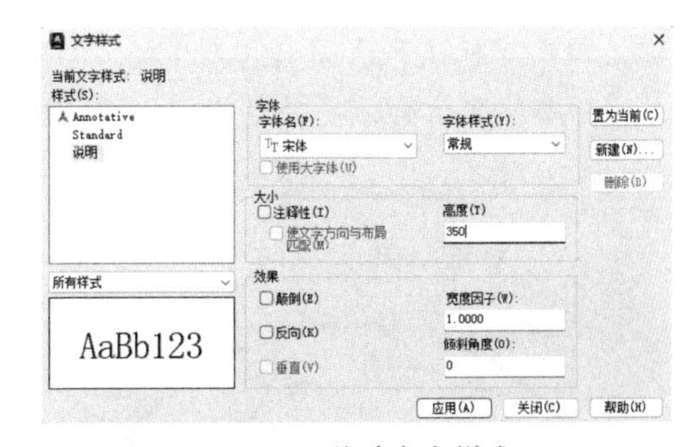


新建文字样式
样式名：说明
确定
取消

图 7-96　“新建文字样式”对话框

图 7-97　修改文字样式

（4）在图层列表中选择“文字”图层（见图 7-98），将其设置为当前图层。

（5）单击“默认”选项卡的“注释”面板中的“多行文字”按钮A，在相应位置输入需要标注的文字，结果如图 7-99 所示。

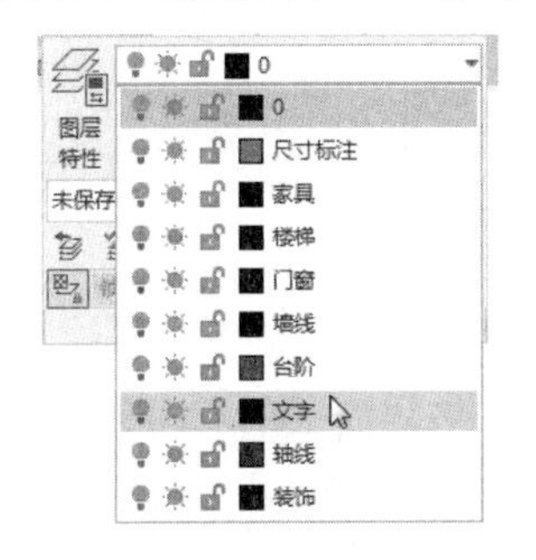


图 7-98　选择“文字”图层

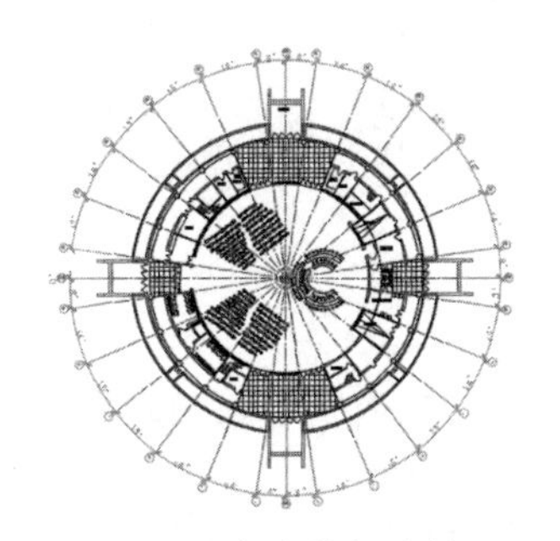

图 7-99　文字的标注结果

4）方向标识

在绘图时，为了统一室内方向标识，通常要添加方向索引符号。

（1）在图层列表中选择“尺寸标注”图层，将其设置为当前图层。单击“默认”选项卡的“绘图”面板中的“矩形”按钮□，绘制边长为 1100 的正方形；单击“默认”选项卡的“绘图”面板中的“直线”按钮╱，绘制正方形的对角线；单击“默认”选项卡的“修改”面板中的“旋转”按钮↻，将已绘制的正方形旋转 45°。

（2）单击“默认”选项卡的“绘图”面板中的“圆”按钮⊙，以正方形的对角线的交点为圆心，绘制半径为 550 的圆，要求该圆与正方形内切。

（3）单击“默认”选项卡的“修改”面板中的“分解”按钮，对正方形进行分解，并删除正方形下半部分的两条边和竖直方向的对角线，剩余图形为等腰直角三角形与圆。使用“修剪”命令，结合已知圆，修剪正方形水平方向的对角线。

（4）单击“默认”选项卡的“绘图”面板中的“图案填充”按钮，弹出“图案填充创建”选项卡，单击“图案填充图案”按钮，在弹出的下拉菜单中选择“SOLID”命令，对等腰直角三角形中未与圆重叠的部分进行填充。填充结果如图 7-100 所示。

（5）单击“默认”选项卡的“块”面板中的“创建”按钮，将已绘制的方向索引符号定义为图块，并命名为“室内索引符号”。

（6）单击“默认”选项卡的“块”面板中的“插入”按钮，在弹出的下拉菜单中选择“最近使用的块”命令，打开“块”选项板，在“最近使用的块”列表中选择“室内索引符号”图块，插入方向索引符号，并根据需要调整方向索引符号的角度。

（7）单击“默认”选项卡的“注释”面板中的“多行文字”按钮A，在方向索引符号内添加字母或数字进行标识，结果如图 7-101 所示。

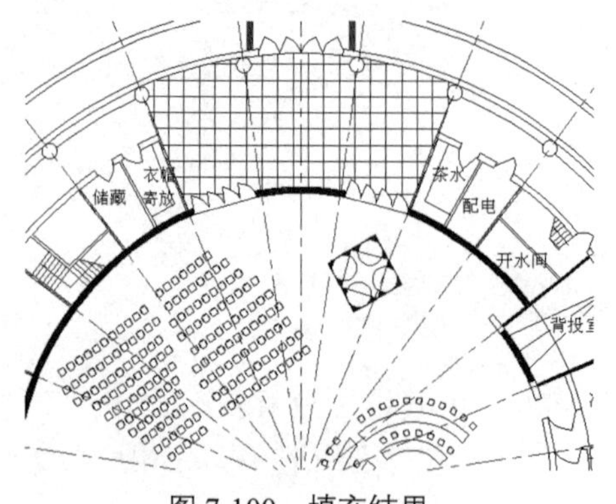


图 7-100　填充结果

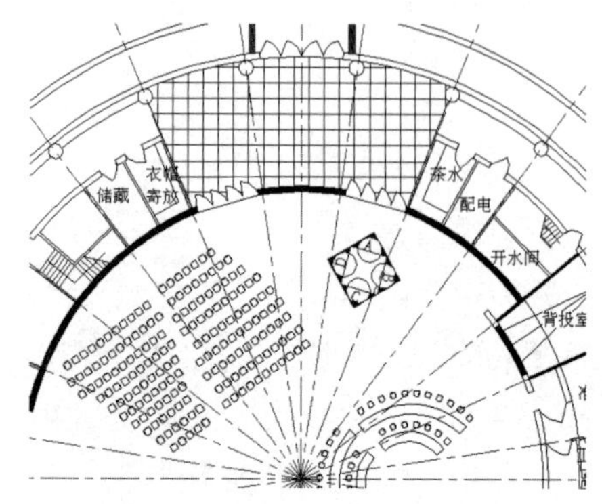


图 7-101　方向的标识结果

# 任务二　绘制学院会议中心顶棚平面图

## 任务背景

学院会议中心顶棚平面图是根据顶棚在其下方假想的水平镜面上的正投影绘制而成的镜像投影图。

本任务将继续以上一个任务介绍的学院会议中心室内平面图为例，详细介绍大型公共建筑室内设计顶棚平面图的绘制过程。对学院会议中心顶棚平面图的绘制过程的介绍将按整理图形、绘制吊顶、绘制灯具、平面标注的顺序进行。学院会议中心顶棚平面图的绘制结果如图 7-102 所示。

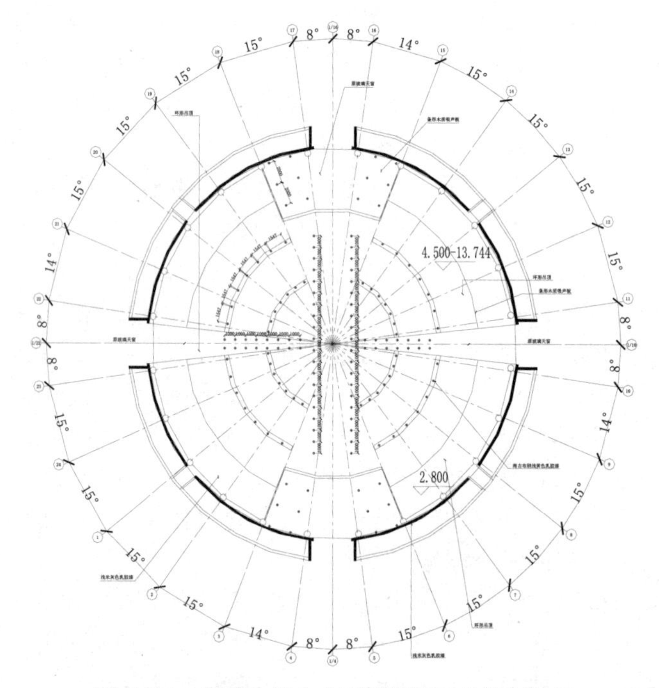


图 7-102　学院会议中心顶棚平面图的绘制结果

## 操作步骤

微课

### 1. 整理图形

（1）单击快速访问工具栏中的“打开”按钮，在弹出的“选择文件”对话框中选择“源文件\项目七”选项，找到“学院会议中心平面图.dwg”文件并将其打开。

（2）关闭“文字”图层、“轴线”图层、“门窗”图层、“尺寸”图层，删除卫生间隔断和洗手台。

（3）分别单击“默认”选项卡的“绘图”面板中的“直线”按钮和“修改”面板中的“偏移”按钮，整理图形，结果如图 7-103 所示。

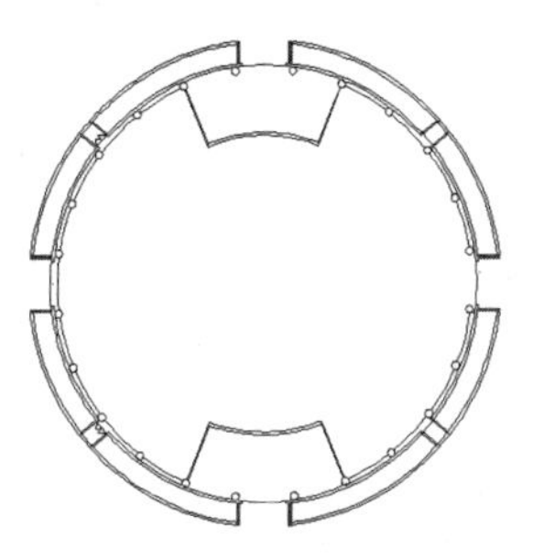

图 7-103 图形的整理结果

（4）单击“默认”选项卡的“绘图”面板中的“图案填充”按钮，弹出如图 7-104 所示的“图案填充创建”选项卡，单击“图案填充图案”按钮，在弹出的下拉菜单中选择“SOLID”命令。图形的填充结果如图 7-105 所示。

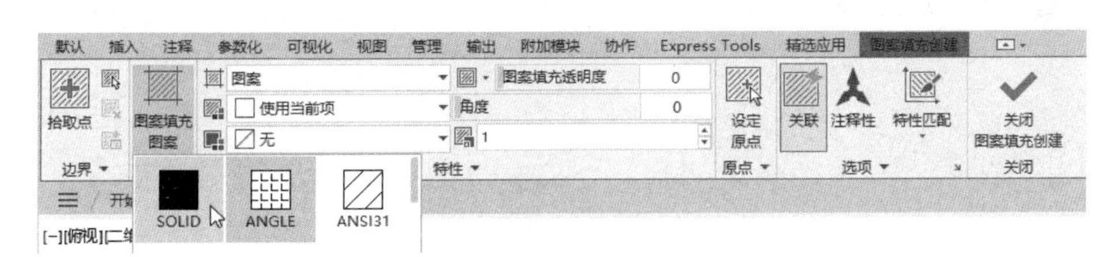


图 7-104 “图案填充创建”选项卡

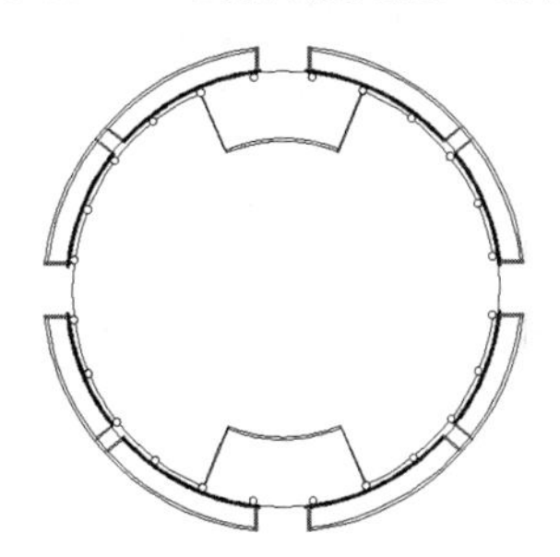

图 7-105 图形的填充结果

### 2. 绘制吊顶

（1）开启“轴线”图层，单击“默认”选项卡的“修改”面板中的“偏移”按钮，将最外层的圆向内偏移 5500。单击“默认”选项卡的“修改”面板中的“修剪”按钮，对偏移后的图形进行修剪。

（2）单击“默认”选项卡的“绘图”面板中的“直线”按钮，绘制直线，结果如图 7-106

所示。

（3）单击“默认”选项卡的“修改”面板中的“偏移”按钮⊆，将步骤（1）中通过修剪得到的圆弧依次向内偏移 3500、400、3500、400，结果如图 7-107 所示。

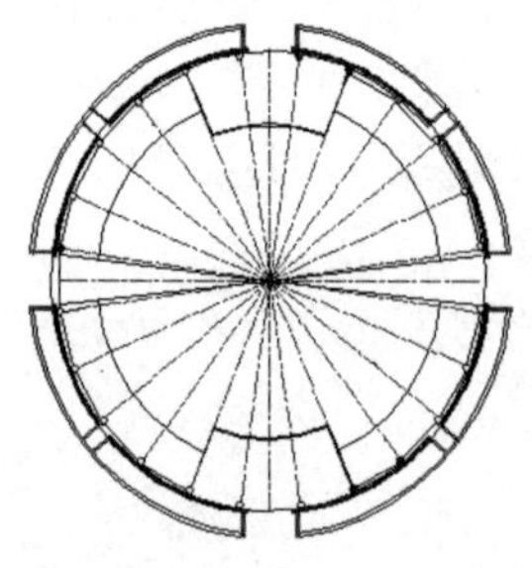

图 7-106　直线的绘制结果

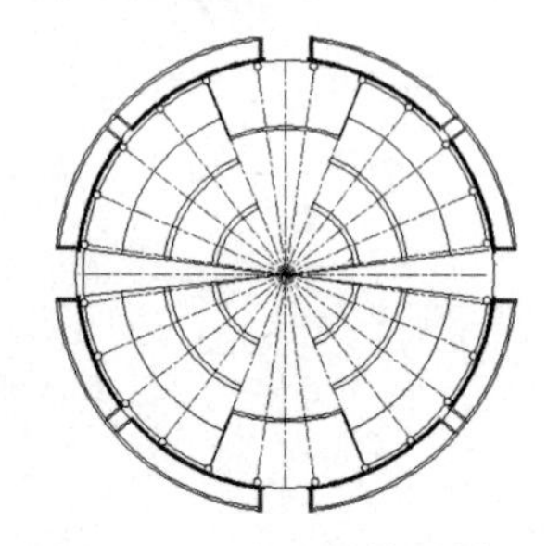

图 7-107　圆弧的偏移结果

（4）单击“默认”选项卡的“绘图”面板中的“直线”按钮╱，封闭偏移后的圆弧。

### 3. 绘制灯具

微课

（1）绘制吸顶灯。

① 单击“默认”选项卡的“绘图”面板中的“圆”按钮⊙，在空白处绘制半径为 100 的圆，结果如图 7-108 所示。

② 单击“默认”选项卡的“修改”面板中的“偏移”按钮⊆，将上一步绘制的圆向内偏移 30，结果如图 7-109 所示。

③ 单击“默认”选项卡的“绘图”面板中的“直线”按钮╱，在圆心处绘制水平直线和竖直直线的长度均为 250 的十字图形，结果如图 7-110 所示。

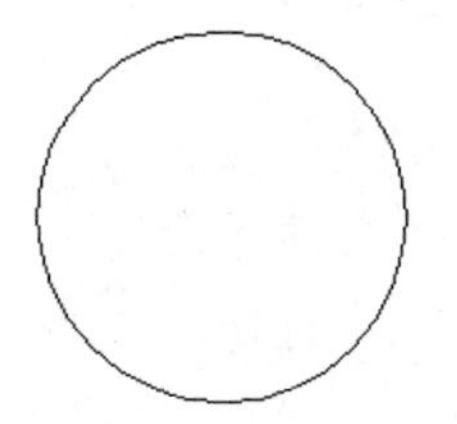

图 7-108　圆的绘制结果

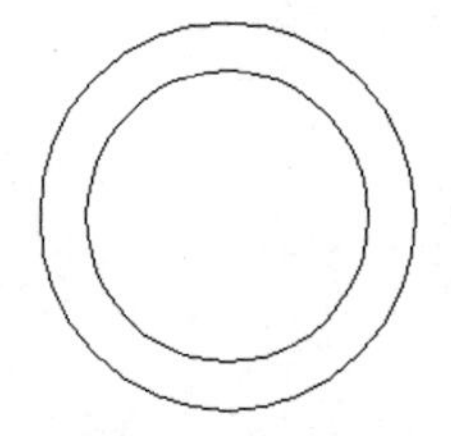

图 7-109　圆的偏移结果

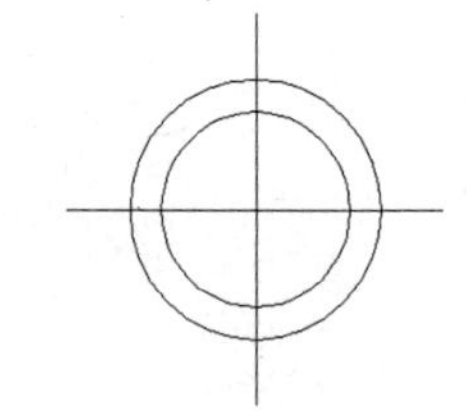

图 7-110　十字图形的绘制结果

④ 单击“默认”选项卡的“块”面板中的“创建”按钮，弹出如图 7-111 所示的“块定义”对话框，以圆心为基点，以吸顶灯为对象，进行相应的设置，单击“确定”按钮，完成“吸顶灯”图块的创建。

⑤ 单击“默认”选项卡的“块”面板中的“插入”按钮，弹出如图 7-112 所示的下拉菜单，双击上一步创建的“吸顶灯”图块，将其插入合适的位置。吸顶灯的绘制结果如图 7-113 所示。

（2）单击“默认”选项卡的“修改”面板中的“环形阵列”按钮，设置项目数为 40、角度为 360°，选择上一步插入的“吸顶灯”图块，对其进行环形阵列。

（3）单击“默认”选项卡的“修改”面板中的“删除”按钮，删除环形阵列后的多余灯具，结果如图 7-114 所示。

（4）使用上述方法完成其他灯具的布置，环形阵列参数的设置可以参考步骤（2）。

（5）环形阵列的结果，如图 7-115 所示。

图 7-111 “块定义”对话框

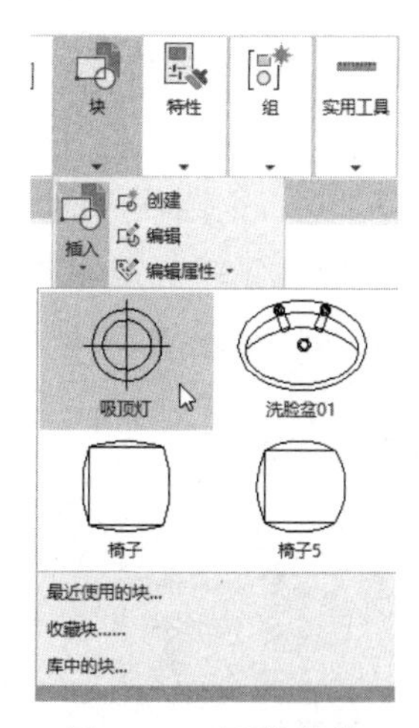


图 7-112 下拉菜单

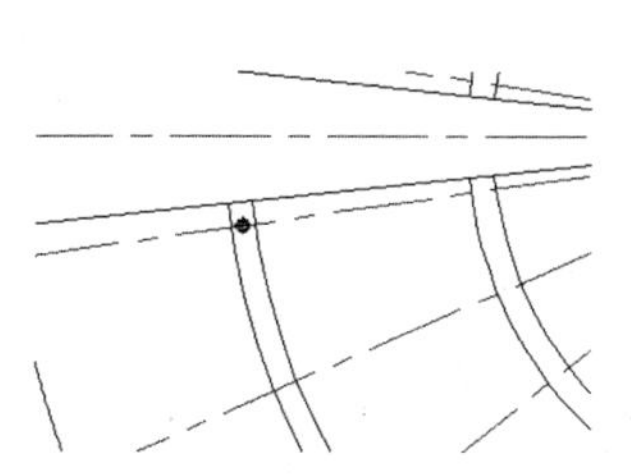

图 7-113 吸顶灯的绘制结果

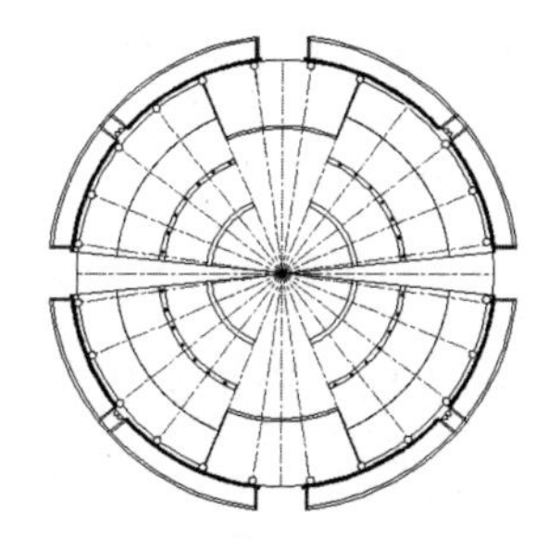

图 7-114 多余灯具的删除结果

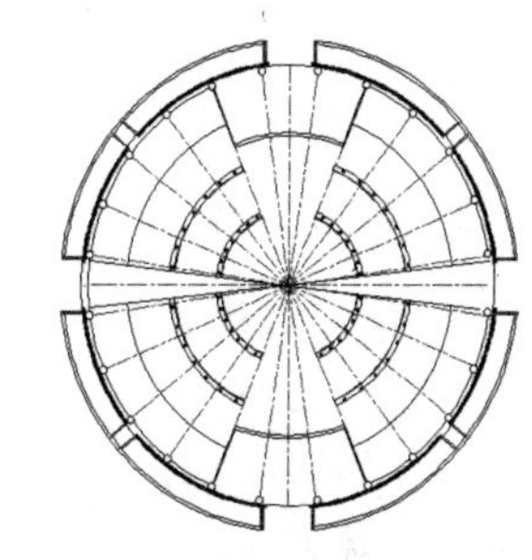

图 7-115 环形阵列的结果

（6）单击“默认”选项卡的“块”面板中的“插入”按钮，在弹出的下拉菜单中选择“最近使用的块”命令，打开“块”选项板，在“最近使用的块”列表中选择一个所需的图块，并在合适的位置将其插入，结果如图 7-116 所示。

（7）分别单击“默认”选项卡的“修改”面板中的“复制”按钮和“镜像”按钮，选择上一步插入的图块，对其沿圆弧方向进行复制，设置间距为 2000，以竖直轴线和水平轴线为镜像线，通过两次镜像完成左侧灯具的复制，结果如图 7-117 所示。

（8）单击“默认”选项卡的“块”面板中的“插入”按钮，在弹出的下拉菜单中选择“最近使用的块”命令，打开“块”选项板，在“最近使用的块”列表中选择一个所需的图块，并在合适的位置将其插入，结果如图 7-118 所示。

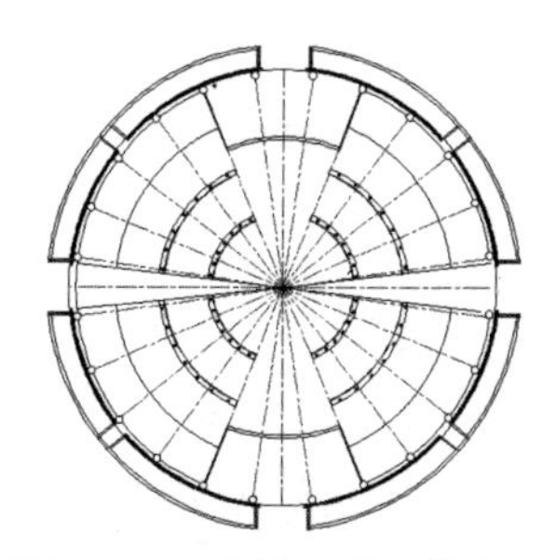

图 7-116 图块的插入结果 1

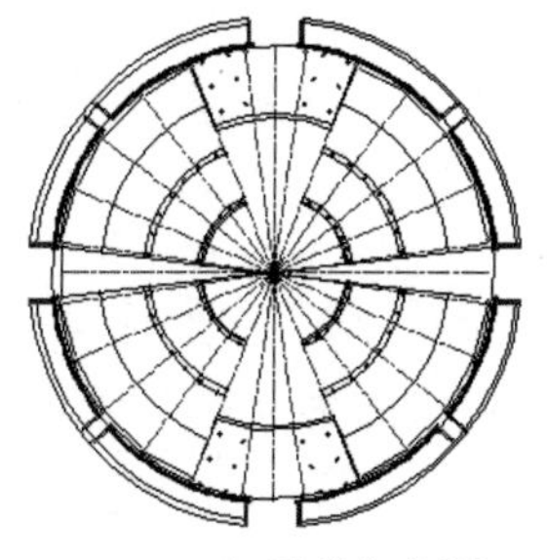

图 7-117 灯具的复制结果

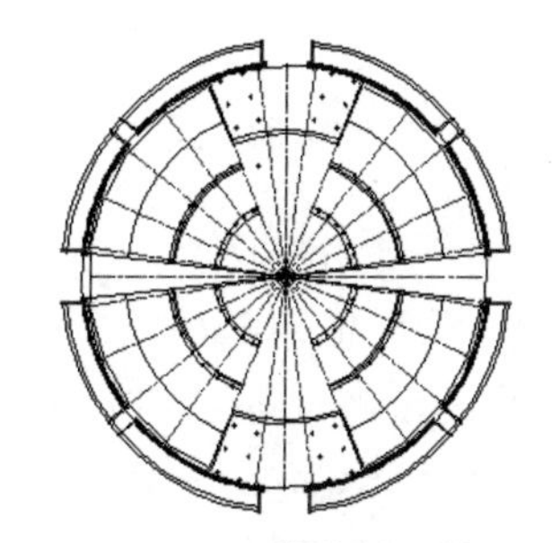

图 7-118 图块的插入结果 2

（9）单击“默认”选项卡的“修改”面板中的“矩形阵列”按钮，设置行数为 20、列数为 1、行间距为-1000，选择上一步插入的灯具图块并对其进行矩形阵列，结果如图 7-119 所示。

（10）单击“默认”选项卡的“修改”面板中的“镜像”按钮，选择上一步中进行矩形阵列的灯具，以竖直轴线为镜像线对其进行镜像，结果如图 7-120 所示。

（11）使用上述方法阵列剩余灯具，阵列间距为 1000，最终阵列结果如图 7-121 所示。

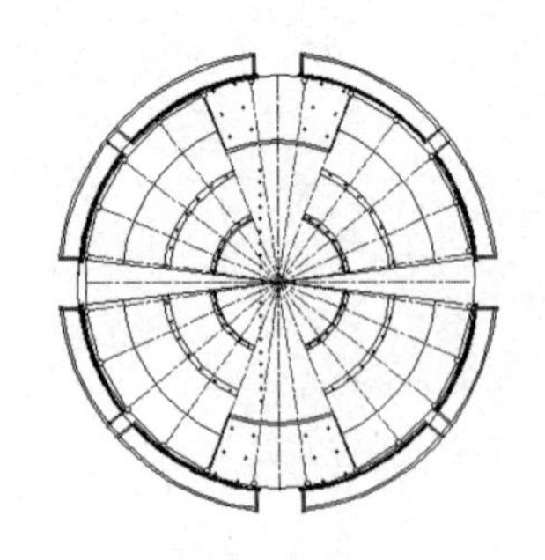

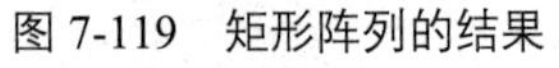

图 7-119　矩形阵列的结果

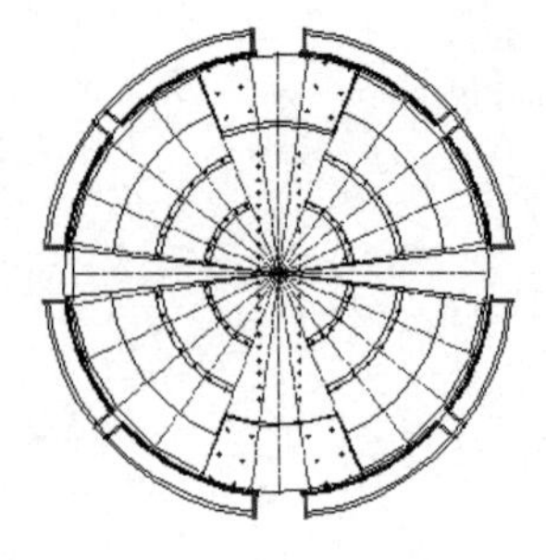

图 7-120　灯具的镜像结果

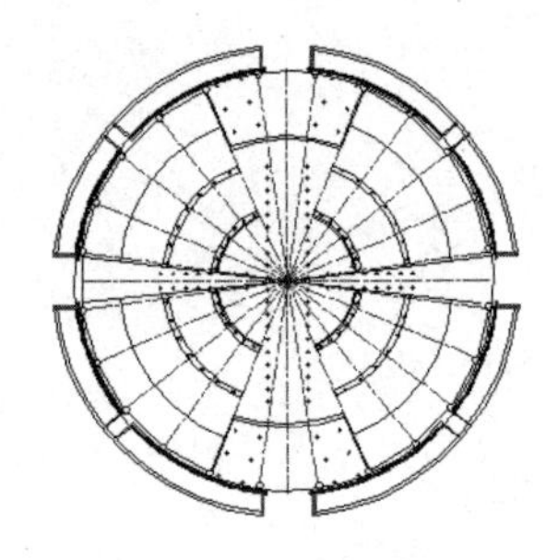

图 7-121　最终阵列结果

#### 4. 平面标注

微课

1）尺寸和标高标注

（1）分别单击“注释”选项卡的“标注”面板中的“线性”按钮和“连续”按钮，标注尺寸。尺寸的标注结果如图 7-122 所示。

（2）单击“默认”选项卡的“块”面板中的“插入”按钮，在弹出的下拉菜单中选择“最近使用的块”命令，打开“块”选项板，插入标高符号。单击“默认”选项卡的“修改”面板中的“分解”按钮，将标高符号分解，双击标高符号中的文字，输入新的文字。

（3）使用上述方法完成剩余标高符号的插入及修改。标高的标注结果如图 7-123 所示。

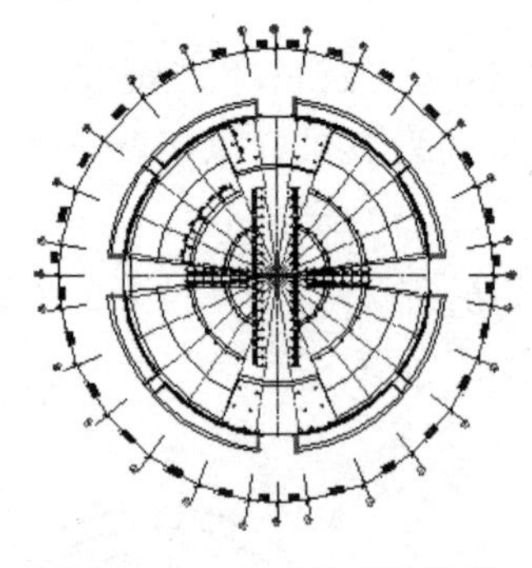

图 7-122　尺寸的标注结果

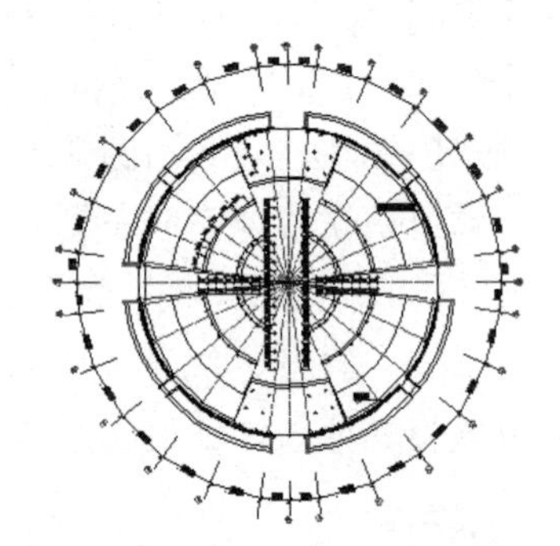

图 7-123　标高的标注结果

2）文字标注

（1）单击“默认”选项卡的“注释”面板中的“文字样式”按钮，弹出“文字样式”对话框，单击“新建”按钮，弹出“新建文字样式”对话框，在“样式名”文本框中输入“说明”，单击“确定”按钮，返回到“文字样式”对话框中，在“高度”文本框中输入“200”，并单击“置为当前”按钮。

（2）在命令行中输入“QLEADER”，按 Enter 键，标注文字，命令行提示与操作如下。

命令: QLEADER↙

指定第一个引线点或 [设置(S)] <设置>: S↙（在命令行中输入“S”，按 Enter 键，弹出“引线设置”对话框，具体设置如图 7-124 所示）

指定第一个引线点或 [设置(S)] <设置>:

指定下一点:

输入注释文字的第一行 <多行文字(M)>: 输入文字

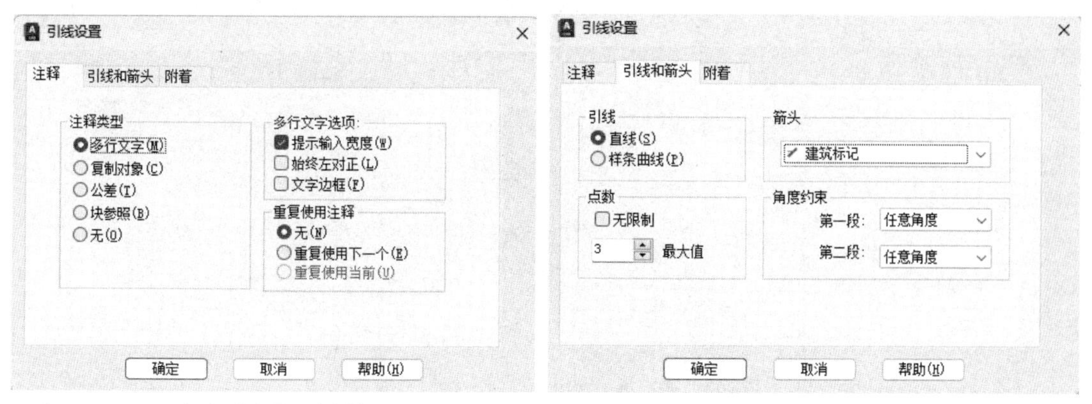


（a）“注释”选项卡　　　　（b）“引线和箭头”选项卡

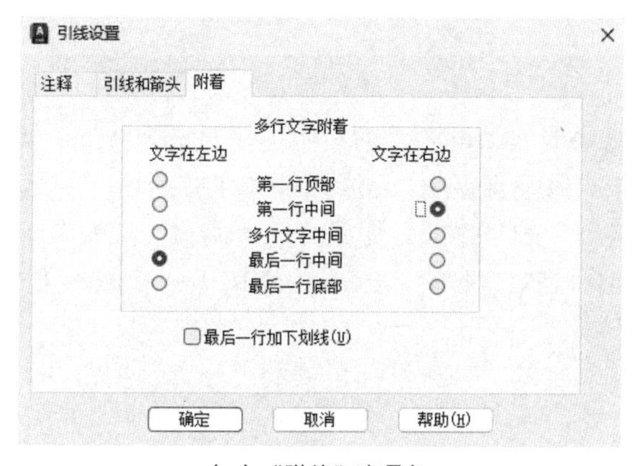


（c）“附着”选项卡

图 7-124　“引线设置”对话框

最终绘制结果如图 7-102 所示。

# 任务三　绘制学院会议中心立面图 A

## 任务背景

将平行于室内墙面的切面的前面部分切去后，剩余部分的正投影图即室内立面图。

本任务将详细介绍大型公共建筑室内立面图的绘制过程。

为了符合学院会议中心的特点，本任务介绍的学院会议中心立面图 A 将着重表现庄重典雅、具有文化气息的设计风格，并考虑如何与室内地面相协调。其装饰的重点在于墙面、柱面、玻璃幕墙及其交接部位，采用的材料主要有天然石材、木材、不锈钢、玻璃等。学院会议中心立面图 A 的绘制结果如图 7-125 所示。

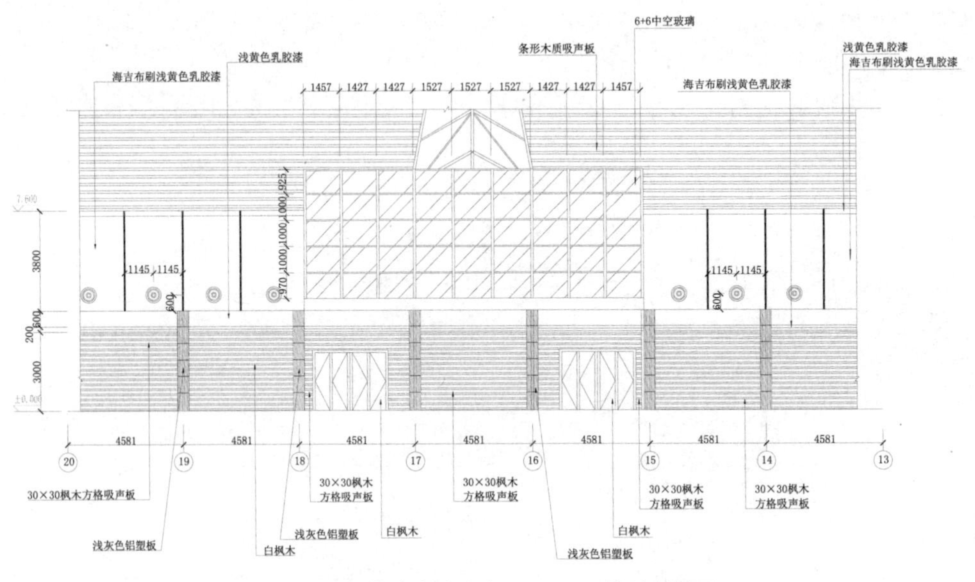


图 7-125　学院会议中心立面图 A 的绘制结果

## 操作步骤

微课

### 1. 绘制立面图

（1）单击“默认”选项卡的“绘图”面板中的“直线”按钮╱，分别绘制长度为 32067 的水平直线和长度为 11400 的竖直直线，结果如图 7-126 所示。

（2）单击“默认”选项卡的“修改”面板中的“偏移”按钮⊆，将竖直直线依次向右偏移 500、4081、4581、4581、4581、4581、4581、3581、1000，将水平直线依次向上偏移 3000、200、600、3800、3800。

（3）单击“默认”选项卡的“修改”面板中的“修剪”按钮✂，修剪多余直线，结果如图 7-127 所示。

图 7-126　直线的绘制结果

图 7-127　多余直线的修剪结果 1

（4）单击“默认”选项卡的“修改”面板中的“偏移”按钮⊆，将第三～八条竖直直线分别向左、右两侧偏移 220，结果如图 7-128 所示。

（5）单击“默认”选项卡的“修改”面板中的“修剪”按钮✂，修剪上一步偏移的直线，结果如图 7-129 所示。

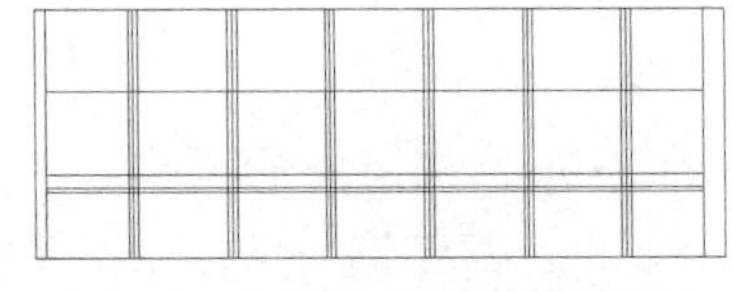

图 7-128　竖直直线的偏移结果

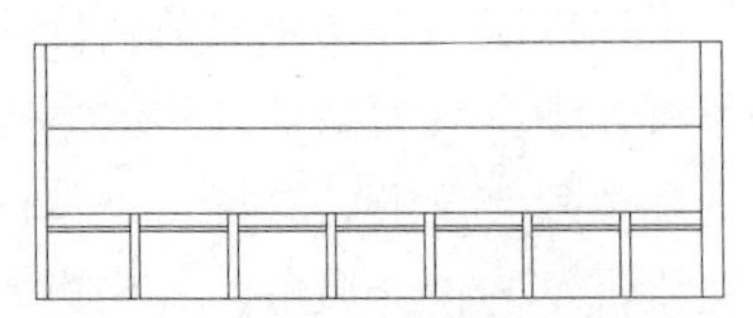

图 7-129　偏移直线的修剪结果 1

（6）单击“默认”选项卡的“修改”面板中的“偏移”按钮⊆，将偏移的直线中最左侧的竖直直线依次向右偏移 9700、3000、6667、3000，将底部的水平直线向上偏移 2300，结果如图 7-130 所示。

（7）单击“默认”选项卡的“修改”面板中的“修剪”按钮，修剪偏移的直线，结果如图 7-131 所示。

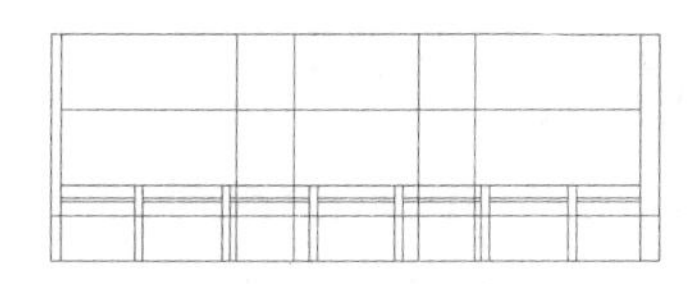

图 7-130　直线的偏移结果 1

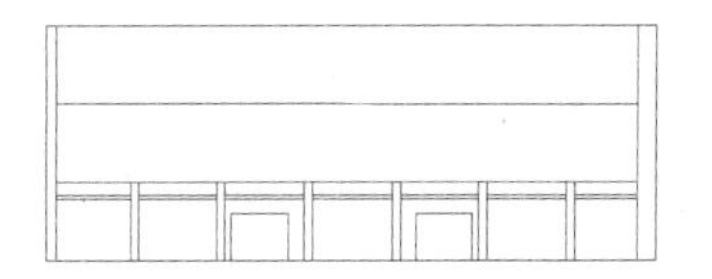

图 7-131　偏移直线的修剪结果 2

（8）单击“默认”选项卡的“修改”面板中的“偏移”按钮，将前面修剪的竖直直线和水平直线分别向内偏移 100。单击“默认”选项卡的“修改”面板中的“修剪”按钮，修剪多余直线，结果如图 7-132 所示。

（9）分别单击“默认”选项卡的“绘图”面板中的“直线”按钮和“多段线”按钮，绘制直线和多段线，结果如图 7-133 所示。

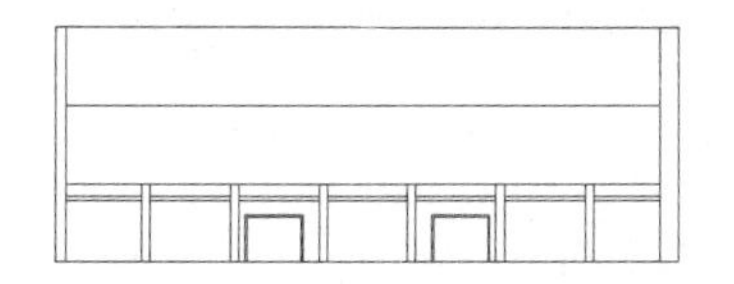

图 7-132　多余直线的修剪结果 2

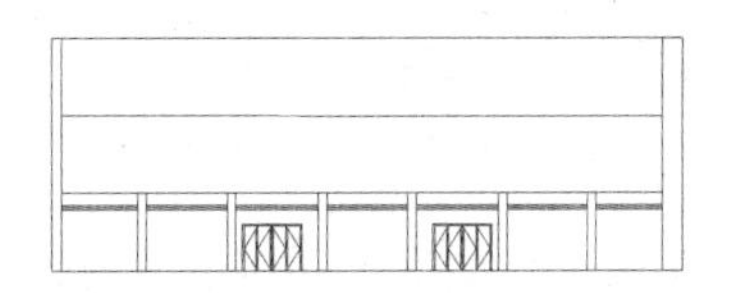

图 7-133　直线和多段线的绘制结果

（10）单击“默认”选项卡的“绘图”面板中的“图案填充”按钮，弹出“图案填充创建”选项卡，单击“图案填充图案”按钮，在弹出的下拉菜单中选择“ANSI32”命令和“AR-SAND”命令，并分别设置图案填充比例为 30 和 5。

微课

（11）在绘图区域中依次选择墙面区域作为填充对象，对图形填充图案，结果如图 7-134 所示。

（12）单击“默认”选项卡的“绘图”面板中的“图案填充”按钮，弹出“图案填充创建”选项卡，单击“图案填充图案”按钮，在弹出的下拉菜单中选择“JIS_LC_20”命令，并设置图案填充角度为 45°、比例为 3，结果如图 7-135 所示。

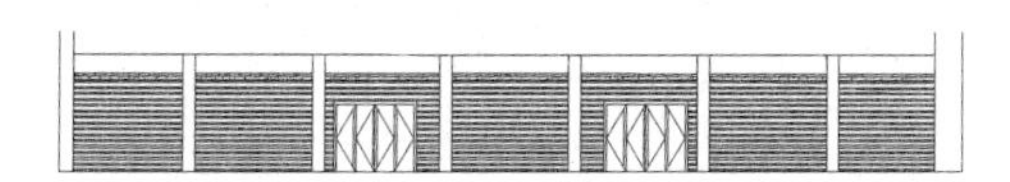

图 7-134　图形的填充结果 1

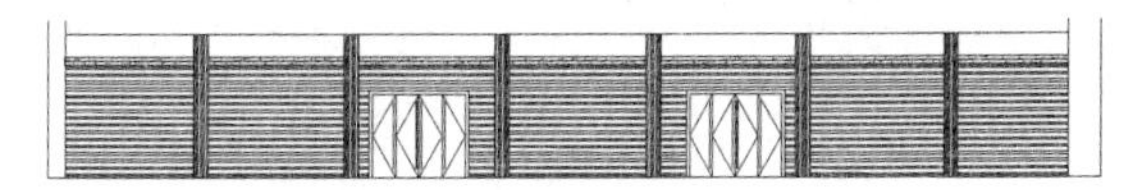

图 7-135　图形的填充结果 2

（13）单击“默认”选项卡的“绘图”面板中的“多段线”按钮，指定起点宽度为 10、端点宽度为 10，绘制多段线，结果如图 7-136 所示。

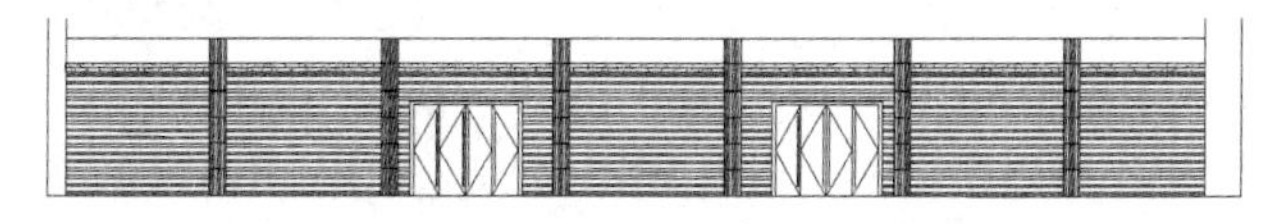

图 7-136　多段线的绘制结果

（14）单击“默认”选项卡的“修改”面板中的“删除”按钮，删除最左侧和最右侧的竖直直线，结果如图 7-137 所示。

（15）单击“默认”选项卡的“修改”面板中的“偏移”按钮，将最左侧的竖直直线依次向右偏移 1791、2290、2290、2511、13303、2511、2290、2290，将底部的水平直线向上偏移 9145，结果如图 7-138 所示。

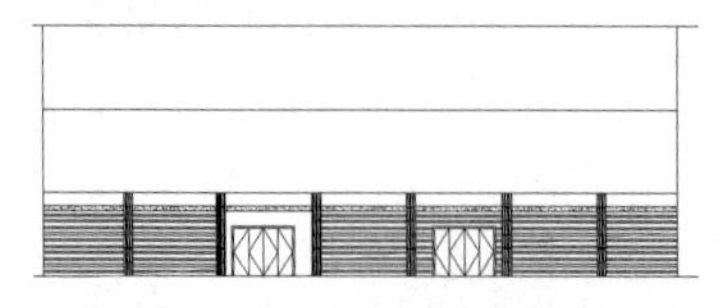
图 7-137　竖直直线的删除结果

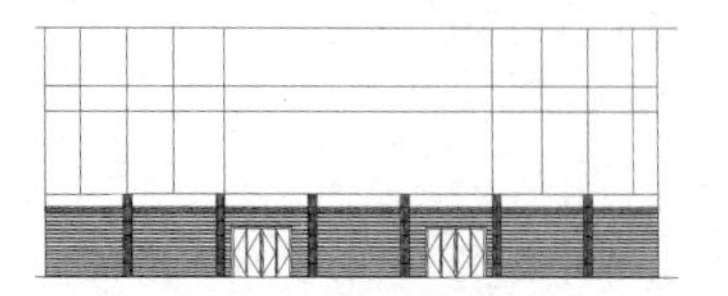
图 7-138　直线的偏移结果 2

（16）单击“默认”选项卡的“修改”面板中的“修剪”按钮，修剪上一步偏移的直线，结果如图 7-139 所示。

（17）单击“默认”选项卡的“绘图”面板中的“多段线”按钮，指定起点宽度为 60、端点宽度为 60，沿着上一步修剪的偏移的直线绘制多段线，结果如图 7-140 所示。

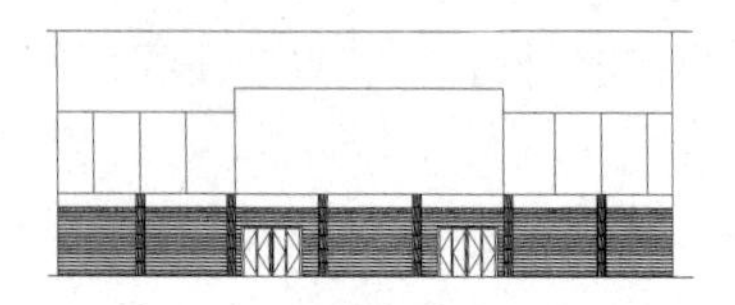
图 7-139　偏移直线的修剪结果 3

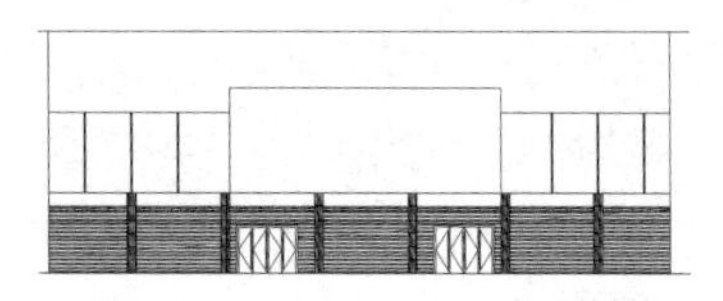
图 7-140　多段线的绘制结果

（18）单击“默认”选项卡的“修改”面板中的“偏移”按钮，将底部的水平直线依次向上偏移 4250、945、50、950、50、950、50、950、50、845。

（19）单击“默认”选项卡的“修改”面板中的“偏移”按钮，将最左侧的竖直直线依次向右偏移 8982、1357、100、1327、100、1327、100、1427、100、1427、100、1427、100、1327、100、1327、100、1357，结果如图 7-141 所示。

（20）单击“默认”选项卡的“修改”面板中的“修剪”按钮，修剪偏移的直线，完成玻璃纹路的绘制，结果如图 7-142 所示。

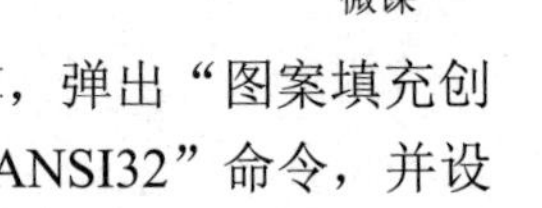


（21）单击“默认”选项卡的“绘图”面板中的“图案填充”按钮，弹出“图案填充创建”选项卡，单击“图案填充图案”按钮，在弹出的下拉菜单中选择“ANSI32”命令，并设置图案填充比例为 120，结果如图 7-143 所示。

（22）单击“默认”选项卡的“修改”面板中的“偏移”按钮，将顶部的水平直线向下偏移 4000，结果如图 7-144 所示。

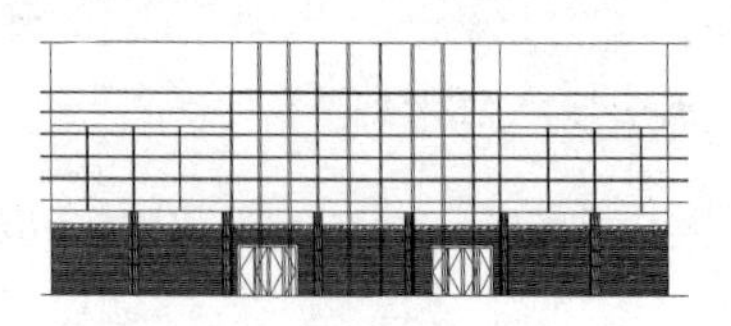
图 7-141　直线的偏移结果 3

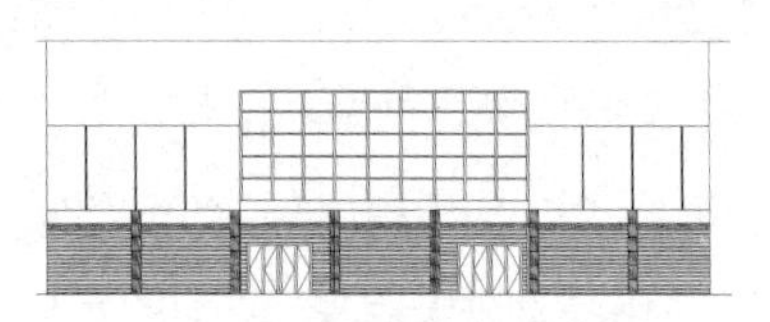
图 7-142　玻璃纹路的绘制结果

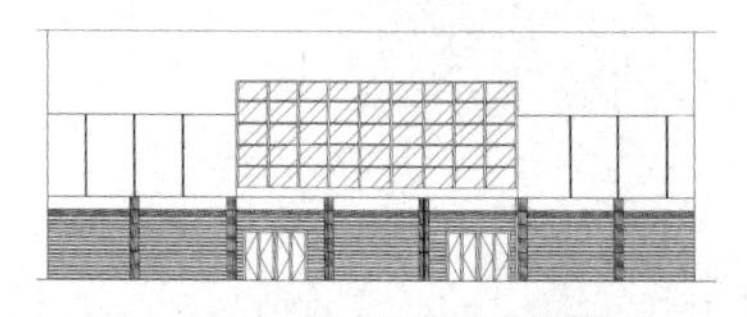
图 7-143　图形的填充结果 3

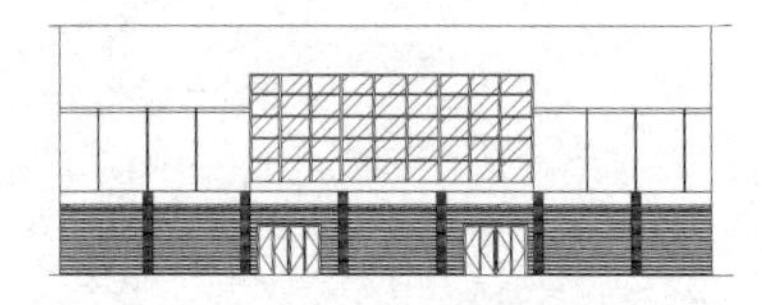
图 7-144　直线的偏移结果 4

（23）单击“默认”选项卡的“绘图”面板中的“图案填充”按钮，弹出“图案填充创建”选项卡，单击“图案填充图案”按钮，在弹出的下拉菜单中选择“AR-SAND”命令，并设置图案填充比例为 10，结果如图 7-145 所示。

微课

（24）分别单击“默认”选项卡的“绘图”面板中的“直线”按钮和“修改”面板中的“偏移”按钮、“修剪”按钮，完成顶部图形的绘制，结果如图 7-146 所示。

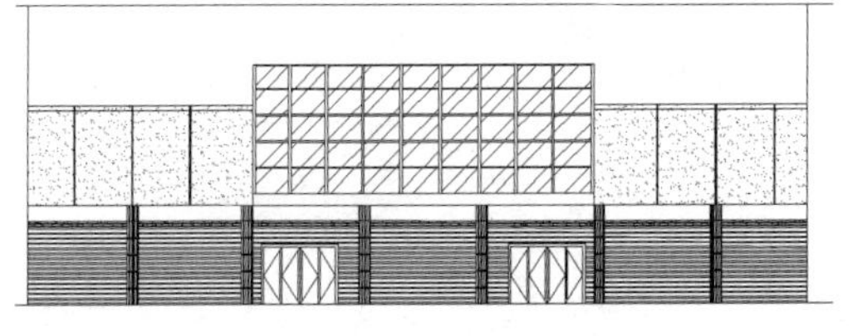

图 7-145　图形的填充结果 4

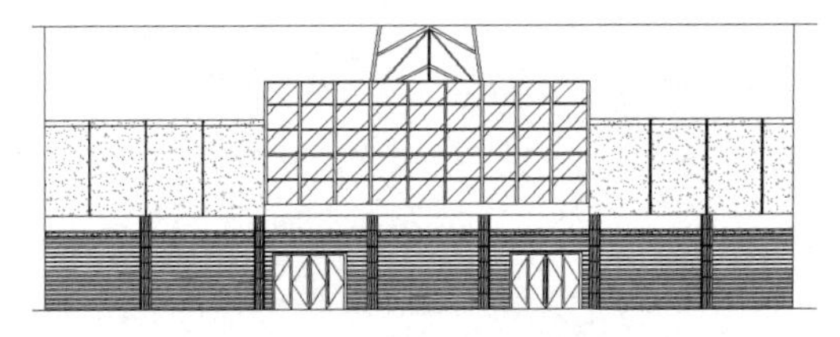

图 7-146　顶部图形的绘制结果

（25）单击“默认”选项卡的“绘图”面板中的“图案填充”按钮，弹出“图案填充创建”选项卡，单击“图案填充图案”按钮，在弹出的下拉菜单中选择“ANSI32”命令，并设置图案填充角度为 135° 、比例为 30，结果如图 7-147 所示。

（26）单击“默认”选项卡的“绘图”面板中的“圆”按钮，绘制半径分别为 300、240、200、100、60 的同心圆，结果如图 7-148 所示。

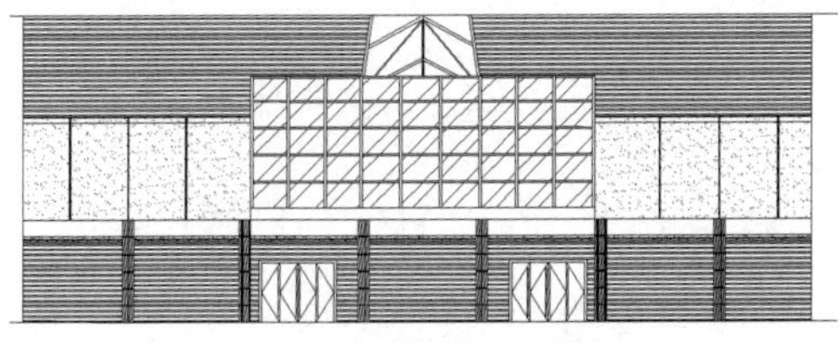

图 7-147　图形的填充结果 5

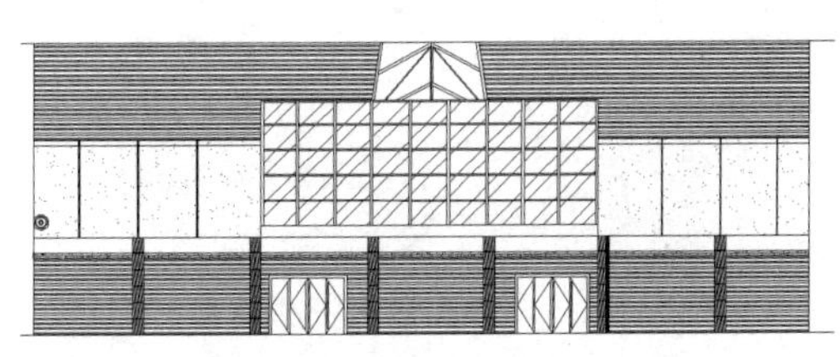

图 7-148　同心圆的绘制结果

（27）单击“默认”选项卡的“修改”面板中的“复制”按钮，复制上一步绘制的同心圆，结果如图 7-149 所示。

（28）分别单击“默认”选项卡的“绘图”面板中的“直线”按钮和“修改”面板中的“修剪”按钮，绘制折弯线，结果如图 7-150 所示。

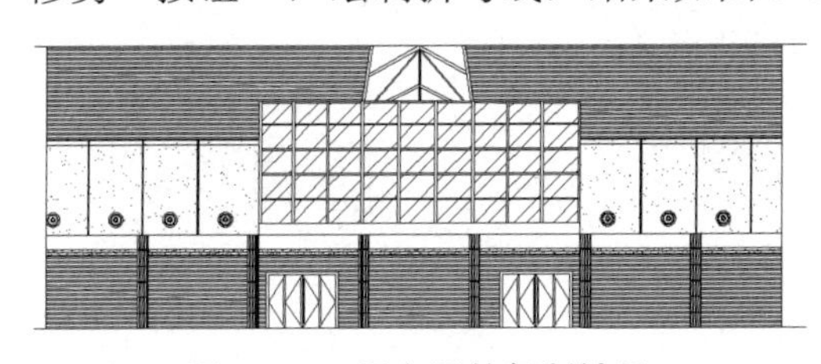

图 7-149　同心圆的复制结果

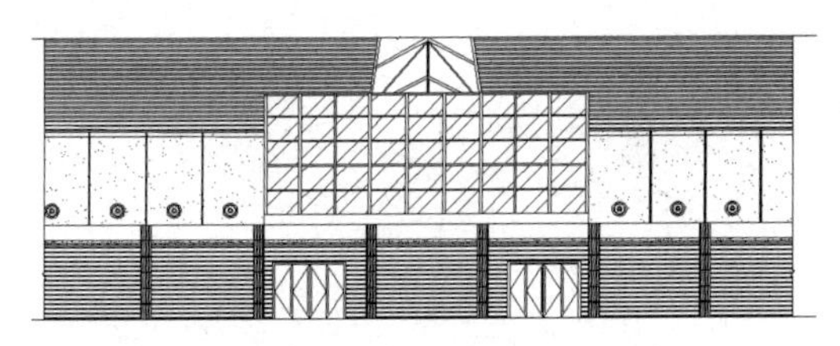

图 7-150　折弯线的绘制结果

2. 立面标注

（1）单击“默认”选项卡的“注释”面板中的“标注样式”按钮，弹出“标注样式管理器”对话框，单击“新建”按钮，弹出如图 7-151 所示的“创建新标注样式”对话框，在“新样式名”文本框中输入“立面标注”。

（2）单击“继续”按钮，编辑标注样式，相关参数设置如图 7-152～图 7-154 所示。

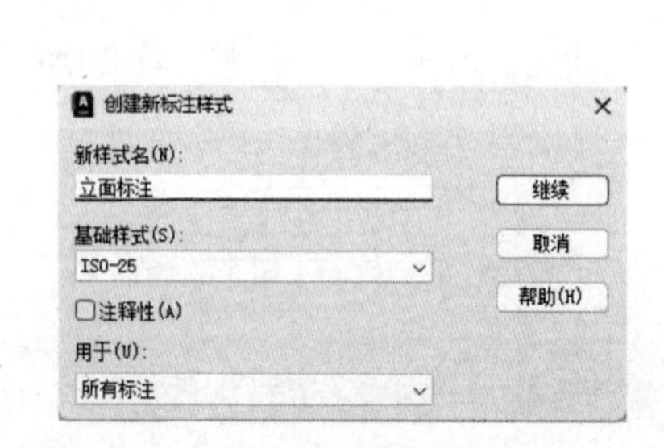


图 7-151 “创建新标注样式”对话框

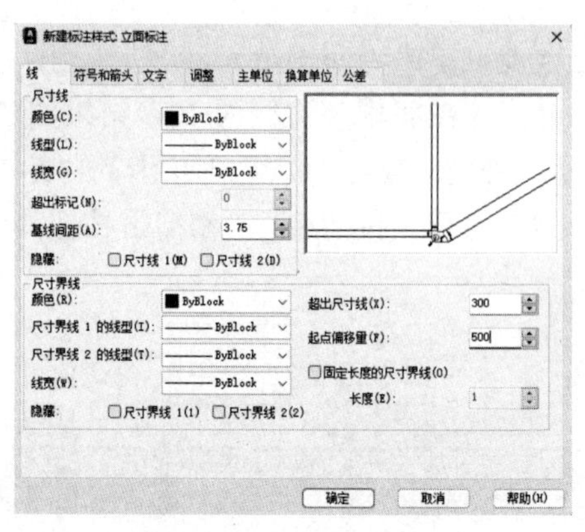


图 7-152 “线”选项卡

图 7-153 “符号和箭头”选项卡

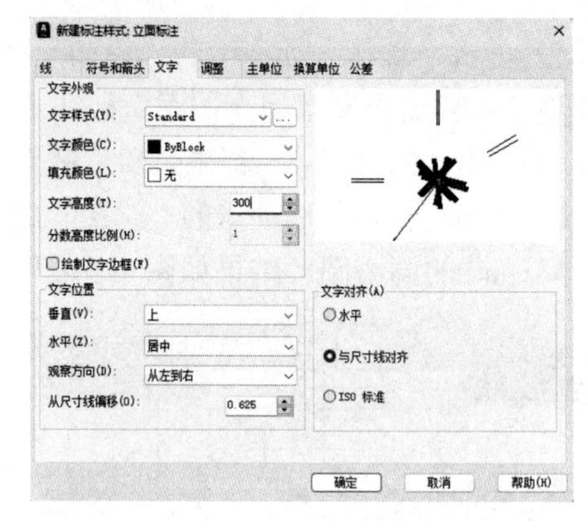


图 7-154 “文字”选项卡

（3）分别单击“注释”选项卡的“标注”面板中的“线性”按钮和“连续”按钮，标注尺寸，结果如图 7-155 所示。

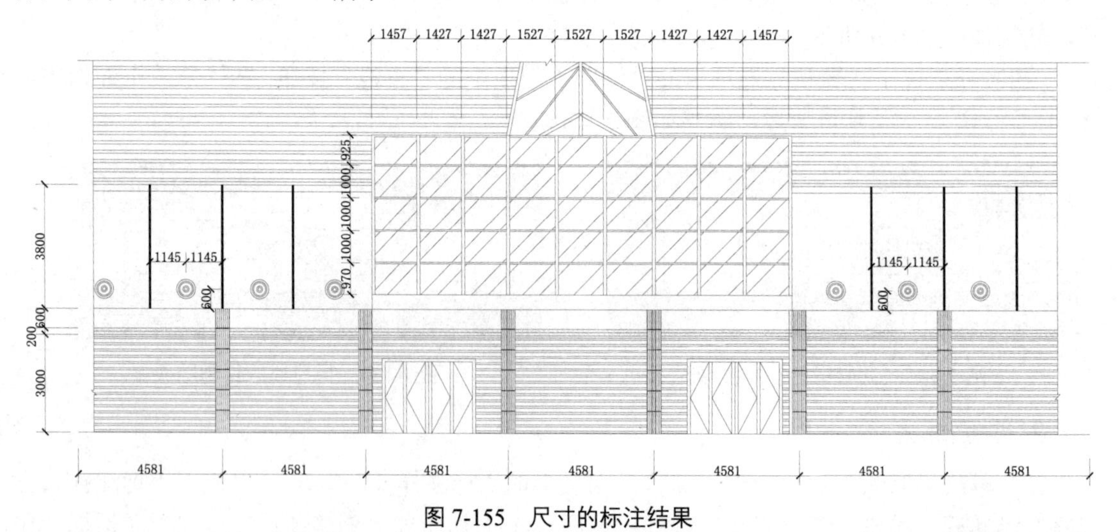


图 7-155 尺寸的标注结果

（4）单击“默认”选项卡的“块”面板中的“插入”按钮，在弹出的下拉菜单中选择“最近使用的块”命令，打开“块”选项板，插入标高符号。标高的标注结果如图 7-156 所示。

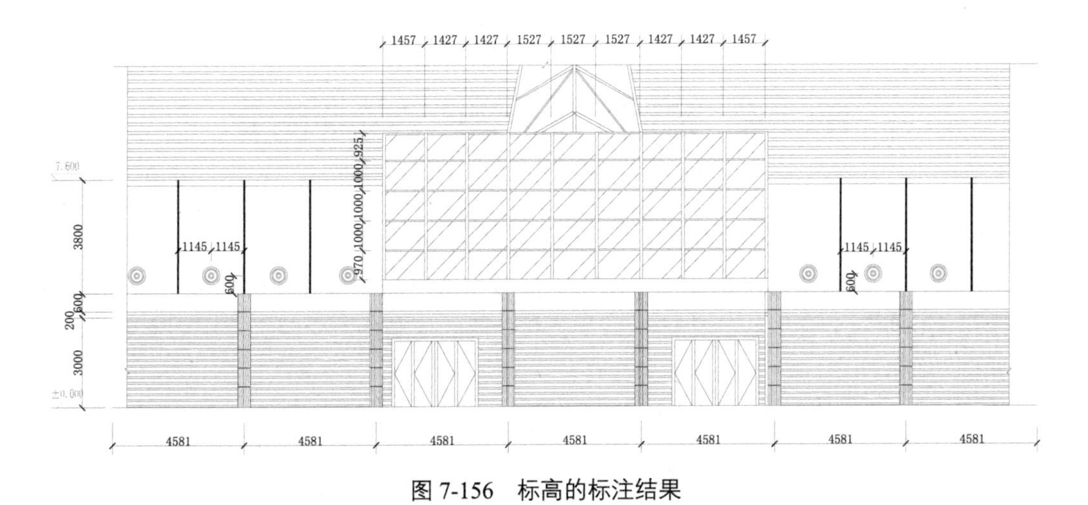


图 7-156　标高的标注结果

（5）使用前面任务介绍的标注轴号的方法标注轴号，结果如图 7-157 所示。

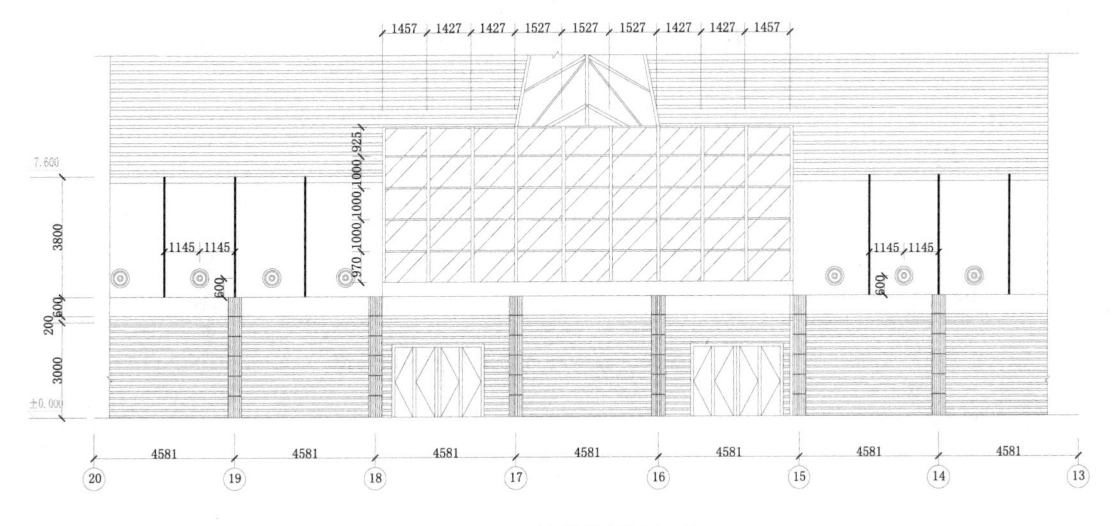


图 7-157　轴号的标注结果

## 注意

在处理重叠的问题时，可以在“标注样式管理器”对话框进行相关设置，这样计算机会自动处理，但处理效果有时不太理想；也可以通过单击“标注”工具栏中的“编辑标注文字”按钮来调整重叠文字的位置，学生可以自行尝试。

（6）在命令行中输入“QLEADER”，按 Enter 键，标注文字。最终绘制结果如图 7-125 所示。

## 注意

在使用 AutoCAD 2024 绘图时，中、英文高度不等的问题一直困扰着设计人员，并影响图幅的质量和美观度，若分成几段文字编辑则比较烦琐。针对这个问题，通过对 AutoCAD 2024 中的字体文件进行修改，可以使中、英文的字体协调，进而扩展字体功能，提供对道路、桥梁、建筑等专业有用的特殊字符，以及上、下标文字及部分希腊字母的输入功能。

# 任务四　绘制学院会议中心立面图 B

## 任务背景

学院会议中心立面图 B 的绘制方法与学院会议中心立面图 A 的绘制方法类似。其设计的主要理念是突出学院会议中心的文化气息及公共使用的便利性。学院会议中心立面图 B 的绘制结果如图 7-158 所示。

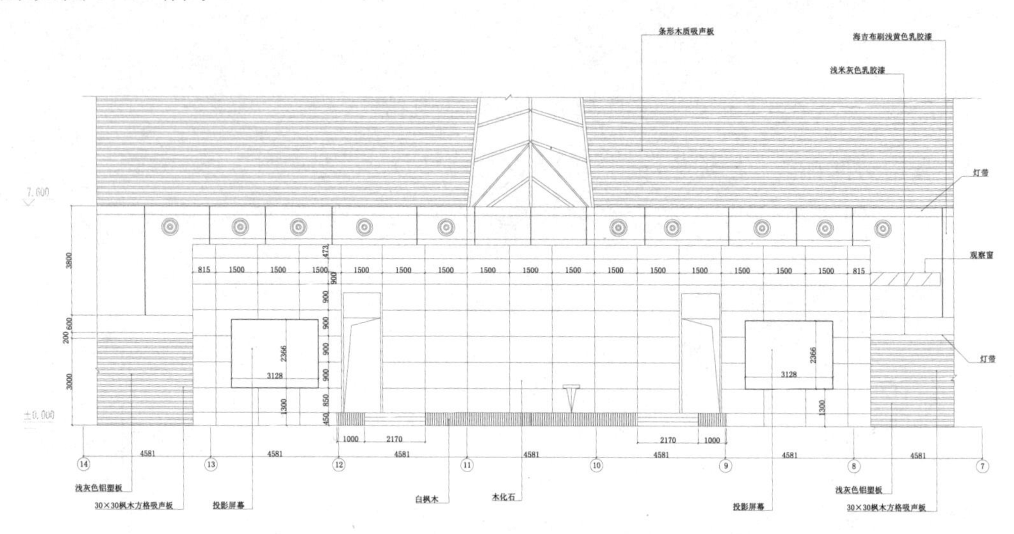


图 7-158　学院会议中心立面图 B 的绘制结果

## 操作步骤

微课

### 1. 绘制立面图

（1）单击“默认”选项卡的“绘图”面板中的“直线”按钮／，分别绘制长度为 11400 的竖直直线和长度为 32067 的水平直线，结果如图 7-159 所示。

（2）单击“默认”选项卡的“修改”面板中的“偏移”按钮⊆，将竖直直线依次向右偏移 500、3460、12065、12065、2977、1000，将水平直线依次向上偏移 3000、200、600、3800、3800，结果如图 7-160 所示。

图 7-159　直线的绘制结果　　　　图 7-160　直线的偏移结果

（3）单击“默认”选项卡的“修改”面板中的“偏移”按钮⊆，将底部的水平直线依次向上偏移 450、850、900、900、900、900、900、473，结果如图 7-161 所示。

（4）单击“默认”选项卡的“修改”面板中的“修剪”按钮✂，修剪偏移的直线，结果如图 7-162 所示。

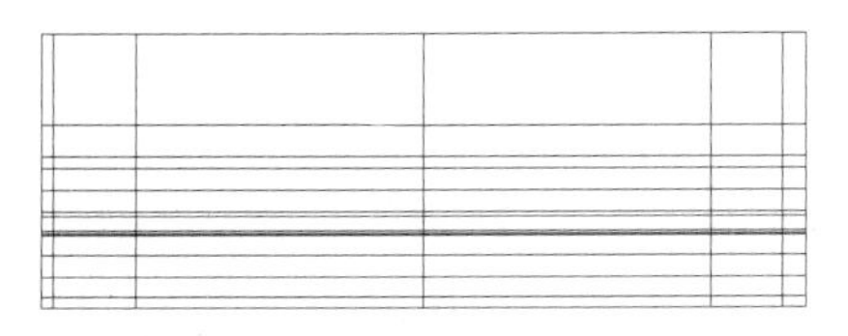

图 7-161 水平直线偏移的结果

图 7-162 偏移直线的修剪结果 1

（5）单击“默认”选项卡的“修改”面板中的“偏移”按钮，将偏移的直线中最左侧的竖直直线依次向右偏移 815、1500、1500、1500、1500、1500、1500、1500、1500、1500、1500、1500、1500、1500、1500、1500、1500、815，结果如图 7-163 所示。

（6）单击“默认”选项卡的“绘图”面板中的“图案填充”按钮，弹出“图案填充创建”选项卡，单击“图案填充图案”按钮，在弹出的下拉菜单中选择“ANSI32”命令，并设置图案填充角度为 135°、比例为 20，结果如图 7-164 所示。

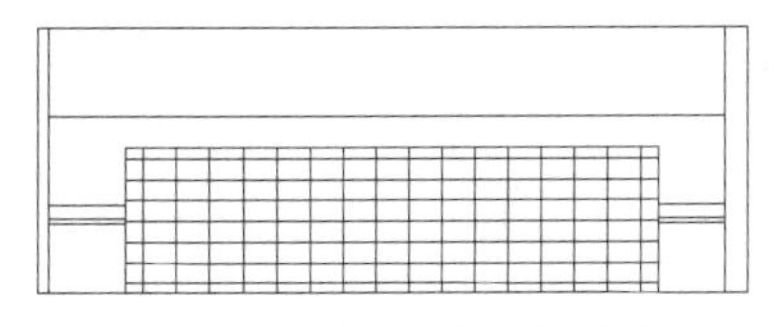

图 7-163 竖直直线的偏移结果

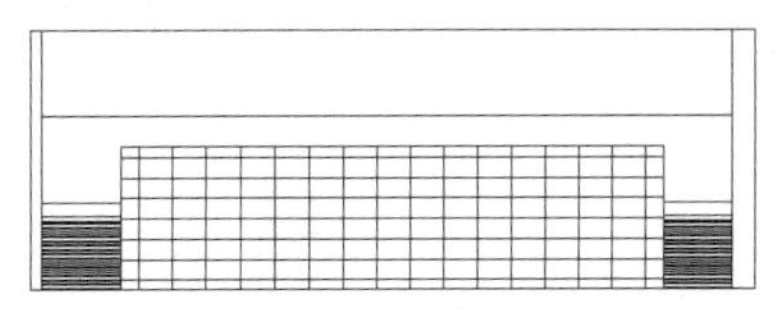

图 7-164 图形的填充结果 1

（7）单击“默认”选项卡的“绘图”面板中的“矩形”按钮，在空白处绘制尺寸为 2500×450 的矩形，结果如图 7-165 所示。

（8）单击“默认”选项卡的“绘图”面板中的“直线”按钮，在矩形内绘制几条斜线，结果如图 7-166 所示。

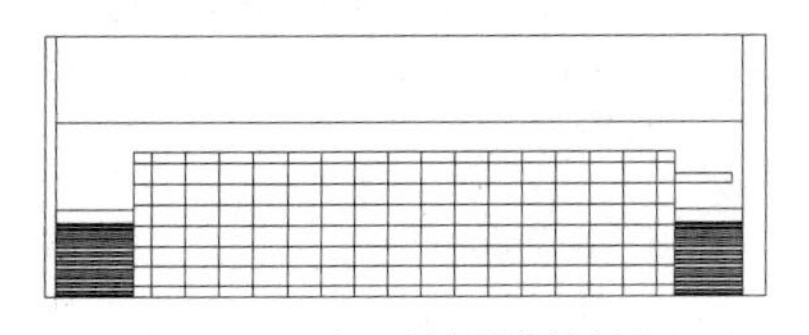

图 7-165 矩形的绘制结果 1

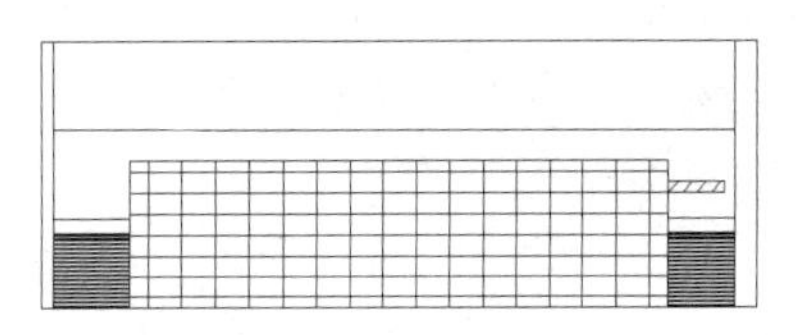

图 7-166 斜线的绘制结果

（9）单击“默认”选项卡的“绘图”面板中的“图案填充”按钮，弹出“图案填充创建”选项卡，单击“图案填充图案”按钮，在弹出的下拉菜单中选择“AR-SAND”命令，并设置图案填充比例为 10，结果如图 7-167 所示。

（10）单击“默认”选项卡的“绘图”面板中的“多段线”按钮，指定起点宽度为 10、端点宽度为 10，在上一步填充的区域内绘制几条竖直多段线；单击“默认”选项卡的“绘图”面板中的“直线”按钮，绘制竖直直线。竖直多段线和竖直直线的绘制结果如图 7-168 所示。

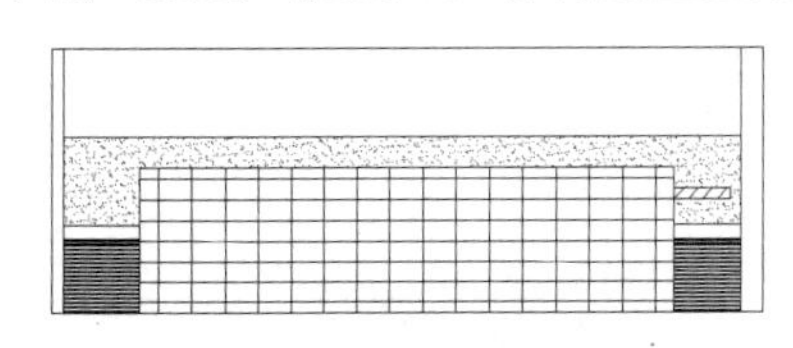

图 7-167 图形的填充结果 2

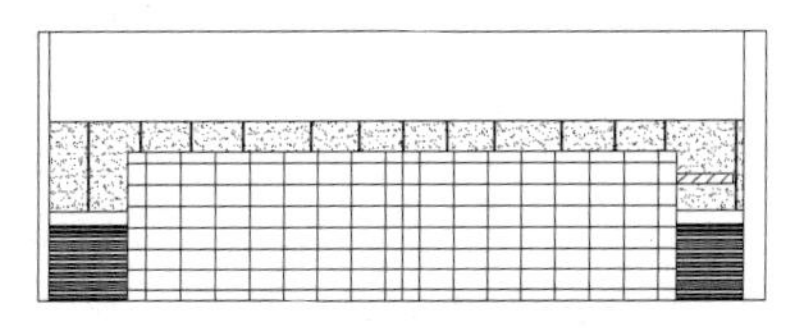

图 7-168 竖直多段线和竖直直线的绘制结果

（11）单击“默认”选项卡的“绘图”面板中的“多段线”按钮，指定起点宽度为 10，端点宽度为 10，绘制连续的长度为 3128 的水平多段线和长度为 2366 的竖直多段线，形成一个矩形。多段线的绘制结果如图 7-169 所示。

微课

（12）单击“默认”选项卡的“修改”面板中的“修剪”按钮✂，修剪矩形内的多余直线，结果如图 7-170 所示。

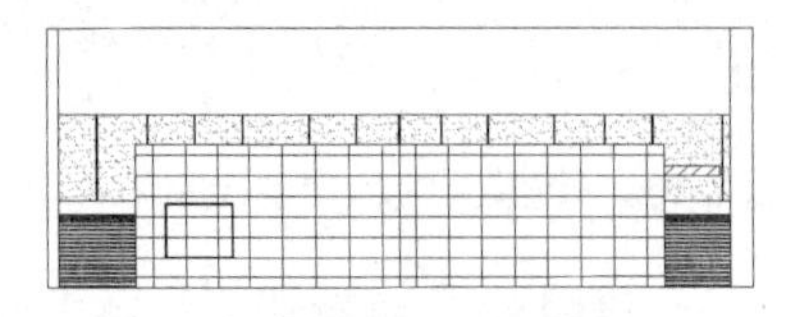
图 7-169　多段线的绘制结果

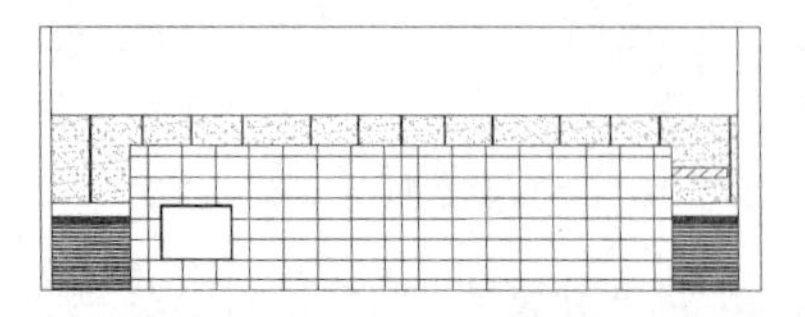
图 7-170　多余直线的修剪结果 1

（13）单击“默认”选项卡的“绘图”面板中的“矩形”按钮▭，绘制尺寸为 6929×450 的矩形；单击“默认”选项卡的“修改”面板中的“修剪”按钮✂，修剪矩形内的多余直线，结果如图 7-171 所示。

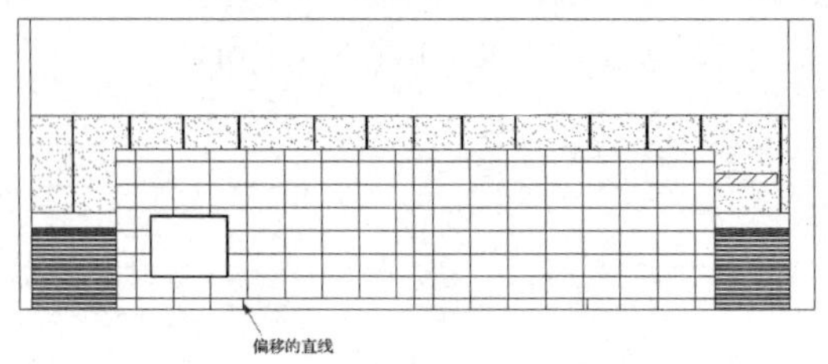

图 7-171　多余直线的修剪结果 2

（14）单击“默认”选项卡的“修改”面板中的“分解”按钮，分解矩形；单击“默认”选项卡的“修改”面板中的“偏移”按钮⊆，将矩形左边依次向右偏移 1000、2170，结果如图 7-172 所示。

（15）单击“默认”选项卡的“修改”面板中的“偏移”按钮⊆，将矩形上边向下偏移 150，偏移两次；单击“默认”选项卡的“修改”面板中的“修剪”按钮✂，修剪矩形，结果如图 7-173 所示。

（16）单击“默认”选项卡的“绘图”面板中的“图案填充”按钮，弹出“图案填充创建”选项卡，单击“图案填充图案”按钮，在弹出的下拉菜单中选择“JIS_LC_8A”命令，并设置图案填充角度为 45°、比例为 10，结果如图 7-174 所示。

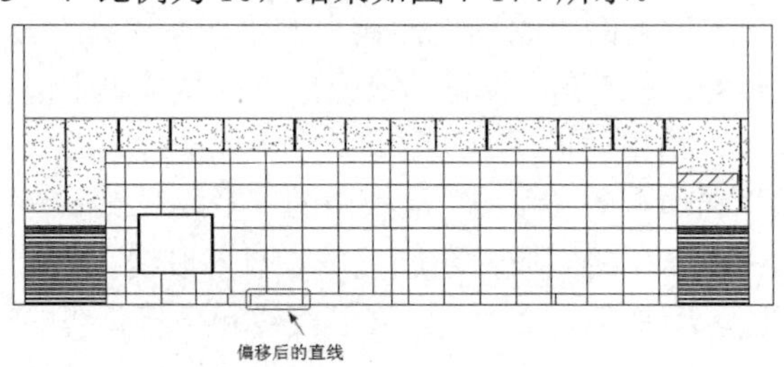

图 7-172　矩形左边的偏移结果

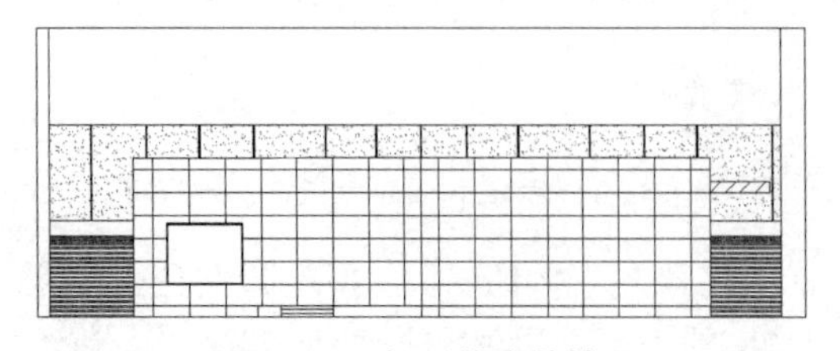
图 7-173　矩形的修剪结果

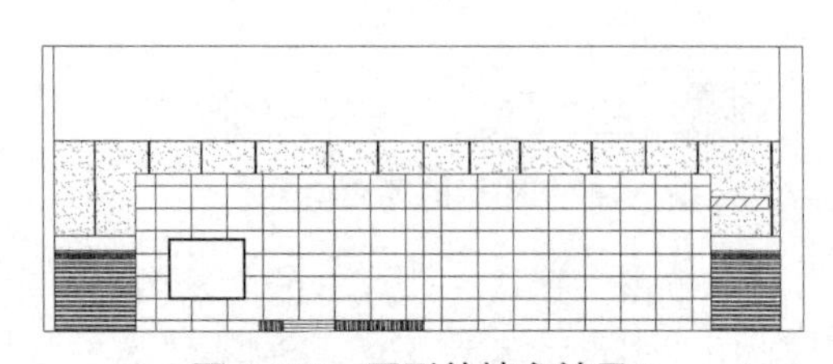
图 7-174　图形的填充结果 3

（17）单击“默认”选项卡的“绘图”面板中的“矩形”按钮▭，绘制尺寸为1350×4150的矩形，结果如图7-175所示。

（18）单击“默认”选项卡的“修改”面板中的“修剪”按钮✂，修剪矩形内的多余直线，结果如图7-176所示。

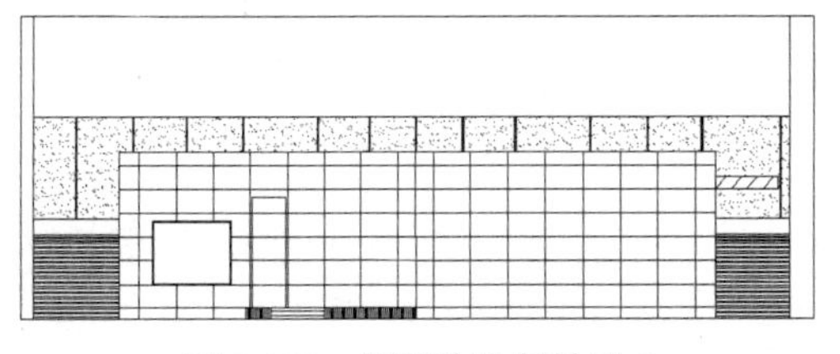

图7-175 矩形的绘制结果2

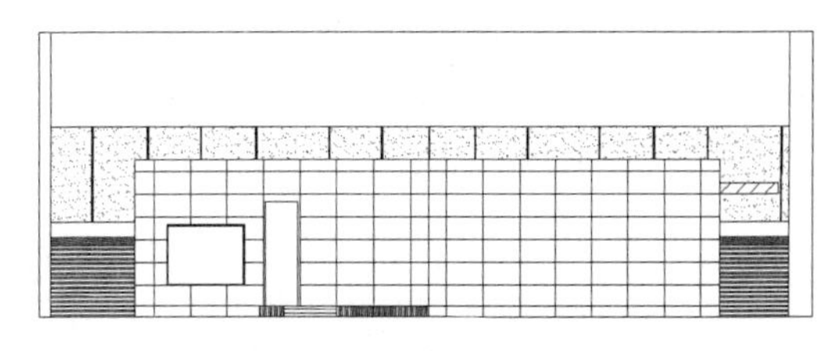

图7-176 多余直线的修剪结果3

（19）单击“默认”选项卡的“绘图”面板中的“直线”按钮╱，在上一步修剪多余直线的矩形内绘制连续的直线，结果如图7-177所示。

（20）单击“默认”选项卡的“绘图”面板中的“图案填充”按钮▦，弹出“图案填充创建”选项卡，单击“图案填充图案”按钮，在弹出的下拉菜单中选择“AR-SAND”命令，并设置图案填充角度为0°、比例为10，结果如图7-178所示。

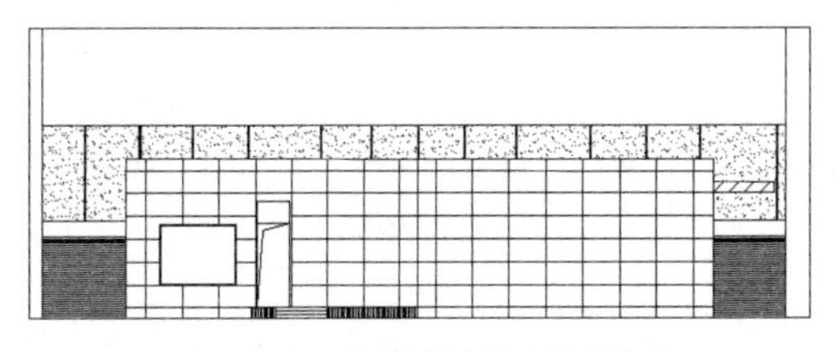

图7-177 连续直线的绘制结果

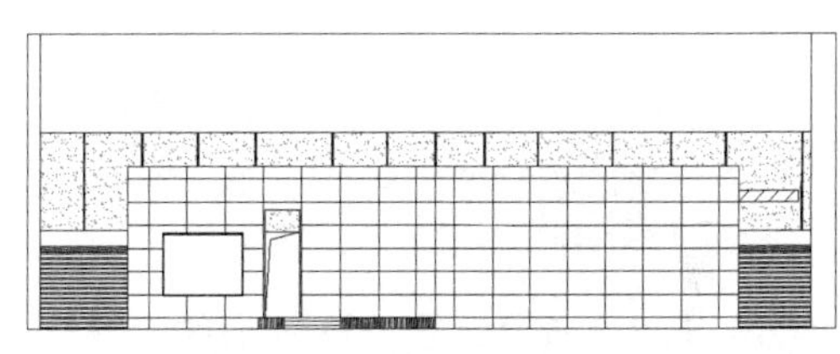

图7-178 图形的填充结果4

（21）单击“默认”选项卡的“修改”面板中的“镜像”按钮⚠，选择前面绘制的连续的直线，以竖直直线的上端点为镜像线的第一个点，以竖直直线的下端点为镜像线的第二个点进行镜像。

（22）分别单击“默认”选项卡的“修改”面板中的“修剪”按钮✂和“删除”按钮✐，对图形进行整理，结果如图7-179所示。

（23）单击“默认”选项卡的“修改”面板中的“偏移”按钮⊆，将顶部的水平直线依次向下偏移4100和827；单击“默认”选项卡的“修改”面板中的“修剪”按钮✂，修剪偏移的直线，结果如图7-180所示。

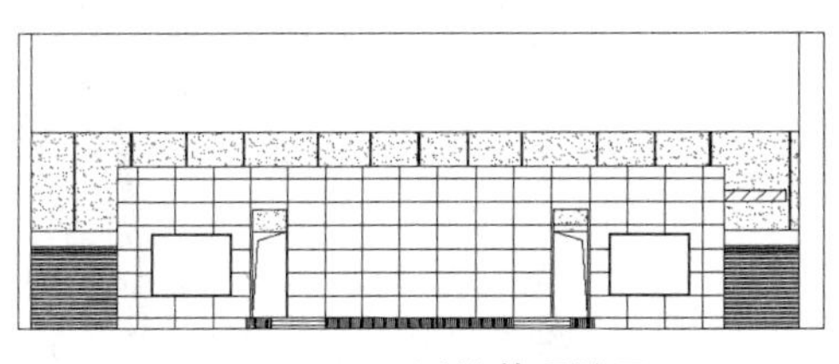

图7-179 图形的整理结果

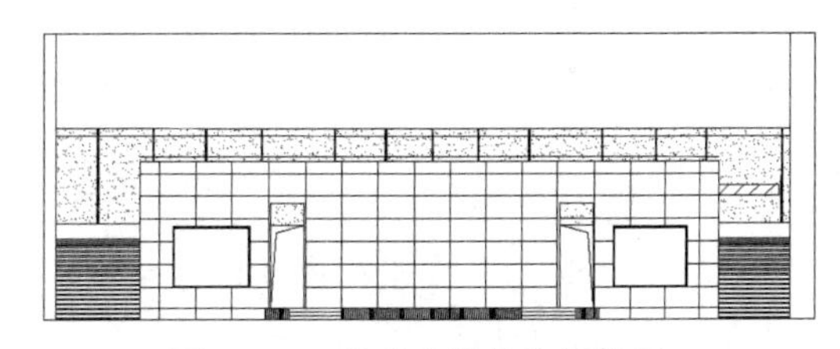

图7-180 偏移直线的修剪结果2

（24）单击“默认”选项卡的“绘图”面板中的“圆”按钮⊙，绘制半径分别为300、240、200、100、60的同心圆，结果如图7-181所示。

（25）单击“默认”选项卡的“修改”面板中的“复制”按钮⚇，复制上一步绘制的同心圆，结果如图 7-182 所示。

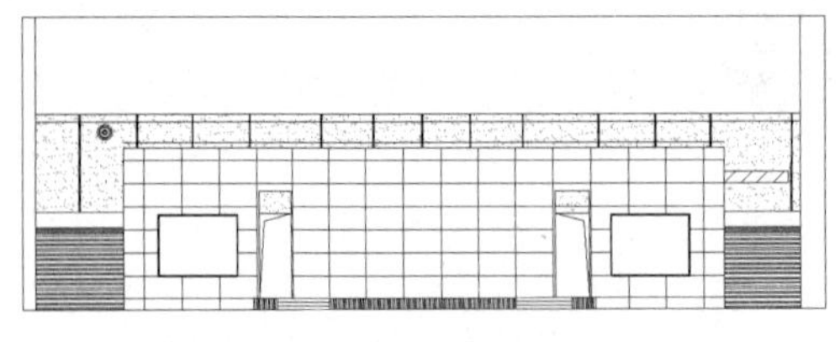

图 7-181　同心圆的绘制结果

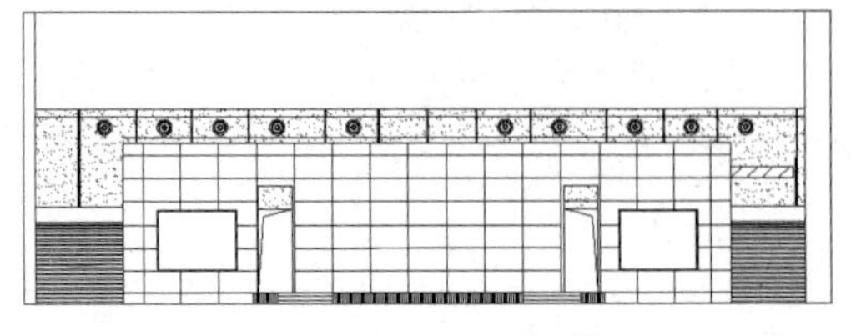

图 7-182　同心圆的复制结果

（26）单击“默认”选项卡的“绘图”面板中的“直线”按钮⁄，绘制连续的直线；单击“默认”选项卡的“修改”面板中的“修剪”按钮，修剪多余直线，结果如图 7-183 所示。

微课

（27）单击“默认”选项卡的“绘图”面板中的“图案填充”按钮，弹出“图案填充创建”选项卡，单击“图案填充图案”按钮，在弹出的下拉菜单中选择“ANSI32”命令，并设置图案填充角度为 135°、比例为 20，结果如图 7-184 所示。

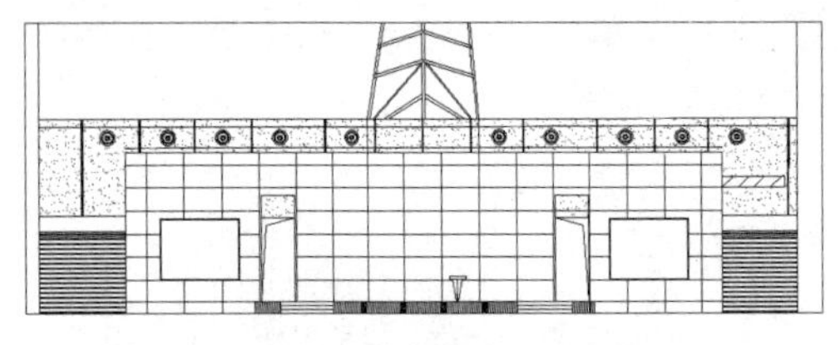

图 7-183　多余直线的修剪结果 4

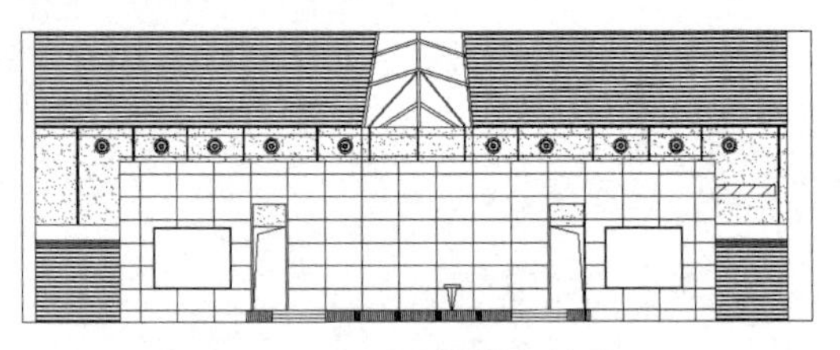

图 7-184　图形的填充结果 5

（28）分别单击“默认”选项卡的“绘图”面板中的“直线”按钮⁄和“修改”面板中的“修剪”按钮，绘制折弯线；单击“默认”选项卡的“修改”面板中的“删除”按钮，删除左、右两侧的竖直直线。折弯线的绘制结果如图 7-185 所示。

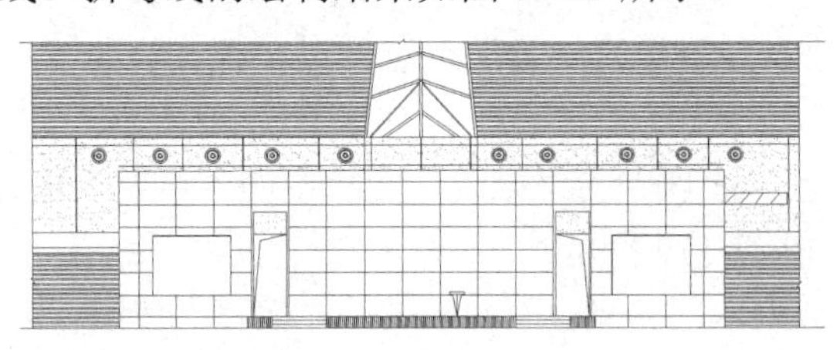

图 7-185　折弯线的绘制结果

## 2. 立面标注

（1）单击“默认”选项卡的“注释”面板中的“标注样式”按钮，弹出“标注样式管理器”对话框，单击“新建”按钮，弹出“创建新标注样式”对话框，在“新样式名”文本框中输入“立面标注”。

（2）单击“继续”按钮，编辑标注样式。在“线”选项卡的“超出尺寸线”文本框中输入“50”，在“起点偏移量”文本框中输入“50”；在“符号和箭头”选项卡的“箭头”选项组的“第一个”下拉列表和“第二个”下拉列表中均选择“建筑标记”选项，在“箭头大小”文本框中输入“50”；在“文字”选项卡的“文字外观”选项组的“文字高度”文本框中输入“200”。

（3）分别单击“注释”选项卡的“标注”面板中的“线性”按钮和“连续”按钮，

标注尺寸，结果如图 7-186 所示。

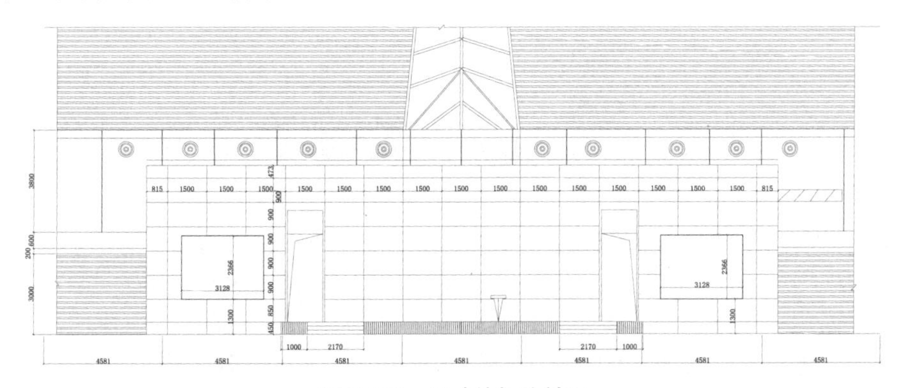


图 7-186　尺寸的标注结果

（4）单击“默认”选项卡的“块”面板中的“插入”按钮，在弹出的下拉菜单中选择“最近使用的块”命令，打开“块”选项板，插入标高符号。标高的标注结果如图 7-187 所示。

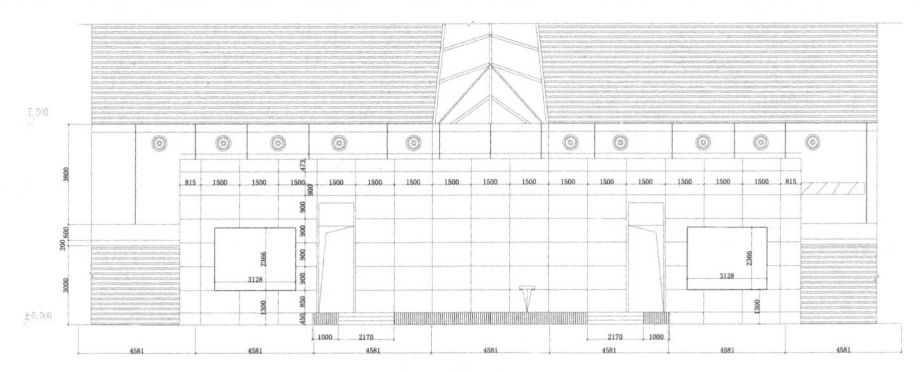


图 7-187　标高的标注结果

（5）使用前面任务介绍的标注轴号的方法标注轴号，结果如图 7-188 所示。

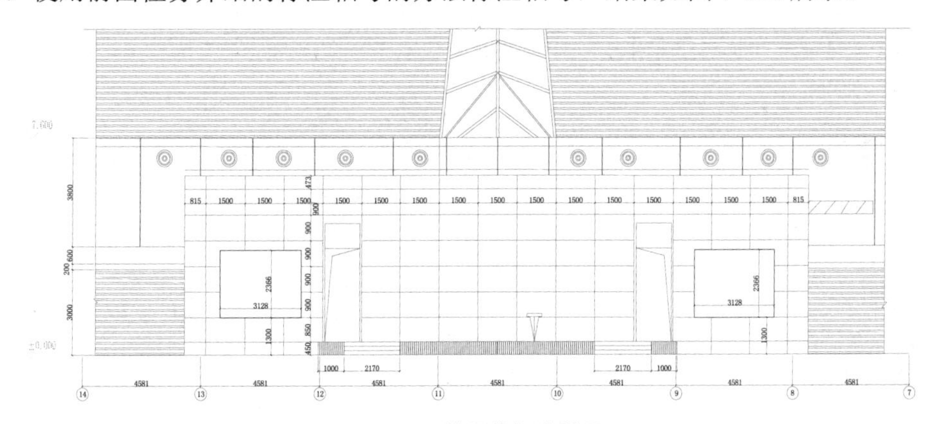


图 7-188　轴号的标注结果

（6）单击“默认”选项卡的“注释”面板中的“文字样式”按钮，弹出“文字样式”对话框，单击“新建”按钮，弹出“新建文字样式”对话框，在“样式名”文本框中输入“说明”，单击“确定”按钮，返回到“文字样式”对话框中，在“高度”文本框中输入“150”，并单击“置为当前”按钮。

（7）在命令行中输入“QLEADER”，按 Enter 键，标注文字。最终绘制结果如图 7-158 所示。

## 任务五　上机实验

**实验 1　绘制如图 7-189 所示的宾馆大堂室内平面图**

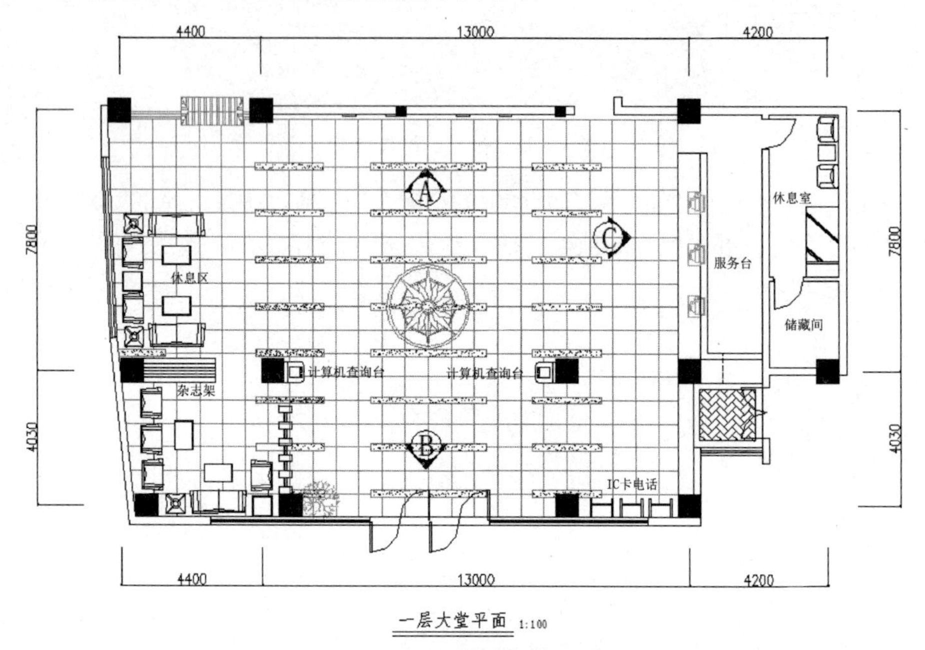


图 7-189　宾馆大堂室内平面图的绘制结果

◆ 目的要求

本实验主要要求学生通过练习来进一步熟悉和掌握室内平面图的绘制方法。通过本实验，学生将学会室内平面图的完整绘制过程。

◆ 操作提示

（1）绘图准备。

（2）绘制轴线。

（3）绘制柱子和墙线。

（4）绘制门窗、楼梯和台阶。

（5）插入布置图块。

（6）绘制铺地。

（7）平面标注。

**实验 2　绘制如图 7-190 所示的宾馆大堂室内顶棚平面图**

◆ 目的要求

本实验主要要求学生通过练习来进一步熟悉和掌握室内顶棚平面图的绘制方法。通过本实验，学生将学会室内顶棚平面图的完整绘制过程。

◆ 操作提示

（1）整理图形。

（2）绘制吊顶。

（3）绘制灯具。

（4）平面标注。

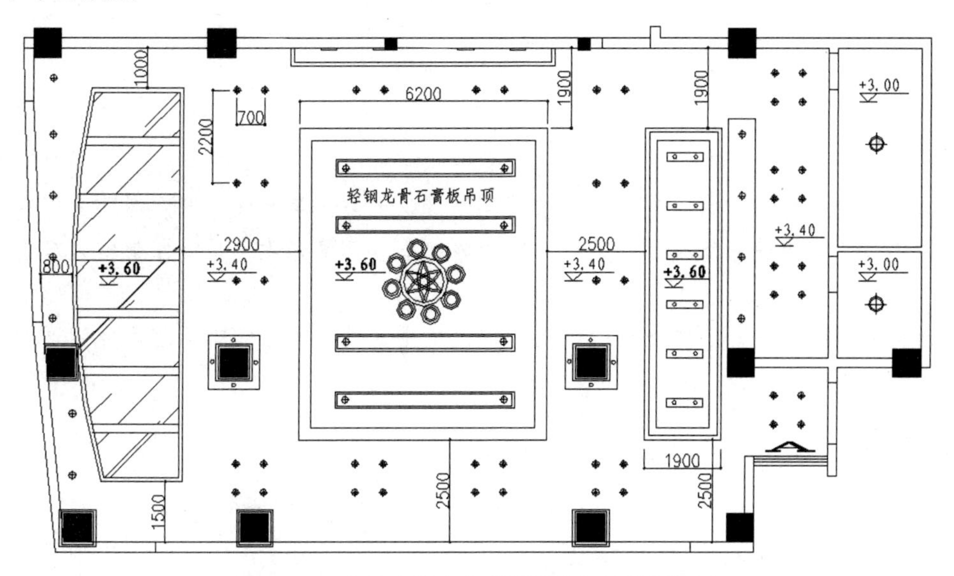


图 7-190 宾馆大堂室内顶棚平面图的绘制结果

# 项目八　绘制咖啡吧室内设计图

## 学习情境

咖啡吧是现代都市人休闲生活中的重要去处，是人们休息时间与朋友畅聊的优选场所。作为一种典型的都市商业建筑，咖啡吧一般设施健全，环境幽雅，是喧嚣都市内难得的安静场所。

本项目将以绘制某写字楼底层咖啡吧室内设计图为例，介绍咖啡吧这类休闲商业建筑室内设计的基本思路。

## 能力目标

- 掌握咖啡吧室内设计图的具体绘制方法。
- 灵活应用各种 AutoCAD 2024 命令。
- 熟练绘制具体的咖啡吧室内设计图，提高绘制室内设计图的效率。

## 素质目标

- 培养空间规划与布局能力：通过绘制咖啡吧室内设计图，提高空间规划与布局能力，能够有效地分配空间以满足功能需求和美观需求。
- 强化细节处理能力：注重对咖啡吧内部装饰细节的处理，如家具的选择、装饰元素的布置等，以提高整体设计的精细度，强化细节处理能力。

## 课时安排

8 课时（讲课 3 课时，练习 5 课时）。

## 任务一　绘制咖啡吧平面图

### 任务背景

随着社会的发展，人们的生活水平不断提高，对休闲场所的要求也逐渐提高。因为咖啡吧是人们繁忙工作中的一个缓解疲劳的场所，所以咖啡吧设计的首要目标是休闲，要求设施健全、环境幽雅。

本任务将绘制的咖啡吧的大厅开阔，能同时容纳多人，室内布置有花台、电视机，布局合理，前厅位置宽阔，人流畅通，避免了人流过多导致的相互交叉和干扰。咖啡吧平面图的绘制结果如图 8-1 所示。

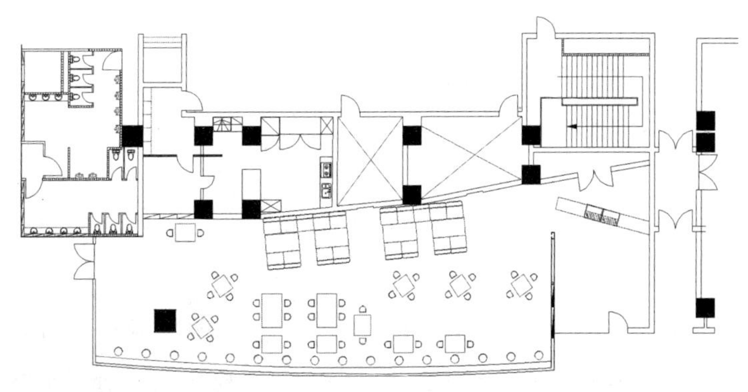

图 8-1 咖啡吧平面图的绘制结果

## 操作步骤

微课

### 1. 绘图准备

（1）单击快速访问工具栏中的“打开”按钮，在弹出的“选择文件”对话框中选择“源文件\项目八”选项，找到“咖啡吧建筑平面图.dwg”文件并将其打开。咖啡吧建筑平面图如图 8-2 所示。

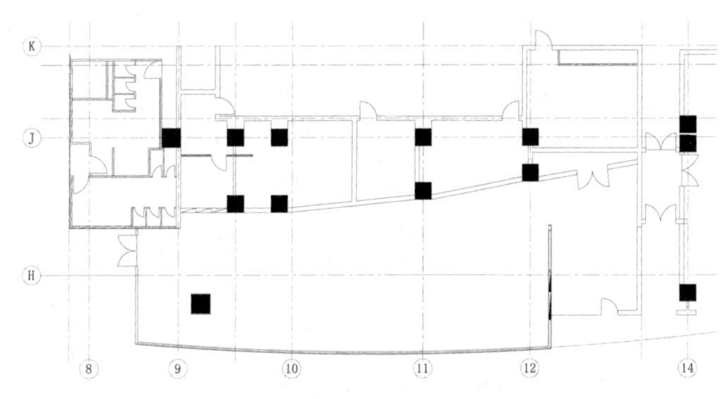


图 8-2 咖啡吧建筑平面图

选择菜单栏中的“文件”→“另存为”命令，打开“图形另存为”对话框，在“文件名”文本框中输入“咖啡吧平面图”，单击“保存”按钮。

（2）关闭“标注”图层和“文字”图层。

（3）单击“默认”选项卡的“图层”面板中的“图层特性”按钮，在弹出的“图层特性管理器”对话框中新建“装饰”图层，将其设置为当前图层。“装饰”图层的设置如图 8-3 所示。

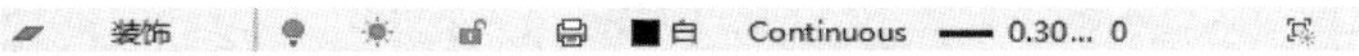

装饰 白 Continuous 0.30... 0

图 8-3 “装饰”图层的设置

### 2. 绘制桌椅

（1）单击“默认”选项卡的“绘图”面板中的“矩形”按钮，在空白处绘制尺寸为 200×100 的矩形，结果如图 8-4 所示。

（2）单击“默认”选项卡的“绘图”面板中的“圆弧”按钮，以矩形的左上角点为起点，以矩形的右上角点为终点，绘制圆弧，结果如图 8-5 所示。

（3）单击“默认”选项卡的“修改”面板中的“修剪”按钮，修剪图形，结果如图 8-6 所示。

（4）单击“默认”选项卡的“修改”面板中的“偏移”按钮，将上一步修剪的图形向外偏移 10，完成椅子的绘制，结果如图 8-7 所示。

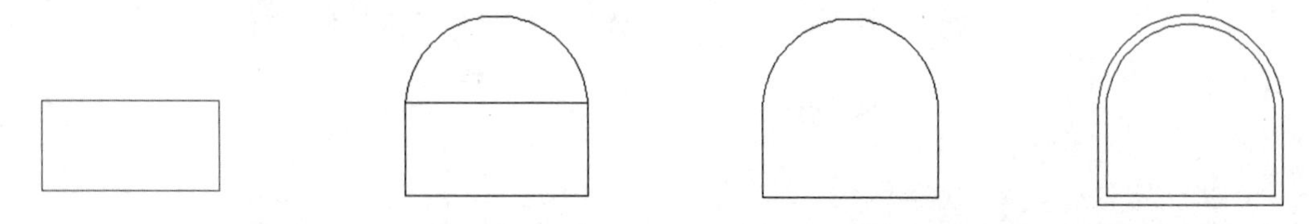

图 8-4　矩形的绘制结果 1　图 8-5　圆弧的绘制结果 1　图 8-6　图形的修剪结果 1　图 8-7　椅子的绘制结果

（5）单击“默认”选项卡的“块”面板中的“创建”按钮，弹出如图 8-8 所示的“块定义”对话框，在“名称”文本框中输入“餐椅 1”，单击“拾取点”按钮，选择餐椅 1 的坐垫下边中点作为基点，单击“选择对象”按钮，选择全部对象。

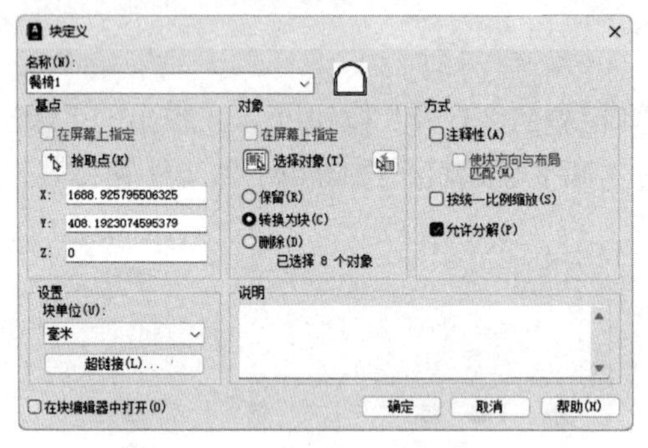


图 8-8　“块定义”对话框 1

（6）单击“默认”选项卡的“绘图”面板中的“矩形”按钮，绘制尺寸为 300×500 的矩形，结果如图 8-9 所示。

（7）单击“默认”选项卡的“块”面板中的“插入”按钮，在弹出的下拉菜单中选择“最近使用的块”命令，打开“块”选项板，如图 8-10 所示。

（8）在“最近使用的块”列表中选择“餐椅 1”图块，指定桌子上的任意一点作为插入点，设置旋转角度为 90°、比例为 0.5。“椅子”图块的插入结果如图 8-11 所示。

（9）插入全部“椅子”图块，结果如图 8-12 所示。

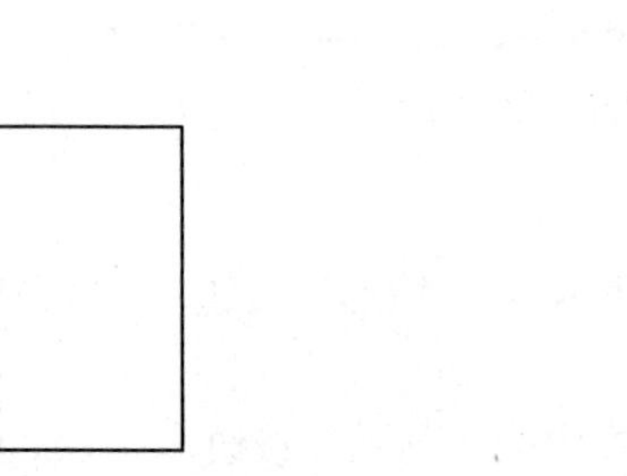

图 8-9　矩形的绘制结果 2

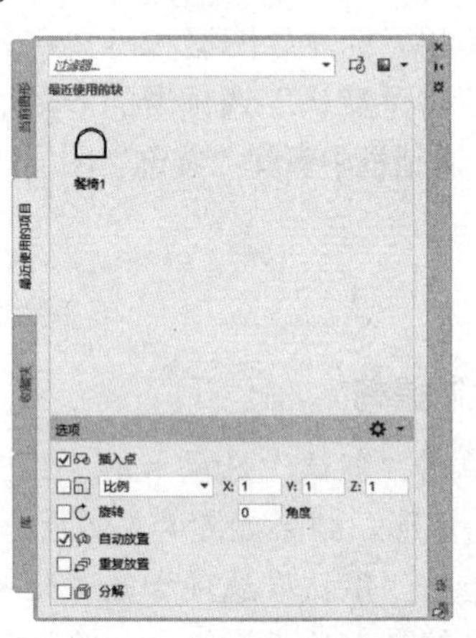


图 8-10　“块”选项板

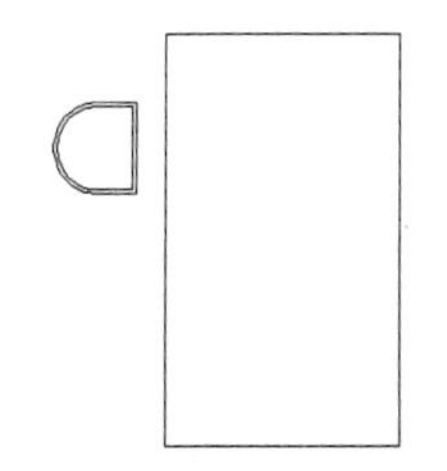

图 8-11　“椅子”图块的插入结果 1

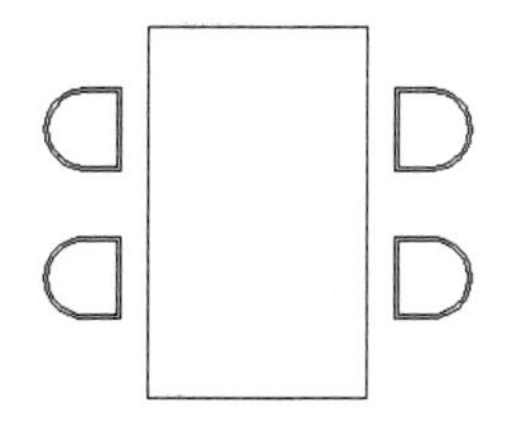

图 8-12　全部“椅子”图块的插入结果 1

**注意**

在插入图块时，可以对相关参数（插入点、比例及角度等）进行设置。

（10）使用上述方法绘制两人座桌椅，结果如图 8-13 所示。

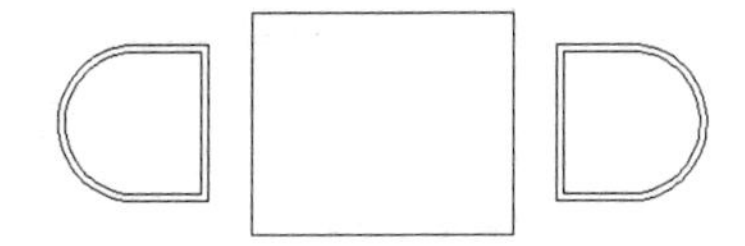

图 8-13　两人座桌椅的绘制结果

### 3. 绘制四人座桌椅

（1）单击“默认”选项卡的“绘图”面板中的“矩形”按钮 ，绘制边长为 500 的正方形，结果如图 8-14 所示。

（2）单击“默认”选项卡的“块”面板中的“插入”按钮，在弹出的下拉菜单中选择“最近使用的块”命令，打开“块”选项板，在“最近使用的块”列表中选择“餐椅 1”图块，指定桌子上边中点作为插入点，设置旋转角度为 45°。“椅子”图块的插入结果如图 8-15 所示。

（3）插入全部“椅子”图块，结果如图 8-16 所示。

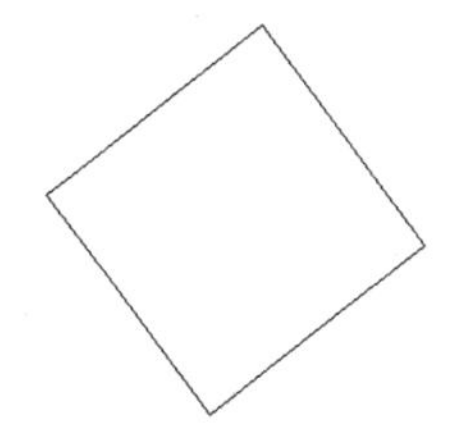

图 8-14　正方形的绘制结果 1

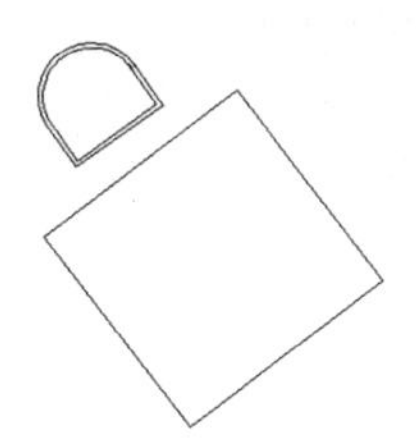

图 8-15　“椅子”图块的插入结果 2

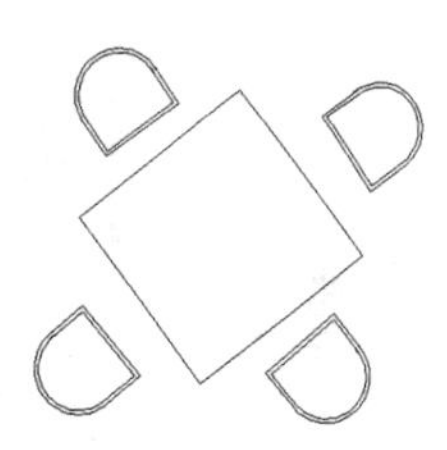

图 8-16　全部“椅子”图块的插入结果 2

### 4. 绘制卡座沙发

微课

（1）单击“默认”选项卡的“绘图”面板中的“矩形”按钮 ，绘制边长为 200 的正方形，结果如图 8-17 所示。

（2）单击“默认”选项卡的“修改”面板中的“分解”按钮 ，分解上一步绘制的正方形。

（3）单击“默认”选项卡的“修改”面板中的“偏移”按钮 ，将正方形上边向下偏移 50，结果如图 8-18 所示。

（4）单击“默认”选项卡的“修改”面板中的“偏移”按钮 ，将正方形上边和上一步偏移的直线分别向下偏移 5。

（5）单击“默认”选项卡的“修改”面板中的“圆角”按钮⌒，对正方形进行圆角处理，设置圆角半径为 15，结果如图 8-19 所示。

（6）单击“默认”选项卡的“修改”面板中的“复制”按钮，将上一步绘制的图形复制四个，完成卡座沙发的绘制，结果如图 8-20 所示。

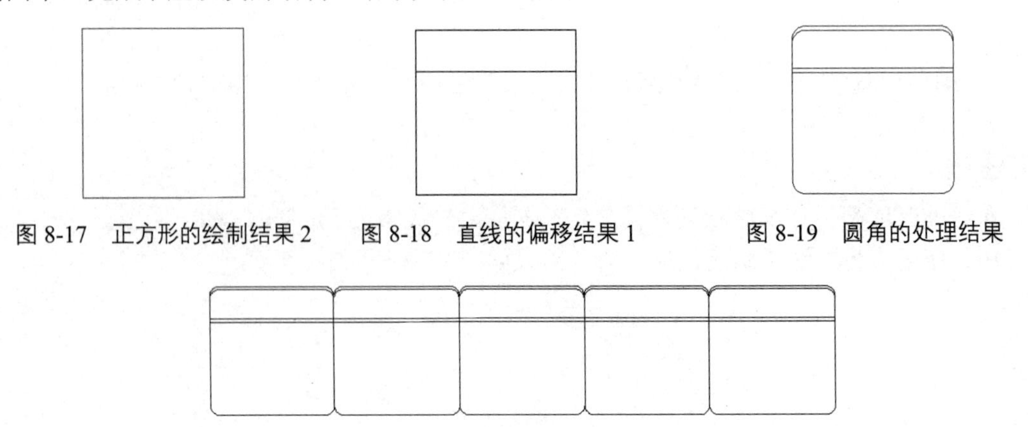

图 8-17　正方形的绘制结果 2　　图 8-18　直线的偏移结果 1　　图 8-19　圆角的处理结果

图 8-20　卡座沙发的绘制结果

（7）单击“默认”选项卡的“块”面板中的“创建”按钮，弹出如图 8-21 所示的“块定义”对话框，在“名称”文本框中输入“卡座沙发”，单击“拾取点”按钮，选择卡座沙发的坐垫下边中点作为基点，单击“选择对象”按钮，选择全部对象。

图 8-21　“块定义”对话框 2

### 5. 绘制双人沙发

（1）单击“默认”选项卡的“绘图”面板中的“矩形”按钮▭，绘制边长为 200 的正方形，结果如图 8-22 所示。

（2）单击“默认”选项卡的“修改”面板中的“分解”按钮，分解上一步绘制的正方形。

（3）单击“默认”选项卡的“修改”面板中的“偏移”按钮⊆，将正方形上边依次向下偏移 2、15、2，将正方形左边和下边均向外偏移 5，结果如图 8-23 所示。

（4）单击“默认”选项卡的“修改”面板中的“圆角”按钮⌒，对正方形进行倒圆角处理，设置圆角半径为 5，结果如图 8-24 所示。

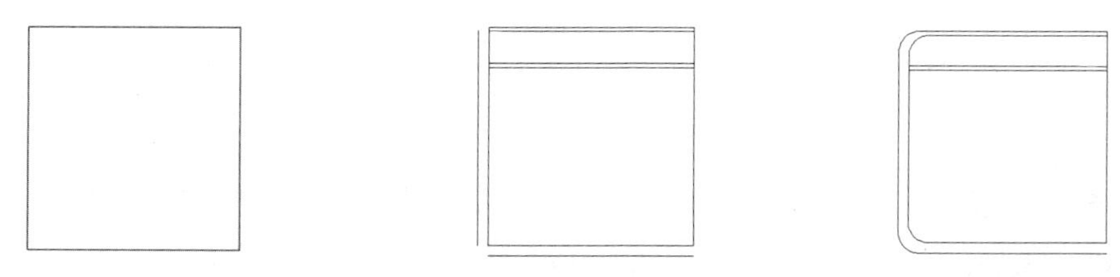

图 8-22 正方形的绘制结果 3　　图 8-23 直线的偏移结果 2　　图 8-24 倒圆角的处理结果

（5）单击“默认”选项卡的“修改”面板中的“镜像”按钮，将图形镜像，镜像线为矩形右边。双人沙发的绘制结果如图 8-25 所示。

（6）单击“默认”选项卡的“块”面板中的“创建”按钮，弹出如图 8-26 所示的“块定义”对话框，在“名称”文本框中输入“双人沙发”，单击“拾取点”按钮，选择双人沙发的坐垫下边中点作为基点，单击“选择对象”按钮，选择全部对象。

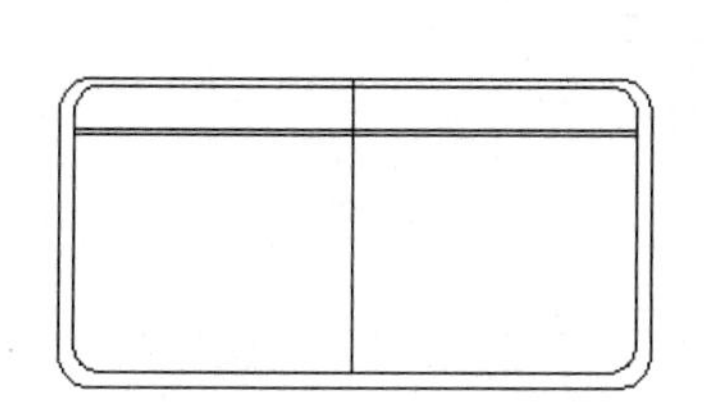

图 8-25 双人沙发的绘制结果

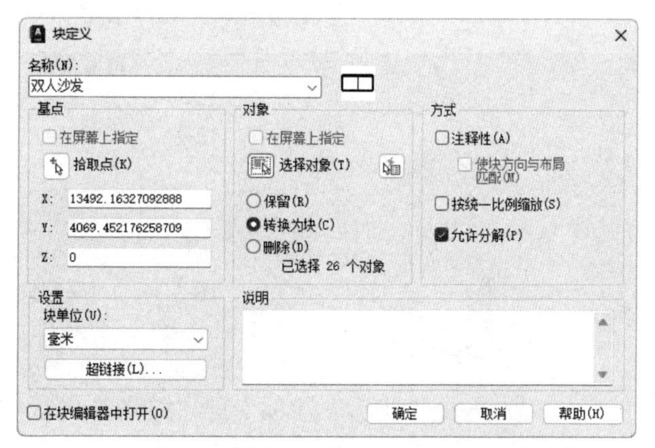


图 8-26 “块定义”对话框 3

## 6. 绘制吧台椅

（1）单击“默认”选项卡的“绘图”面板中的“圆”按钮，绘制直径为 140 的圆，结果如图 8-27 所示。

（2）单击“默认”选项卡的“修改”面板中的“偏移”按钮，将圆向外偏移 10，结果如图 8-28 所示。

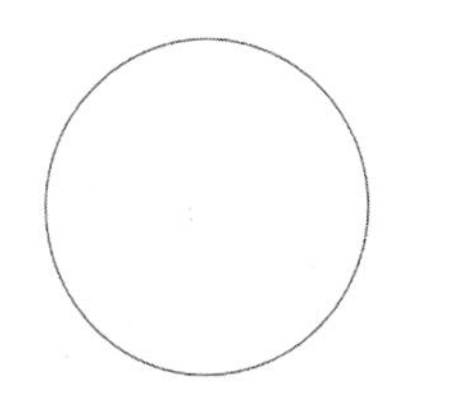

图 8-27 圆的绘制结果

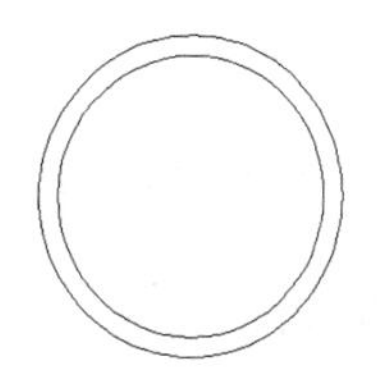

图 8-28 圆的偏移结果

（3）单击“默认”选项卡的“绘图”面板中的“直线”按钮，绘制内圆与外圆的连接线，结果如图 8-29 所示。

（4）单击“默认”选项卡的“修改”面板中的“修剪”按钮，修剪图形。至此，完成吧台椅的绘制，结果如图 8-30 所示。

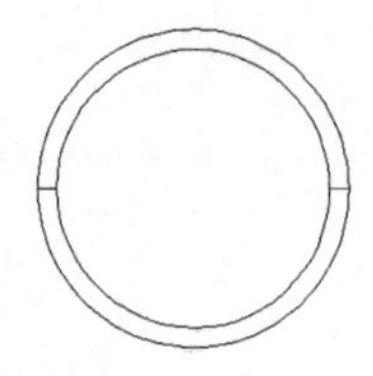

图 8-29　连接线的绘制结果

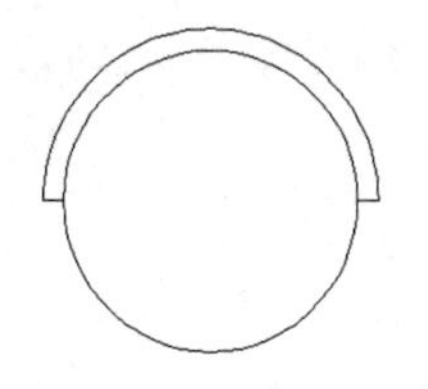

图 8-30　吧台椅的绘制结果

（5）单击“默认”选项卡的“块”面板中的“创建”按钮，弹出如图 8-31 所示的“块定义”对话框，在“名称”文本框中输入“吧台椅”，单击“拾取点”按钮，选择吧台椅的坐垫下边中点作为基点，单击“选择对象”按钮，选择全部对象。

图 8-31　“块定义”对话框 4

### 7. 绘制坐便器

（1）先单击“默认”选项卡的“绘图”面板中的“矩形”按钮，在空白处绘制尺寸为 350×110 的矩形，再单击“默认”选项卡的“修改”面板中的“偏移”按钮，将矩形向内偏移 20，结果如图 8-32 所示。

（2）单击“默认”选项卡的“绘图”面板中的“椭圆”按钮，绘制长轴直径为 350、短轴直径为 240 的椭圆，结果如图 8-33 所示。

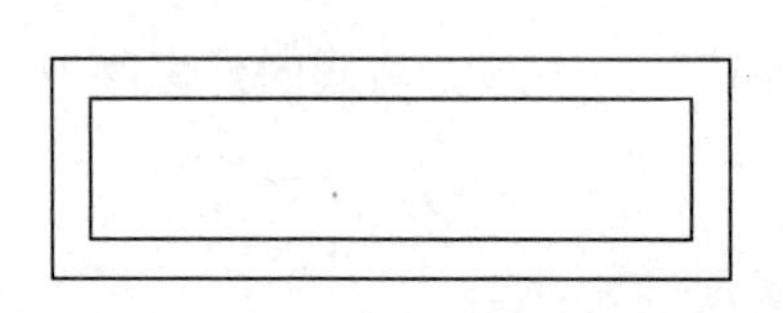

图 8-32　矩形的偏移结果 1

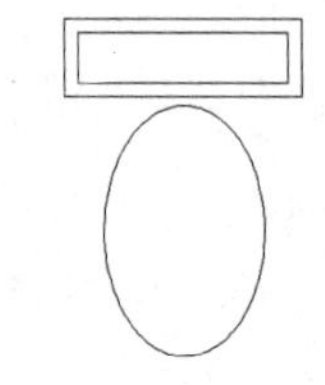

图 8-33　椭圆的绘制结果

（3）单击“默认”选项卡的“绘图”面板中的“圆弧”按钮，绘制两个圆弧，结果如图 8-34 所示。

（4）单击“默认”选项卡的“修改”面板中的“偏移”按钮，将椭圆向内偏移 10，结果如图 8-35 所示。

（5）单击“默认”选项卡的“绘图”面板中的“圆”按钮，绘制半径为 5 的圆。至此，完成坐便器的绘制，结果如图 8-36 所示。将已绘制的图形创建为图块，以便后续调用。

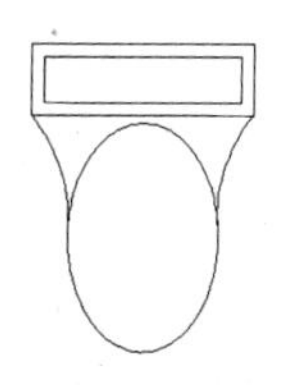

图 8-34　圆弧的绘制结果 2

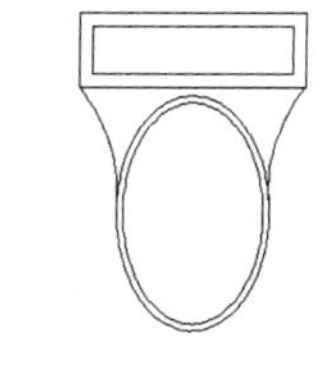

图 8-35　椭圆的偏移结果

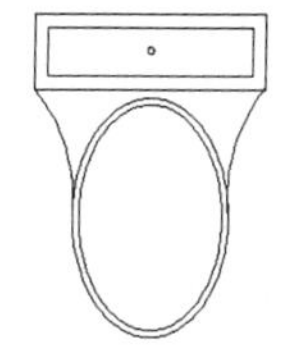

图 8-36　坐便器的绘制结果

## 8. 布置咖啡吧大厅

微课

（1）单击“默认”选项卡的“块”面板中的“插入”按钮，在弹出的下拉菜单中选择“最近使用的块”命令，打开“块”选项板，在“最近使用的块”列表中选择“餐椅 1”图块，在咖啡吧平面图的相应位置插入该图块并调整比例，使该图块与图形相匹配，结果如图 8-37 所示。

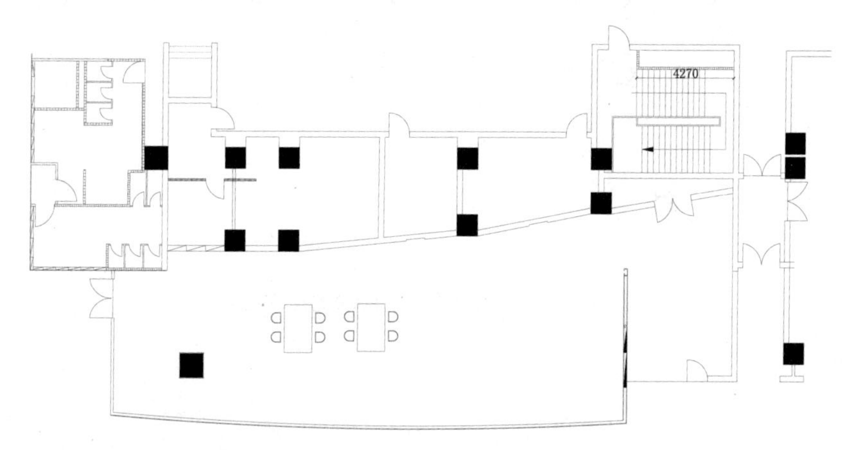


图 8-37　“餐椅 1”图块的插入结果

（2）单击“默认”选项卡的“块”面板中的“插入”按钮，在弹出的下拉菜单中选择“最近使用的块”命令，打开“块”选项板，在“最近使用的块”列表中选择“四人座桌椅”图块，在咖啡吧平面图的相应位置插入该图块并调整比例，使该图块与图形相匹配，结果如图 8-38 所示。

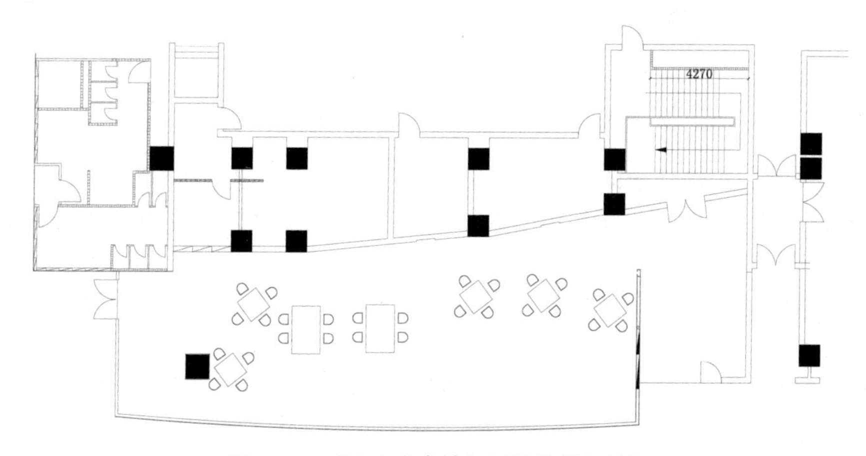


图 8-38　“四人座桌椅”图块的插入结果

（3）单击“默认”选项卡的“块”面板中的“插入”按钮，在弹出的下拉菜单中选择“最近使用的块”命令，打开“块”选项板，在“最近使用的块”列表中选择“两人座桌椅”图块，在咖啡吧平面图的相应位置插入该图块并调整比例，使该图块与图形相匹配，结果如图 8-39 所示。

（4）单击“默认”选项卡的“块”面板中的“插入”按钮，在弹出的下拉菜单中选择“最近使用的块”命令，打开“块”选项板，在“最近使用的块”列表中选择“卡座沙发”图块，在咖啡吧平面图的相应位置插入该图块并调整比例，使该图块与图形相匹配，结果如图 8-40 所示。

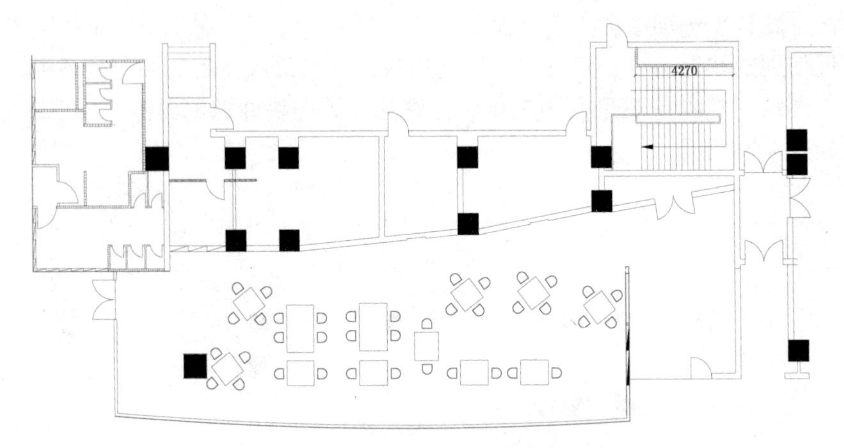


图 8-39　“两人座桌椅”图块的插入结果

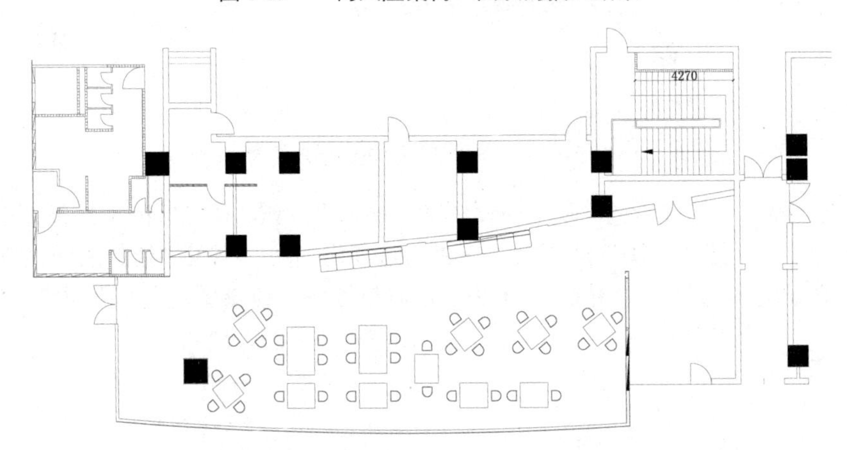


图 8-40　“卡座沙发”图块的插入结果

（5）单击“默认”选项卡的“块”面板中的“插入”按钮，在弹出的下拉菜单中选择“最近使用的块”命令，打开“块”选项板，在“最近使用的块”列表中选择“双人座沙发”图块。

（6）单击“默认”选项卡的“修改”面板中的“偏移”按钮⊆，将弧度墙体向内偏移 300，绘制出吧台桌。

（7）单击“默认”选项卡的“块”面板中的“插入”按钮，在弹出的下拉菜单中选择“最近使用的块”命令，打开“块”选项板，在“最近使用的块”列表中选择“吧台椅”图块，在咖啡吧平面图的相应位置插入该图块并调整比例，使该图块与图形相匹配。

（8）使用上述方法插入其他图块，完成咖啡吧大厅平面图的绘制，结果如图 8-41 所示。

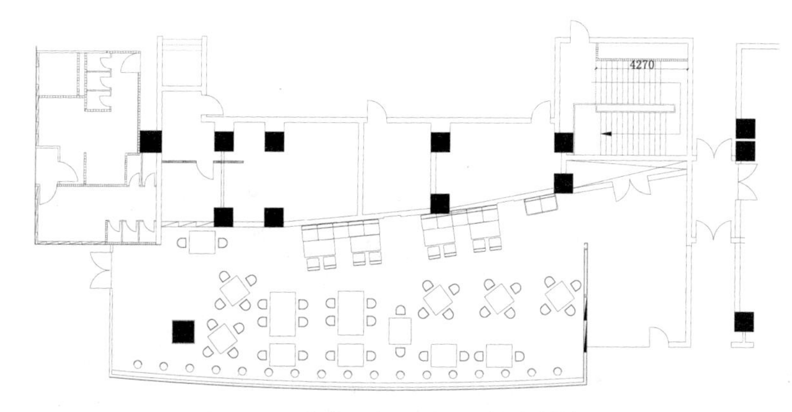


图 8-41 咖啡吧大厅平面图的绘制结果

微课

## 9. 布置咖啡吧前厅

咖啡吧前厅是咖啡吧的入口，也是人们对咖啡吧产生第一印象的地方。下面介绍如何布置咖啡吧前厅。

（1）单击“默认”选项卡的“绘图”面板中的“矩形”按钮，绘制尺寸为 4720×600 的矩形，结果如图 8-42 所示。

（2）单击“默认”选项卡的“绘图”面板中的“矩形”按钮，在刚刚绘制的矩形内绘制尺寸为 1600×600 的矩形，单击“默认”选项卡的“修改”面板中的“偏移”按钮，将绘制的尺寸为 1600×600 的矩形向外偏移 20，结果如图 8-43 所示。

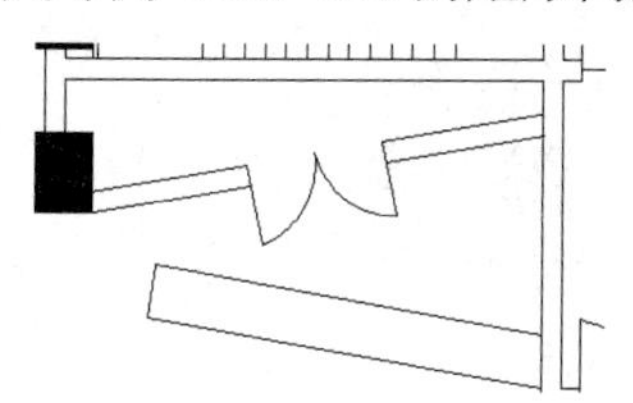

图 8-42 矩形的绘制结果 3

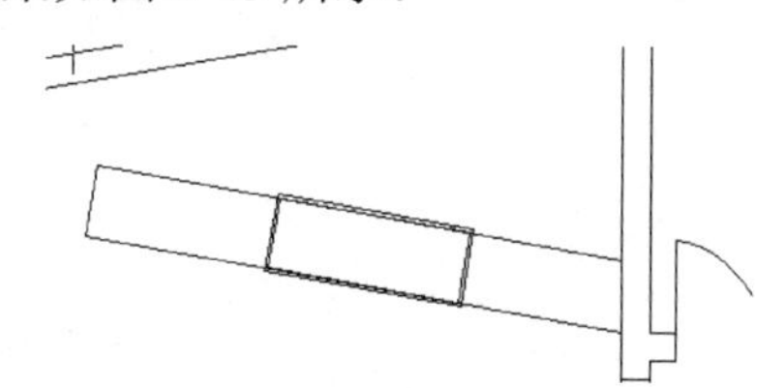

图 8-43 矩形的偏移结果 2

（3）单击“默认”选项卡的“绘图”面板中的“直线”按钮，拾取矩形上边中点作为起点，绘制竖直直线，以内部矩形左边中点为起点绘制水平直线。

（4）单击“默认”选项卡的“修改”面板中的“偏移”按钮，将竖直直线分别向两侧偏移 30。

（5）单击“默认”选项卡的“修改”面板中的“修剪”按钮，修剪图形，结果如图 8-44 所示。

（6）单击“默认”选项卡的“绘图”面板中的“直线”按钮，在矩形内绘制细化图形，结果如图 8-45 所示。

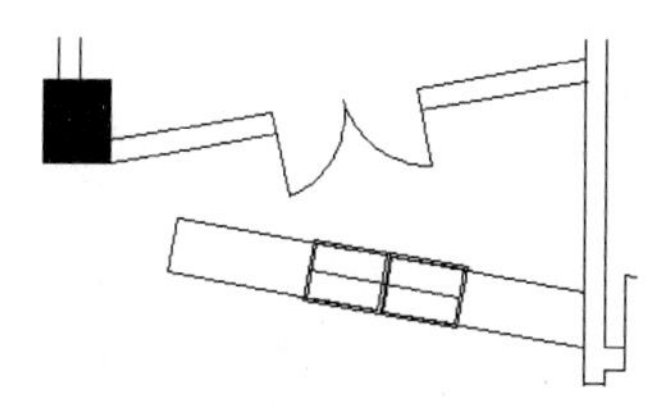

图 8-44 图形的修剪结果 2

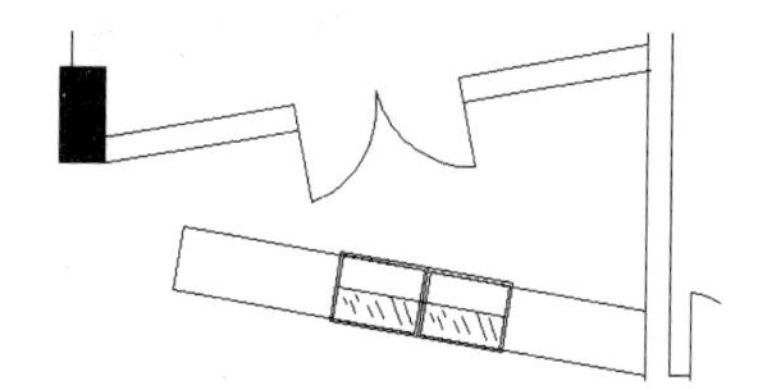

图 8-45 细化图形的绘制结果

（7）单击“默认”选项卡的“绘图”面板中的“直线”按钮，绘制两条交叉的直线，结果如图 8-46 所示。

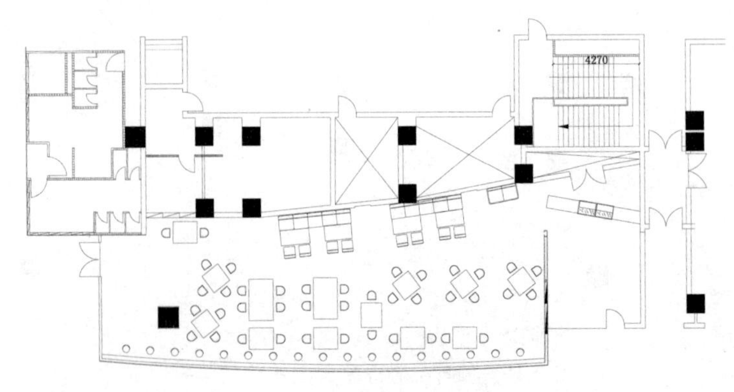


图 8-46　交叉的直线的绘制结果

## 10. 布置咖啡吧更衣室

单击“默认”选项卡的“绘图”面板中的“直线”按钮╱，绘制更衣室。更衣柜的绘制方法比较简单，其要使用的命令前面已经介绍过，此处不再赘述。咖啡吧更衣室的绘制结果如图 8-47 所示。

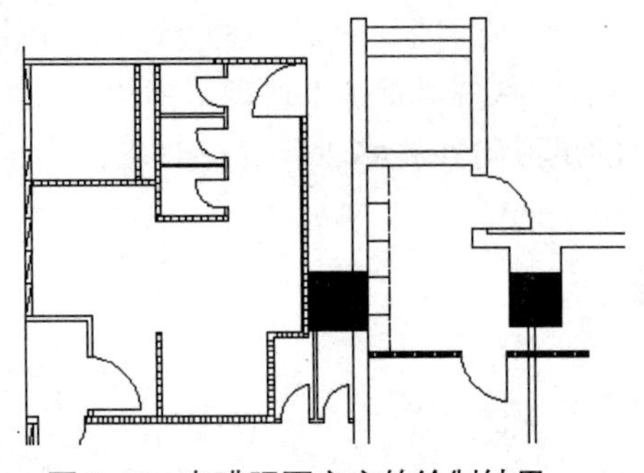

图 8-47　咖啡吧更衣室的绘制结果

微课

## 11. 布置咖啡吧卫生间

（1）单击“默认”选项卡的“块”面板中的“插入”按钮，在弹出的下拉菜单中选择“最近使用的块”命令，打开“块”选项板，在“最近使用的块”列表中选择“坐便器”图块，在咖啡吧平面图的相应位置插入该图块并调整比例，使该图块与图形相匹配，结果如图 8-48 所示。

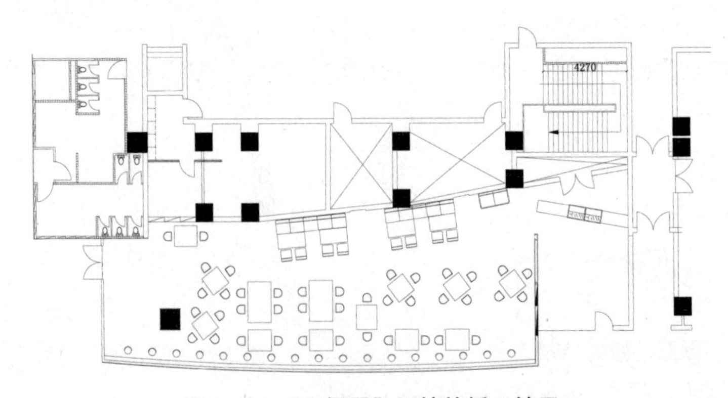


图 8-48　“坐便器”图块的插入结果

（2）单击“默认”选项卡的“绘图”面板中的“直线”按钮，在距墙体 300 处绘制直线，作为洗手台的边，结果如图 8-49 所示。

（3）单击“默认”选项卡的“块”面板中的“插入”按钮，在弹出的下拉菜单中选择“最近使用的块”命令，打开“块”选项板，单击顶部的按钮，选择“源文件\图库\洗手盆”选项，在咖啡吧平面图的相应位置插入“洗手盆”图块并调整比例，使该图块与图形相匹配，结果如图 8-50 所示。

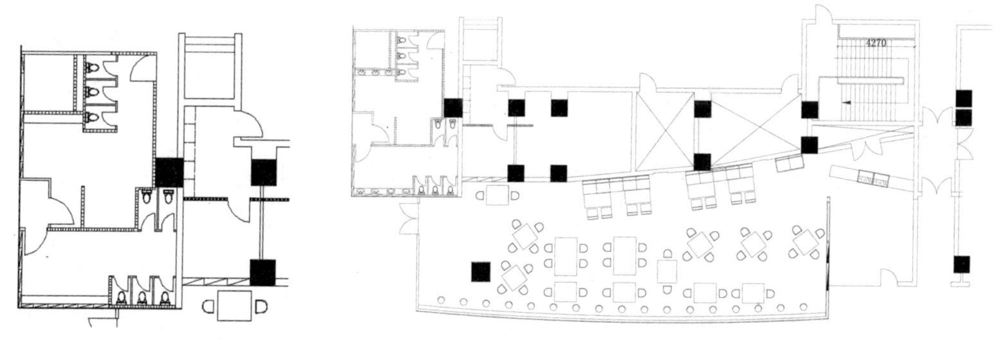


图 8-49 洗手台的边的绘制结果

图 8-50 “洗手盆”图块的插入结果

（4）单击“默认”选项卡的“块”面板中的“插入”按钮，在弹出的下拉菜单中选择“最近使用的块”命令，打开“块”选项板，单击顶部的按钮，选择“源文件\图库\小便器”选项，在咖啡吧平面图的相应位置插入“小便器”图块并调整比例，使该图块与图形相匹配，结果如图 8-51 所示。

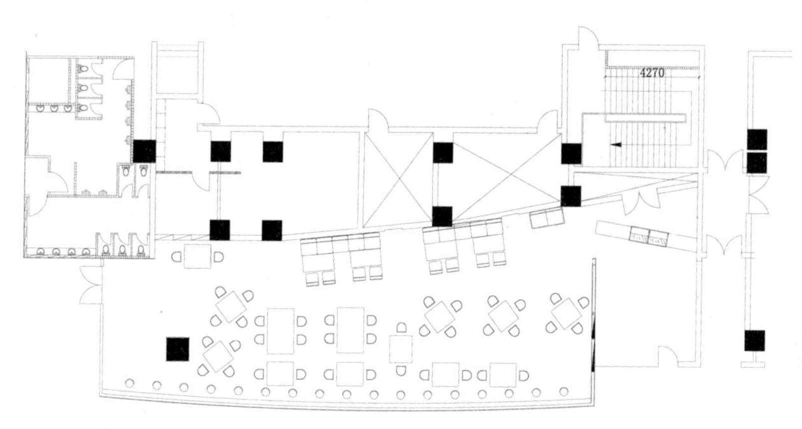


图 8-51 “小便器”图块的插入结果

**注意**

在咖啡吧平面图中需要使用前面介绍过的方法为厨房开通一扇门。

### 12. 布置厨房

单击“默认”选项卡的“块”面板中的“插入”按钮，在弹出的下拉菜单中选择“最近使用的块”命令，打开“块”选项板，在“最近使用的块”列表中选择需要的图块，在咖啡吧平面图的相应位置插入选择的图块并调整比例，使选择的图块与图形相匹配。至此，完成咖啡吧平面图的绘制，结果如图 8-1 所示。

# 任务二　绘制咖啡吧顶棚平面图

## 任务背景

顶棚平面图是为布置灯具准备的。现代室内装饰的不断发展，使得顶棚平面图成为室内设计中必不可少的工程图之一。本任务将通过介绍如何绘制咖啡吧顶棚平面图帮助学生掌握此类室内工程图的基本绘制方法和思路。

在绘制咖啡吧顶棚平面图时会制作一个错层吊顶，中间以开间区域自然分开。其中，咖啡吧大厅为方通管顶棚，需要在厨房顶棚沿线布置装饰吊灯，在中间区域布置射灯，但灯具布置不要过密，以形成一种相对柔和的光线氛围。厨房顶棚为烤漆扣板，由于厨房为工作场所，因此应保证灯具足够亮，而在灯具的布置上可以根据需要随意调整。门厅顶棚使用的是相对明亮的白色乳胶漆饰面的纸面石膏板，这样可以使空间高度相对充裕，配以软管射灯和格栅射灯，从而使整个门厅显得清新、明亮。咖啡吧顶棚平面图的绘制结果如图 8-52 所示。

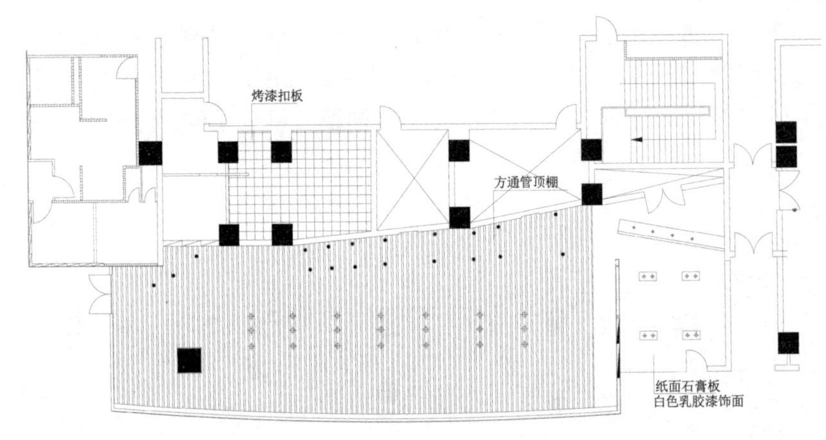


图 8-52　咖啡吧顶棚平面图的绘制结果

## 操作步骤

微课

### 1. 绘图准备

（1）单击快速访问工具栏中的“打开”按钮，在弹出的“选择文件”对话框中选择“源文件/项目八”选项，找到“咖啡吧建筑平面图.dwg”文件并将其打开。

选择菜单栏中的“文件”→“另存为”命令，打开“图形另存为”对话框，在“文件名”文本框中输入“咖啡吧顶棚平面图”，单击“保存”按钮。

（2）关闭“台阶”图层、“轴线”图层、“文字”图层、“标注”图层，删除卫生间隔断和洗手台。

（3）单击“默认”选项卡的“绘图”面板中的“直线”按钮，绘制直线，结果如图 8-53 所示。

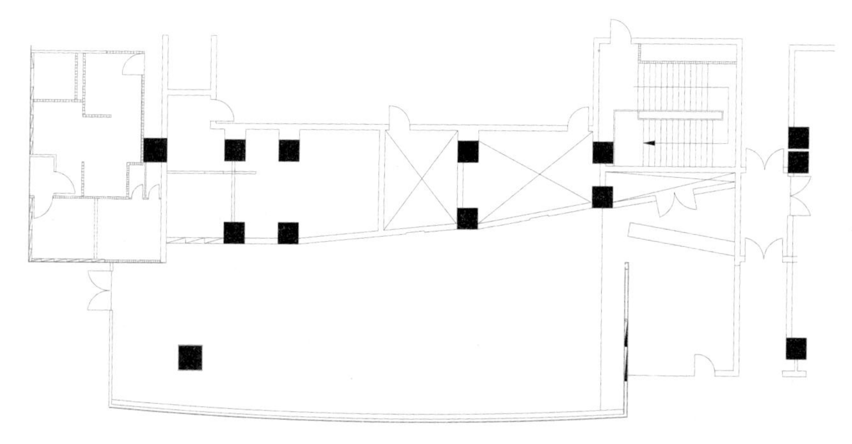

图 8-53 直线的绘制结果

## 2. 绘制吊顶

（1）单击“默认”选项卡的“绘图”面板中的“图案填充”按钮▨，弹出“图案填充创建”选项卡，根据需要进行相关的图案填充设置，如图 8-54 所示。

（2）选择咖啡吧大厅吊顶作为填充区域，如图 8-55 所示。

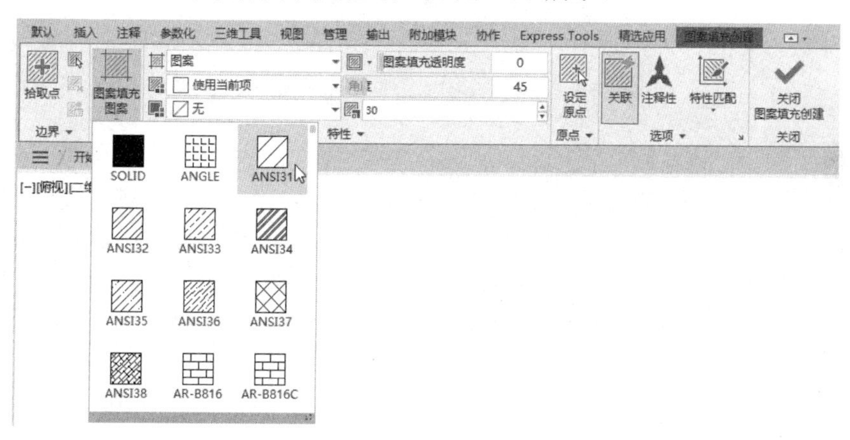


图 8-54 图案填充设置 1

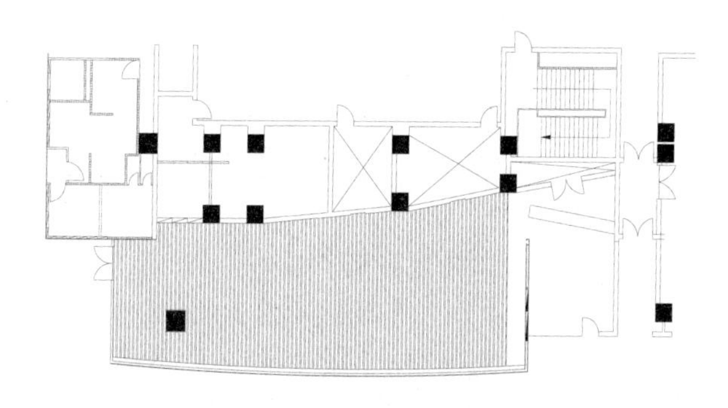

图 8-55 选择咖啡吧大厅吊顶作为填充区域

（3）单击“默认”选项卡的“绘图”面板中的“图案填充”按钮▨，弹出“图案填充创建”选项卡，根据需要进行相关的图案填充设置，如图 8-56 所示。

（4）选择咖啡吧厨房吊顶作为填充区域，如图 8-57 所示。

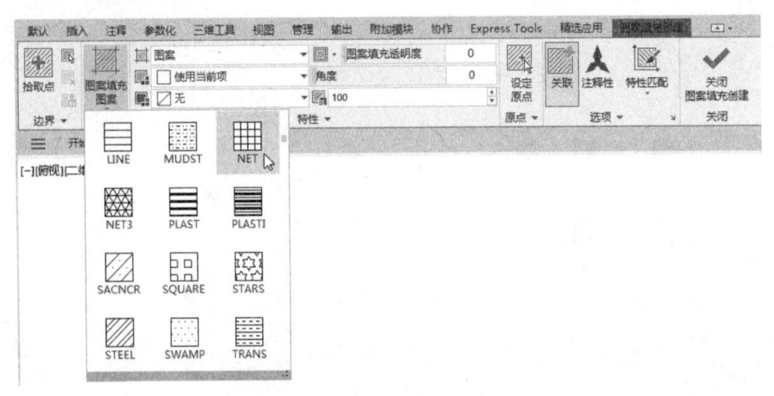

图 8-56　图案填充设置 2

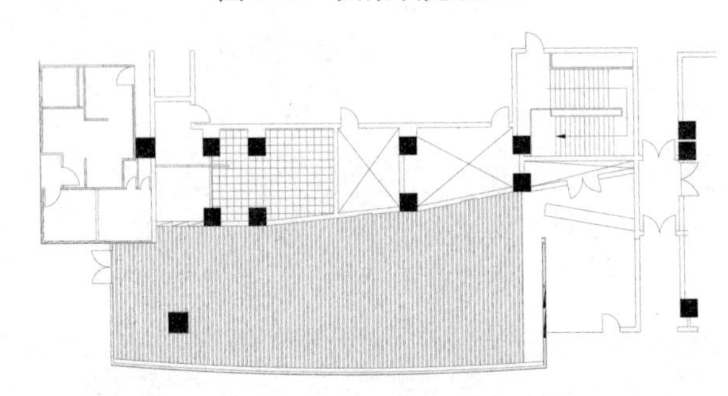

图 8-57　选择咖啡吧厨房吊顶作为填充区域

### 3. 布置灯具

灯具可只用作照明，也可兼作装饰。在装饰时，浅色（白色、米色等）的背景能反射最多可达 90%的光线；而深色（深蓝色、深绿色、咖啡色等）的背景能反射 5%～10%的光线。

在进行一般的室内设计时，对于彩色色调，建议采用明朗的颜色，这样照明效果较佳，但也不是凡深色都不好，有时为了实际需要，强调浅色与背景的对比，另外打投光灯在咖啡器皿上，更能使咖啡品牌突出或富有立体感。

因此，咖啡吧灯光的总亮度要低于周围的亮度，以显示咖啡吧的特性，使咖啡吧的环境给人优雅感，这样，才能使人循灯光进入温馨的咖啡吧。如果光线过于暗淡，那么会使咖啡吧显得沉闷，不利于人品尝咖啡。

此外，光线用来吸引人对咖啡的注意力。因此，置于较暗的吧台上的咖啡可能给人一种古老而神秘的吸引力。

咖啡以褐色为主，若使用较柔和的日光灯照射，则整个咖啡吧的气氛能够给人一种舒适感。

下面具体介绍如何布置灯具。

（1）单击“默认”选项卡的“块”面板中的“插入”按钮，在弹出的下拉菜单中选择“最近使用的块”命令，打开“块”选项板，单击顶部的按钮，选择“源文件/图库/软管射灯”选项，在咖啡吧顶棚平面图的相应位置插入“软管射灯”图块并调整比例，使该图块与图形相匹配，结果如图 8-58 所示。

微课

（2）单击“默认”选项卡的“块”面板中的“插入”按钮，在弹出的下拉菜单中选择“最近使用的块”命令，打开“块”选项板，单击顶部的按钮，选择“源文件/图库/嵌入式格栅射灯”选项，在咖啡吧顶棚平面图的相应位置插入“嵌入式格栅射灯”图块并调整比例，使该图块与图形相匹配，结果如图 8-59 所示。

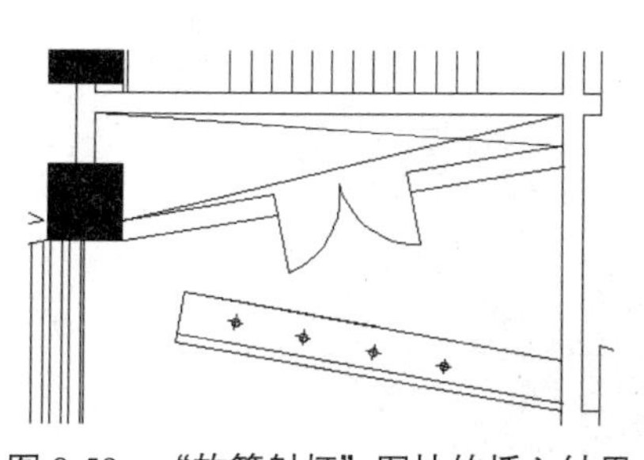

图 8-58 “软管射灯”图块的插入结果

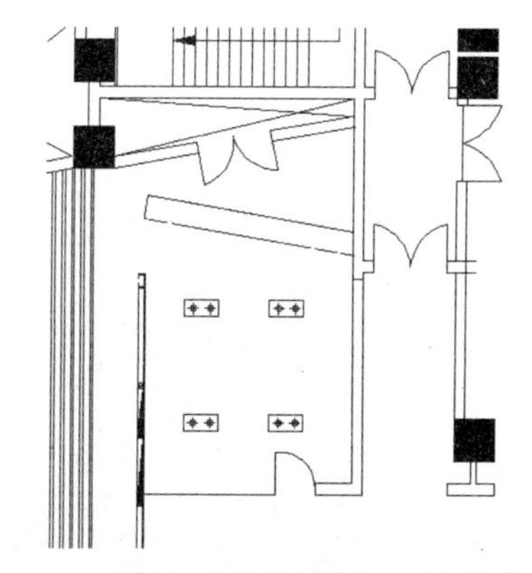

图 8-59 “嵌入式格栅射灯”图块的插入结果

（3）单击“默认”选项卡的“块”面板中的“插入”按钮，在弹出的下拉菜单中选择“最近使用的块”命令，打开“块”选项板，单击顶部的按钮，选择“源文件/图库/装饰吊灯”选项，在咖啡吧顶棚平面图的相应位置插入“装饰吊灯”图块并调整比例，使该图块与图形相匹配，结果如图 8-60 所示。

（4）单击“默认”选项卡的“块”面板中的“插入”按钮，在弹出的下拉菜单中选择“最近使用的块”命令，打开“块”选项板，单击顶部的按钮，选择“源文件/图库/射灯”选项，在咖啡吧顶棚平面图的相应位置插入“射灯”图块并调整比例，使该图块与图形相匹配，结果如图 8-61 所示。

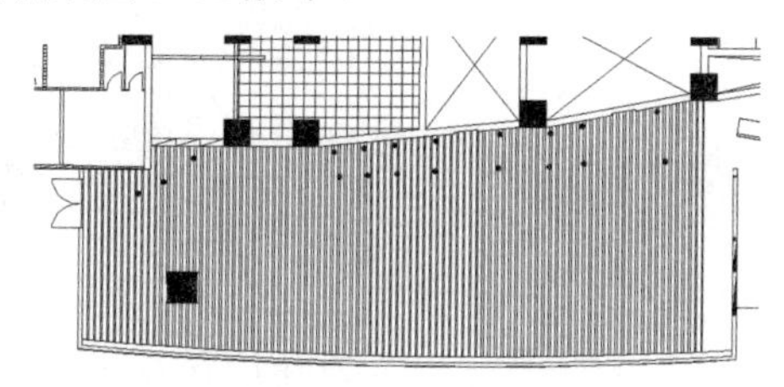

图 8-60 “装饰吊灯”图块的插入结果

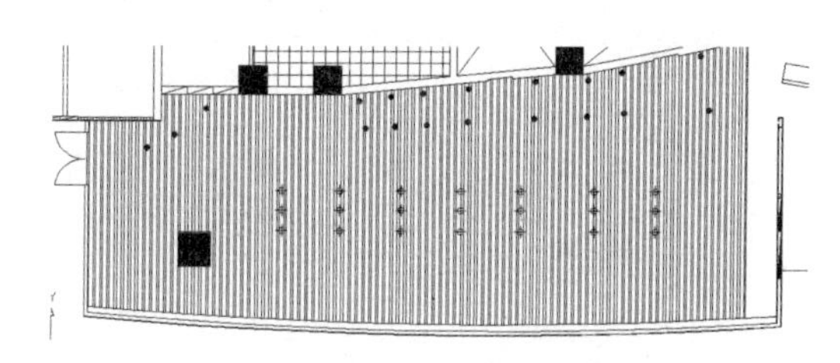

图 8-61 “射灯”图块的插入结果

（5）在命令行中输入“QLEADER”，按 Enter 键，为咖啡吧顶棚平面图标注文字，结果如图 8-52 所示。

# 任务三 绘制咖啡吧地坪平面图

## 任务背景

咖啡吧是一种典型的休闲建筑，其室内地坪的设计相对考究，要从中折射出一种安逸舒适的气氛。

本任务将采用深灰色地新岩和条形木地板交错排列（平面造型可以相对新奇），中间间隔下置 LED 灯的喷砂玻璃，通过地坪灯光的投射，与顶棚灯光交相辉映，使整个大厅显得朦胧，如梦如幻，同时使深灰色地新岩和条形木地板界限分明，进而使几何图案的美感得到进一步的强化。此外，门厅采用深灰色地新岩，厨房采用防滑地砖配以不锈钢格栅地沟。咖啡吧地坪平面图的绘制结果如图 8-62 所示。

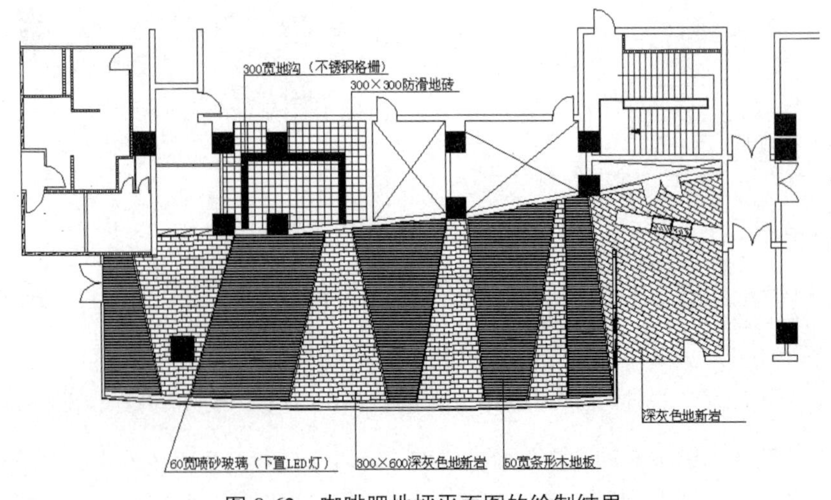


图 8-62　咖啡吧地坪平面图的绘制结果

微课

## 操作步骤

（1）先单击“默认”选项卡的“绘图”面板中的“直线”按钮，绘制直线，再单击“默认”选项卡的“修改”面板中的“偏移”按钮，将已绘制的直线向外偏移 60。喷砂玻璃的绘制结果如图 8-63 所示。

（2）使用上述方法完成全部喷砂玻璃的绘制，结果如图 8-64 所示。

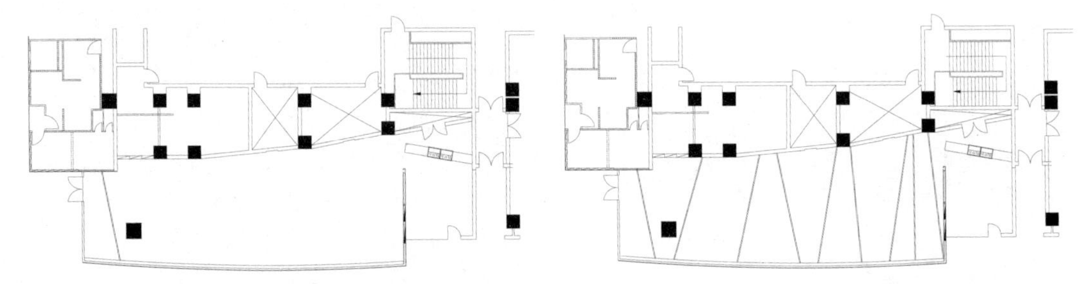

图 8-63　喷砂玻璃的绘制结果　　　　图 8-64　全部喷砂玻璃的绘制结果

（3）单击“默认”选项卡的“绘图”面板中的“图案填充”按钮，弹出“图案填充创建”选项卡，单击“图案填充图案”按钮，在弹出的下拉菜单中选择“ANSI31”命令，设置图案填充角度为-45°、比例为 20，为图形填充条形木地板，结果如图 8-65 所示。

（4）单击“默认”选项卡“绘图”面板中的“图案填充”按钮，弹出“图案填充创建”选项卡，单击“图案填充图案”按钮，在弹出的下拉菜单中选择“AR-B816”命令，设置图案填充角度为 1°、比例为 1。地新岩的填充结果如图 8-66 所示。

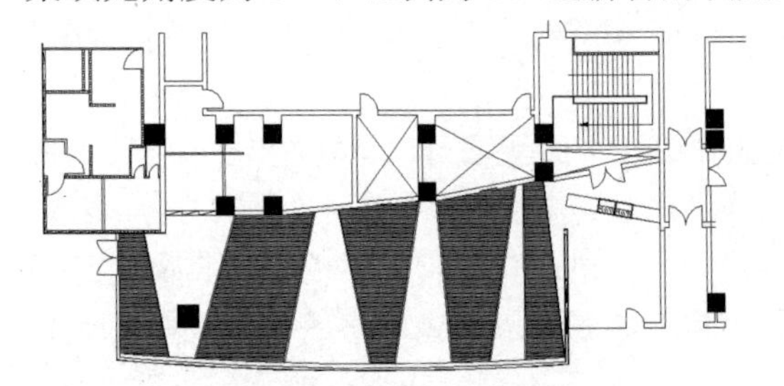

图 8-65　条形木地板的填充结果

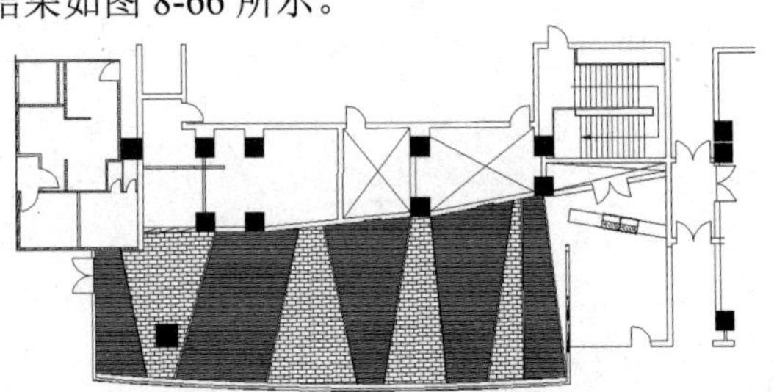

图 8-66　地新岩的填充结果

（5）单击“默认”选项卡的“绘图”面板中的“图案填充”按钮▨，弹出“图案填充创建”选项卡，单击“图案填充图案”按钮，在弹出的下拉菜单中选择“AR-B816”命令，设置图案填充角度为1°、比例为1。前厅的填充结果如图8-67所示。

微课

（6）单击“默认”选项卡的“修改”面板中的“偏移”按钮⊆，将厨房的水平墙线多次连续向下偏移300，将厨房的竖直墙线多次连续向内偏移300。厨房的填充结果如图8-68所示。

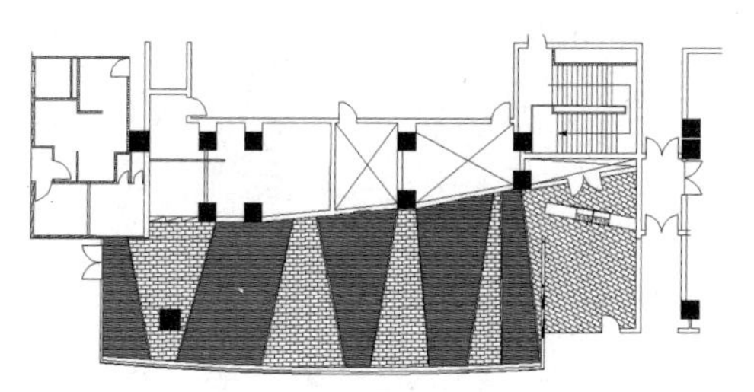

图8-67 前厅的填充结果

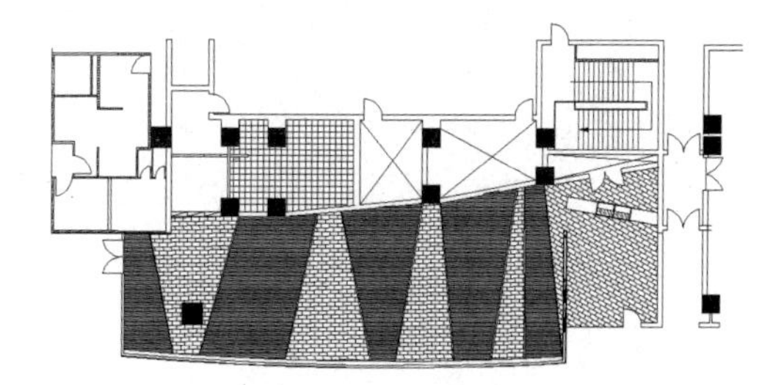

图8-68 厨房的填充结果

（7）单击“默认”选项卡的“绘图”面板中的“直线”按钮╱，在厨房内的地坪上绘制宽度为300的地沟；单击“默认”选项卡的“绘图”面板中的“图案填充”按钮▨，弹出“图案填充创建”选项卡，根据需要进行相应的处置。地沟的填充结果如图8-69所示。

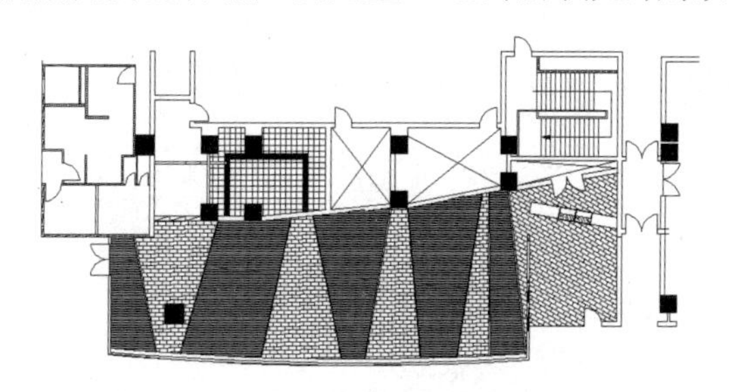

图8-69 地沟的填充结果

（8）在命令行中输入“QLEADER”，按Enter键，为咖啡吧地坪平面图标注文字，结果如图8-62所示。

## 注意

在绘制室内工程图时可能会涉及诸多特殊符号，在单行文字与多行文字中插入特殊符号是有很大不同的，且对字体文件的选择特别重要。在多行文字中插入特殊字符的步骤如下。

（1）双击多行文字，打开“文字编辑器”选项卡和多行文字编辑器。

（2）单击“符号”按钮，弹出“符号”下拉菜单，如图8-70所示。

（3）选择某个符号命令，或选择“其他”命令，打开“字符映射表”窗口，如图8-71所示。在“字符映射表”窗口中，先选择一种字体，然后选择一种字符。

① 要插入单个字符，可以直接将已选择的字符拖动到多行文字编辑器中。

② 要插入多个字符，可以单击“选择”按钮，将所需字符都添加到“复制字符”文本框中。选择了所需字符后，单击“复制”按钮。在多行文字编辑器中右击，在弹出的快捷菜单中选择“粘贴”命令。

关于特殊符号的使用，用户可以适当记住一些常用符号的 ASCII 代码，同时可以尝试从软键盘中输入，即右击输入法工具条，弹出输入相关字符的快捷菜单，如图 8-72 所示。

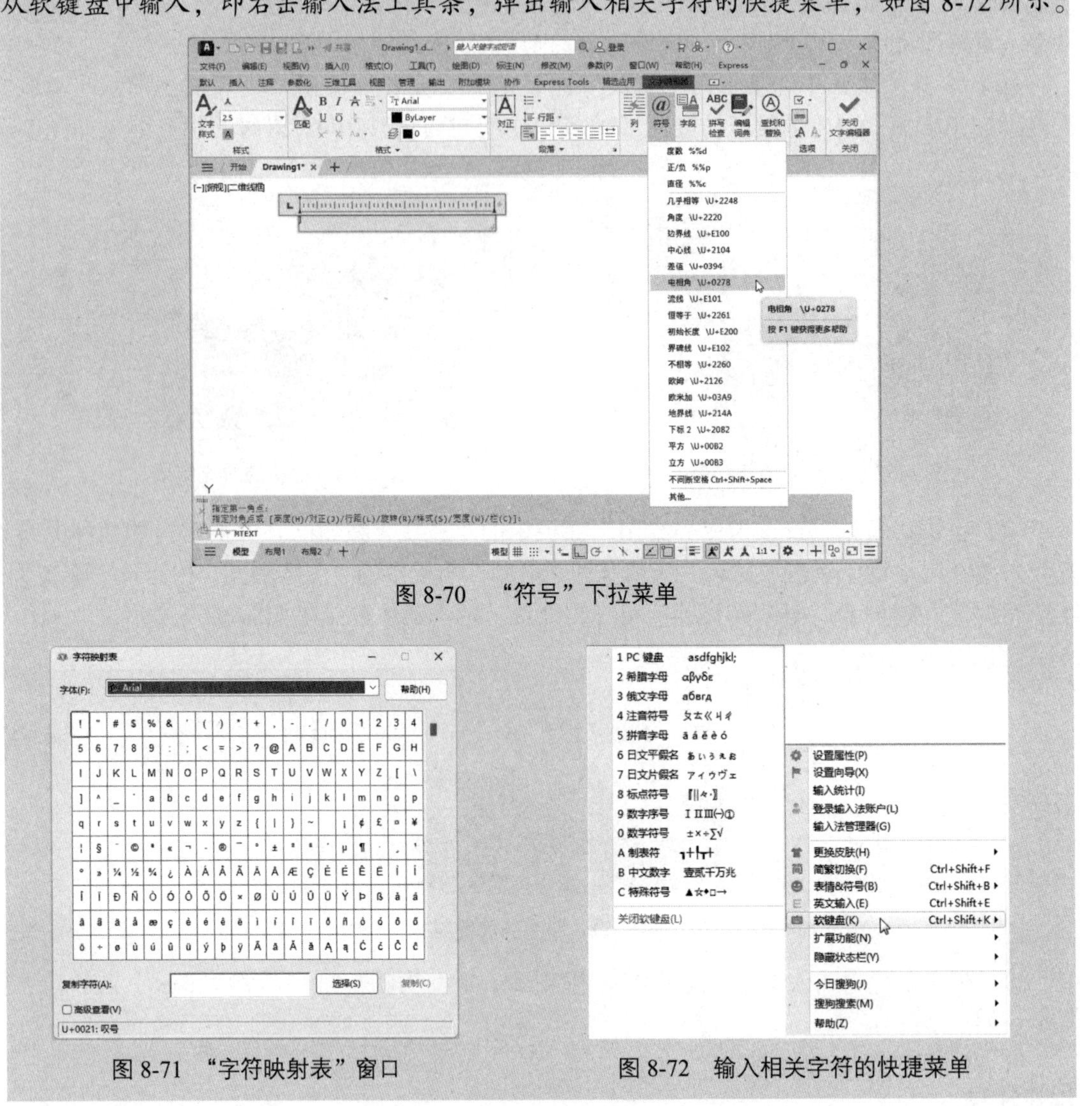

图 8-70　“符号”下拉菜单

图 8-71　“字符映射表”窗口

图 8-72　输入相关字符的快捷菜单

# 任务四　绘制咖啡吧立面图

## 任务背景

咖啡吧立面图 A 是咖啡吧内部立面图，对咖啡吧立面图 A 进行休闲设计，可以渲染舒适安逸的气氛。咖啡吧立面图 A 的主体为振纹不锈钢和麦哥利水波纹木贴皮交错布置。在振纹不锈钢装饰区域可以布置电视机显示屏，用于播放一些音乐和风景影像，同时可以配置一些绿色盆景或装饰古董，用于显示浓厚的文化气息、浪漫情调。在麦哥利水波纹木贴皮装饰区域可以配置一些卡座沙发，用于使整个布局显得和谐舒适。

本任务将绘制咖啡吧立面图 A。咖啡吧立面图 A 的绘制结果如图 8-73 所示。

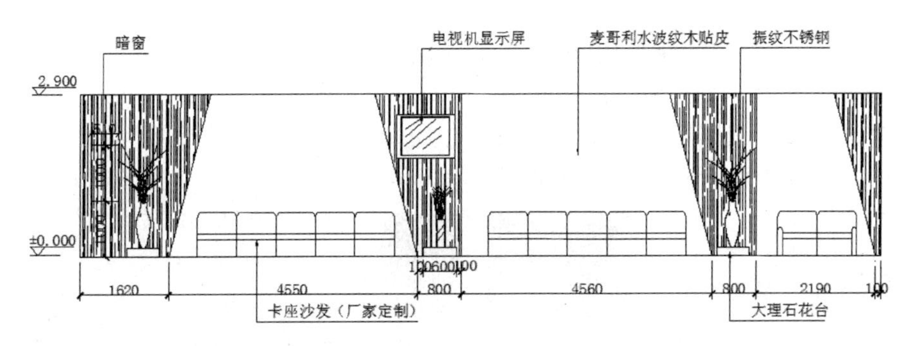


图 8-73　咖啡吧立面图 A 的绘制结果

## 操作步骤

微课

### 1. 绘制立面图

（1）单击“默认”选项卡的“图层”面板中的“图层特性”按钮，弹出“图层特性管理器”对话框，在该对话框中创建“立面”图层，其属性采用默认设置，将其设置为当前图层。“立面”图层的设置如图 8-74 所示。

立面　白　Continuous　——　默认　0

图 8-74　“立面”图层的设置

（2）单击“默认”选项卡的“绘图”面板中的“矩形”按钮，绘制尺寸为 14620×2900 的矩形，结果如图 8-75 所示。

（3）单击“默认”选项卡的“修改”面板中的“分解”按钮，对上一步绘制的矩形进行分解。

（4）单击“默认”选项卡的“修改”面板中的“偏移”按钮，将矩形左边依次向右偏移 1620、4550、800、4560、800、2190、100，结果如图 8-76 所示。

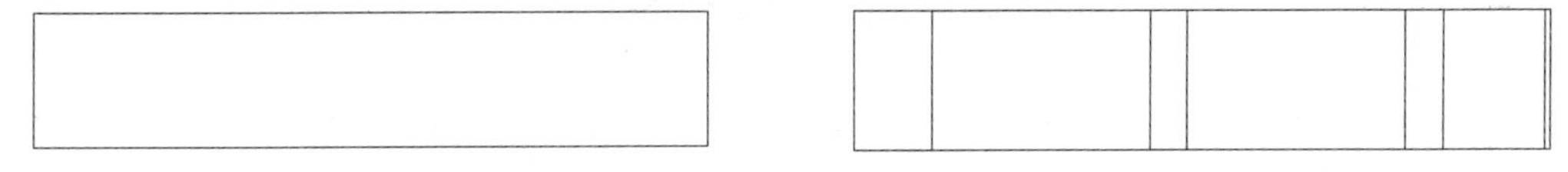

图 8-75　矩形的绘制结果 1　　　　图 8-76　直线的偏移结果 1

（5）单击“默认”选项卡的“修改”面板中的“旋转”按钮。将偏移的直线以下端点为旋转基点，依次旋转-15°、15°、15°、15°，单击“修改”面板中的“延伸”按钮，延伸旋转后的直线，结果如图 8-77 所示。

（6）单击“默认”选项卡的“绘图”面板中的“图案填充”按钮，弹出“图案填充创建”选项卡，单击“图案填充图案”按钮，在弹出的下拉菜单中选择“AR-RROOF”命令，设置图案填充角度为 90°、比例为 5，结果如图 8-78 所示。

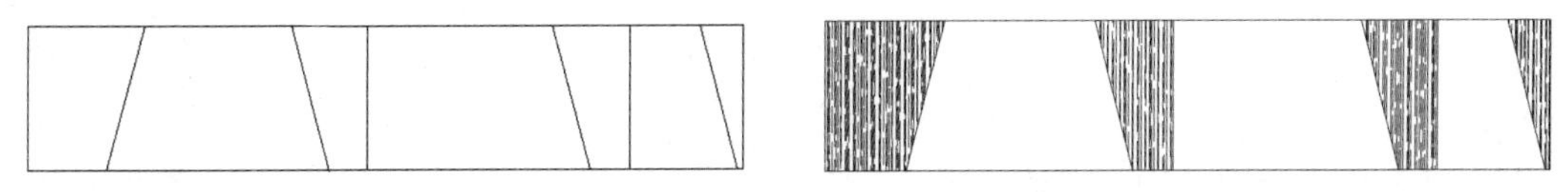

图 8-77　直线的旋转和延伸结果　　　　图 8-78　图形的填充结果

（7）单击“默认”选项卡的“绘图”面板中的“矩形”按钮，绘制尺寸为 720×800 的矩形，结果如图 8-79 所示。

（8）单击“默认”选项卡的“修改”面板中的“分解”按钮，对上一步绘制的矩形进行分解。

（9）单击“默认”选项卡的“修改”面板中的“偏移”按钮，将已分解的矩形上边依次向下偏移400、100、300，结果如图8-80所示。

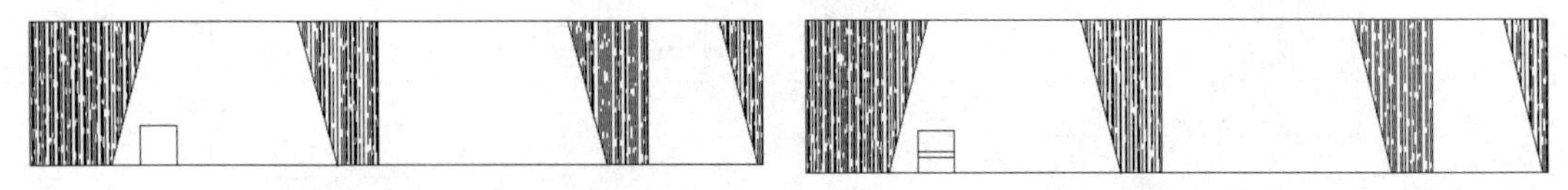

图8-79　矩形的绘制结果2

图8-80　直线的偏移结果2

（10）单击“默认”选项卡的“修改”面板中的“圆角”按钮，对矩形上边进行圆角处理，设置圆角半径为100，结果如图8-81所示。

（11）单击“默认”选项卡的“修改”面板中的“复制”按钮，选择图形进行复制，结果如图8-82所示。

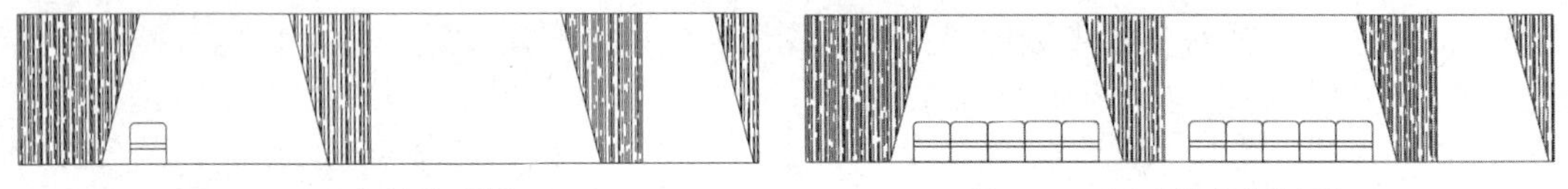

图8-81　圆角的处理结果

图8-82　图形的复制结果

（12）两人座沙发的绘制方法与五人座沙发的绘制方法基本相同，此处不再赘述。其他图形的绘制结果如图8-83所示。

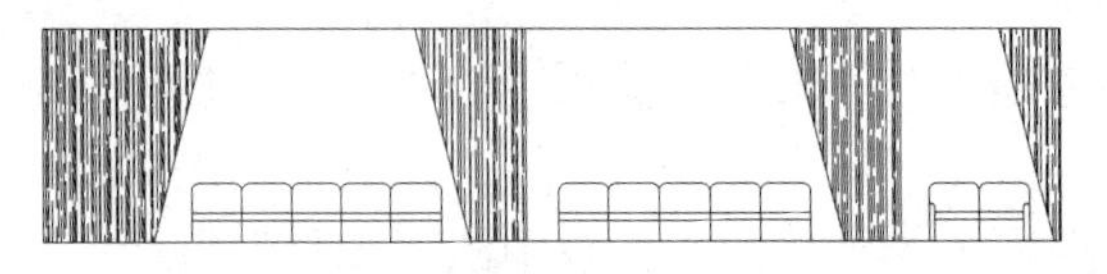

图8-83　其他图形的绘制结果

（13）单击“默认”选项卡的“绘图”面板中的“矩形”按钮，绘制尺寸为500×150的矩形。

（14）单击“默认”选项卡的“修改”面板中的“分解”按钮，对图形中的填充区域进行分解。

微课

（15）单击“默认”选项卡的“修改”面板中的“修剪”按钮，修剪花台区域，结果如图8-84所示。

（16）采用同样的方法，绘制其余花台。单击“默认”选项卡的“块”面板中的“插入”按钮，在弹出的下拉菜单中选择“最近使用的块”命令，打开“块”选项板，在“最近使用的块”列表中选择“装饰瓶”图块，将“装饰瓶”图块插入花台上方。单击“默认”选项卡的“修改”面板中的“修剪”按钮，修剪已插入的图块内的多余直线。“装饰瓶”图块的插入结果如图8-85所示。

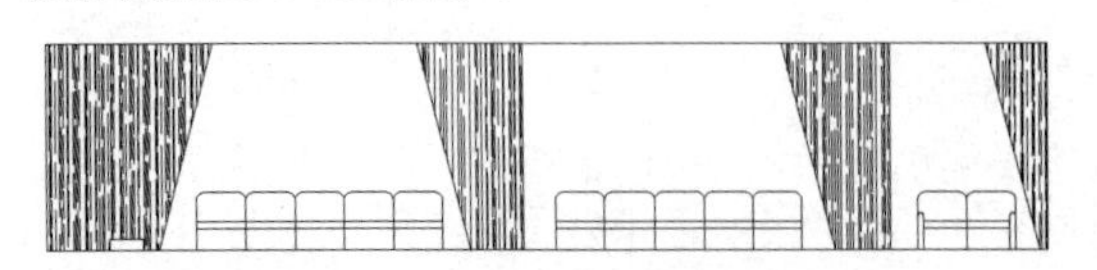

图8-84　花台区域的修剪结果

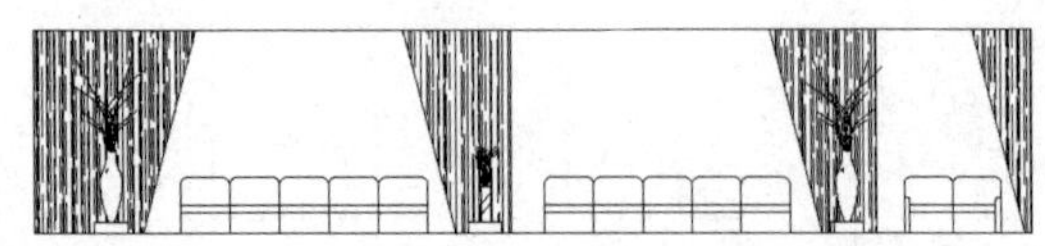

图8-85　“装饰瓶”图块的插入结果

（17）单击“默认”选项卡的“块”面板中的“插入”按钮，在弹出的下拉菜单中选择“最近使用的块”命令，打开“块”选项板，在“最近使用的块”列表中选择“电视机显示屏”

图块，插入“电视机显示屏”图块；单击“默认”选项卡的“修改”面板中的“修剪”按钮✂，修剪已插入的图块内的多余直线，结果如图 8-86 所示。

（18）单击“默认”选项卡的“绘图”面板中的“矩形”按钮 ▭，绘制矩形，作为暗窗，结果如图 8-87 所示。

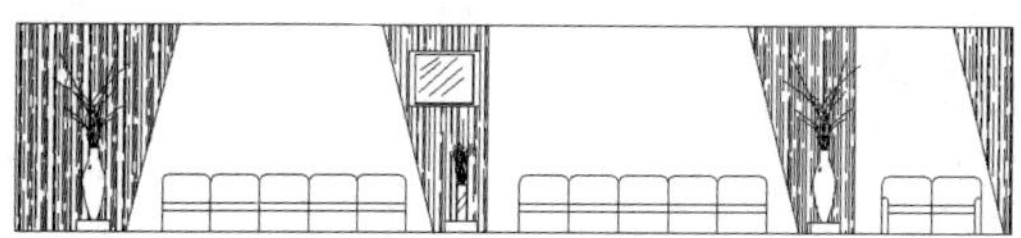

图 8-86　图形的修剪结果

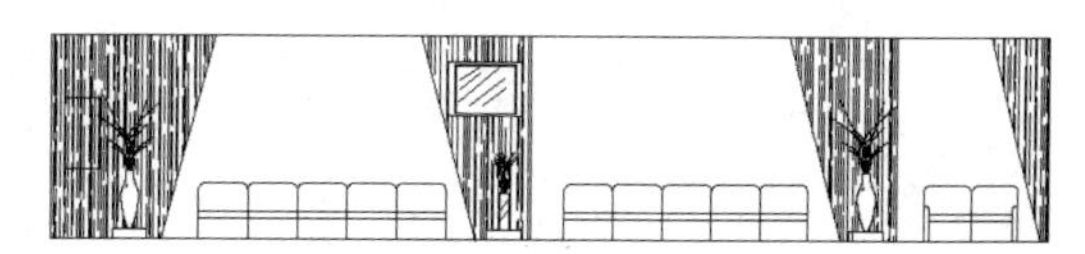

图 8-87　暗窗的绘制结果

## 2. 立面标注

微课

1）尺寸和标高标注

（1）单击“默认”选项卡的“图层”面板中的“图层特性”按钮，在弹出的“图层特性管理器”对话框中将“标注”图层设置为当前图层。

（2）单击“默认”选项卡的“注释”面板中的“标注样式”按钮，弹出如图 8-88 所示的“标注样式管理器”对话框。

（3）单击“新建”按钮，弹出如图 8-89 所示的“创建新标注样式”对话框，在“新样式名”文本框中输入“立面”。

（4）单击“继续”按钮，弹出如图 8-90 所示的“新建标注样式：立面”对话框，在各个选项卡中对标注样式进行设置。设置完成后，单击“确定”按钮，返回到“标注样式管理器”对话框中，单击“置为当前”按钮，将样式置为当前。

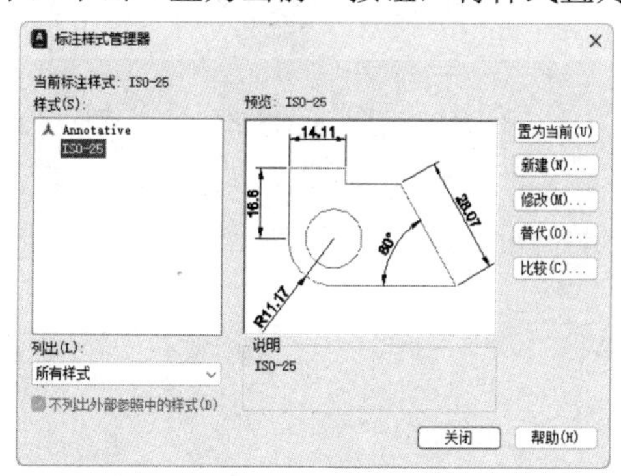


图 8-88　“标注样式管理器”对话框

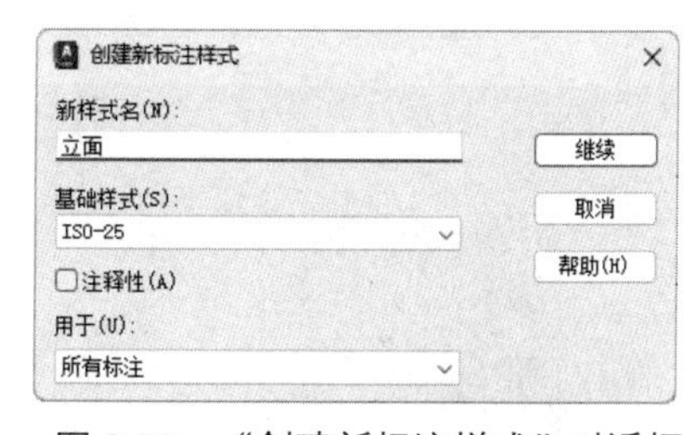


图 8-89　“创建新标注样式”对话框

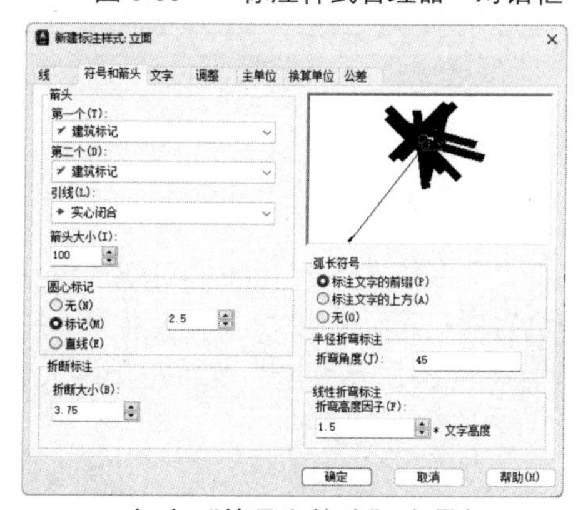


（a）“符号和箭头”选项卡

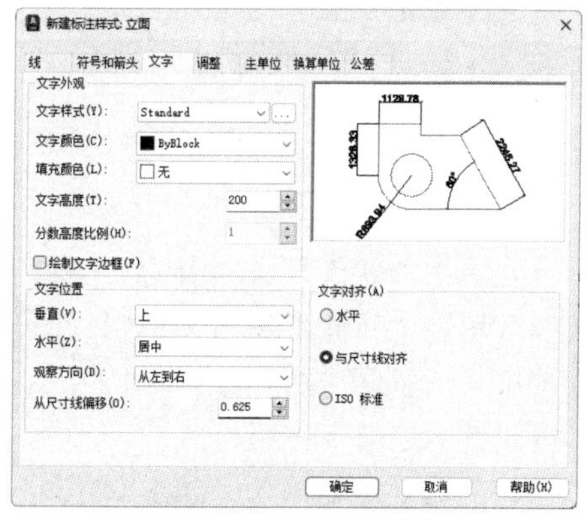


（b）“文字”选项卡

图 8-90　“新建标注样式：立面”对话框

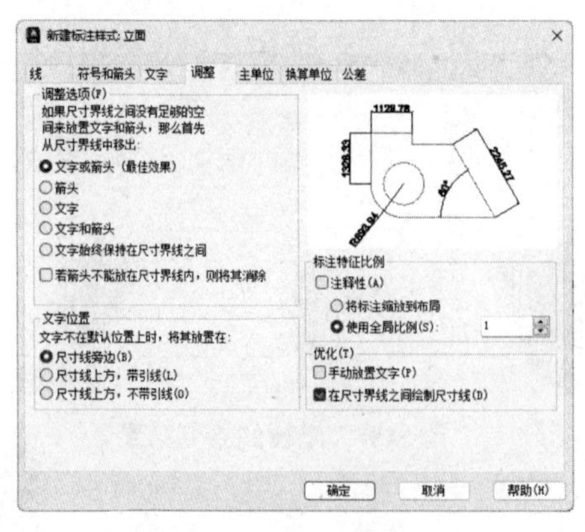


(c)“调整”选项卡

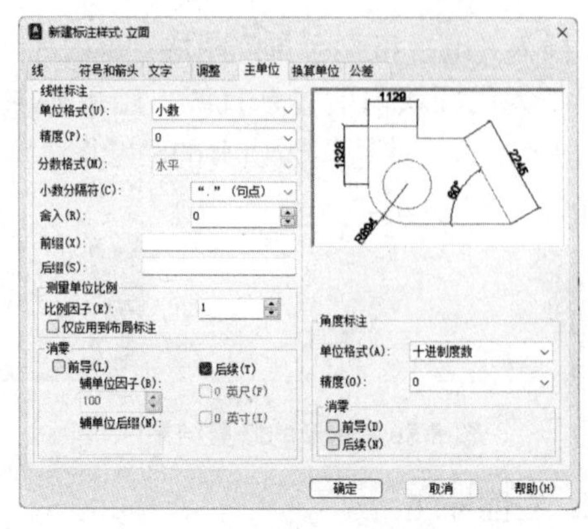


(d)“主单位”选项卡

图 8-90 “新建标注样式：立面”对话框（续）

(5) 单击“默认”选项卡的“注释”面板中的“线性”按钮，标注尺寸，结果如图 8-91 所示。

(6) 单击“默认”选项卡的“块”面板中的“插入”按钮，在弹出的下拉菜单中选择“最近使用的块”命令，打开“块”选项板，插入标高符号。标高的标注结果如图 8-92 所示。

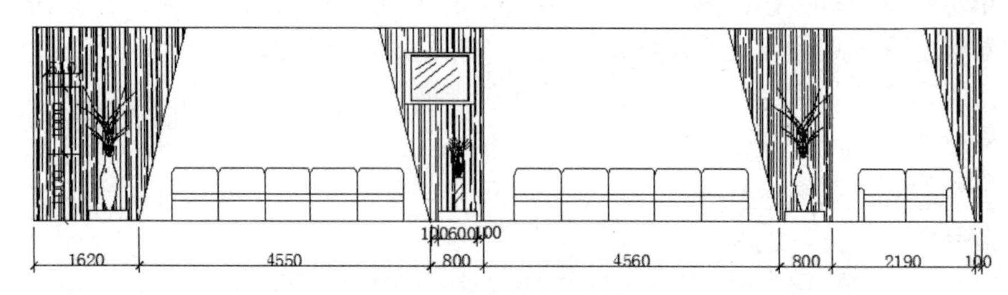


图 8-91 尺寸的标注结果

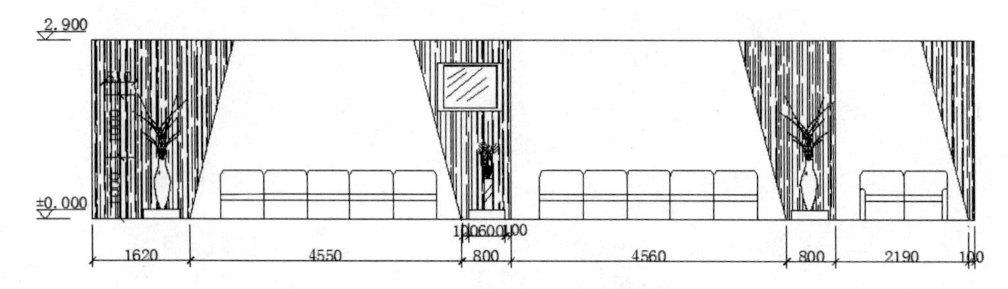


图 8-92 标高的标注结果

2）文字标注

(1) 单击“默认”选项卡的“注释”面板中的“文字样式”按钮，弹出“文字样式”对话框，单击“新建”按钮，弹出“新建文字样式”对话框，在“样式”文本框中输入“说明”，单击“确定”按钮，返回到“文字样式”对话框中，在“高度”文本框中输入“150”，并单击“置为当前”按钮。

(2) 在命令行中输入“QLEADER”命令，按 Enter 键，标注文字，结果如图 8-73 所示。

使用上述方法完成咖啡吧立面图 B 的绘制，结果如图 8-93 所示。

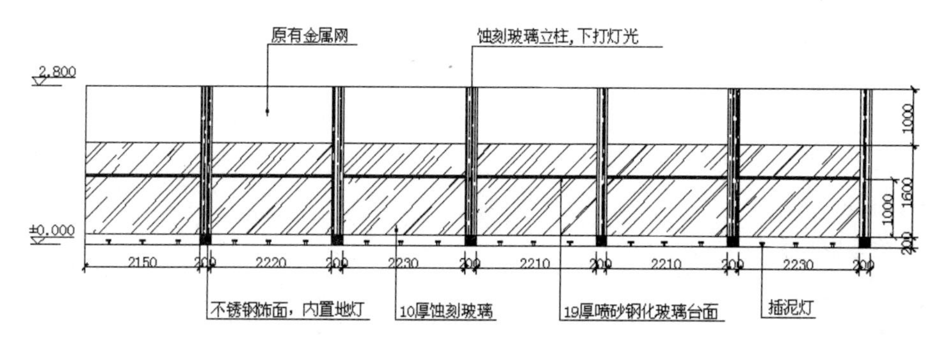


图 8-93 咖啡吧立面图 B 的绘制结果

## 任务五 上机实验

**实验 1 绘制如图 8-94 所示的餐厅平面图**

◆ 目的要求

本实验采用的实例是人流较小、相对简单的宾馆餐厅，它属于小型建筑。本实验绘制的宾馆餐厅设有服务台、雅间、阳台、卫生间等。

◆ 操作提示

（1）绘图准备。

（2）绘制室内装饰。

（3）布置室内装饰。

（4）平面标注。

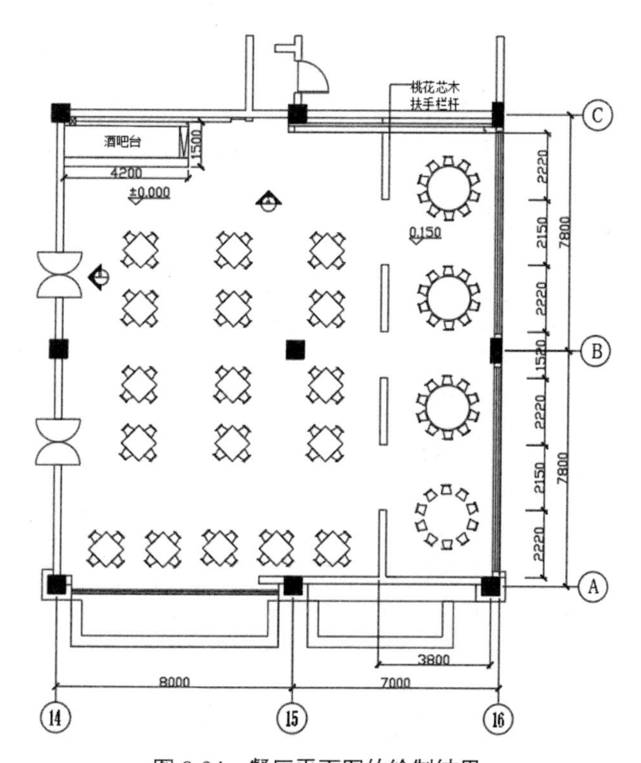


图 8-94 餐厅平面图的绘制结果

**实验 2　绘制如图 8-95 所示的餐厅顶棚平面图**

◆ 目的要求

本实验在绘制餐厅顶棚平面图的过程中，将按整理室内平面图、绘制吊顶、布置灯具、平面标注的顺序进行。

◆ 操作提示

（1）整理室内平面图。

（2）绘制吊顶。

（3）布置灯具。

（4）平面标注。

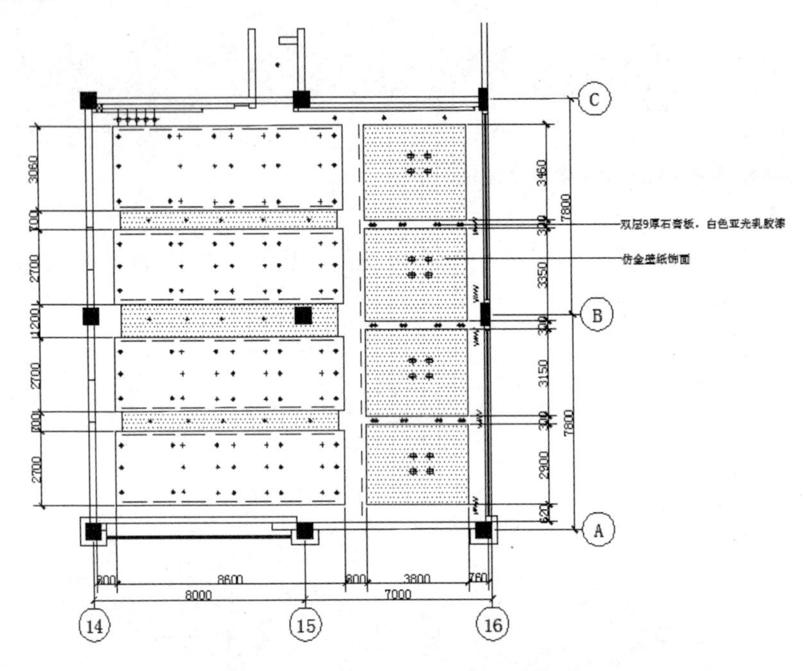


图 8-95　餐厅顶棚平面图的绘制结果

**实验 3　绘制如图 8-96 所示的餐厅立面图 A**

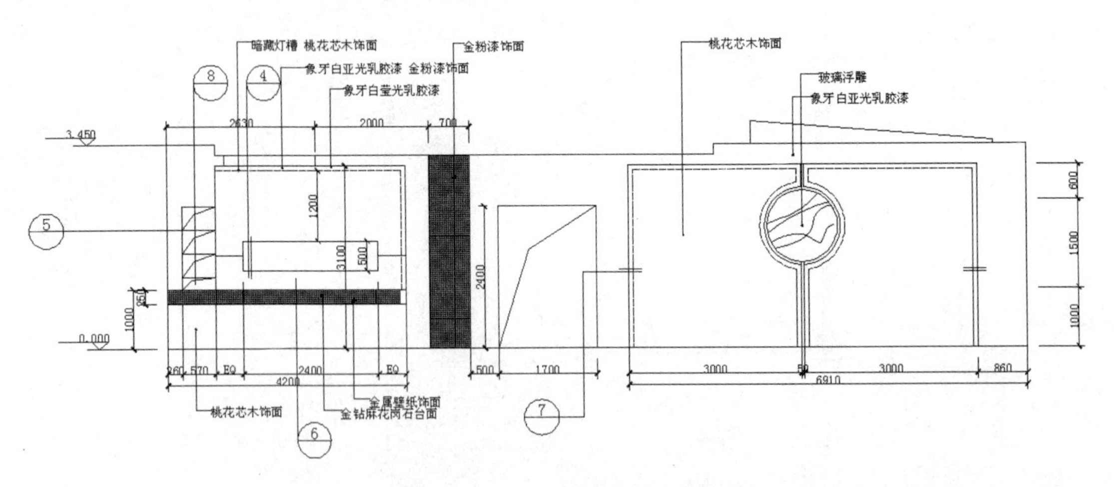


图 8-96　餐厅立面图 A 的绘制结果

◆ 目的要求

本实验首先根据已绘制的餐厅平面图绘制立面图轴线，其次绘制立面墙上的装饰，最后对已绘制的餐厅立面图 A 标注尺寸和文字。

◆ 操作提示

（1）绘制餐厅立面图。

（2）尺寸和文字标注。

# 反侵权盗版声明



举报电话：（010）88254396；（010）88258888

传　　真：（010）88254397

E-mail：　dbqq@phei.com.cn

通信地址：北京市海淀区万寿路173信箱

　　　　　电子工业出版社总编办公室

邮　　编：100036